Ehrhard Behrends · Peter Gritzmann

Günter M. Ziegler 编

π & Co.
Kaleidoskop der Mathematik

来自德国的数学盛宴

邱予嘉 译

高等教育出版社·北京

图字：01-2013-0444 号

Translation from German language edition:

Pi und Co. by Ehrhard Behrends, Peter Gritzmann and Günter M. Ziegler

Copyright © 2008 Springer Berlin Heidelberg

Springer Berlin Heidelberg is a part of Springer Science+Business Media

All Rights Reserved

图书在版编目（CIP）数据

来自德国的数学盛宴 /（德）贝伦兹，（德）格雷兹曼，（德）齐格勒编；邱予嘉译 . -- 北京：高等教育出版社，2017.6

ISBN 978-7-04-047174-8

Ⅰ.①来… Ⅱ.①贝… ②格… ③齐… ④邱… Ⅲ.①数学 - 普及读物 Ⅳ.① O1-49

中国版本图书馆 CIP 数据核字（2017）第 013855 号

来自德国的数学盛宴

LAIZI DEGUO DE SHUXUE SHENGYAN

策划编辑　李华英	责任编辑　李华英	封面设计　张　楠	版式设计　马敬茹
责任校对　刘　颖	责任印制　韩　刚		

出版发行	高等教育出版社	网　　址	http://www.hep.edu.cn
社　　址	北京市西城区德外大街4号		http://www.hep.com.cn
邮政编码	100120	网上订购	http://www.hepmall.com.cn
印　　刷	北京汇林印务有限公司		http://www.hepmall.com
开　　本	787 mm×1092 mm　1/16		http://www.hepmall.cn
印　　张	27.5		
字　　数	510千字	版　　次	2017 年 6 月第 1 版
购书热线	010-58581118	印　　次	2017 年 6 月第 1 次印刷
咨询电话	400-810-0598	定　　价	89.00元

本书如有缺页、倒页、脱页等质量问题，请到所购图书销售部门联系调换

版权所有　侵权必究

物 料 号　47174-00

前言

你有没有尝试过在谷歌中搜索 "数学" 这个关键词呢? 当此书成形时, 搜索德文 "数学" 一词谷歌给出了 27 200 000 个与数学相关的词条, 而搜索英文 "数学" 一词时则给出了 93 100 000 个词条; 数量还在逐渐增长中. "数学和乐趣" 也给我们带来了 203 000 个词条, 相对应地, "数学与煎熬" 和 "数学与失望" 则 "仅仅" 分别对应着 78 000 和 63 600 个词条. 由此我们可以说, 数学是有趣的, 而且相对来说, 可以给很多人带来乐趣, 但是同时我们也不能否认, 数学有时候也会给人带来一些失落感. 当然凡事都有两面, 一面是无法抑制的热情, 而另一面是具备一些小小缺陷的遗憾. 有这样一个笑话: "一个数学家走进一家照相馆: '你好, 我想冲印一张照片.' 工作人员: '好的, 9 × 13?' 数学家: '117. 为什么问这个呢?'" 一个更刁钻的情况则是数学家回答了 "137", 一个素数. 而这并不和这个学科在大众印象中的普遍偏见相矛盾: 抽象、与生活相隔甚远、缺乏吸引力、缺乏创造性; 相较于一种了解我们身处的这个日趋复杂的世界的途径, 则更像是对学生们的一种刑罚. 因为这已经几乎是一种慰藉, Paul Möbius (不, 这并不是著名的数学家 August Möbius, 而是一位精神科医生) 在一百多年前断言, 数学至少是一种没有伤害性的爱的直觉.

"数学可以培养人们的逻辑思维能力," 有人这么说. 这是正确的, 但同时, 数学也包含更多的方面. 数学是充满美感的、有用的, 并且是一种用以解释世界的重要工具. 数学是富有创造性的、有趣的, 并且是轻松愉快的. 而且, 她在我们的周围处处存在 —— 嗯, 几乎处处存在. 她渗透着, 并且同时影响了几乎所有的生命和工作: 从手工业和汽车制造业到街道和旅程设计, 从超市中的无现金支付到建筑设计, 从天气预报到音乐播放器. 当然, 我们几乎无法离开的互联网也基本上 (并且以丰富的形式) 建立在数学之上, 当然包括谷歌和 eBay. 数学已经渗透进了我们生活的方方面面, 但是同时她本身也有很多未知的谜团, 并且, 世界的不断进步也对数学提出了越来越高的要求, 尤其是那些帮助理解和优化工程、经济、生物或者商业的过程的数学.

本书的目的, 是将聚光灯投射在数学上, 不是作为一本专著, 也不是作为一本教科书, 而是一本丰富的剪贴本. 在此我们收集和摘录了 43 篇文章或书中的章节, 这些文章从很多不同角度将数学展示在大家面前. 也许并不是所有的文字都会对所有人产生影响, 但对于每个人, 至少其中应该有一些会引起共鸣; 的确是对每个人, 因为我们不仅包含了关于对数学中某些方面进行概述的一些小品文, 也囊括了一些专业的数学文字. 在本书中, 读者可以发现有简单易懂的、充满娱乐性的文字, 同时也能面临一些较复杂的数学挑战 —— 有些是显而易见的, 有些是反直觉的. 同样地, 作者也选取了数学中与哲学、神学和文化相关的部分, 以及一些数学中的至关重要的未解决问题, 这些问题中有些甚至为了一个解答已经等待了上百年之久.

当你发现某一部分太简单或者太困难时, 就跳过去吧 —— 下一篇文章就完全不一样了. 在这些文章之间, 有时会有一些相交点或者是 "十字路口". 但是每一篇文章都是完全独立的, 并不建立在另一篇的基础上. 总的来说, 作为一本剪贴本, 它们依然成为一个整体, 向我们展示了一幅数学多样性和数学之美的图片 —— 从她的实用性、挑战性, 尤其特别的是, 从她的 "活跃性".

编纂这样一本书的想法源自于 Vasco Alexander Schmidt 的鼓舞. 本书在很短时间内便成书了. 我们感谢所有通过提出建议、意见和他们自己对此的想法, 且允许我们摘录文章的人们, 是他们使得这个不可能的任务成为可能, 帮助我们能够顺利在数学年 (2008 年) 完成本书. 特别地, 我们需要感谢 Vieweg 出版社的 Ulrike Schmickler-Hirzebruch, 还有来自 Springer 出版社的 Rüdiger Gebauer, Clemens Heine, Joachim Heinze 和 Eric Merkel-Sobatta.

编者和德国数学学会在此表示衷心的感谢!

Ehrhard Behrends

Peter Gritzmann

Günter M. Ziegler

柏林和慕尼黑, 2008 年 3 月

目录

I 序幕

数学成为一种热潮 —— 对一种希望的描述   第 1 章

Gero von Randow

选自《一切皆为数学 —— 从毕达哥拉斯到CD播放器》(Vieweg, 第 2 版, 2002 年), 第 3–7 页.

关于数学这个学科, 一般的读者完全可以从最近几年的报纸杂志中得到以下概念:

- 一个非常古老的数学问题被成功解决了 —— 然后好像又没有 —— 然后好像的确被解决了. 这里空白太小, 我们不能完整得呈现证明.
- 某个人发现了一个迄今最大的素数.
- 又有某个人发现了数字 π 的小数点后的听上去很多位 —— 使用计算机.
- 诺贝尔奖没有开设数学奖, 但是数学家们似乎是仅有的一群能够理解最近几年诺贝尔经济学奖的意义的人.
- 混沌理论是探索宇宙、企业管理、公共交通与爱的秘密的钥匙.
- 德国中小学生不能计算.
- 当吸尘器利用模糊逻辑工作时, 它们会变得更有效率.

总而言之, 没有什么令人满意的结果. 但是这并不是全部的事实. 除去数学在公众视野中的那些零碎的片段, 我相信她还是拥有非常好的机会来在普罗大众心目中赢得一个全新的声望.

这个希望起始于几年前的好莱坞. 更确切地说, 起始于电影《侏罗纪公园》. 这个电影中的一个主角便是一位数学家, 他有以下的几个很突出的特点:

- 他的一些习惯很容易让人们联想到早年的 Tom Jones.
- 他尝试战胜女主角.
- 他的研究的主要领域在混沌理论.

恐龙突围了, 而这位数学家不幸被其中一只咬伤. 在电影《解密者》中也出现了一位数学家. 这一次的数学家穿的不是黑色的皮衣, 而是白色的西服, 他发明了一种所谓的数字筛法, 在其帮助下, 他可以破解一个 RSA 密码. 由于这个原因, 这位数学家最后被暗杀了.

在以上两种情况中, 数学家的结局都不是那么让人愉快. 但是也许为了让数学更加受欢迎, 我们的确需要做出一些牺牲. 在这两部电影中, 数学家总是被一个光环所环绕, 那是知识的光环、创造力量的光环. 这个光环可以将数学塑造成一种新的、

我们可以预见到的热潮的中心内容. 当然还有更多的原因. 第一个原因就直接在我
们的身边 —— 在信息产业中, 数学是一种所谓的基本因素. 第二个原因会更有趣一
些. 人们寻求可以信任的知识, 并且更多 —— 很多人寻求一种新的灵魂的安全感的
来源, 因为旧的源泉几乎已经丧失它的功效了. 出于同样的原因, 深奥的书本和自然
科学的科普书的销量如此好 —— 读者们寻求确定性, 事实, 以及价值. 他们购买太
空物理学家斯蒂芬·霍金 (Stephen Hawking) 的书, 虽然几乎没有人能真正理解书中
的理论; 或者 UFO 专家 Johannes von Buttlar 的书, 虽然这些书并不比霍金的书更浅
显易懂. 所以, 出于同样的原因, 读者们也将会转投数学书籍, 只要他们相信, 他们可
以通过数学的帮助更好地理解这个世界. 而且他们将会渴望有机会见识和了解更多
的数学, 只要身为记者的我们, 能够给他们足够的提示, 让他们意识到数学是一种诠
释这个世界的思想方法和语言.

数学中的一个分支已经在这一点上有了非常广泛的应用 —— 所谓的混沌数学.
它已经成为流行文化的一部分.

但是同时这也不可避免地引发了一些误解 —— 有些人会觉得, 在汉堡下雨是
由于在中国一袋米掉了地上 —— 蝴蝶效应. 但是这并不足以令人感到忧虑. 更重
要的是, 关于混沌理论的热潮将数学展现在了更多人眼前. 对于数学的兴趣在增长,
同样增长的是数学的吸引力. 那些人, 那些在同事们嗤之以鼻之下依然努力将混沌
理论和它的应用展现在大众眼前的人们, 为数学做出了卓越的贡献. 由此我坚信, 它
很可能唤醒了阅读群体对数学的逐渐增长的需求. 出版商们也看到了类似的迹象;
在最近的几个月中, 市场上出现了不少科普类和自传类的数学书籍.

当然, 困难之处并非是提升对于数学科普书籍的需求, 而是满足这种需求. 我想
要对于写这样的数学书的难度稍作评论.

通常情况下, 记者们写的并不是论文, 而是故事. 顾名思义, 记者, 是讲故事的人.
读者们希望阅读的是故事, 而不是艰深的论文. 新闻业看重的是对读者的注意力的
争夺, 从文章的第一行直至最后一行. 虽然如此, 一个故事所需要展示的和一个证明
或者是一个对于数学事实的阐述是完全不同的. 那么在报纸上数学该以什么形式出
现呢? 一种方法便是以一个故事的形式出现. 费马大定理, 或者说是费马猜想的美
妙之处不仅仅是问题本身可以以一种很简单的形式表达 (虽然对于很多编辑而言依
然太过困难), 而且还在于寻找它的证明的过程是一个让很多人觉得不可思议的故
事 —— 这似乎是对于大多数人而言这个故事所有的内容了, 因为对记者而言, 把这
个证明的思想给读者阐述是一件不可能完成的任务.

数学出现在报纸上的另一种形式则是比喻, 由此我们可以将其与非数学的问题
联系起来. 虽然数学是一种以抽象的形式来表述的学科, 它依然有一些适宜比喻并
与现实联系的部分. 关于某些问题的一个定理, 当我们用通俗的方式解释时, 便是由
一些简单的规则所导出的复杂的系统. 当然可能存在这样的系统, 其中推导的过程
如此多, 以至于它永远不可能完成 —— 这当然是可能存在的. 对这个问题的一个很

好的比喻便是是否存在外星生命. 也许确实存在, 但很有可能我们对证实这个猜测却无能为力. 我相信, 读者们会对这样的想法感兴趣.

当然这其中还存在一个问题, 就是我们的记者中真正理解数学的是极少数. 数学对于我们中的大多数而言如同一个盲点. 人类的眼睛能看到图片中的黑点, 并且当这个图片投影到我们的视网膜上时, 大脑会自动将其补全. 法学家们深知此现象, 并将其称作 "业余的平行解释". 可惜的是, 数学 (当然是对于非数学工作者而言) 并不具备如此直观的形象; 甚至量子物理都能以某种形式更直观地呈现. 即便如此, 时至今日, 一种所谓的实验数学正在一些可视化实验室中运行和发展着, 它或许可以带领读者们向数学的直观展示更进一步.

至少, 用常见的应用来让读者们兴奋是一个巨大的诱惑. 这也是一种合理的途径. 我也曾经写过不同的故事 —— 从婴儿尿布出发的关于数学优化的故事, 关于期货市场的模拟的故事, 或者是关于虚拟生活的故事. 这些故事可以是有娱乐性的, 同时也兼具一定的教育性. 但是它们并没有办法真的解释其中的数学. 我觉得, 在大多数情况下, 我们完全没有办法在报纸上解释数学.

例如, 对于黎曼猜想的解释很有可能早在复数的概念上便会栽跟头. 但是这也没有关系. 一个科学记者并不需要向普罗大众解释数学; 他所需要做的更是向自己解释数学. 他可以用简单的例子, 也许简单到对于数学家们是显然的例子, 来向大众解释在这种情况下的数学是什么 —— 而且他有足够的理由一定要这么做. 如何带领读者们向数学的世界靠近, 是一个非常认真和严肃的课题. 用 Alfred North Whitehead 的话来说: "数学本身并没有任何神秘之处. 她只是一个抽象形式的科学的非常重要的例子." 数学和逻辑的抽象结构 "展示了一种智力资本, 任何年龄层都需要为他们的后来者负责任地管理的智力资本 ······ 几乎没有人能够确切地知道, 需要多久这样的思想结构才能成熟, 直至它在某个时间点和人们在现实生活中的兴趣产生联系."

这是一个巨大并且非常重要的观点, 也是我们可以向读者们传达的观点. 而在此, 些许关于数学的流行并不会构成什么障碍.

虽然如此, 数学还有另外一种对记者们非常有用的性质: 就是使人瞠目结舌的能力. 以数学的思维方式观察和考虑一个问题可以让我们得到一些反直觉的结论. 这样的结论对很多人而言都是非常有趣的, 即使他们对数学没有任何感觉. 同样, 他们会觉得这也是有意思的, 因为他们同样有幽默感. 而幽默感, 是记者们一个很重要的武器.

比如说, 我想要介绍我本人在三门问题上的经验, 这个问题也以 "山羊问题" 这个名字被大家所熟知 (如果想要了解具体细节, 你可以在 G. v. Randow, *Das Ziegen-problem*, rororo science 中找到这个故事). 这个故事可以用下面的形式来讲述: 你参加了一个电视节目, 你需要选择三扇紧闭的门中的一扇. 在其中一扇门的背后有一项大奖在等待你: 一辆汽车. 在另外两扇门之后则都是山羊. 你指向一扇门, 假定为一号门. 但是这扇门不会马上打开. 另一方面, 主持人事先知道汽车在哪一扇门背后; 说着 "让我替你看一看", 他打开了其中一扇门, 假如说是三号门, 此时一只呆萌的山羊出现在了观众面前. 现在主持人问: 你是继续选择一号门还是换到二号门呢? 这只是一个很古老的谜语的现代版本. 在美国, 记者 Marilyn vos Savant 对这个问题进行了讨论, 并且给出了下面的结论: 二号门赢得大奖的概率更高.

因为我个人很喜欢这个谜题, 我曾经在《德国时代周刊》上写了一篇简短的文章介绍这个谜语, 解释了这个结果, 然后就度假去了. 于是当我回来时, 收到了许多的读者来信: 尊敬的 von Randow 先生 "也许是被三伏天的热浪晒晕了", "任何正常的十二年级学生" 都能了解这个 "典型的业余的错误", "骇人听闻的胡闹", "废话", "无厘头", 所有这些都是 "荒谬" 和 "让人费解" 的; "《德国时代周刊》上刊登这样的一篇文章绝对是让人感到悲哀的", 并且这整件事背后的数学家应该感到 "难堪".

显然山羊问题让很多人觉得不可思议, 有的派对变成一场争论, 有的夫妻持有相反观点, 有的教授甚至让助手研究这个问题, 数学教师们以此让学生们感到困惑. 一个软件公司的雇员给我写信: "在我们公司中, 有很多同事都经过全面的职业培训 (计算机、数学、物理). 所以可以理解, 山羊问题是一个多么大的刺激. 为了这个问题我们甚至使用了可能的分析工具, 概率空间、统计分析, 等等. 我记得有一个周五的晚上, 我们 (一个小组) 讨论一个项目到大约晚上七点, 在大家准备回家的时候, 又重新拾起了山羊问题的话题. 转眼到了晚上九点, 我们依然没有得到满意的结果, 筋疲力尽的我们才离开公司, 留下的是好几块满是讨论内容的白板."

它并不只是所谓的酸黄瓜时间. 南斯拉夫的内战, 莫斯科的暴动, 新联邦州的问题, 对于土耳其的袭击 —— 但与此同时, 一个数学问题席卷了德国, 成千上万的人们为之进行各种狂热的讨论.

同时, 在美国, 更多的事情在进行着. 这是引自《纽约时报》头版的语句: "关于游戏参与者是否应该换门的问题, 甚至在 CIA 的会议室和海湾战争的飞行员们的休息厅中引发了辩论. 从麻省理工的数学家, 到 Los Alamos 国家实验室的程序员, 都在探索这个问题; 全国成千上万的课堂上, 孩子们和老师们都在分析这个问题."

这个例子告诉我们, 人们喜欢让他们感到惊奇的事物. 反直觉的解答让他们感到兴奋. 这正是报纸上普及数学的绝佳机会.

我们曾经写了一篇关于计算机证明的文章, 其中提到了四色问题: 任何一张地图, 不论是真的还是虚构的, 只需要四种颜色就能区别相邻的国家. 这个定理是在计算机的帮助下得到证明的 —— 但是很多读者觉得这个定理本身更有趣. 这个定理也是所谓的反直觉的. 而且读者给我们寄来一些很复杂的地图; 我们很开心地将这些地图用四种颜色上色, 并且寄回给读者. 这并不是一项非常 "数学" 的活动, 但是却非常让人心满意足.

数学中有反直觉的解答这一方面, 是具有很深刻的教育意义的. 它提醒我们, 我们不应该相信任何看不见的东西, 任何不能引发评论的东西, 即使它来自于一个权威人士或者由确切的数字给出. 这是非常重要的, 因为很多时候, 公众观点在很大程度上被数字所影响. 出色的例子包括统计学和计算机模拟, 尤其是当它们被用于电磁波和白血病的关系、核电站的风险、温室效应或者社会福利时.

在公众的观念中, 数字总是起着很大的作用, 总是被用于支持或者驳斥论点, 但只有少数人能够恰当地处理数据. 我曾经在一本科学杂志中读到, 美国的医生们发现, 乘坐雪橇比任何其他的青少年运动都要危险. 因为在美国, 每年大约有三万三千个青少年因此受伤. 这是一个典型的数字魔法. 读者会联想到三万三千个可怜的被伤痛折磨的孩子, 并且因此而恐惧.

好吧, 在美国, 估计有三千三百万介于四岁和十四岁之间的青少年参与雪橇这项运动. 假设其中只有一半每年乘坐几次雪橇, 那么也只有大约五百分之一的孩子因为乘坐雪橇而受伤. 这对于我来说, 在我的生活经验中, 反而是一种相对危险性较小的运动 —— 至少相较于其他的青少年运动而言.

我很喜欢的还有一篇《路透社》的报道, 其中提到, 地球正在面临一场巨大的火山喷发. 这篇报道的作者咨询了一位英国科学家, 提到每十万年, 全球气候会由火山喷发改变大约两次. 上一次发生在七万年前在印度尼西亚的多巴湖, 冰河世界便是这次巨大的火山爆发的结果, 并且统计上而言, 地球在这么长时间之后已经处于危险期.

当然, 还有更多显然的例子. 固然在日常生活中充斥着这类例子, 并且数学家们 —— 我还记得多特蒙德的统计学家 Walter Krämer —— 需要非常友好地纠正一些错误. 你可以完全信任他们, 因为他们在自身的领域里具备很高的地位. 数学家们在这里扮演着特别的角色. 因为他们在贡献一场抽象而且美丽的游戏. 而且这个特别的角色也给他们一个特别的光环: 酷. 因此, 数学家们的自传也经常是畅销书排行榜的常客.

在变得更流行的方面, 数学已经占据了天时和地利. 数学家们也一样. 现在数学家们只需要在培养学科兴趣 —— 也就是人和 —— 上充分利用这些机会.

究竟有多少种数学？

第 2 章

Albrecht Beutelspacher

选自《在数学上我总是很差劲 ······》(Vieweg, 第 4 版, 2007), 第 43–47 页.

在数学中究竟还有没有任何可以研究的东西呢? 这个问题背后的含义是, 在勾股定理和所有已经被发现的公式之后, 似乎已经没有留下任何可以研究的空间给现在的数学家们. 但是答案是否定的, 数学发展得如此之快, 以至于几乎没有一个定理或一些定理可以穷尽她的潜力.

我们现在设想, 有一个数学家, 暂且称之为教授甲吧, 证明了一个定理. 经过数周、也许是数月的奋斗, 枯燥的文献查阅, 与同事们频繁讨论, 尽力地思考, 机智地对情况进行分类, 积累了一人高的演算纸 (还有很多弯路!) 之后, 他终于取得了期望的结果: "有限射影空间 $PG(3, q)$ 拥有一个平行结构!"

教授甲对这个定理非常自豪, 于是他不想只自己一人享受这个成就, 而是希望让整个世界了解这个结果. 为了达到这个目的, 他有多种不同的方法可供选择. 他可以给对此感兴趣的同事们写一封信或者电子邮件; 他可以知会数学协会; 他可以通过开设专门的课程来告知他的学生们; —— 但是保证他作为这个定理的第一个发现者的位置的正确的方法和途径则是在一份数学期刊上发表这篇文章.

教授甲为此尝试将这个定理写下来, 这样他的同行们便可以了解他的发现. 然后他将这份工作寄给了很多数学期刊中的一个. 他在几个选择之间摇摆, 一类是一般的期刊, 例如在 1826 年由 Leopold Crelle 创建的《纯数学和应用数学期刊》(*Journal für die reine und angewandte Mathematik*, 简称为 Crelle 的期刊), 或者是更近期, 同时也更专注于一个领域的期刊, 例如《线性代数及其应用》(*Linear Algebra and its Applications*). 在这种情况下, 教授甲更想要尝试将他的作品发表在一本比较偏向几何的期刊上, 例如《几何期刊》(*Journal of Geometry*) 或者《几何专用》(*Geometriae Dedicata*). 这些期刊都表达了他们希望可以发表这个结果的意愿.

收到的作品会被打上收到的日期, 以便以后可以优先审核. 接下来期刊的主编会将这篇文章分发给适合的评审人. 这些评审人就是在这个方向的专家, 他们会仔细审阅这篇文章, 然后回答以下问题:

- 这篇文章的结果是否是新的;
- 这个结果是否正确;
- 证明是否正确 (和以上问题是完全不同的问题!);

- 这篇文章是否有很好的结构, 写作上是否会影响阅读;
- 这个结果是否足够有意思适合在这份期刊上发表.

为此, 这些已经在自己的专业上有丰富经验的专家们大约需要两个月的时间来审核. 接下来出版社将会与作者沟通这些结果. 作者收到的反馈常常是, 这篇文章是不错的, 也很适合在这份期刊上发表, 但是还有以下的问题和注意点需要改进. 另外, 出版社还额外要求, 为了便于刊登, 作者最好能够适当缩短一下这篇文章, 使得文章总长度不超过十页.

于是, 教授甲必须返工, 而这不是一件轻而易举的事情, 因为这期间, 他的关注点在完全不同的问题上. 无论如何, 经过一段辛苦的返工之后, 他提交了文章的新版本, 这个版本则需要再被审核, 如果一切顺利的话, 这个版本将会出现在期刊上.

但是这并不意味着人们可以马上在期刊上见到这篇文章; 这只是意味着, 这篇文章将会进入这份期刊的等待列表里面. 一般情况下还需要等大约一年, 在很多时候等待时间会更长, 直到教授甲可以真实地看到自己的作品变成白纸黑字的印刷品, 收到赠刊并且送给和他关系最好的同事们.

这就是从一个作者的角度看一篇数学文章的出版历程.

==

而从一个读者的角度看则完全不同. 对于读者而言, 这篇文章只是大量的发表的文献中的一篇, 他基本上没有可能注意到个别某篇文章.

每年大约有超过六万篇数学文章发表在各类专业期刊上. 任何一篇文章都包含有至少一个新的定理. 所以每年至少会出现六万个新的定理, 平均每天超过 150 个. 有谁能够以这样的速度掌握所有的定理呢?

与此同时, 数学文章从任何角度上来说都不是很容易阅读和理解; 恰恰相反, 当我自己想要仔细研读一篇在我的工作领域中的文章时, 平均而言, 我至少需要花一个小时在每一页上, 经常需要更久. 而更深的文章, 比如一篇十页但必须需要一个讲座来解释的文章, 则一般需要超过一个月的时间来学习! 一个人, 怎么能够在一年中将六万篇数学文章吸收理解呢? 完全不可能!

为此人们在很久之前便已经创立了新杂志, 但是并不是以官方的方式发表新的文章, 而是一份将发表的文章的基本内容进行简短的 (有时候也是有批判性的) 展示的期刊.

这就是所谓的 "元杂志", 也就是那些报告出版的文献的期刊. 第一个如此的 "元杂志" 就是在 1869 年至 1945 年间出版的一份名为《数学进步年鉴》(*Jahrbücher der Fortschritte der Mathematik*) 的期刊. 在《数学进步年鉴》还 "存货" 的时期, 1931 年在德国出现了《数学及其周边中心期刊》(*Zentralblatt für Mathematik und ihre Grenzgebiete*), 以及 1940 年在美国创立了《数学评论》(*Mathematical Reviews*). 而俄罗斯版的类似期刊则创办于 1945 年, 名称为 *Referativnij Journal Matematika.*

对于这样的元杂志, 每一篇数学文献都将会由一位同方向的专家仔细阅读并且用简短的语言进行描述. 对于以上所提到的教授甲的关于在 PG$(3, q)$ 中的平行结构的工作, 数学评论的评审将会如此简短地描述:

> 令 $\Sigma = \text{PG}(d, q)$ 为秩为 q 的 d 维射影空间. 一个 Σ 的 t-展开为一个集合 S, 其中元素为 Σ 的满足以下性质的 t 维子空间: Σ 中任意一点都正好与一个 S 中的元素对应. 而 Σ 的一个 t-平行结构则是一个 t-展开的集合 P, 使得任意一个 Σ 的 t 维子空间恰好被包含在一个 S 的 t-展开中. 作者首先证明了在任意有限秩的 3 维射影空间中都存在 1-平行结构. 接下来, 根据数学归纳法, 他证明了任何的 d 维有限射影空间都存在平行结构, 其中 $d = 2^{i+1} - 1, i = 1, 2, \cdots$.

在理想的情况下, 每篇数学文章将由五位与作者不相关的专业人士阅读并进行批判性的总结: 其中有两位是该期刊的评审, 另外三位分别是《数学及其周边中心期刊》、《数学评论》和 *Referativnij Journal Matematika* 的评审.

总共来说, 每年《数学及其周边中心期刊》和《数学评论》会评论来自于大约 700 种各类数学期刊的六万篇文章. 你可以想象这些期刊的领域是多么的广泛. 事实上, 这让这些元杂志每年达到大约一米的高度. 所以, 从几年前开始, 这些评审文章不仅有打印版本, 还被保存在 CD-ROM 上分享给大家.

==

这些元杂志的内容不仅仅包括数学文章的简短的描述, 而且还要将这些数学文章归类到不同的数学领域中. 为此我们将数学按照某些规则划分成不同的领域. 首先粗略地划分成几个大领域: 代数, 几何, 分析, 统计等. 任意领域将会被进一步细分成不同的方向. 例如, 以上的文章将会被划分到领域 51 E 20. 在这里, "51" 表示几何, "E" 表示有限集合, 而 "20" 则表示这属于子方向 "有限射影空间的组合结构".

所有这样的方向的目录打印出来成为一个大约 50 页的册子. 下页展示的是这本小册子中很典型的一页. 任何一位数学家只能精通这些领域中的一小部分. 在这一页上被重点圈出的则是我可以说 "我在这里很有竞争力" 的领域.

==

所以没有任何迹象表示 "在数学中所有东西都已经被研究了" —— 反而完全相反: 与其他所有的科学学科一样, 数学家们常常会被淹没在广袤的信息海洋中.

但是 "在数学中没有新东西" 的成见是怎么产生的呢? 没有人会觉得, 在物理、生物或者医学中所有东西都已经被研究了. 常见的问题是, 在这些学科中是否在研

究 "正确" 的东西.

51Dxx Geometric closure systems

51D05 Abstract (Maeda) geometries

51D10 Abstract geometries with exchange axiom

51D15 Abstract geometries with parallelism

51D20 Combinatorial geometries [See also 05B25, 05B35]

51D25 Lattices of subspaces [See also 05B35]

51D30 Continuous geometries and related topics [See also 06Cxx]

51D99 None of the above, but in this section

51Exx Finite geometry and special incidence structures

51E05 General block designs [See also 05B05]

51E10 Steiner systems

51E12 Generalized quadrangles, generalized polygons

51E14 Finite partial geometries (general), nets, partial spreads

51E15 Affine and projective planes

51E20 Combinatorial structures in finite projective spaces [See also 05B05, 05B25]

51E21 Blocking sets, ovals, k-arcs

51E22 Linear codes and caps in Galois spaces [See also 94B05]

51E23 Spreads and packing problems

51E24 Buildings and the geometry of diagrams [See also 20E42]

51E25 Other finite nonlinear geometries

51E26 Other finite linear geometries

51E30 Other finite incidence structures [See also 05B30]

51E99 None of the above, but in this section

51Fxx Metric geometry

51F05 Absolute planes

51F10 Absolute spaces

51F15 Reflection groups, reflection geometries [See also 20H10, 20H15; for Coxeter groups see 20F55]

51F20 Congruence and orthogonality [See also 20H05]

51F25 Orthogonal and unitary groups [See also 20H05]

51F99 None of the above, but in this section

51G05 Ordered geometries (ordered incidence structures, etc.)

51Hxx Topological geometry

51H05 General theory

51H10 Topological linear incidence structures

51H15 Topological nonlinear incidence structures

51H20 Topological geometries on manifolds [See also 57-XX]

51H25 Geometries with differentiable structure [See also 53Cxx, 53C70]

51H30 Geometries with algebraic manifold structure [See also 14-XX]

51H99 None of the above, but in this section

51Jxx Incidence groups

51J05 General theory

51J10 Projective incidence groups

51J15 Kinematic spaces

51J20 Representation by near-fields and near-algebras [See also 12K05, 16Y30]

51J99 None of the above, but in this section

51Kxx Distance geometry

51K05 General theory

51K10 Synthetic differential geometry

51K99 None of the above, but in this section

51Lxx Geometric order structures [See also 53C75]

51L05 Geometry of orders of nondifferentiable curves

51L10 Directly differentiable curves

51L15 n-vertex theorems via direct methods

51L20 Geometry of orders of surfaces

51L99 None of the above, but in this section

51Mxx Real and complex geometry

51M04 Elementary problems in Euclidean geometries

51M05 Euclidean geometries (general) and generalizations

51M09 Elementary problems in hyperbolic and elliptic geometries

51M10 Hyperbolic and elliptic geometries (general) and generalizations

51M15 Geometric constructions

51M16 Inequalities and extremum problems [For convex problems see 52A40]

51M20 Polyhedra and polytopes; regular figures, division of space [See also 51F15]

51M25 Length, area and volume [See also 26B15]

51M30 Line geometries and their generalizations

51M35 Synthetic treatment of fundamental manifolds in projective geometries (Grassmannians, Veronesians and their generalizations) [See also 14M15]

51M99 None of the above, but in this section

51Nxx Analytic and descriptive geometry

51N05 Descriptive geometry [See also 65D17, 68U07]

51N10 Affine analytic geometry

51N15 Projective analytic geometry

51N20 Euclidean analytic geometry

51N25 Analytic geometry with other transformation groups

51N30 Geometry of classical groups [See also 20Gxx, 14L35]

51N35 Questions of classical algebraic geometry [See also 14Nxx]

51N99 None of the above, but in this section

51P05 Geometry and physics [Should also be assigned at least one other classification number from Sections 70 - 86]

对此, 我的印象是, 这个成见来自于数学在学校中被教授的方式. 在中小学的数学课上和在大学的讲堂中, 数学是作为一门包含各类概念、原理和方法的完备的学科. 学生们以一种对于他们而言不容易接近的学科的想法来体验数学.

　　只有在极少数的情况下学生们拥有自己搜寻概念, 发展方法和发现定理的机会. 太可惜了! 因为只有这样, 学生们才能真正体验数学作为一门迅速发展和充满挑战的学科, 并且从中得到乐趣!

数学的优雅

第 **3** 章

Martin Aigner

选自 Gegenworte (柏林 – 勃兰登堡科学协会), 第 12 册, 2003 年秋季, 第 11–15 页.

> "…… 大多数数学家孜孜不倦地追求美这一事实并不是偶然的. 如果证明不是那么令人信服的话, 这对于他们是远远不够的. 他们永远都在追求着'优雅'."
>
> —— 恩岑斯贝格尔 (*H. M. Enzensberger*)

正如大多数人所知, 数学家们和其他人群是有着很大的区别的. 我们只需要读几首恩岑斯贝格尔的诗便可窥知一二. 其中他惊奇地表示, 他们 (数学家们) 主要生活在弯曲空间中, 并且可以在左理想和右理想之间游刃有余地活动, 更不用提子域 —— 这个词对于数学家们有着截然不同的意义.[①]

在这里, 我们希望处理的是另一种区别, 一种几乎直达生活中心的区别. 当大多数人觉得最重要的事情是垃圾分类, 或者保护牙齿之类的时候, 但是同时, 他们却愉悦地将充满艺术性的事物放在一边 (这有一句很有名的话: 没人能解释口味 —— 当然这是句反话), 而这在数学世界中是完全相反的. 最晚从柏拉图时代开始, 柏拉图主义者和形式主义者便在意识形态上站在了对立面; 关于数学定律是发现还是发明的争辩则是一个永久的话题; 还有关于纯数学和应用数学哪个应该优先的问题, 这完全可以让整个研究所陷入激烈的讨论. 但是当两个数学家望向同一张纸并且其中一个说: "这真是一个优美的证明!" 他几乎可以相信他的同事会同意他的看法. 关于数学公式、定理, 尤其是证明的美丽和优雅, 永远都不存在任何争议, 因为所有人都会认同.

但是究竟什么是数学中的优雅呢? 奇怪的是, 我们不能在那些传世之作中找到任何关于它的描述 (但是正如我们即将看到的, 我们能找到一些关于数学中的美的描述). 我想要带领读者们初窥美丽的数学世界, 给出我自己对于优雅的定义, 并且通过一些经典的例子来展示它.

源自美丽和真相

自从怀尔斯 (Andrew Wiles) 在 1995 年证明了当时最著名的未解决问题 —— 费马猜想 —— 之后, 这马上成为当时所有报纸的头条新闻. 例如说, 在一份全国性的

---

① 在德语中, 子域为 Unterkörper, 也可以用来表示下半身. —— 译者注

报纸上我们可以看到: "来自剑桥的数学天才解决了闪耀了 350 年的数学难题". 在怀尔斯的证明中充满技巧性的计算推理和严谨的结构在这里完全看不到了. 但是不可否认的是, 在公众的看法中, 一个数学家是某个能够将 99 个式子混合在一起然后由此得到第 100 个式子的人.

但某些史上最伟大的数学家们却对此有着大相径庭的看法. 亚里士多德在他的著作《形而上学》中写道: "特别地, 数学中强调顺序、对称和限制 —— 而且这些恰好是美的最高形式." 开普勒 (Johannes Kepler) 则陶醉在数学的 "黄金" 比例中. 庞加莱 (Henri Poincaré) 的笔下流出了以下令人惊叹的句子: "数学中占据主导地位的部分不是逻辑, 而是美." 擅长构造复杂公式的英国数论专家哈代 (G. H. Hardy) 则非典型地夸大道: "这里没有给丑陋的数学留下的位置!" 我希望能够通过引用物理学家狄拉克 (Paul Dirac) 的话来作为对你关于数学家们都是计算机器的想法的最后一根稻草: "一个等式要漂亮是很困难的, 因为它必须符合所有的实验." 也许对数学中的美的最简洁和精确的描述来自于阿达马 (Hadamard) 的《发明心理学》: "数学上的天才通过两种方式显露出来: 它可以万无一失地在很多不同的选项中选择出正确的一个, 而且它接下来将跟随对完美的追求的指引发展成为一窥真理的基石."

千万不要认为数学家们在他们的著作中只关注美 —— 恰恰相反, 在大多数情况下, 数学更多的是作为一种反映事实的思考模式, 简单来说, 关于知识和真相. 所以庞加莱在他最后的想法中提到: "科学是在精神基础上对真相的追求." 维特根斯坦 (Wittgenstein) 强调了逻辑的严谨, 同时波普尔 (Popper) 引入了在科学中的一种矛盾心理: "只有当一种理论可以被证伪时, 它才是有价值的." 人们这么理解这句话: "只有应用才能证实知识的价值", "数学是人性化的", 还有在戴维斯 (Davis) 和赫什 (Hersh) 最新的 —— 也许也是最好的 —— 书《体验数学》的 400 页中, 他们将整整 4 页奉献给了关于数学的美感的问题.

尽管充满美的部分有时候被隐藏到了深层次, 使得人们无法轻易看到, 但是它依然显示出了一种统一性. 如果一个评审突出强调了一个数学工作的重要的应用, 那么作者也会为此高兴; 但是他会在他的报告中写道: "这个证明的美是和它的优雅的证明联系在一起的." 这样, 他可以保证自己作为作者的观点真正得到了表达.

数学天书中的证明

传奇通常都是在死亡之后织就的. 如果要在生时崭露头角, 那么定非常人 —— 匈牙利数学家保罗·厄多斯 (Paul Erdös) 就是这样的一个百年不遇的天才. 他一生发表了超过 1500 篇学术文章, 成为近代历史上毫无争议的最高产的数学家. 他不知疲倦地从一个大洲奔波至另一个大洲, 也许前一个星期还在耶路撒冷, 下一个星期就出现在了美国, 而接下来的一个月他又会在柏林. 手提行李箱的同时打招呼, 他的座右铭: "我的思想是开放的." 生活中的他也如同在科学上一样大方, 他不仅捐出了他所获得的大多数奖金, 同时也和任何愿意聆听的人分享他的想法. 他为数学而生,也一直生活在数学中. 关于厄多斯有数不胜数的轶事, 以下这则应该是真的, 因为我本人当时也在现场. 在纽约的一个晚上, 大约十点, 我们三个坐在一起讨论一个问题, 更准确地说, 我们坐在一起但是没有任何进展. 突然厄多斯说: "最好的办法是, 我们给我的朋友, 现在在剑桥的达文波特 (Davenport) 打个电话吧, 他绝对可以帮助我们." "但是", 我反对道, "现在在剑桥是凌晨四点钟." 然后厄多斯说: "这样更好, 因为他这个时间一定会在家."

> "有些证明是很漂亮的, 但往往会有一些致命的小问题. 另外一些是正确的,
> 但却丑陋."

有一句经常出现的厄多斯的格言直接导向了我们的主题. 他说, 有些证明是很漂亮的, 但往往会有一些致命的小问题 (使得这是一个错误的证明). 另外一些是正确的, 但却丑陋. 但是他确信, 对于任何一个数学定理都存在证明, 而且进一步, 存在一本天书, 其中记录着亲爱的上帝掌管的最完美的证明. 而且他附加评论道: "你不一定要相信上帝, 但是作为一个数学家, 你必须相信这本天书的存在." 在 20 世纪 90 年代中期, 齐格勒 (Günter Ziegler) 和我邀请他共同撰写一本最早的 (而且也是非常客观的) 书来尝试将这本天书展示给大家. 厄多斯对这个想法表示了极大的兴趣, 但可惜的是, 他没能在有生之年完成这本《数学天书中的证明》. 也许他不会像我们这样对这本书产生的如此巨大的反响觉得那么惊讶. 尽管大部分的数学家都比较内向, 但我们依然收到了数不胜数的来信, 其中有建议, 有指出错误, 提供自己的经验还有很多的赞同, 等同于一种情绪的宣泄. 这本天书显然已经震动了那根弦, 那根每一个数学乐器上都有的弦 —— 连同着作为基调的优雅.

轻松的瞬间

数学的精华在于命题的证明 —— 而且这也是数学家们的工作: 他们证明命题. 但是, 事实上他们真正希望证明的, 一生中至少一次, 是一个引理, 如同分析中法图 (Fatou) 或者数论中高斯 (Gauss) 那样. 几乎所有的著名人物的名字都和这样一个引理紧密联系在一起 —— 这个词对于数学家们的耳朵绝对拥有振聋发聩的效果.

那么, 什么时候我们才把一个数学命题称为引理呢? 首先, 这个命题 (和它的证明) 是完全透明的: 它的难度应该是能够让大多数人很容易理解的, 而且人们会想: 啊, 就是这样! 同时, 这也是对某些学者的一个冲击 (也是一种很常见的嫉妒): 为什么我没有想到呢? 第二, 这个命题应该是严谨的 (或者用数学术语说: 深的). 这个证明给大家展示了它是怎么来的; 它也有另外的应用, 甚至在一些看上去互相毫无关系的问题上. 在最后, 还需要有一个轻松的瞬间. 每一个科学家都有一个装满各种方法的百宝袋, 他一再地打开这个箱子 (对于某些人而言, 甚至是在某些领域只依靠一个想法就处于领导地位的精英人士). 但是存在一些例外, 例如使用拓扑的方法来解决代数问题, 或者反过来. 这告诉我们, 数学, 尽管有许多分支, 依然构成一个奇妙

的整体; 这也给我们展示了一种可能性, 也许存在一些产生新的想法的轻松瞬间. 透明、严谨和轻松, 于是构成了一个优雅的证明这只鼎的三足.

"一个计算机证明既不透明也不简单, 更重要的是, 它不能给我们任何启发."

自从在 1976 年那个逾百年未解决的四色问题在超级计算机的帮助下被解决了之后, 这引起了一场至今没有结果的争议: 这样的一个证明是可接受的吗? 一个计算机证明是为了那些没有类似的计算能力的人的, 并不是为了进行验证. 它作为一种思考方法的角色远远甚于一种数学事实. 这样的反对在计算能力飞速增长的今天已经不是那么重要了. 计算机所做的工作和数学家们利用纸和笔所做的工作完全不同: 它一步一步地往前走, 直至得到所希望的结论. 但是这正是这个争论的关键: 一个计算机证明既不透明也不简单, 更重要的是, 它不能给我们任何启发. 它把一个问题分解成有限多种情形并且逐一检验各种情形, 简单来说: 它像敲开核桃一样敲开了一个定理, 而不是解释它.

物理学家维格纳 (Eugene Wigner) 经常和他在《数学非同寻常的有效》中的话一同被引用. 薛定谔 (Erwin Schrödinger) 谦虚地说: "我们不知道自然界是否真的遵循数学定律, 但是我们没有任何更好的解释." 我想要通过《数学非同寻常的美丽》中维格纳的金句来补充: "漂亮的公式很多时候都接近真正的自然, 而且优雅的证明经常能给我们带来很多新的了解."

从无限······

现在是时候来给大家展示一些优雅的证明了. 最经典的就是欧几里得 (Euclid) 对于存在无穷多个素数的证明. 正如大家所知, 一个素数是一个大于 1 的数, 并且这个数只能被 1 和它本身整除. 每个人都知道最小的那些素数: 2, 3, 5, 7, 11, 13, 而且现在我们已经可以构造百万位的素数, 但是不论方法多么巧妙, 至今我们依然只能构造出有限多个素数. 那么, 是不是有可能只有有限多个素数呢? 不是的, 而且欧几里得给出的对于无限性的证明简单至极. 欧几里得使用了一种间接的论证方法: 假设只存在有限多个素数, 我们将它们记为 $p_1, p_2, p_3, \cdots, p_k$, 那么我们构造一个新的数 $M = p_1 \times p_2 \times p_3 \times \cdots \times p_k + 1$. 这个数 M 一定有一个素因子 p, 因为它并不在我们的素数列表中; 而且这个素因子必须是以上这些 p_i 中的一个, 因为只有我们所列出的这些数是素数, 假设为 p. 所以 p 一定整除乘积 $p_1 \times p_2 \times p_3 \times \cdots \times p_k$, 所以也整除它和 M 的差 1. 但是数 1 没有任何素因子! 由此我们得到了矛盾, 所以只存在有限多个素数的假设是错误的, 证毕.

还有不少很出人意料并且富有思考价值的证明, 但是欧几里得的证明是一个关于透明和简单的典型例子, 而且他也由此得出了无限性的原因. 仔细观察这个论据, 我们可以发现它基于两个事实: 存在无限多个数 1, 2, 3, 4, ⋯, 而且任何大于 1 的数都有一个素因子. 所以我们可以对于任意一个满足同样条件的代数系统使用类似的方法.

Thomas von Randow, 别名 Zweistein (意为双石), 是报纸 "Zeit" (时代) 长达数十年的科学编辑, 他曾经在某个八月在他的报纸上刊登了欧几里得的证明, 并且简短地总结: 不论我有多少个素数, 一定可以找到额外的一个, 所以存在无穷多个素数. 和往常一样, 他收到了众多来信, 其中包括一个巴伐利亚州的家庭主妇, 她写道: "尊敬的 von Randow 先生, 我现在坐在阿默湖边, 身处一群飞舞的蚊子中. 所以不管我说有多少只蚊子, 总是存在额外的一只, 所以我是不是可以说……?" 是的, 记者不是一个很轻松的职业.

集合论的创始者, 康托 (Georg Cantor), 面对的则是另一种完全不同的无限. 他所创建的数学中的全新的领域被他那个时代的其他数学家们所拒绝, 使得伟大的大卫·希尔伯特 (David Hilbert) 也必须为他说话: "没有人能够将我们驱逐出康托为我们创造的天堂!" 他最伟大的成就之一是解答了以下问题: 什么时候两个集合的大小相同? 对于有限集合, 这当然不存在任何问题. 我们只需要数出它们分别所含的元素的数量, 当 (且仅当) 得到同样的数量时, 这两个集合的大小是相同的. 但是对于无穷集合又如何呢? 我们试着考虑以下情形: 假设有一些人登上了一辆公交车; 我们怎么确定人的数量和空出的座位的数量一样, 而不需要计算人的数量呢? 有一个很自然的方法: 公交车司机说 "坐下", 如果每个站着的人都找到了一个座位, 并且没有留下任何空座位, 那么两个集合 (人的集合和座位的集合) 的大小就是相同的. 换言之, 两个集合大小相同, 如果存在一个唯一的对应, 或者用数学家的语言来说, 在它们之间存在一个双射.

康托将这个想法借用到了任意的两个集合 A 和 B 上: 我们说它们大小相同, 如果存在一个由 A 至 B 的双射. 对于有限集合, 像我们所看到的, 这正好和我们所熟悉的数个数的方法是相符的, 但是对于无穷集合, 康托的理论开始展示出它有趣的部分, 并且在很多时候并不是那么的直观. 例如我们看自然数集合 $\mathbb{N} = \{1, 2, 3, 4, \cdots\}$. 我们说任意一个集合 A 是可数的, 如果 A 中的所有元素可以按 $a_1, a_2, a_3, \cdots$ 的方式排列起来. 但是现在我们发现了一些出乎意料的情形. 假设我们向 A 中额外增加一个元素 z, 那么得到的新集合依然是可数的, 所以和 A 的大小是相同的, 即使我们知道集合 A 包含在 A 添加 z 所得到的集合中! 对于这个值得注意的现象的一个漂亮的阐述便是所谓的 "希尔伯特旅馆": 这个旅馆中有可数个房间, 房间号为 $1, 2, 3, 4, \cdots$, 而且这些房间已经被订满了. 现在一个新的顾客来了前台, 并且要求一个房间, 对此旅馆经理说: "对不起, 所有的房间都有人了." "没问题", 顾客说: "请你将 1 号房的顾客移到 2 号房, 2 号房的顾客移到 3 号房, 依此类推 —— 然后我可以住进空出的 1 号房." 出乎经理的意料 (显然他对于无限性并不那么熟悉), 这个方法起了效果: 由此他可以安置所有的顾客, 同时还能给新顾客安排一个房间.

······ 到不完备

让我们离开 "希尔伯特旅馆", 来看一些我们熟知的数字范围. 所有整数 (正整数, 负整数以及零) 的集合 $\mathbb{Z}$ 也是可数的, 因为我们可以将 $\mathbb{Z}$ 按以下方式 $\mathbb{Z} = \{0, 1, -1, 2, -2, \cdots\}$ 进行完全排序. 同样, 包含所有分数的集合也可以用类似的方法来证明是可数的. 那么包含所有实数的集合 $\mathbb{R}$ 呢? 在这里, 康托使用了一种非常天才的想法来证明 $\mathbb{R}$ 不是可数的. 和欧几里得的方法一样, 康托使用了间接证明. 我们考虑介于 0 和 1 之间的实数. 任意一个这样的数 r 都可以被写成一个无穷小数 $r = 0.r_1 r_2 r_3 \cdots$, 例如 $1/3 = 0.33333 \cdots$. 假设这些数字可以被排序, 那么我们将它们按顺序写下来:

$$r_1 = 0.r_{11} r_{12} r_{13} \cdots,$$

$$r_2 = 0.r_{21} r_{22} r_{23} \cdots,$$

$$r_3 = 0.r_{31} r_{32} r_{33} \cdots,$$

接下来我们取出这个列表中的 "对角线" 上的元素, 也就是数 $r_{11}, r_{22}, r_{33}, \cdots$. 现在我们对于任何一个指标 n, 取一个 1 和 9 之间的整数 b_n, 使得它不等于 r_{nn} (这显然是可能的), 然后构造一个数 $b = 0.b_1 b_2 b_3 \cdots$. 因为数 b 介于 0 和 1 之间, 它一定在我们的列表中出现, 也就是一定对应于某个指标, 假设 $b = r_k$. 但是这是不可能的, 因为根据我们的构造方法, 我们一定有 $b_k \neq r_{kk}$ —— 这就是完整的证明!

来自康托的这个使人惊奇的对角化方法完全可以被称为数学的奥林匹斯山 —— 我们不可能有更简短更优雅的证明! 而且关于严谨性, 它指引我们见识了数学知识的根源. 使用类似的对角化方法, 哥德尔 (Kurt Gödel) 证明了他的不完备定理, 这个定理被众多人誉为 20 世纪最重要的数学结论. 为此, 哥德尔证明了, 在任何依靠逻辑规则来获得结论的形式系统中, 总是存在一些说法是不能在这个系统中被证明的. 而现在重点来了, 这样的说法之一就是数学本身的不自相矛盾性! 我们永远不能证明, 数学是否, 无论我们如何在数学的框架中进行创作, 都不包含任何矛盾并且所有东西都如同纸牌屋一般互相支持.

如果数学果真是人类大脑的一个产物 (也就是说它完全是被创造出来的), 它也有可能会自相矛盾, 那么这个结论是不是也就暗示着, 我们的大脑也许并不是完全正确的, 或者它可以按一种完全不同的方式工作, 并且因此有另一种完全不同的数学存在呢? 不完备性定理就是所谓的数学的原罪. 如同天主教徒们了解原罪 (并且不为此感到忧虑) 一样, 数学家们也了解这个他们所仰仗的摇晃的根基, 即使如此, 他们依然写他们的书, 证明他们的定理, 一直保持着一种希望, 期待着他们的定理在某一天能够进入永恒的真相的天堂中 —— 和优雅的证明一起.

参考文献

[1] M. Aigner und G. M. Ziegler: Das Buch der Beweise. Berlin/Heidelberg/New York 2002.

[2]　P. J. Davis und R. Hersh: Erfahrung Mathematik. Basel/Boston/Stuttgart 1985.

[3]　J. Hadamard: The Psychology of Invention in the mathematical Field. Princeton 1945.

[4]　G. H. Hardy: A Mathematician's Apology. Cambridge 1969.

[5]　H. Poincaré: Letzte Gedanken. Leipzig 1913.

[6]　B. Schechter: My Brain is open, the mathematical Journeys of Paul Erdös. Oxford 1998.

数学从哪里产生 —— 十个地点 第 **4** 章

Günter M. Ziegler

选自 Gegenworte (柏林 – 勃兰登堡科学协会), 第 16 册, 2005 年 12 月, 第 12–16 页.

数学是从哪里产生的呢? 头脑中! 数学是由很多想法组成的.

不论谁想向一个数学家询问数学中决定性的想法来自何处, 来自何时, 很少能得到满意的答复. 数学思维不存在于实验室中, 只有很偶尔地在深思下能够按部就班地通过日程表得到.

数学的创造并不需要太多工具. 纸和笔已经构成了基本配备 (对我而言, 是画纸和铅笔), 但是思考只存在于大脑中, 而验证计算则在笔记本中. 如果一定要有一个实验室, 那么数学家的实验室的配备是非常简朴的, 而且他们的实验室是可以运输的. 所以那个 "数学产生的地方" 并不能被一些特定的条件所限制; 数学思维不能被创造它们的方法和条件所限制.

任何想要如同一个数学家一般发展数学思维的人都必须将自己从写字台的约束中解放出来. 他必须找到时间用于思考, 必须能够沉思, 必须拥有休息和休闲, 必须能够让自己集中注意力或者放松自己. 他必须能够用思考徜徉在旅途中. 对此, 没有任何成功的处方. 数学是丰富多彩的, 而且数学家们也是各有千秋, 虽然很多时候数学家们给人的刻板印象总是灰白头发和厚眼镜. 数学思维诞生的地方则也反映了这种多样性. 所以接下来, 我将带领大家踏上一个旅程, 来参观游览一些截然不同的产生伟大的数学思维的地方, 希望能够稍稍解答大家的疑惑.

1 在书桌上

"数学家是一种神奇的生物, 半人半椅子." 戈林 (Simon Golin) 说道. 当然, 很多的数学产生于书桌上, 并且经常地, "决定性的想法" 就在一个漫长的计算中的灵光一现, 出现在书桌上的例子的计算中. 在这里, "书桌" 代表的是一个安静的地方, 一个可以集中注意力的地方.

在慕尼黑的德国博物馆中, 我们可以参观那张哈恩 (Otto Hahn) 发现核裂变的笨重粗糙的桌子. 在苏黎世, 我们还可以在按原样恢复的曼恩 (Thomas Mann) 的书房中惊叹. 但是我不知道任何数学家的书桌或者工作台出现在博物馆中. 也许在今后也不会有 —— 当然, 也是因为由于成堆的科研申请表格等, 科学家们只能使用书桌的一小部分.

关于欧拉 (Leonhard Euler, 1707—1783), 曾经有报道称他可以在书桌前集中注意力, 并且有效地工作和写作, 当他的孩子们在他的书桌周围玩耍, 在他的双腿之间游戏时. 欧拉, 作为新时代最高产的数学家之一, 显然是很不易被分散注意力的. 而在 1771 年的失明并没有对他的创造力造成严峻的影响, 他的工作的将近一半出现在他失明之后.

2 在计算机中

一台计算机并没有自己的思想, 所以也不能创造数学. 但是确实存在一些发现源自计算机, 在计算机中得到, 并且没有计算机的帮助不可能出现. 隶属于这些发现中的有著名的苹果小人 (即曼德博集合); 由迭代得到的神秘的分形结构, 这些都是没有计算机和屏幕我们没有办法看到的.

但是在数字的深处同样藏着没有计算机就无法被发现的秘密. 例如, 在 20 世纪 70 年代的加拿大, 诺斯 (Roy D. North) 有一个发现. 它和数学中最美丽的公式有关——来自于 1734 年的欧拉: 当人们将平方数的倒数相加时, 即 $1+\frac{1}{4}+\frac{1}{9}+\frac{1}{16}+\cdots$, 那么我们得到的是 π^2 的六分之一. 这个奇妙同时也很重要的结果有众多闪耀才气的证明、拓展和应用.

这个欧拉和是一个无穷级数, 是无限多项作和, 而且结果是一个无理数, $1.64493406684822643647\cdots$. 如果将这个求和的过程在计算机上进行, 并且在一百万项之后停止, 于是我们得到了正确的五个数字, $1.64493306684872643630\cdots$. 第六位是错误的并不值得惊讶: 这个无限和并不是收敛得那么好. 但是第七位、第八位、第九位、第十位、第十一位和第十二位都是正确的, 这才是让我们惊讶的! 误差大概出现在第六位、第十二位、第十八位、$\cdots\cdots$ 并且误差的大小也是非常有系统性的, 在这里, 伯努利数 (有时也被称为 "贝努利数"), $1, -\frac{1}{2}, \frac{1}{6}, 0, -\frac{1}{30}, 0, \frac{1}{42}, \cdots$, 而这是手算或者用眼看发现不了的, 甚至对于欧拉、高斯或者黎曼之类的计算大师也难以达到的, 只有在现代的计算机和数学软件的帮助下才能得到. 要形成一个数学上的结果, 数学家们还需要证明它, 但是最终地, 依靠纸和笔. 这是最早由博温 (Borwein) 兄弟和迪尔歇尔 (Karl Dilcher) 做到的.

3 在床上

年轻的高斯 (Carl Friedrich Gauss, 1777—1855) 在一封信 (Gauss 和 Gerling, 187 页) 中描述了正十七边形的构造方法:

"这个发现的故事我至今没有在任何公开场合提到过, 但是我可以很精确地描述出来. 日子是 1796 年 3 月 29 日, 而且那个事故在这件事中没有任何影响.$\cdots\cdots$ 经过反复思考和计算所有根相互之间的关系, 在布伦瑞克 (Braunschweig) 度假的一个早上 (在我起床之前), 我成功地清楚看到了它们之间的关系, 于是我可以应用在正十七边形的构造上."

哈代 (G. H. Hardy) 将印度数学家拉马努金 (Ramanujan) 誉为 "数学近代史上最浪漫的形象".

"拉马努金曾经说, 纳马卡尔的女神在他的梦中启发他发现了那些公式. 有一个非常值得注意的事实是, 经常, 他在起床之后可以写下结果并且很快地进行验算, 尽管他不是总能给出一个严格的证明."

4　在教堂中

神的启示也许很难在数学的发现中找到. 但为什么梵蒂冈庄严肃穆的气氛 (包括薰香的醉人的效果) 不能成为想法的诱因呢?

"据说, 狄利克雷 (Dirichlet) 是在听到梵蒂冈的西斯廷教堂中的复活节弥撒时得到了对于他的 (单位) 定理的决定性想法的. …… 他的工作的一个特点便是, 只有当他在头脑中形成完整的想法之后, 他才将这个想法以书面的方式呈现出来." 这是科赫 (Koch) 对于狄利克雷 (1805—1859) 的描述.

5　在牢房中

勒雷 (Jean Leray, 1906—1998) 在他身处奥地利的 Edelbach 的一个战俘营中时, 获得了他的最深切和最重要的发现 —— 现代代数拓扑的基本理论, 例如谱序列和层论. 拿破仑时期的官员彭赛列 (Jean-Victor Poncelet) 在他身为俄国俘虏的五年时间内发展了射影几何. "对于抽象科学, 没有任何比监狱更好的地方." 韦伊 (André Weil) 写道 —— 那时候他正在德国监狱中.

6　在咖啡机旁

充满传奇色彩的匈牙利数学家厄多斯 (Paul Erdös, 1913—1996) 给我们留下了各种关于数学想法的出现的角度和轶事. 数十年如一日, 厄多斯在世界各地旅行, 没有固定位置, 没有固定住址, 作为朋友们和认识的人的客人. 在 2003 年, 柏林的犹太博物馆的一个名为 "10+5= 上帝" 的展览上展出了厄多斯的包含了他所有家当的旧行李箱.

当厄多斯手持一杯咖啡, 坐在起居室的沙发上时, 他经常感受到那句名言: "我的头脑是开放的." 沙发和咖啡, 满足了进行一场数学讨论的所有前提条件. 而数学想法当然也可能随之而来.

厄多斯说过: "一个数学家是一台将咖啡转化为定理的机器." 对此我的经验是, 在质量上并不存在任何关系. 在 20 世纪 80 年代, 在麻省理工学院的数学系, 极度糟糕的咖啡却为我们带来了 (部分) 精彩绝伦的数学. 而在伯克利, 总是有过多的香草低卡低脂卡布其诺, 但即便如此, 人们依然创造了非常美妙的数学. 厄多斯自身, 在咖啡因之外还需要兴奋剂和安眠药来帮助他思考. 因为打赌, 他在一个月中没有使用任何药片, 对此他说: "这对于数学而言绝对是极为糟糕的一个月."

7　在海滩上

作为一个数学家, 你当然可以在海滩上继续工作, 而且数学家们真的这么做 —— 他们喜欢这样, 而且有一些具有传奇性的成功案例. 斯梅尔[①] (Stephen Smale) 关于他在 1960 年在里约热内卢的海滩上的工作如此写道:

"在一个很寻常的下午, 我一般会乘坐巴士去往 IMPA, 然后很快开始和埃隆 (Elon) 讨论拓扑, 和墨里西欧 (Mauricio) 讨论动力系统或者在图书馆中浏览. 数学研究一般不需要很多东西, 最重要的原料就是一叠纸和一支圆珠笔. 另外, 不错的图书馆资源, 可以讨论的同事也是很有帮助的. 我非常满意.

更让人惬意的是在海滩上的时间. 我的工作主要是简单记下我的想法并且尝试看看怎么将它们组合在一起, 还有, 我有时还画一些简单的图表, 展示几何对象在空间中的运动, 然后尝试将这些图和形式演绎联系起来. 沉醉于这样的思考和在草稿纸上的书写, 海滩上的吵闹完全不会干扰我. 当然, 你也可以短暂地离开研究去游泳."

他由于在里约热内卢的工作而名声大噪, 其中有对于庞加莱猜想在维数 $n > 4$ 的情况下的证明, 以及对于动力系统理论的重要见解. 他关于 "我在里约热内卢的海滩上完成了我最好的工作的一部分" 的说法却给他带来了很多的麻烦: 由于他的反越战的立场, 他遭受到了很多攻击, 尤其是他的 "在里约热内卢的海滩上完成的" 工作被美国总统的科学顾问评论为对税款的浪费.

时至今日, 海滩上的工作依然导致了一些好奇的争议. 下一个段落 (Grötschel, 358 页) 来自于伯奇 (Claude Berge) 的一个演说, 由于其中包含了歧视女性的部分而被出版社删除了:

"你也许会在这儿, 那儿, 任何地方偶遇曼弗雷德 (Manfred), 在柏林, 在波恩, 在洛桑, 在纽约, 在坦帕, 在夏威夷, 在格勒诺布尔, 在巴黎. 但是千万不要将他对于旅行推销员问题 (Travelling Salesman Problem, 又称旅行商问题, TSP 问题, 是组合学中的一个重要问题) 的成就解读为他的游历使然. 如果你在圣特罗佩的海滩上见到他, 他很可能正在埋首于笔记本电脑, 甚至不看一眼大海或者成群的女士们! 我个人的看法是, Manfred Padberg 是一种新的人种, 一种更喜欢坐在计算机前的人. 也许经过直立人, 尼安德特人, 克罗马侬人, 智人, 我们现在面对一种新的人种 —— 智数学家[②]?"

[①] 1966 年菲尔兹奖得主. —— 译者注

[②] 在此伯奇玩了一个文字游戏: 在直立人 (Homo Erectus) 和智人 (Homo Sapiens) 的英文名称中, 都包含 "Homo" 一词, 于是他利用此造了一个新词 "Homo Mathematicus". —— 译者注

8　数学家的天堂

对于很多数学家而言, 最完美的工作地点是类似于黑森林中的数学研究所上沃尔法 (Oberwolfach, 著名研究中心, 位于德国巴登 – 符腾堡州) 的地方, 在这里, 一位美国数学家曾经在入口的门上写上了 "欢迎来到数学家的天堂" 这样的欢迎语.

上沃尔法这个研究和会议中心位于极为偏僻的黑森林中. 在这里, 有安静的环境, 很好的食物, 出色的图书馆, 大黑板, 一个复印机, 计算机, 很多的意大利浓缩咖啡机, 一个台球桌, 一个乒乓球房, 一个音乐房, 一个很大的酒窖, 长的步道, 以及来自世界各地的同行. 对于以上的任何一个部分每个人都可以根据自己的喜好过度使用或者完全不用, 而且理论上几乎任何一部分都在想法的形成中扮演重要的角色.

于是据说在上沃尔法存在一个红色的乒乓球拍, 在上面来自埃森的弗雷 (Gerhard Frey[1], 以他命名的弗雷曲线在费马大定理的证明中起了很大的作用) 兴奋地用一支黑色的笔向来自波恩的哈德 (Günter Harder) 解释了他对于证明费马大定理的想法.

接下来的故事中, 一个咖啡馆成了主角 —— 伯克利的斯特拉达咖啡馆 (Caffe Strada), 在这里年轻的美国数学家里贝 (Ken Ribet) 迈出了接下来的重要一步.

9　普林斯顿的一个阁楼

怀尔斯 (Andrew Wiles) 对于费马猜想 —— 方程 $x^n + y^n = z^n$ 对于 $n > 0$ 不存在正整数解 —— 的证明完全可以被归类于现代科学中最富戏剧性的一部分. 一个人, 在一个阁楼中为了解决数学中的一个大问题而工作七年, 当得到解答之后, 却发现其中一个致命的错误, 为此这位英雄又回到他的阁楼中, 最后并未改正这个错误, 但却产生了一种想法最后可以绕过这个错误: 我们如何能不把他和古老的英雄事迹相比较呢?

我们要觉得惊喜的是, 这个故事并不是来自于荷马史诗, 而是一个英国记者的一本畅销书. 这个戏剧并不是在一个希腊剧场上演, 而是在百老汇以话剧和音乐剧的形式被演绎. 这些都是在近代发生的.

关于决定性的想法是如何产生和在哪里产生的问题, 怀尔斯自己说道 (Singh, 257 页, 297 页):

"大部分时间, 我在我的书桌前书写, 但是有时候我可以将这个问题简化为一些特定的东西 —— 有一个线索, 一些很奇怪的东西, 它们就隐藏在这些纸下面, 但我却无法触碰. 如果有一个特定的东西在我的脑海中环绕, 那么我不需要任何书写的东西或者坐在我的书桌前工作, 这时候我会下楼在湖边散步. 当我散步时, 我发现更容易将我的思想集中在问题的一个特定的角度上, 完全地集中在这一点. 我一直都携带一张纸和一支铅笔, 所以一旦有想法, 我就会坐在一条长凳上开始把它记录

---

[1] 在此原书中为 Günter Frey, 有误. —— 译者注

下来.

在一个周一的早晨, 9 月 19 日, 我坐在我的书桌前检验 Kolyvagin-Flach 方法. 并不是我觉得我可以使它有效, 但是我想至少我可以解释为什么不行. 我想我抓住了一些稻草, 但是我想要让自己安心. 突然, 完全出乎我的意料, 我有了灵感. 我意识到, 即使 Kolyvagin-Flach 方法并不能完全成功, 但是这正是让我原来的岩泽理论 (Iwasawa 理论) 奏效的途径.······ 这是无法言表的美丽; 它那么简单, 那么优雅. 我无法理解为什么我没有早早发现, 而且整整二十分钟, 我只能紧盯着它. 接下来的白天, 我在学院里漫步, 并且不停地回到我的书桌前看它是否还在那里. 它还在那里. 我太兴奋了, 我无法抑制自己的兴奋. 这是我一生中最重要的时刻. 我所做的任何事情都永远无法与之比拟."

10 图书馆

很多出色的新想法是和前人的想法紧密联系的. 为此我们当然需要了解前人的想法: 前人将他们的想法遗留在图书馆中, 而同行们知道新的想法. 我们只需要将这些东西正确地组合在一起.

斯坦利 (Richard P. Stanley), 麻省理工学院的数学教授, 对于他在现代几何上的大师之作 —— 这个工作使他在 1979 年扬名并且带给了他麻省理工学院的教授席位 —— 的成就之路给出了一个简短的描述. 他说明了他如何想到将 "关于类环簇的硬 Lefchetz 定理" 用以解决多面体理论中的一个基本问题: 对于单多面体的 "麦克马伦 $g-$ 猜想" 的证明. 这个猜想由麦克马伦 (Peter McMullen) 在 1971 年提出, 当时被看成是一个非常勇敢的猜想, 因为只有很少的 "实验数据" (并不是如同传说一般由四杯啤酒启发的 —— 麦克马伦现在说).

在这里我们将斯坦利的描述进行一些删减. 我们引用斯坦利的描述, 但是在对于数学的具体细节描述之处用省略号代替:

"你也许会觉得下面的一些对于如何证明 $g-$ 猜想的必要性的评论有意思. 从我最早的关于······ 的工作中我发现, $g-$ 猜想的必要性可以由 1976 年的······ 得到, Toni Iarrobino 将硬 Lefchetz 定理带进了我的视野. 现在来看, 很显然我们需要一个光滑射影簇 X, 它的······ 对于局部类环簇的理论, 我已经关注了一段时间, 而且也已经查阅了一些资料来确认簇 $X(P)$ 是否有正确的性质. 出现了三个问题: (1) 我没能很好地理解······ (2)······ (3)······ 这些问题一直存在, 直至 1979 年的春天或者是夏天, 当我无意中在麻省理工学院的图书馆的新期刊书架上发现了丹尼洛夫 (Danilov) 的文章. 注 3.8 马上引起了我的注意. 它指出······ 但是如果更仔细地阅读, 你会很容易发现注 3.8 并不是那么确切. 人们还需要假定······ 于是我询问了一些代数几何专家是否······ 但是没有人知道. 不久之后我从图书馆中借出了一本书, 原意是为了查阅一篇和另一个我感兴趣的问题 —— 这个问题和 $g-$ 猜想完全无关 —— 相关的文章. 在浏览这本书时, 我发现了 Steenbrink 的一篇文章, 其中

包含了对于射影 $V-$ 簇的硬 Lefschetz 定理的证明. 剩下的只是确定, 对于凸多面体而言, 簇 $X(P)$ 一定是射影的. 这个问题通过在 1979 年 9 月 13 日与芒福德 (David Mumford) 的一次讨论解决了, 于是这个证明就完整了."

当时没有人知道, Steenbrink 的证明并不是正确的 —— 并且因此, 斯坦利的论据链中便包含了一个空当. 而斯坦利在很久之后才知道, 这个空当最终由 M. 斋藤成功填补.

数学是多姿多彩的, 而数学家们也是各式各样的. 在这里我们造访了十个地方, 这些都是 "数学产生的地方". 当然还存在更多不同的地方. 其中没有一个是舞台. 这些 "英雄" 中的大多数都是 (很大程度上) 非虚无的, 而且成功的幸运经常出现在日常生活的平凡之事中. 所以我自愿地引用了这些演员们的原话.

参考文献

[1] M. Aigner und G. M. Ziegler: Das BUCH der Beweise. Heidelberg 2004 (2. Auflage).

[2] K. Barner: Der verlorene Brief des Gerhard Frey, Mitteilungen der DMV 2/2002, S. 38–44.

[3] J. M. Borwein, P. B. Borwein und K. Dilcher: Pi, Euler numbers, and asymptotic expansions, Amer. Math. Monthly 96, 1989, S. 681–687.

[4] G. P. Csicsery: N Is a Number. A portrait of Paul Erdös. Dokumentarfilm (57 Minuten), 1993.

[5] C. F. Gauß und Ch. L. Gerling: Briefwechsel, hg. von Clemens Schaefer. Berlin 1927.

[6] M. Grötschel (Hg.): The Sharpest Cut: The Impact of Manfred Padberg and His Work. Philadelphia 2004.

[7] G. H. Hardy: Ramanujan. Twelve Lectures on Subjects suggested by his life and work. Cambridge, MA. 1940.

[8] H. Koch: Peter Gustav Lejeune Dirichlet (1805–1859). Zum 200. Geburtstag, Mitteilungen der DMV 3/2005, S. 144–149.

[9] P. McMullen: The numbers of faces of simplicial polytopes, Israel J. Math. 9, 1971, S. 559–570.

[10] A. M. Sigmund, P. Michor und K. Sigmund: Leray in Edelbach, Mathematical Intelligencer 2/2005, S. 41–50.

[11] S. Singh: Fermat's Last Theorem. London 1997.

[12] S. Smale: The Story of the Higher Dimensional Poincaré Conjecture (What Actually Happened on the Beaches of Rio), Mathematical Intelligencer 2/1990, S. 44–51.

[13] R. P. Stanley: The number of faces of simplicial polytopes and spheres, in: J. E. Goodman u. a. (Hg.): Discrete Geometry and Convexity. New York 1985, S. 212–223.

为什么是数学？ 第 **5** 章

Ian Stewart

选自《为什么 (恰好) 是数学？—— 来信中的一个答案》(Spektrum, 2007 年), 第 1–9 页.

亲爱的梅格,

正如你所预料的那样, 我对于你学习数学的选择感到非常高兴, 因为这意味着, 几年前你一直反复阅读《时间褶皱》①所用的所有那些星期并没有浪费, 还有所有那些我用来尝试为你解释超方形和高维空间的小时也没有浪费. 代替回答你提出的关于数列的问题, 我首先想要关注在它们之后的一个很实际的问题: 有没有除我以外的人能够依靠数学生活呢?

这个答案是很出乎意料的. 我所在的大学在几年前对校友们进行了一个问卷调查, 并且发现, 在所有的学科中, 数学系的毕业生拥有最高的平均收入. 当然, 这个问卷调查发生在新的医学院成立之前; 即便如此, 这依然和一个普遍的成见相矛盾 —— 即依靠数学人们不可能找到高收入的工作.

事实上, 我们在生活的各个角落, 每时每刻都能遇见数学, 但是很多时候我们却忽视了这个事实. 我早期的学生有的现在开设了酿酒厂, 有几个在电器公司担任主管的职务, 他们设计汽车, 编写计算机软件, 或者在股票市场上指点风云. 对于一般人而言, 我们不会去考虑银行的主管有数学硕士学位, 或者发明或生产 DVD 或 MP3 播放器的公司雇用了大量数学家这类事情. 同样, 我们也很少考虑, 用以传送土星行星的那些令人惊艳的图片的技术在很大程度上是基于数学的. 我们知道, 医生毕业于医学系, 律师在法学系接受教育, 因为两者都是特定的、有着清晰界定的职业, 而且它们需要特定的教育经历. 但是你永远找不到外墙上的名牌上写着数学家的房子, 当你需要时, 他们可以收费帮助你解决数学问题.

在我们的社会中, 数学拥有非常巨大的影响, 但是这一切都隐藏在光怪陆离的表象背后. 这个原因很简单: 数学就属于幕后. 当你驾驶一辆汽车时, 你不希望自己担心所有那些复杂的让汽车顺利运转的机械技术. 当然, 如果你能够清晰理解汽车机械的运转, 你会是一个很好的司机, 但是这并不是成为一个好司机的必需条件. 同样的道理可以被应用在数学上. 你希望你的汽车上的 GPS 知道行进路径, 而不需要你自己进行所有的计算. 你希望你的电话能够工作, 而不需要你自己处理信号转换

---

① 美国作家 Madeleine L'Engle 的科幻作品, 原名 "A Wrinkle in Time". —— 译者注

和纠错码.

但是必须有一些人知道, 这其中大部分是数学家, 因为除了他们没有人能够让这些奇迹发生. 如果普罗大众能够意识到我们在日常生活中多么依赖数学, 那么将会是一件多么美好的事情. 但是如果你一直把数学隐藏在幕后, 那么很多人意识不到它的存在便完全不奇怪了.

有时候我会想, 改变大众对于数学的偏见的最好办法应该是在所有和数学有关的事情上面贴一个红色的标签: 内有数学. 当然, 每一台计算机上都应该有这样的一个标签, 而且我们还必须 —— 如果我们严格遵照这个建议的话 —— 在每一个数学教师身上贴上这样的标签. 这样的红色数学标签, 我们还应该贴在每一张机票上, 每一台电话上, 每一辆汽车上, 每一种交通工具上, 每一颗蔬菜上 ⋯⋯

蔬菜?

真的. 农民们直接种植他们的父亲或者祖父们种植的作物的时代早已经过去了. 几乎所有你能够在市场上买到的作物, 都是经过长期复杂的选育过程得到的. 这整个实验设计的数学依据早在 20 世纪前期便已经建立了, 目的是可以系统地创造新的品种 —— 更别提更先进的基因修正的方法了.

等一等. 这不是生物学吗?

这当然是生物学, 但这也是数学. 基因学是生物学中最早的有数学应用的分支. 人类基因组计划 (Human Genome Project) 因为众多生物学家的投入而如此成功, 而这其中很重要的一部分则是发展一种有效的数学方法, 能够用以分析实验结果并且由碎片的数据重建精确的基因组.

所以, 蔬菜也应该得到一个红色标签. 当然, 任何蔬菜制品也应该包含一个红色标签.

你看电影吗? 你喜欢特效吗?《星球大战》,《指环王》? 都是数学. 最早的全部由计算机动画制作的电影 (《玩具总动员》) 引发了超过 20 篇数学论文的发表. "计算机图像" —— 这不是一部单纯的绘制图像的计算机; 它使用了很多的数学方法来让这些图像看上去更真实. 为了达到这个目的, 我们需要三维几何, 光线的数学, "其间" 的计算, 用来在开始和结束之间插入一个光滑的图片序列, 甚至更多. "插入" 是一种数学概念. 计算机是一种很聪明的技术, 但是离开成熟的数学概念, 它们无法创造出任何价值. 红标签.

当然这其中还有互联网. 如果我们想要找到一个处处使用数学的东西, 那就是互联网. 眨眼之间就能给出很多搜索结果的搜索引擎谷歌完全建立在数学方法的基础上, 来快速找到哪些网站最有可能包含用户需要的信息. 谷歌建立在矩阵代数、概率论和网络组合的基础上.

但是互联网的数学的触角伸得更远. 电话网络就是基于数学的. 早期的电话的通话者是按照字面上的 "连接" 在一起的, 他们手中的话筒是互相连接的. 时至今日,这样的线路需要能够同时传输数不胜数的数据. 有很多人想要和朋友说话、发送传真或者上网, 所以电话线路、大洋电缆和卫星通信需要能够同时被使用, 否则所有这些通信的网络就不能满足大家的需求. 所以每一个对话会被分解为成千上万个小碎片, 然后, 100 个碎片中只有一个会真正被传输. 在通信的另一端, 遗失的 99 个碎片将会通过在空格处尽可能光滑地填补被重新修复. (这个方法可以成功, 是因为这些碎片到达的时间间隔非常短, 使得你说出的那个声音相较这些片段而言变化得慢得多.) 哦对了, 这个信号整体也是进行了加密, 使得可能的传输错误不仅能被发现, 还可以在另一端被改正.

失去大量的数学的支持, 现代的通信系统是完全不可能工作的: 密码学, 傅里叶分析, 信号处理······

假设这种情形: 你上网要买一张机票, 你预定了航班, 出现在机场, 登上飞机, 然后, 起飞. 飞机能够飞行是因为发明飞机的工程师们应用了燃气的流体力学和空气动力学来保证飞机能够停留在天空中. 它使用全球定位系统 (GPS) 进行导航, 它的工作原理是基于对你的位置的数学分析, 精确度能够以米计算. 航班需要被精确规划, 使得任何航班都会准确地出现在它所规划的那个地点, 而不是地球的另一边 —— 而这个规划用到了数学中的其他领域.

所以就是这样, 亲爱的梅格. 你问我, 是否所有的数学家都关在大学里, 或者是否他们中的一些也在现实生活中工作. 事实上, 你的整个生活就像是在浩瀚的数学海洋中的一艘小船.

但是几乎没有任何人注意到这一点. 我们隐藏了背后的数学让我们感觉更好. 但是这降低了数学的价值. 这真是一个遗憾. 这让人们相信数学是没用的, 它不意味着任何事, 它只是一个没有深刻意义的智力游戏. 所以我想要在各处贴上红标签. 唯一的反面说法就是这个事实, 我们的星球上的大部分东西都会被贴上红标签.

你的第三个问题是最重要也是最令人伤感的. 你问我, 为了学习数学, 你是否要放弃你对美的追求, 你是否要将整个生活淹没在数字和方程、法则和公式中. 我不怪你问这样的问题, 因为很遗憾的, 很多人都拥有这样的成见 —— 但是这完全是错误的. 反面才是事实.

我想要告诉你数学对于我的意义: 她构成了我生活的世界, 让我能用一种全新的视角来观察. 她打开了我的双眼, 让我能够看到自然的法则和模式. 她提供了一种全新的美的体验.

当我, 例如说, 看到一条彩虹, 那么我并不只是看到天空中一条明亮彩色的桥. 我看到的不仅仅是透过雨滴的阳光, 雨滴将太阳的白光分解成不同的颜色. 我一直觉得彩虹是很美的, 同时也是非常引人思考的, 但是我也很开心地知道彩虹远远多于简单的光线折射. 这些颜色只是让人误入歧途的表象. 真正需要解释的是它的形状和亮度. 为什么彩虹的形状是弧形? 为什么彩虹的光如此明亮呢?

也许你从来没有想过这个问题. 你知道, 彩虹形成于当阳光照射在微小的水滴上时, 光线中的不同颜色的折射角度有细微的不同并进入了观察者的眼中. 但如果你认为这就是一条彩虹所有的秘密, 那么为什么无数的不同的光线束不会互相交叉并且混合呢?

这个答案就在彩虹的几何中. 当光线透过一个水滴时, 水珠的球形形状迫使光线以一个特定的角度离开水滴. 于是每一个水滴都变成了一个明亮的光锥体, 或者像其他人所说的那样: 光线中的任何颜色形成了它们特定的锥体, 并且这个锥体的不同角度展现的是不同的颜色. 当我们看到一条彩虹时, 那么我们的眼睛只能从一个角度观察这些由雨滴组成的锥体, 它们以特定的方式排列在一起, 而每一种颜色在天空中以一定的角度形成了一个圆. 所以我们看到所有颜色在天空中形成了一系列同心圆 —— 一种颜色一个圆.

你所看到的彩虹, 和我所看到的彩虹, 是由不同的雨滴形成的. 我们的眼睛处于不同的地方, 所以我们看到的是由不同的雨滴形成的不同的锥体.

彩虹真的是一种很私人的体验.

有些人相信, 这种 "乖戾" 的说法只是一种个人的情感的体现. 但这完全是无稽之谈. 这反映了一种让人沮丧的自满. 给出这种评价的人们经常想刻意表现他们的诗意的性格, 他们想要用睁大的双眼面对世界的各种奇迹, 但事实上却让自己的好奇心受到压抑: 他们拒绝承认这个世界比他们有限的认识所见到的更加精彩. 大自然总是比你能想象的更加深刻, 更加丰富, 也更加有趣, 而数学, 为你展开了一条理想的道路来欣赏大自然. 理解的能力是人类与其他动物的根本区别, 而且我们需要珍惜这个能力. 很多动物有感情, 但是据我们所知, 只有人类能够理性地思考. 我坚信, 我对于彩虹的几何的知识让它的美进入了一个新的领域. 这没有夺走任何的感性体验.

彩虹只是一个例子. 我还用完全不同的方法来观察动物, 尤其当我要对它的运动方式建立一个数学模型时. 当我注视一个水晶球时, 我看到的不仅是原子晶格的美丽, 还惊讶于它多种颜色的美丽. 我在水井和沙丘中看到数学, 在日出日落中看到数学, 在落入水坑的水滴中看到数学, 还有, 在电话线上跳舞的小鸟身上看到数学. 我就是我 —— 毫无疑问, 如同望向浩渺的海洋时 —— 惊讶于这些东西的无穷无尽, 这些我们不知道的日常奇迹.

此外, 数学的内在美也不应该被忽视. 能够推进自身的数学应该是非常美丽和优雅的. 我不是指那些我们在学校里面学到的 "算术"; 单独地看, 这些操作是丑陋和无形的, 即使在它们背后隐藏的原理拥有独特的美丽. 真正使数学美丽的, 是那些想法, 那些普遍适用的闪光点. 人们曾经尝试使用圆规对一个角进行三等分, 这个尝试类似于, 证明 3 是一个偶数; 或是我们可以确定不能做出正七边形, 但是却可以做出正十七边形; 或是不可能解开反手结; 或是有一些无限比其他的大, 而某些看上去应该更大的无限却事实上是一样大的; 或是那个 (除了 1 之外) 能够写成连续平方数

的和 $(1+4+9+16+\cdots)$ 的形式的唯一的平方数是 4900.

你, 梅格, 完全有潜力成为一个有能力的数学家. 你有充满逻辑并且同时善于提问的头脑. 没有人可以用不清晰的论据混淆你; 你想要自己看到细节并且验证它们. 你不仅想知道东西是怎么运转的, 你还想要知道为什么. 你的来信让我充满希望, 你可以和我一样看待数学 —— 迷人, 美丽, 一条无与伦比的路.

我相信, 舞台已经为你准备好.

你的, 扬

II 持续的热点

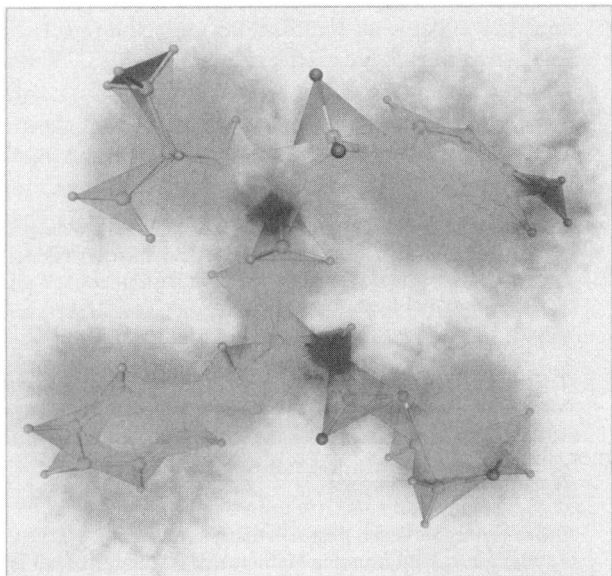

数学是一门拥有几千年历史的学科. 让人难以置信的是, 早在超过三千五百年前, 古巴比伦人已经可以解二次方程, 使用的方法和我们现在在初中学习的方法是完全一样的. 不同于其他很多学科的是, 在数学中没有所谓的 "老古董", 没有过时的知识, 而是总是像以前一样正确. 在数学中, 一次正确便意味着总是正确, 与时代无关, 与政治体制无关, 与任何时尚无关. 甚至在数学中还存在一些问题, 从数学工作的起始至今依然处于我们的主要兴趣的中心, 并且有很好的理由. 在这一部分, 我们将要给大家展示一些这类持续热门的问题.

素数, 自然数的 "乘法基石", 早已让古希腊人为之震撼. 存在多少个素数? 它们是如何分布的? 人们如何判定一个整数是否为素数? 这是我们第一系列的文章所关注的问题. 顺便说一下, 在接下来的 Courant 和 Robinns 的文章中提到的所有的 $F(n)$ 中除了 $n = 0, 1, 2, 3, 4$ 外是否没有素数的问题依然是一个未解决的问题. 同样等待着一个证明 (或者证伪) 的还有哥德巴赫猜想. 另外, 我们可以参见关于等差数列的文章中的相应问题. 格林 (Ben Green) 和陶哲轩 (Terrence Tao) 在 2004 年证明了, 在素数的集合中存在任意长的序列 $a, a + d, a + 2d, \cdots, a + kd$, 其中所有数都是素数. 这是一个 "世纪结果", 因为这个工作, "神童" 陶哲轩, 时任加州大学洛杉矶分校的数学教授, 获得了菲尔兹奖, 这是数学界最重要的研究性奖项.

这一部分中第二系列的文章则主要关注的是在数学发展中一个很根本的驱动因素: 无限的引入. "无限小" 和 "无限大" 的引入让人们为之惊叹. 究竟存在多少种无限, 并且是不是有一些比另外的更大或者更小呢? 这个问题是如何在哲学和神学上发挥作用的呢?

对于无限小的研究的一个出发点来自于阿基米德的方法, 即使用逼近法来测量一个不规则物体的体积, 这个方法启发了将近两千年后牛顿和莱布尼茨发明的微积分理论. 古希腊哲学家芝诺 (Zenon von Elea) 描述了阿喀琉斯和乌龟赛跑的悖论. 在这里他断言, 只要乌龟比阿喀琉斯先出发, 速度极快的阿喀琉斯不可能追上慢吞吞的乌龟. 因为在阿喀琉斯超过乌龟之前, 他必须先到达在他出发时乌龟所在的位置. 而在他所需要的这段时间中, 乌龟已经继续往前走了, 因此乌龟相较之下又有了一个, 虽然更小的, 优势. 接下来我们再重复这个说法: 阿喀琉斯需要先到达乌龟的位置, 而在这段时间之内, 乌龟又继续向前走了一段距离, 也就是说又拥有了一个优势. 当然在这个说法中一定有哪里出错了, 但是哪里错了呢? 错误在于对于无限的理解, 确切地说是关于一个无限序列的极限.

这一部分中第三个系列则被贡献给了维数这个概念. 我们都知道我们生活在三维空间. 但是事实上, 我们却无法简单地将其描述出来. 另外, 在一张纸上展示的图像并不能给我们展示一个三维物体的全部, 而只是这个物体 "外部" 的映像. 那么, 我们怎样可以找到一个一千维的空间, 而我们真的需要它吗? 还有更糟糕的, 维数必须是整数吗? "当然", "是", "不是", 这些便是以上这些问题的答案. 高维空间会出现在我们对于路线规划的问题中 (参见第四部分), 并且, 的确存在分数维的物体, 分

形, 等等. (这一部分的最后一篇文章是英语的, 原书中并未翻译成德语, 一方面的原
因是, 这篇文章的语言很美并且并不复杂, 更重要的是, 这代表着英语, 更准确地说,
简化的英语, 是数学的学科语言. 数学是如此的国际化, 只有少数学科能够如此, 使
得它的研究结果几乎都是用英语发表的. 巴比伦时期的语言混乱在这里得到了完美
解决, 世界上的每个人都有平等的机会进入数学的世界 —— 使用英语.)

　　这一部分的最后一个系列涉及的是概率论. 通过进化, 人类被赋予了在生活中
找到正确路径的能力. 可惜很多时候, 人们都没有能够正确地估计概率、风险和机
遇. 很多概率论上的分析给出了一些和 "人类直觉" 不相符的结果, 但事实上却是
正确的. 我们可以智胜偶然事件吗? 而一个完整的产业则是基于人类的错觉之上.
为什么有些事情的发展会和我们所期待的完全相反呢? 对于这个问题的一个很典
型的例子便是一个美国的游戏节目, 这个节目在《纽约时代周刊》和《德国时代周
刊》(*Die Zeit*) 引发了猛烈的讨论. 顺便说一下, 在第四部分将会展示, 在上百年前已
经出于需求而发展的概率论能够如何帮助我们在这个巨大的资本风暴中的现代商
业中理解博彩, 并且让获胜的概率最大化.

II.1 素数

素数　　　　　　　　　　　　　　　　　　　　第 6 章

Richard Courant, Herbert Robbins

来自《数学是什么？》(Springer, 第 4 版, 1962 年), 第 1 章, 第 17–26 页.

也许围绕在自然数周围的神秘的光环不再如从前一般闪耀, 但不论是数学家还是数学的门外汉, 对于更多地了解数字世界中的规律的兴趣却丝毫没有减弱. 这也许是从欧几里得[①] (Euclid, 前 325—前 265) 的《几何原本》开始赢得的荣耀: 作为一本出版于公元前 300 年的数学著作,《几何原本》至今依然对我们的几何课堂有着决定性的影响. 另外, 欧几里得的《几何原本》实际上不仅集结了先人们在几何上得到的一些结论, 更具有里程碑意义的是, 其中出现了把几何与数论结合起来的最早的尝试. 在其之后还有很多对数论的发展做出很大贡献的数学家们, 其中包括随后进一步发展了数论的丢番图[②] (Diophantus), 为现代数论奠定了基础的费马[③] (Fermat, 1601—1665); 欧拉 (Euler, 1707—1783, 瑞士数学家) —— 他也许能被称作历史上拥有最多发现的数学家 —— 也通过其一系列的工作极大地丰富了数论的内容. 当然, 在这个列表中我们还能继续添加很多伟大的名字, 例如拉格朗日 (Lagrange, 1736—1813, 法国数学家、物理学家), 黎曼 (Riemann, 1826—1866, 德国数学家), 狄利克雷[④] (Dirichlet, 1805—1859), 等等, 不一而足. 我们不能忘记的当然还有著名的 "数学王子" 高斯[⑤] (Gauss, 1777—1855), 这个在新时代中最杰出的数学家, 曾经这样描述他对数论的狂热兴趣: "数学是科学的皇后, 而数论则是数学的皇后."

1　一些基本事实

和数学的其他领域一样, 在数论中大部分理论并不是关于某个特定的对象, 例如数字 5 或者 32, 而是一组拥有类似特性的对象, 例如我们所知的偶数:

$$2, 4, 6, 8, \cdots$$

[①] 古希腊数学家, 被称为 "几何之父". —— 译者注
[②] 古希腊著名数学家, 出生于公元 201 年至 215 年之间, 卒于公元 285 年至 299 年之间, 终年 84 岁, 被称为 "代数之父". —— 译者注
[③] 法国律师和业余数学家, 其数学成就包括著名的 "费马小定理" 和 "费马大定理". —— 译者注
[④] 德国数学家, 数论中著名的 L-函数便是以其命名. —— 译者注
[⑤] 德国数学家、天文学家和物理家, 其数学天赋获得了非常高的评价. —— 译者注

或者 3 的倍数:

$$3, 6, 9, 12, \cdots$$

或者平方数:

$$1, 4, 9, 16, \cdots$$

等等.

素数, 是数论中非常基础也是非常重要的研究对象. 大部分的整数都能被分解成一些更小的因子的乘积, 例如 $10 = 2 \times 5, 111 = 3 \times 37, 144 = 3 \times 3 \times 2 \times 2 \times 2 \times 2$ 等. 那些不能被如此分解的整数则被称为素数. 更准确的表述如下: 素数, 是一个大于 1, 并且没有不同于 1 和其本身的整因子的整数 (一个整数 a 被称为一个整数 b 的因子当且仅当存在一个整数 c 使得 $a = b \cdot c$ 成立). 整数 2, 3, 5, 7, 11, 13, 17 就是最小的几个素数, 但是 12 不是素数, 因为 $12 = 3 \times 4$. 素数的重要性在于任何一个非 1 的正整数都能表示成素数的乘积: 例如任何一个非素数的整数都可以分解成一些因子的乘积, 而其中非素数的因子则可以继续分解, 直至所有因子都是素数 (我们称这些素数为这个整数的素因子), 例如:

$$360 = 3 \times 120 = 3 \times 30 \times 4 = 3 \times 3 \times 10 \times 2 \times 2$$
$$= 3 \times 3 \times 5 \times 2 \times 2 \times 2 = 2^3 \times 3^2 \times 5.$$

一个非 1 且非素数的正整数被称为可约的或者称其为一个合数.

我们首先遇到的关于素数的问题便是: 素数的个数是有限的吗? 抑或用更数学的语言来说, 自然数集是一个包含了无限多个元素的集合, 作为自然数集的一个子集, 素数的集合中是否也包含了无限多个元素呢? 答案是: 的确存在无限多个素数!

欧几里得给出的关于存在无限多个素数的证明一直都被誉为数学推理的一个典范. 在这个证明中, 他使用的是反证法, 即我们首先假设这个定理是错误的, 然后在推理中找到矛盾, 也就是说在对这个定理的证明中, 我们先假设只存在有限多个素数 —— 也许非常多, 几亿, 几万亿, 但是是有限的 —— 假设其数量为 n. 那么我们可以将这些素数标记为 $p_1, p_2, \cdots, p_n$. 于是其他的任何大于 1 的自然数都是合数并且可以被其中至少一个 p_i 整除. 接下来我们要构造一个整数 A, 这个数不同于以上的任何一个 p_i (因为在构造中我们可以看到 A 大于所有的这些数), 但是同时不被它们中的任意一个整除. 这个数是:

$$A = p_1 p_2 \cdots p_n + 1.$$

我们可以看到, A 大于所有素数的乘积, 于是不可能等于其中的任何一个. 所以 A 一定是可约的. 但是如果我们对于 A 做除法, 除以任何一个 p_i 所得到的余数都为 1, 也就是说以上的所有 p_i 均不是 A 的因子. 由此我们可知 A 一定是一个素数, 而这个结论与我们的素数只有以上 n 个的假设矛盾, 所以这个假设是错误的, 也就是说这个假设的反面, 即存在无限多个素数, 是正确的.

虽然这个证明使用的是反证的思路, 但经过简单的修改, 我们就能得到构造一个包含无限多个素数的数列的方法. 我们先选取一个任意的素数, 例如 2, 记为 p_1. 假设我们得到了 n 个素数 (其中 n 至少为 1), 记为 $p_1, p_2, \cdots, p_n$, 由以上的讨论我们可以知道, $p_1 p_2 \cdots p_n + 1$ 一定不能被列出的这些素数整除, 于是, 要么它本身便是一个素数, 要么存在一个不同于以上所有 p_i 的素因子, 我们把这个数或者它的这个素因子加入数列, 记为 p_{n+1}. 如此反复, 我们便可以构造一个无限长的素数数列. 例如, 如果我们选取 p_1 为 2, 得到的数列的前几项便为:

$$2, 3, 7, 43, \cdots.$$

习题: 如果我们选取 p_1 为 3, 你能写出最初的 5 项么?

当我们把一个数表示成它的素因子的乘积时, 这些素因子的顺序是可以随意更改的. 但是经过一些尝试探索我们可以发现, 如果不考虑顺序的更改, 一个整数 N 的素因子分解是唯一的, 即: 对于任何一个大于 1 的整数 N, 其素因子的乘积的表示方法是唯一的. 这个命题被称为算术基本定理. 这个命题第一眼看上去似乎非常容易接受和理解, 但事实上它的证明远非显然. 这个命题的证明虽然看上去非常的基础, 但是需要非常敏锐的洞察力. 在众多的证明中, 欧几里得对于他所命名的算术基本定理给出的证明堪称经典. 这个证明基于寻找两个整数的最大公约数的方法, 或更准确地说, 算法. 但是在这里我们想要介绍的是一个更年轻一些、相比之下也更为简短精练的证明. 这也是一个很典型的使用反证法的例子. 我们假设存在这样的一个自然数, 可以被表示成两种不同的素因子的乘积, 由此我们希望能由此导出矛盾. 如果我们能得到这个矛盾, 则说明能表示成两种不同的素因子分解的整数是不存在的, 于是我们便可以得到任意整数的素因子分解的唯一性的结论.

■ **证明.** 假设存在拥有两种不同的素因子分解的整数, 那么我们可以找到其中最小的正整数, 记为 m. 将它的两种素因子分解标记如下:

$$m = p_1 p_2 \cdots p_r = q_1 q_2 \cdots q_s, \tag{1}$$

其中所有的 p_i 和 q_j 皆为素数. 并且依据交换律, 我们可以任意改变这些素数的顺序, 使得它们以递增数列[①]出现, 即:

$$p_1 \leqslant p_2 \leqslant \cdots \leqslant p_r, \quad q_1 \leqslant q_2 \leqslant \cdots \leqslant q_s.$$

所以 p_1 不能等于 q_1. 否则我们便可以在等式 (1) 两侧同时约去第一个因子, 那么我们得到了另一个拥有两种不同的素因子分解的整数, 并且这个整数一定比 m 小, 这与我们所选取的 m 的最小性是矛盾的. 于是 p_1 要么小于 q_1, 要么大于 q_1. 不失一般

[①] 注意到也许同一个素因子会出现超过一次, 我们这里的 "递增" 意味每一个数都不小于前一个. —— 译者注

性, 我们假设 $p_1 < q_1$ (否则我们只需要交换 p 和 q 的记号). 接下来我们考虑下面这个数:

$$m' = m - p_1 q_2 q_3 \cdots q_s. \tag{2}$$

我们将等式 (1) 代入等式 (2), 那么可以用以下两种方式来表示 m':

$$m' = (p_1 p_2 \cdots p_r) - (p_1 q_2 \cdots q_s) = p_1 (p_2 p_3 \cdots p_r - q_2 q_3 \cdots q_s), \tag{3}$$

$$m' = (q_1 q_2 \cdots q_s) - (p_1 q_2 \cdots q_s) = (q_1 - p_1) q_2 q_3 \cdots q_s. \tag{4}$$

由于 $p_1 < q_1$, 而由等式 (4) 我们可以知道 m' 一定是正整数, 并且 m' 一定小于 m. 于是 m' 的素因子表示一定是唯一的. 由等式 (3) 可知, p_1 一定是 m' 的一个素因子, 所以又由等式 (4) 可知 p_1 一定是 $(q_1 - p_1)$ 或者某个 q_j 的素因子. 后一种可能性是不存在的, 因为所有的 q_j 都是素数且比 p_1 大. 于是 p_1 一定是 $q_1 - p_1$ 的素因子, 即存在一个整数 h, 使得

$$q_1 - p_1 = p_1 \cdot h,$$

所以

$$q_1 = p_1 \cdot (1 + h).$$

由此可知, p_1 为 q_1 的一个素因子, 而这与 q_1 为素数矛盾. 这个矛盾说明了我们原先的假设是不成立的, 于是算术基本定理得证.

以下是算术基本定理的一个很重要的推论: 如果一个素数 p 是两个自然数 a 与 b 的乘积的因子, 则要么 p 是 a 的因子, 要么 p 是 b 的因子.

■ **证明.** 因为 a 与 b 的素因子分解的乘积给出了 $a \cdot b$ 的素因子分解; 如果 p 既不是 a 的因子也不是 b 的因子, 那么在这个素因子分解中不可能包含 p. 另一方面, 如果 p 是 $a \cdot b$ 的一个因子, 那么存在一个整数 t, 使得

$$a \cdot b = p \cdot t.$$

于是等式右侧给出了一个包含 p 的 $a \cdot b$ 的素因子分解, 于是我们得到了与 $a \cdot b$ 拥有唯一素因子分解这一事实相矛盾的结论.

接下来我们给出一些简单的例子. 如果已知 13 是 2652 的一个因子, 而且 $2652 = 6 \times 442$, 那么我们可以推知, 13 是 442 的一个因子. 值得注意的是, 虽然 6 是 240 的一个因子, 而且 $240 = 15 \times 16$, 但显然, 6 既不是 15 的因子也不是 16 的因子. 这个例子告诉我们, p 是素数这个条件是非常重要的.

习题: 为了找到任意一个整数 a 的所有因子, 我们需要把 a 分解成以下形式:

$$a = p_1^{\alpha_1} p_2^{\alpha_2} \cdots p_r^{\alpha_r},$$

其中 p 为不同的素数, 每一个都有不同的幂. 于是所有 a 的因子都可以写成如下形式:

$$b = p_1^{\beta_1} p_2^{\beta_2} \cdots p_r^{\beta_r},$$

其中所有的 β_i 都是非负整数, 并且满足以下不等式:

$$0 \leqslant \beta_1 \leqslant \alpha_1, 0 \leqslant \beta_2 \leqslant \alpha_2, \cdots, 0 \leqslant \beta_r \leqslant \alpha_r.$$

请证明这个命题.

更进一步地, 我们可以证明: 包括 a 本身和 1, a 的所有因子的数量可以由以下乘积给出:

$$(\alpha_1 + 1)(\alpha_2 + 1) \cdots (\alpha_r + 1).$$

例如我们有

$$144 = 2^4 \times 3^2,$$

于是 144 有 5×3 个因子. 这些因子为

$$1, 2, 4, 8, 16, 3, 6, 12, 24, 48, 9, 18, 36, 72, 144.$$

2　素数的分布

给定一个自然数 N, 我们可以用如下方法制造一个包含所有不大于 N 的素数的表格: 首先我们在一个表格中写出所有不大于 N 的自然数, 然后划去所有 2 的倍数, 接下来在剩余的数中, 继续划去所有 3 的倍数, 如此继续, 直至划去表格中所有的合数. 这种方法, 被称作 "埃拉斯托尼筛法" (Sieve of Eratosthanes), 它提供给我们一种系统地找到所有不大于 N 的素数的方法. 随着时间的推移, 数学家们在一种简化了的埃拉斯托尼筛法的帮助下构建出了直至大约 $10\ 000\ 000$ 的所有素数的表格. 这些表格为我们提供了大量的关于素数的分布和特性的实验数据. 基于这些表格, 数学家们提出了很多非常可信的猜想 (从这个角度上看, 数论似乎像是一门实验科学), 但是这些猜想往往非常难以证明.

(1) 构造新素数的公式

人们曾经尝试寻找一个简单的算术公式, 通过这个公式, 我们即便不能给出所有素数, 也可以保证一定能得到素数. 对于这个问题, 费马给出了一个很有名的猜想 (但在当时并不是确定正确的命题): 所有以下形式的整数都是素数:

$$F(n) = 2^{2^n} + 1.$$

事实上, 如果我们写出相对于 $n = 1, 2, 3, 4$ 的 $F(n)$, 得到的

$$F(1) = 2^2 + 1 = 5,$$
$$F(2) = 2^{2^2} + 1 = 17,$$
$$F(3) = 2^{2^3} + 1 = 257,$$
$$F(4) = 2^{2^4} + 1 = 65537,$$

总是素数. 我们将这些数称为 "费马数". 但是在 1732 年, 欧拉发现了 $2^{2^5} + 1 = 641 \times 6700417$ 的分解, 即 $F(5)$ 不是素数. 在那之后更多的所谓 "费马数" 被证实是可分解的, 在此过程中由于尝试直接分解的难度急剧增加, 人们不得不发展出更深层次的数论方法. 直至今日我们依然不能证明, 任意一个 $n > 4$ 所对应的费马数 $F(n)$ 是否为素数.

另一个能够提供很多素数, 非常值得注意并且很简单的式子是

$$f(n) = n^2 - n + 41.$$

当 $n = 1, 2, 3, \cdots, 40$ 时, 所对应的 $f(n)$ 都是素数, 但是当 $n = 41$ 时, 我们却有 $f(n) = 41^2$, 显然是一个合数.

下面这个式子

$$n^2 - 79n + 1601$$

则给出了所有不大于 79 的素数, 但是在 $n = 80$ 时却失败了. 总而言之, 以上皆证实了, 至今, 寻找一个简单的只给出素数的式子的尝试都是徒劳的. 所以, 找到仅仅给出素数的代数公式的希望则更为渺茫.

(2) 等差数列中的素数

我们已经发现, 要证明在所有自然数组成的等差数列 $1, 2, 3, 4, \cdots$ 中存在无限多个素数是很容易的, 但对于在其他的数列 —— 例如 $1, 4, 7, 10, 13, \cdots$, 或者 $3, 7, 11, 15, 19, \cdots$, 或者更一般地, 任意等差数列 $a, a + d, a + 2d, \cdots, a + nd, \cdots$ —— 当然, 其中 a 和 d 没有共同的因子 —— 中是否存在无限多个素数的证明则有着巨大的难度. 所有对于这个问题的观察都指向一个结论, 便是任何如上所述的数列中都存在无限多个素数, 如同在最简单的例子, 即 $1, 2, 3, 4, \cdots$ 中一般. 给出这个命题的证明的是狄利克雷, 这也是他 —— 身为他所在的时代最伟大的数学大师之一 —— 的最著名的成果之一. 在他的证明中我们能够看到高等分析的一个非常天才的应用. 直至今日, 一百多年之后, 狄利克雷的工作依然被认为是在这个问题上非常出色的成就. 但是, 至今我们依然不能成功地简化这个证明, 使得那些没有接触过微积分和复分析的人也能够轻易理解和掌握这个证明.

虽然我们在此不能展示狄利克雷对于此定理在一般情况下的证明, 但是对于某些特殊的等差数列的证明, 例如通项公式为 $4n + 3$ 和 $6n + 5$ 的两个等差数列, 并不

如一般情况那么困难. 事实上, 在这种情况下, 我们可以将欧几里得对于素数的无限性的证明进行简单变化并进行应用. 对于第一个数列, 我们首先注意到, 每一个大于 2 的素数都是奇数 (因为否则此数一定被 2 整除), 所以一定可以找到一个合适的整数 n, 将其写成 $4n+1$ 或 $4n+3$ 的形式. 更进一步地, 我们可以看到, 两个 $4n+1$ 形式的数的乘积依然保持这个形式, 因为

$$(4a+1)(4b+1) = 16ab + 4a + 4b + 1 = 4(4ab + a + b) + 1.$$

现在假设存在有限多个 $4n+3$ 形式的素数, 记为 $p_1, p_2, p_3, \cdots, p_n$. 接下来我们看以下的数:

$$N = 4(p_1 p_2 \cdots p_n) - 1 = 4(p_1 p_2 \cdots p_n - 1) + 3.$$

于是要么 N 本身是一个素数, 要么它可以分解成素数的乘积, 其中不可能出现以上的任何 $p_1, p_2, \cdots, p_n$, 因为根据 N 的构造, 我们知道 N 除以任意一个以上的素数的余数都是 -1. 但是我们知道, N 的因子不可能全部都拥有 $4n+1$ 的形式, 因为我们已知 N 本身不是这个形式, 而两个 $4n+1$ 形式的数的乘积依然保持这个形式. 所以我们可以推知必然存在一个形式为 $4n+3$ 的素因子, 而且这个素因子不可能是我们所假设的 $p_1, p_2, \cdots, p_n$ 中的任何一个, 因为我们已经证明这些素数都不能整除 N. 于是我们得到了一个素数, 它可以写成 $4n+3$ 的形式, 但不是我们所假设的所有形式为 $4n+3$ 的素数中的任何一个, 由此我们得到了一个矛盾, 所以存在无限多个形式为 $4n+3$ 的素数.

　　习题: 对于通项公式为 $6n+5$ 的等差数列证明相应的命题.

(3) 素数定理

　　虽然我们没能成功地找到一个简单的公式来表示素数, 数学家们依然在不懈地寻找关于素数的分布的法则, 而其中关键的一步则是人们转而寻找对于一个给定的自然数 n, 所有小于 n 的素数的数量, 并尝试找到素数的平均分布情况.

　　对于任意的自然数 n, 我们用 A_n 来标记 $1, 2, 3, \cdots, n$ 中素数的数量. 例如在整数列表中用下划线标记出素数, 例如:

$$1\underline{2}\,\underline{3}\,4\,\underline{5}\,6\,\underline{7}\,8\,9\,10\,\underline{11}\,12\,\underline{13}\,14\,15\,16\,\underline{17}\,18\,\underline{19}\,\cdots,$$

那么我们就能够很容易地数出前几个 A_n 的值:

$$A_1 = 0, A_2 = 1, A_3 = 2, A_4 = 2, A_5 = A_6 = 3, A_7 = A_8 = A_9 = A_{10} = 4,$$

$$A_{11} = A_{12} = 5, A_{13} = A_{14} = A_{15} = A_{16} = 6, A_{17} = A_{18} = 7, A_{19} = 8, \cdots.$$

　　现在我们取任意一个无限增长的 n 的序列, 例如:

$$n = 10, 10^2, 10^3, 10^4, \cdots,$$

然后考虑相对应的 A_n 的值:

$$A_{10}, A_{10^2}, A_{10^3}, A_{10^4}, \cdots,$$

很自然地, 根据素数的无限性, 这些 A_n 的值也无限增长 —— 当然比 n 的增长慢得多. 由于我们已经知道, 存在无限多个素数, 对于无限增长的 n, 相对应的 A_n 的值迟早会超过任意一个有限的整数, 意即我们不可能找到一个整数, 使得它大于所有的 A_n. 但是我们可以考虑素数的 "密度", 也就是对于最早出现的 n 个整数中素数出现的概率, 而这个 "密度" 可以由 $\frac{A_n}{n}$ 给出. 由前人计算得到的庞大的素数表格中我们可以提取出某些比较大的 n 的值所对应的 $\frac{A_n}{n}$ 的值如下:

n	$\dfrac{A_n}{n}$
10^3	0.168
10^6	0.078498
10^9	0.050847478
$\cdots$	$\cdots$

这个商 $\frac{A_n}{n}$ 也可以用概率来理解, 即在前 n 个整数中随机选取的整数为素数的概率, 因为我们有 n 种选择, 而其中得到素数的选择有 A_n 种.

如果我们详细地进行研究, 似乎比某个自然数小的素数的分布极其不规律. 但是当我们将注意力转向观察素数的平均分布 —— 即观察由 $\frac{A_n}{n}$ 给出的比例关系 —— 的时候, 这种不规律性在 "细微处" 反而消失了. 这个由以上关系给出的规律, 则是数学中最引人注意的发现之一. 它叫做 "素数定理". 在能够给出确切的素数定理之前, 我们需要先对于任意一个整数 n 定义对应的 "自然对数". 为了这个目的, 我们选择在一个平面上互相垂直的两条轴, 并且考虑这个平面上 x 坐标和 y 坐标乘积为 1 的所有点. 它们在我们的平面上组成了一条等边双曲线的一支, 其满足的等式是 $x \cdot y = 1$. 现在我们定义 $\ln n$ 为以下阴影区域的面积, 即由这条双曲线, x 轴, 与 x 轴垂直的直线 $x = 1$ 和 $x = n$ 围成的区域的面积.

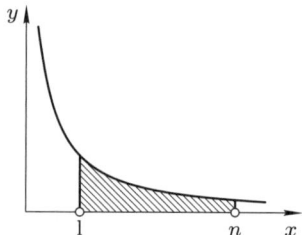

图示阴影部分面积
定义了 $\ln n$

在对于素数表格的实证研究的基础上, 高斯注意到, $\frac{A_n}{n}$ 给出的比率约等于 $1/\ln n$, 而且随着 n 的增长, 这个关系会逐渐改善. 所谓的 "改善" 由 $\frac{A_n/n}{1/\ln n}$ 的比率给出, 即随着 n 的增长, 这个比率愈趋近 1. 在以下表格中我们给出了当 n 分别取值为 1 000, 1 000 000 和 1 000 000 000 时相应的比率值 (某些数值为近似值):

n	A_n/n	$1/\ln n$	$\dfrac{A_n/n}{1/\ln n}$
10^3	0.168	0.145	1.159
10^6	0.078498	0.072382	1.084
10^9	0.050847478	0.048254942	1.053
$\cdots$	$\cdots$	$\cdots$	$\cdots$

基于类似以上的实证研究, 高斯给出了一个猜想, 即 A_n/n 的比率与 $1/\ln n$ "渐近相等". 这里 "渐近相等" 的意思是说, 当我们取一个逐渐增长的 n 的值的序列, 例如如上的

$$n = 10, 10^2, 10^3, 10^4, \cdots,$$

那么所得到的相应的 A_n/n 与 $1/\ln n$ 的比率, 即

$$\frac{A_n/n}{1/\ln n}$$

逐渐接近 1, 换言之, 当我们选择足够大的 n 时, 可以使这个比率的值与 1 之间的差达到任意小. 这个含义我们可以用符号 $\sim$ 来表示:

$$\frac{A_n}{n} \sim \frac{1}{\ln n} \quad \text{意思是} \quad \frac{A_n/n}{1/\ln n} \text{ 随着} n \text{ 的增加逐渐接近 1.}$$

当然这个符号 $\sim$ 不能用我们常见的等号 $=$ 直接代替, 这个原因来自于一个简单的事实, 即 A_n 一定是一个整数, 而同时我们也知道 $1/\ln n$ 一定不是整数.

素数的平均分布可以通过对数函数来描述, 是一个非常显著的发现, 因为它向我们展示了一个令人惊讶的事实, 即两个看上去风马牛不相及的数学概念竟然在现实中可以如此紧密关联.

虽然高斯这个猜想的表述很容易理解和接受, 但是给出一个严格的证明却远远超越了高斯时代的数学发展和那个时代的数学家们的能力. 为了证明这个在表述中只包含着非常基本的数学概念的命题, 人们需要使用现代数学中最强的方法. 经过近百年的数学分析的发展, 1896 年在巴黎的阿达马 (Hadamard, 1865—1963, 法国数学家) 以及 1896 年在鲁汶的普桑 (Poussin, 1866—1962, 比利时数学家) 才能够给出一个对于素数定理的完整的证明. 接下来曼戈尔特 (Mangoldt, 1895—1953, 德国数学家) 和朗道 (Landau, 1877—1938, 德国数学家) 进一步给出了对证明的简化和重要修改. 而在阿达马之前, 早在 1826 年至 1866 年之间, 黎曼率先在一项著名的工作中设计了解决这个问题的策略. 美国数学家 Norbert Wiener 现在正在尝试重新设计和组织这个证明, 使得在一个关键步骤中可以避免使用复数. 无论如何, 素数定理的证明绝对不是一件简单的事.

(4) 两个与素数相关的未解决问题

当人们已经给出了对于素数的平均分布问题的令人满意的答案时, 我们依然面对着很多与素数相关的猜想 —— 它们得到了我们所有经验计算的支持, 但至今依然没有得到理论上的证明.

其中之一便是有名的哥德巴赫 (Goldbach, 1690—1764, 德国数学家) 猜想. 哥德巴赫仅仅依靠其在 1742 年给欧拉的一封信中提出了这个猜想就在数学史中赢得了一席之地. 他指出, 在所有他研究过的偶数 (除了 2, 其本身便是一个素数) 中, 每一

个都可以表示为两个素数的和. 例如:

$$4 = 2 + 2, 6 = 3 + 3, 8 = 5 + 3, 10 = 5 + 5, 12 = 5 + 7, 14 = 7 + 7,$$

$$16 = 13 + 3, 18 = 11 + 7, 20 = 13 + 7, \cdots, 48 = 29 + 19, \cdots, 100 = 97 + 3$$

诸如此类.

哥德巴赫问欧拉, 他能否证明所有大于 2 的偶数都拥有这个性质, 或者能否给出至少一个反例. 欧拉一直都没有给出一个回答, 而且至今也没有人能够给出对这个猜想的证明或者找到一个反例. 对于所有大于 2 的素数都能如此表示的猜想, 多年以来的经验计算给出了非常令人信服的证据, 正如任何人都可以对有限的例子进行验证. 这个问题如此困难的原因在于, 我们的素数是由乘法来定义的, 而这个猜想所涉及的是素数的加法性质. 而在一般情况下, 找到并且确认整数的乘法性质和加法性质之间的关系是很困难的.

直至不久之前, 哥德巴赫猜想的堡垒依然被认为是固若金汤的. 但好消息是, 现在我们似乎可以说, 给出哥德巴赫猜想的证明并不是完全没有希望的. 在 1931 年, 一个意义非凡的成就的出现出乎当时的数学家们的意料并且让人们无限惊喜. 这个成果来一个当时默默无名的俄罗斯年轻数学家 Schnirelmann (1905—1938). Schnirelmann 证明了, 每一个正整数可以表示为不超过 300000 个素数的和. 虽然这个结果和我们原始的想要证明哥德巴赫猜想的结果几乎没有可比性, 但无论如何, 这是我们在证明哥德巴赫猜想的方向上的第一步. 这个证明是一个非常直接的, 而且有建设性的证明 —— 虽然他并没有给出一个实质性的方法, 来找到任意一个正整数作为素数的和的分解. 晚些时候, 另一个俄罗斯数学家 Vinogradoff, 在哈代[①] (Hardy, 1877—1947), 李特尔伍德 (Littlewood, 1885—1977, 英国数学家) 以及他们的印度同僚拉马努金 (Ramanujan, 1887—1920, 印度天才数学家) 发明的方法的帮助下, 把素数的数量从 Schnirelmann 原先给出的 300000 压缩到了 4. Vinogradoff 的卓越贡献让我们向哥德巴赫猜想的结果迈进了一大步. 但这里我们还是要指出, Schnirelmann 和 Vinogradoff 两人的证明中存在着一个非常重要的区别. 而这个区别比 300000 和 4 的区别更有意义. Vinogradoff 的证明仅仅对于 "足够大" 的整数成立, 确切地说, 存在一个整数 N, 使得任何大于 N 的整数 n 都能表示成不多于 4 个素数的和. Vinogradoff 的证明并不允许对 N 进行缩小. 并且在证明方法上, 相比于 Schnirelmann 定理, Vinogradoff 的证明从根本上是间接而且不具备建设性的. Vinogradoff 证明的是, 假设存在无限多的可以表示为多于 4 个素数的和的正整数, 那么我们可以找到一个矛盾. 在这里我们也得到了一个很好的例子, 展示了直接证明和间接证明两种不同

---

① 英国数学家, 主要工作领域为数论和数学分析. —— 译者注

的证明方法的区别.[1]

最后我们还要给出另一个与素数相关的未解决的问题, 其迷人之处完全不逊于哥德巴赫猜想, 但同时也与哥德巴赫猜想一样, 对其令人满意的证明依然遥不可及. 首先, 我们可以注意到, 如果仔细观察素数的列表, 总会出现这样的一对素数, p 和 $p+2$, 也就是说, 总是有一对相差为 2 的素数, 例如, 3 和 5, 5 和 7, 11 和 13, 29 和 31, 等等. 我们所要介绍的猜想则是, 存在无限多对这样的素数对. 这个猜想叫做 "孪生素数猜想". 虽然对于这个猜想的正确性几乎没有任何怀疑, 但是至今依然没有对于其证明的任何有意义的成就.[2]

---

① 当然对于哥德巴赫猜想, 中国数学家陈景润先生也做出了很大的贡献. 他在 1966 年证明了, 任意一个足够大的偶数都能表示为一个素数和一个半素数(即存在至多 2 个素因子的数) 的和, 此即所谓的 "1+2" 定理.

在 2012 年至 2013 年, 秘鲁–法国数学家 Helfgott 发表了一系列论文, 宣称他证明了哥德巴赫弱定理, 即任何一个大于 7 的奇数都能表示为 3 个素数的和. —— 译者注

② 在 2013 年 4 月, 中国数学家张益唐对孪生素数猜想的证明做出关键性的贡献. 他证明了, 存在无限多对素数对, 其差不大于 70000000. 而在 2014 年 4 月, 在英国数学家 James Maynard 的方法的帮助下, 这个差已经缩小到了 246. 这个纪录保持至今. —— 译者注

对于素数的无限性的六个证明

第 **7** 章

Martin Aigner, Günter M. Ziegler

来自《数学天书中的证明》(Springer, 第 2 版, 2004 年), 第 1 章, 第 3–6 页.

我们从也许是最古老的天书证明开始: 欧几里得对于存在无限多个素数的证明.

■ **欧几里得的证明.** 对于任意一个有限的由素数构成的集合 $\{p_1, p_2, \cdots, p_r\}$, 令 $n := p_1 p_2 \cdots p_r + 1$, 并且假设 p 为 n 的一个素因子. 我们可以看到, p 不可能是这些 p_i 中的任何一个, 否则, p 将同时整除 n 和 $p_1 p_2 \cdots p_r$, 于是将整除 1, 但这是不可能的. 所以可知, 任意一个有限集合 $\{p_1, p_2, \cdots, p_r\}$ 不可能包含所有素数. □

在继续之前, 我们想要先介绍一些 (非常常见) 的符号: $\mathbb{N} = \{1, 2, 3, \cdots\}$ 表示所有自然数的集合, $\mathbb{Z} = \{\cdots, -2, -1, 0, 1, 2, \cdots\}$ 表示整数的集合, 并且用 $\mathbb{P} = \{2, 3, 5, 7, \cdots\}$ 来指代素数的集合.

接下来我们将要认识几个不同的证明 (当然, 这些只是所有不同证明中的一小部分) —— 我们觉得它们特别有意思, 希望读者也可以有同样的感觉. 虽然这些证明使用的方法各有千秋, 但中心思想是一样的: 自然数可以一直增加直至无穷, 并且任意一个不小于 2 的自然数都有至少一个素因子. 可以由这两个事实推导出, 素数的集合 $\mathbb{P}$ 是一个无限集. 接下来的证明来自于哥德巴赫, 他将这个证明写在了他于 1730 年给欧拉的一封信中; 第三个证明是很通俗易懂的一个; 第四个证明来自欧拉自己; 第五个证明根据 Harry Fürstenberg 的建议给出; 而最后一个则来自于保罗·厄多斯.

第二个和第三个证明都使用了一个特殊的数列.

■ **第二个证明.** 考虑所谓的费马数 $F_n = 2^{2^n} + 1$, 其中 $n = 0, 1, 2, \cdots$. 我们将要证明, 任意两个费马数都是互素的, 所以它们给出了无限多个素数 (即使这些费马数本身不一定是素数). 为了证明以上命题, 我们验证以下递归关系:

$$\prod_{k=0}^{n-1} F_k = F_n - 2 \quad (n \geqslant 1).$$

很显然, 如果这个递归关系是正确的, 我们可以通过与第一个命题类似的推导过程得到想要的结论: 假设 m 是 F_k 和 F_n 的一个公因子 (其中 $k < n$), 那么由递归关系

可知, m 一定整除 2, 也就是说 m 要么是 1, 要么是 2. 但是 $m = 2$ 是不可能的, 因为根据费马数的定义, 它们一定是奇数.

为了证明这个递归关系, 我们对 n 使用数学归纳法. 对于 $n = 1$, 我们有 $F_0 = 3$, 并且 $F_1 - 2 = 3 = F_0$. 假设这个递归关系对于 n 成立, 那么

$$\prod_{k=0}^{n} F_k = \left(\prod_{k=0}^{n-1} F_k \right) F_n = (F_n - 1) F_n$$
$$= (2^{2^n} - 1)(2^{2^n} + 1) = 2^{2^{n+1}} - 1$$
$$= F_{n+1} - 2.$$

$F_0 = 3$

$F_1 = 5$

$F_2 = 17$

$F_3 = 257$

$F_4 = 65537$

$F_5 = 641 \cdot 6700417$

最小的几个费马数

命题得证.   □

■ **第三个证明.** 假设命题不成立, 即 $\mathbb{P}$ 是一个有限集, 并且令 p 为最大的素数. 那么我们这次考虑所谓的梅森数 $2^p - 1$, 并且证明, 任意一个 $2^p - 1$ 的素因子都大于 p, 从而得到我们所期待的矛盾. 令 q 为 $2^p - 1$ 的一个素因子, 那么有 $2^p \equiv 1 \pmod{q}$. 因为 p 是一个素数, 可以推出, 2 在有限域 $\mathbb{Z}_q$ 的乘法群 $\mathbb{Z}_q \backslash \{0\}$ 中的秩为 p. 这个群包含 $q - 1$ 个元素. 通过拉格朗日定理 (见下) 我们知道, 一个群中的任意元素的秩必须整除这个群的势 (对于有限群而言, 它的势即为它所包含的元素的数量), 所以 $p \mid (q - 1)$, 由此可知 $p < q$.   □

拉格朗日定理 令 G 为一个有限 (乘法) 群, 并且 U 为它的一个子群, 那么 $|U|$ 整除 $|G|$.

■ **证明.** 考虑以下二元关系:

$$a \sim b \Leftrightarrow ba^{-1} \in U.$$

根据群公理可知, 这个关系 $\sim$ 定义了群元素的一个等价关系. 任意一个元素 a 所处的等价类恰好是陪集

$$Ua = \{xa : x \in U\}.$$

因为 $|Ua| = |U|$, 我们可以将 G 划分成大小均为 $|U|$ 的等价类. 所以 $|U|$ 整除 $|G|$. □

在 U 是循环子群 $\{a, a^2, \cdots, a^m\}$ 的特殊情况, 可见 m (使 $a^m = 1$ 的最小正整数, 称为元素 a 的阶) 一定整除 $|G|$ 的阶数. 特别地, 我们有 $a^{|G|} = 1$.

接下来的这个证明使用了初等分析的方法.

■ **第四个证明.**　令 $\pi(x) := \#\{p \leqslant x : p \in \mathbb{P}\}$ 表示不大于实数 x 的素数的数量. 将素数集 $\mathbb{P} = \{p_1, p_2, p_3, \cdots\}$ 中的元素按从小到大的顺序排列并标记. 用 $\log x$[①] 表示自然对数, 定义为 $\log x := \int_1^x \frac{1}{t} dt$.

现在我们将函数 $f(t) = \frac{1}{t}$ 的图像与坐标轴围成的区域的面积和一个第一象限的阶梯函数的图像围成的面积进行比较. 对于任意的 $n \leqslant x \leqslant n+1$, 我们都有

$$\log x \leqslant 1 + \frac{1}{2} + \frac{1}{3} + \cdots + \frac{1}{n-1} + \frac{1}{n}$$
$$\leqslant \sum{}' \frac{1}{m},$$

这里的求和符号是关于所有只包含 $p \leqslant x$ 的素因子的自然数 m 进行求和.

因为任意这样的整数 m 都只能以唯一的方法写成 $\prod_{p \leqslant x} p^{k_p}$ 的形式, 我们看到, 最后一个和等于

$$\prod_{p \in \mathbb{P}, p \leqslant x} \left(\sum_{k \geqslant 0} \frac{1}{p^k} \right).$$

括号中为对于一个因子为 $\frac{1}{p}$ 的等比数列进行求和, 所以得到

$$\log x \leqslant \prod_{p \in \mathbb{P}, p \leqslant x} \frac{1}{1 - \frac{1}{p}} = \prod_{p \in \mathbb{P}, p \leqslant x} \frac{p}{p-1} = \prod_{k}^{\pi(x)} \frac{p_k}{p_k - 1}.$$

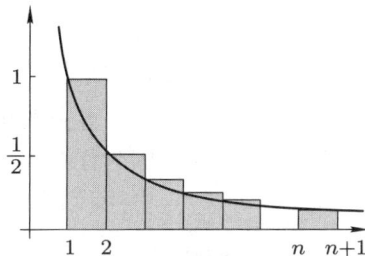

函数 $f(t) = \frac{1}{t}$ 上的阶梯

显然, $p_k \geqslant k+1$, 所以

$$\frac{p_k}{p_k - 1} = 1 + \frac{1}{p_k - 1} \leqslant 1 + \frac{1}{k} = \frac{k+1}{k},$$

代入上面的不等式, 我们得到

$$\log x \leqslant \prod_{k=1}^{\pi(x)} \frac{k+1}{k} = \pi(x) + 1.$$

现在我们知道, 函数 $\log x$ 是没有上界的, 所以, $\pi(x)$ 也必须是没有上界的, 从而得知, 存在无限多个素数.　　　　□

■ **第五个证明.**　在分析之后拓扑来了! 我们考虑下面这个整数集 $\mathbb{Z}$ 上的有趣的拓扑. 对于任意的 $a, b \in \mathbb{Z}$, 其中 b 为正, 我们定义

$$N_{a,b} = \{a + nb : n \in \mathbb{Z}\}.$$

任意这样的一个集合 $N_{a,b}$ 都是一个在正负两个方向上趋向无穷的等差数列. 我们称 $\mathbb{Z}$ 的一个子集 O 为开集, 如果要么 O 为空集, 要么对于任意 $a \in O$, 都能找到一

---

① 即上一篇中的 $\ln x$.——译者注

个 $b > 0$, 使得 $N_{a,b} \subseteq O$. 显然任意开集的并依然是开的. 如果 O_1 和 O_2 都是开集, 并且 $a \in O_1 \cap O_2$, 通过开集的定义, 我们可以找到 $b_1 > 0$ 和 $b_2 > 0$, 使得 $N_{a,b_1} \subseteq O_1$, $N_{a,b_2} \subseteq O_2$, 所以 $N_{a,b_1 b_2} \subseteq O_1 \cap O_2$. 由此可知, 任意有限多个开集的交依然是开的. 所以这个开集的定义满足了拓扑公理, 于是给出了 $\mathbb{Z}$ 上的一个拓扑.

我们注意到以下两个事实:

(A) 任意非空的开集都是无限的.

(B) 任意集合 $N_{a,b}$ 同时也是一个闭集.

第一个结果可以直接由定义得到. 对于 (B), 我们注意到

$$N_{a,b} = \mathbb{Z} \setminus \bigcup_{i=1}^{b-1} N_{a+i,b},$$

也就是说 $N_{a,b}$ 是有限多个开集的并的补集, 所以它是一个闭集.

直到现在我们甚至都没有提到素数 —— 但是现在它将参与到这个游戏中来了. 因为任意不等于 1 和 -1 的整数都有至少一个素因子 p, 并且一定包含在集合 $N_{0,p}$ 中, 我们得到

$$\mathbb{Z} \setminus \{1, -1\} = \bigcup_{p \in \mathbb{P}} N_{0,p}.$$

如果 $\mathbb{P}$ 是一个有限集, 那么根据 (B), 等式右边 $\bigcup_{p \in \mathbb{P}} N_{0,p}$ 是有限多个闭集的并, 所以也是闭的. 于是我们得到, 集合 $\{1, -1\}$ 是一个开集, 这与 (A) 矛盾. □

向无穷远处打水漂

■ **第六个证明.** 最后一个证明将带领我们向前迈一大步 —— 它不仅仅证明了存在无限多个素数, 还证明了级数 $\sum_{p \in \mathbb{P}} \frac{1}{p}$ 是发散的. 这个重要的结果最早由欧拉给出了证明 (同时这也是一个非常有意思的证明), 但是下面这个来自于保罗·厄多斯的证明也毋庸置疑是一个天才之作.

令 $p_1, p_2, p_3, \cdots$ 为递增的素数数列. 我们假设 $\sum_{p \in \mathbb{P}} \frac{1}{p}$ 是收敛的, 那么必然存在一个自然数 k, 使得 $\sum_{i \geqslant k+1} \frac{1}{p_i} < \frac{1}{2}$. 我们将素数 $p_1, p_2, \cdots, p_k$ 称为小素数, 将其他的那些素数 $p_{k+1}, p_{k+2}, \cdots$ 称为大素数. 对于任意一个给定的自然数 N, 我们将不等式两边同时乘以 N, 便得到

$$\sum_{i \geqslant k+1} \frac{N}{p_i} < \frac{N}{2}. \tag{1}$$

令 N_b 为至少被一个大素数整除, 同时不大于 N 的正整数 n 的数量; 令 N_s 为只被小素数整除, 且不大于 N 的正整数 n 的数量. 我们将要证明, 对于一个合适的 N,

$$N_b + N_s < N$$

成立, 并且这个不等式将给出我们所期待的矛盾, 因为根据定义, $N_b + N_s$ 应该等于 N.

为了估计 N_b 的大小, 我们注意到, 通过 $\lfloor \frac{N}{p_i} \rfloor$ 我们得到的是不大于 N 且同时为 p_i 的倍数的正整数的数量. 通过 (1) 我们得到

$$N_b \leqslant \sum_{i \geqslant k+1} \left\lfloor \frac{N}{p_i} \right\rfloor < \frac{N}{2}. \tag{2}$$

现在考虑 N_s. 我们将任何一个素数因子中只包含小素数的整数 $n \leqslant N$ 写成 $n = a_n b_n^2$ 的形式, 其中 a_n 指代的是无平方因子的部分. 那么, 任意 a_n 都是一些不同的小素数的乘积, 并且我们知道, 至多存在 2^k 个不同的无平方因子的部分. 根据 $b_n \leqslant \sqrt{n} \leqslant \sqrt{N}$, 我们可以进一步得到, 至多有 $\sqrt{N}$ 个不同的平方部分, 所以

$$N_s \leqslant 2^k \sqrt{N}.$$

因为 (2) 对于任何 N 都成立, 我们现在只需要找到一个整数 N, 使得 $2^k \sqrt{N} \leqslant \frac{N}{2}$ 成立, 或者说, 满足 $2^{k+1} \leqslant \sqrt{N}$ —— 这是一件很容易的事, 如 $N = 2^{2^{k}+2}$.

参考文献

[1]　B. Artmann, Euclid – The Creation of Mathematics, Springer-Verlag, New York, 1999.

[2]　P. Erdős, Über die Reihe $\sum \frac{1}{p}$, Mathematica, Zutphen B 7 (1938), 1–2.

[3]　L. Euler, Introductio in Analysin Infinitorum, Tomus Primus, Lausanne 1748; Opera Omnia, Ser. 1, Vol. 8.

[4]　H. Fürstenberg, On the infinitude of primes, Amer. Math. Monthly 62 (1955), 353.

一个给 "所有人" 的突破

第 8 章

Folkmar Bornemann

选自《德国数学家协会通讯》, 第 4 册, 2002 年, 第 14–21 页.

"解决关键问题的新方法", 这是 **2002 年 8 月 8 日**《纽约时报》的标题, 所指的是关于 PRIMEs $\in \mathcal{P}$[①] 的证明, 而这个问题是迄今在算法数论和理论计算机中一个非常重大的未解决问题. 来自印度技术学院 (Indian Institute of Technology) 的马尼德拉·阿格拉瓦尔 (Manindra Agrawal), 尼拉及·卡牙尔 (Neeraj Kayal) 和尼廷·萨克西纳 (Nitin Saxena) 通过一个令人惊讶的优雅并且非常聪明的简单算法给出了证明, 并且这个证明的正确性在几天之内就得到了确认, 他们因此在学术界获得了非常多的赞誉, 例如 "这是一个很漂亮的证明" (卡尔·波莫伦斯 (Carl Pomerance)), "这是近十年中我见到的最好的结果" (沙菲·戈德瓦塞尔 (Shafi Goldwasser)).

在《纽约时报》的头条刊登前的四天, 一个周日, 这三位把他们合作的仅有九页的题为 "PRIMES is in P" 的预印本寄送给了十五位专家. 当天晚上, 他们便收到了甲库马尔·拉德哈克里式南 (Jaikumar Radhakrishnan) 和维克拉曼·阿文德 (Vikraman Arvind) 的祝贺. 周一早上, 卡尔·波莫伦斯, 此专业的老专家之一, 也证实了这个证明的正确性, 激动不已地在下午组织了一个自发性的讨论班并通知了《纽约时报》的莎拉·罗宾森 (Sara Robinson). 周二, 人们已经可以在网上自由地浏览和获取这篇预印本 [1]. 周四, 另一个专家亨德里克·伦斯特拉 (Hendrik Lenstra Jr.) 完成了发给名为 NMBRTHRY 的邮件列表的一篇短文, 以下为部分摘录的对这个证明的意见:

> 一些附注…… 是没有依据并且/或者不合逻辑的. 这些证明……
> 并没有包含太多值得特别提及的错误. 其中唯一真正的错误便
> 是……, 但这个错误是很容易被纠正的. 其他的错误…… 则
> 都是不值一提的小错误. 这篇文章实质上是完全正确的.

更有甚者, 周五时丹·伯恩斯坦 (Dan Bernstein) 已经在网页上给出了一个缩短并且优化了的对于其中主要结论的证明 [2].

在这个事件中出现的数学界如此快速地检验并且确定一个证明的正确性是非常罕见和不寻常的. 而这也从侧面反映了这个证明的简短和优雅, 以及其中使用的

---

① 即对于一个数是否为素数的验证方法是多项式时间. —— 译者注

工具如此简单以致 "本科生也能很快理解". 事实上, 这篇文章的作者中的两位, 卡牙尔和萨克西纳, 他们自己也刚刚在上半年结束了在理论计算机专业的本科学习. 所以, 我们可不可以认为这是一个非常特别, 能够让 "所有人" 阅读和理解的突破呢?

汉斯·马格努斯·恩岑斯贝格尔 (Hans-Magnus Enzensberger) 在 1998 年柏林数学家大会上的讲话中, 把数学定位为既处于 "文化彼岸", 同时也正处在一个出现有质量的成就的黄金时代 —— 而这些, 是在戏剧界和体育中所缺少的. 固然, 这些成就中的若干自身便在数学界中让很多数学家面对了 "此岸或是彼岸" 的问题. 非专家们 —— 扪心自问: 我们中到底有多少真的是所谓的 "一般人" 呢? —— 中有多少能准确地理解安德鲁·怀尔斯 (Andrew Wiles) 对于费马大定理的证明, 抑或对其给出全面的评价, 从而为科普做出一些努力呢? 例如西蒙·辛 (Simon Singh) 的那本书[①], 至少得到了一些虽然遥远但依然有意义的回应. 而且我们可以看到, 近几年菲尔兹奖的获得者[②] 中, 几乎不能找到能够帮助 "一般人" 理解和回顾他的成功和他的工作意义的数学家.

所以每个人都在那座叫做数学的高塔中攀登, 每个人都手持着通往成功的钥匙, 但很少有和 8 月初的这个成就一样 (更不用提是一个突破) 能够如此被位于高塔底端的一般人理解.

面对这个情况, 保罗·雷兰 (Paul Leyland) 说出了很多人的想法: "现在所有人都在想, 还有什么是被忽略了的."

也许这能解释为什么阿格拉瓦尔在发现他们的预印本在放上网络短短十天之后便得到了超过二百万次点击和三十万次下载时如此惊讶, 他说: "我从来没有想象过我们的工作会得到传统的数学家们这么多的关注."

身为一个数论工作者而非算法数论工作者, 身处我所设定的 "一般人" 的范畴之外, 我想要先尝试给大家介绍下面这个例子.

> "当一个长期未解决的问题终于被顺利解决的时候, 每个数学家都非常乐意分享并且享受自己在这个过程中发生的事情的乐趣. 但是经常会发生的是, 在这个分享的过程中, 他会被这其中包含的很多艰深的现代数学知识所阻碍. 最近的关于 …… 的负面结果是一个非常令人高兴的反例. 在这篇文章中, 我们给出了关于这个结果的一个完整的描述; 而希望读懂这篇文章的读者所需的仅仅是一些基本的数论知识, 尤其是关于正整数的整除

---

① 西蒙·辛为科普文学《费马大定理》的作者. —— 译者注

② 菲尔兹奖 (Fields medal) 为数学界最高奖项之一, 每四年在数学家大会上颁布, 获奖者的年龄至多为 40 岁, 每次至多颁给四位数学家. 数学界中许多有名的数学家都获得过这个奖项, 例如丘成桐教授、陶哲轩教授、塞尔 (Jean-Pierre Serre) 等. 而怀尔斯因为在完全证明费马大定理之时为 41 岁, 很遗憾超过了获得菲尔兹奖的年龄限制, 为此数学家大会特地颁给他特制的银质奖牌. —— 译者注

性和线性同余的基本知识."

————　来自马丁·戴维斯 (Martin Davis),《希尔伯特第十问题是不可解的》, 美国数学月报 80 (1973), 第 233–269 页, 序言第一段.

这个问题

很幸运的是, 这三位在说明他们的工作的最初动机时没有直接引用素数在密码学和电子商务中的应用, 而是在开篇引用了对历史极为熟悉的理论计算机学家堂·克努斯 (Don Knuth) 引自伟大的高斯在 1891 年的著作《算术研究》(*Disquisitiones Arithmeticae*) 中的文章 329 的一部分. 以下我们翻译自 1889 年赫尔曼·马瑟 (Hermann Maser) 的德语翻译版:

> 这个说法 —— 如何把素数从合数中区分出来并且将合数分解成素数的乘积在整个算术中属于最重要并且最有用的, 而且解决这个问题不仅需要我们付出努力和聪明才智, 同时也需要结合使用古老的知识以及新创的方法 —— 对于大家是如此熟悉, 以致我们在这里进行任何描述和解释都是多余的. …… 除此之外我们还需要维持数学的高贵和尊严, 使用我们拥有的所有资源和知识, 来努力使得我们给出的对于一个如此优雅、如此著名的问题的答案完美.

在中学, 作为判别素数的方法, 我们学习了埃拉斯托尼筛法. 而对此, 我们需要知道的是, 当 n 为素数时, 使用埃拉斯托尼筛法得到的计算时间基本上是 n 的一个倍数, 即计算时间是 $O(n)$. 从另一个角度上说, 一个数的输入长度[①]是二进制长度的一个倍数, 即大约为 $\log_2 n$. 于是我们可以知道, 埃拉斯托尼筛法得到的算法需要的是幂级数时间 $O(2^{\log_2 n})$. 这里再次引用高斯的《算术研究》中的文章 329 的一部分:

> 无论如何我们都必须承认, 迄今我们知道的所有方法要么只适用于某些非常特殊的例子, 要么过于困难和泛泛, 使得在大多数情况下人们几乎不能应用它.

一个大整数的素数性在原则上是否可以判定呢? 这个问题在现代计算复杂性理论下可以被具体描述为对多项式时间算法的寻找, 即是否存在一个确定性算法[②], 使得存在一个确定的幂数 κ, 对于任意自然数 n, 这个算法可以在 $O(\log^\kappa n)$ 个计算步

[①] 为了能够了解一个数的大小和它的长度的区别, 最简单和清晰的方法是考虑一些很大的数, 例如宇宙中原子的数量, 大约 10^{79}, 或者地球上出现过的所有人类的数量和计算机进行计算的数量, 大约为 $10^{24}:80$, 或者 25 位小数, 这些都能相对快地被写下.

[②] 意即一个算法, 其中不需要使用随机数, 其命名相对于在过程中使用随机数的 "随机性算法".

骤中判定 n 是否为素数. 简单地说, 也就是: PRIMES $\in \mathcal{P}$ 是正确的吗?

2002 年 8 月前的状态

最晚从高斯开始, 对一个整数是否为素数的判定已经不再只和分解或是部分分解联系. 在高斯的《算术研究》中的文章 334 中有:

> 以上最后一个 ⋯⋯ 给我们提供了一种便利, 使得我们在大多数情况下可以使用一种更简单的计算, 但是同时, 它们并不一定会给出合数的因子. 虽然如此, 这个方法能够为我们提供一种区分素数和合数的途径.

这些技术中的很多拥有一个共同的起源, 便是费马小定理. 费马小定理是指, 对于一个素数 n 和一个与 n 互素的整数 a, 我们都有

$$a^n \equiv a \bmod n.$$

可惜的是, 这个命题的逆命题是错误的, 也就是说, 我们并不能用这个方法来判定素数. 另一方面, "费马同余的使用是那么简单, 以至于仅仅因为很少的一些反例而放弃使用它几乎是一种浪费." (卡尔·波莫伦斯). 所以当我们看到一些重要的算法是基于费马同余的优化时也不应该觉得奇怪:

米勒 (Miller) 和罗宾 (Rabin) 在 1976 年给出的基本的随机性算法就是基于一个随机数生成器, 在 k 个循环后给出结果, 要么这个数确定是一个合数, 或者这个数 "很有可能" 是素数, 而在这里, 存在误差的可能性小于 4^{-k}. 这个算法的时间复杂度是 $O(k\log^2 n)$, 在这里大 O 有一个相对比较小的常数. 在实际应用中, 这个算法非常快, 于是被应用于在密码和电子商务中用来生成 "工业用途的素数" (亨利·科恩 (Henri Cohen)). 用复杂性理论的语言来说, 这个不完整素数算法 PRIMES $\in$ co-$\mathcal{RP}$.

在 1983 年阿德尔曼 (Adleman), 波莫伦斯 (Pomerance) 和卢姆利 (Rumely) 给出的确定性算法中则应用了更多的理论, 并且将费马小定理扩展到了分圆域上的所有整数, 使得我们可以完全判别素数. 这个算法的时间复杂度是一个超越多项式 $(\log n)^{O(\log\log\log n)}$, 这是在 2002 年 8 月之前所有的确定性算法中最好的结果. 指数中的三层对数增长得非常慢, 所以当实际应用在检验几千位的整数的素数性时它依然打败了当时最好的算法[①].

另一个更加现代的算法使用了椭圆曲线和更高亏格的阿贝尔簇. 在 1992 年阿德尔曼和黄在一个很复杂而且很有技巧性的小册子中证明了, 存在一个多项式时间的概率性算法, 在 k 个循环之后要么给出一个确定的答案 (也就是说没有误差), 要

[①] 此处我们需要提到另外一个英雄, Preda Mihăilescu. 他早在苏黎世理工大学的毕业论文中便对这个算法进行了有效的简化, 并长期致力于利用简化的算法创造崭新的记录. 现在, 他成功地证明了 Catalan 猜想.

么没有答案, 但后者发生的概率小于 2^{-k}. 用复杂性理论的语言来说, 这个同样不完整的素数算法 PRIMES $\in \mathcal{ZPP}$.

在这个背景之下, 相较于得到的难度和在超过十年中成功的缺乏, 能够给出一个简短、优雅, 并且所有人都能理解的答案是完全出乎意料的.

关于马尼德拉 · 阿格拉瓦尔

马尼德拉 · 阿格拉瓦尔

计算机专家和理论复杂度专家马尼德拉 · 阿格拉瓦尔于 1991 年在位于坎普尔的印度理工学院的计算机科学和工程学系获得了博士学位. 在结束了 1995 年到 1996 年在乌尔姆大学作为洪堡学者的研究 ("我非常喜欢在乌尔姆的生活. 这里的工作从很多方面对我今后的研究和职业生活有很多的帮助.") 之后, 他回到坎普尔成为印度理工学院的教授. 在前一年他由于证明了复杂性理论中同构猜想的一个弱形式而赢得了广泛的关注[①].

在 1999 年左右, 他和他的博士导师索门纳斯 · 比斯瓦斯 (Somenath Biswas) 一起工作, 希望能够利用概率算法来判定多项式的相等. 作为这个工作的一个应用, 我们可以在他们的文章《通过中国剩余环进行素数性和相等性测试》[3] 中找到一种新的概率性的素数测试.

这个问题的起点是对于费马小定理在多项式情况下的一种一般化, 而这个可以作为初等数论或者代数课的一个练习题, 即, 给定互素的两个自然数 a 和 n, 那么 n 是素数当且仅当在多项式环 $\mathbb{Z}[x]$ 中以下等式成立:

$$(x-a)^n \equiv (x^n - a) \bmod n.$$

这是一个对于素数判定的非常优雅的方法, 但却并不能直接进行应用. 主要原因

[①] 这个由伯曼 (Berman) 和哈特马尼斯 (Hartmanis) 提出的同构猜想可以推出 $P \neq NP$. 如果哪位能够成功证明这个猜想, 也就意味着成为首位解决 Clay 研究所提出的七个千禧年问题的数学家.

是 $(x-a)^n$ 的计算时间已经超过了埃拉斯托尼筛法的范围. 但是仅仅对于这个大小的多项式, 阿格拉瓦尔和比斯瓦斯发展了一个概率性的相等性测试, 在这个测试算法中他们放弃了对完整的多项式列表的计算, 但同时能够限制出现误差的概率. 但是可惜的是, 由此得到的算法虽然需要的是多项式时间, 但依然远远超过了米勒和拉宾的算法所需的时间. 接下来, 一个新的想法诞生了, 虽然在刚开始这个想法仅仅作为素数性测试的历史中的一个脚注而存在.

两年之后, 阿格拉瓦尔和他在印度理工学院坎普尔分校的学生开始了对于一种新的素数性测试的研究, 对这个算法的潜力他抱有很大的信心.

两篇本科论文

印度理工学院的入学考试是非常严格而且有针对性的. 为了有机会在印度理工学院的七所分校以及两个研究所学习, 学生们必须经历两轮统一筛选考试 (联合入学考试 "JEE"). 第一轮的筛选考试历时三个小时, 考试科目为数学、物理和化学. 然后, 在第一轮的筛选考试之后, 参加考试的 15 万印度学生中只有 15000 名能有机会参加第二轮的考试. 第二轮的考试科目依然为数学、物理和化学, 而在这一轮, 学生将面对每一门历时两个小时的考试. 最后, 总共 2900 个学习的席位将被一一占据, 其中 45 名学生将有机会在享誉盛名的印度理工学院坎普尔分校的计算机科学系学习. 所以我们并不难理解, 为什么在印度如此令人畏惧的 JEE 考试的备考补习班如此赚钱, 并且印度理工学院的毕业生在全世界都如此受人尊敬.

连同这些充满热情的学生一起, 阿格拉瓦尔开始继续他对于素性测试的工作. 与拉加特·巴塔查接 (Rajat Bhattacharjee), 普拉上特·潘待 (Prashant Pandey) 一起, 他们得到了一种新的想法, 代替直接计算过于复杂的多项式乘方 $(x-a)^n$, 我们仅仅考虑它除以 $x^r - 1$ 的余数. 如果 r 与 n 互素, 那么通过一些聪明的算法, 这些余数的计算可以被限制在多项式时间之内. 如果 n 是一个素数, 那么必然有[1]

$$(x-a)^n \equiv (x^n - a) \bmod (x^r - 1, n) \tag{$T_{r,a}$}$$

对于任何 r 和与 n 互素的 a 都成立. 于是现在我们面临的问题是: 哪些 a 和 r 可以帮助我们确定 n 是素数呢?

这两位本科生在他们合作的工作 [4] 中解决了 $a=1$ 的情况, 并且检查了必要的 r. 通过对于 $r \leqslant 100$ 和 $n \leqslant 10^{10}$ 的实验计算和分析, 他们得到了以下猜想. 假设 r 不是 n 的一个因子, 并且满足

$$(x-1)^n \equiv (x^n - 1) \bmod (x^r - 1, n), \tag{$T_{r,1}$}$$

那么要么 n 是素数, 要么有 $n^2 \equiv 1 \bmod r$. 后者对于前 $\log_2 n$ 个素数 r 不可能发生, 所以我们得到了一个运行时间为 $O(\log^{3+\epsilon} n)$ 的素数性证明.

---

[1] 在这里我们沿用了阿格拉瓦尔的符号, 用记号 $p(x) \equiv q(x) \bmod (x^r - 1, n)$ 来表示 $p(x)$ 和 $q(x)$ 除以 $x^r - 1$, 并且其系数除以 n 得到的余数相同.

现在, 轮到我们这个故事中尚未出场的英雄登场了, 即阿格拉瓦尔的学生尼拉及·卡牙尔和尼廷·萨克西纳. 这两位都曾经是 1997 年参加国际数学奥林匹克竞赛印度队的队员. 为了更好的工作机会, 他们并没有学习数学, 而转投了计算机科学, 但幸运地, 他们依然在复杂性理论中找到了一个继续在高水平上和数学保持联系的方法.

在他们合作的本科论文中, 他们研究了测试 $(T_{r,1})$ 和已知的素数性测试 —— 这个测试类似于 $(T_{r,1})$ 在负数上的情况来证明一个整数是合数, 但是在正数上并不能给出确定的结论 —— 的关系. 结果是非常丰厚的. 他们证明, 如果假设黎曼猜想的正确性, 那么可以把用 $(T_{r,1})$ 进行素数性证明限制到对于 $r = 2, \cdots, 4\log_2^2 n$ 进行检验. 通过这个方法, 可以得到一个时间复杂度为 $O(\log^{6+\epsilon} n)$ 的确定性算法. 进一步地, 他们证明, 巴塔查接和潘待所得到的猜想可以由波莫伦斯的一个长时间未解决的猜想得到.

而且他们还在工作中引入了一个使用了他们研究的 "自省" 整数群的证明思路. 这个证明思路后来被证实是非常必要的.

他们在 2002 年 4 月提交的论文 [5] 的题目为《关于一个多项式时间的确定性素数性测试》, 让我们看到了达到我们的目标的曙光.

视角的变化

在这个夏天, 他们并没有先回家, 而是直接开始了博士阶段的学习. 萨克西纳原本准备出国学习, 但出于命运的讽刺, 他并没有拿到想去的学校的奖学金.

我们依然需要对问题的视角进行一些变化. 以上提到的两篇本科论文主要关注的是 $(T_{r,a})$ 在 $a = 1$ 和不同的 r 的情况. 从不同的角度而言, 如果我们固定 r, 让 a 变化, 那么会发生什么情况呢? 在接下来的 7 月 10 日我们又见证了另一个突破: 当选择了一些合适的参数之后, 我们至少可以得到对于素数的幂的一个确认.

由丹·伯恩斯坦优化的结果如下:

AKS 定理 对于任意的 $n \in \mathbb{N}$, 选取素数 q 和 r, 以及 $s \leqslant n$, 使得 $q \mid (r-1)$, $n^{(r-1)/q} \not\equiv 0, 1 \bmod r$, 并且

$$\binom{q+s-1}{s} \geqslant n^{2\lfloor \sqrt{r} \rfloor}.$$

那么对于所有的 $1 \leqslant a \leqslant s$, 我们可以得到:

(i) a 和 n 互素;

(ii) 如果在多项式环 $\mathbb{Z}[n]$ 中, $(x-a)^n \equiv (x^n - a) \bmod (x^r - 1, n)$ 成立, 则 n 是一个素数幂.

对于这个定理的简短并且非常有创造性的证明提供了非常多的乐趣, 使得我不得不在附录中给出它的概要.

这个定理直接导出了我们现在所称的 AKS 算法:[1]

1. 确定 n 是否是一个自然数的非平凡幂, 如果是, 则进入第 5 步.
2. 选择符合定理条件的 (q, r, s).
3. 对于所有的 $a = 1, \cdots, s - 1$, 我们判定:
   (a) 如果 a 整除 n, 则进入第 5 步;
   (b) 如果 $(x - a)^n \not\equiv (x^n - a) \bmod (x^r - 1, n)$, 则进入第 5 步;
   (c) 否则, 对下一个 a 进行判定[2].
4. n 是一个素数, 结束.
5. n 是一个合数, 结束.

第一步可以由牛顿迭代的一些变形进行判定, 运算时间为多项式时间. 最关键的第三步中的项则是由基于快速傅里叶变换的运算得到, 运算时间为 $\tilde{O}(sr \log^2 n)$, 其中大 O 上的波浪号表示更进一步的关于 s, r 和 $\log^2 n$ 的对数因子.

于是为了达到我们的目的, 必须让选取的 s 和 r 关于 $\log n$ 呈多项式增长. 这则是第二步的目的. 让我们先看看原则上有些什么可能性. 如果我们选择 $s = \theta q$, 其中 θ 为给定的因子, 于是斯特林 (Stirling) 公式给我们提供了以下渐近估计

$$\log \binom{q + s - 1}{s} \sim c_\theta^{-1} q.$$

于是, 这个定理的条件要求渐近地

$$q \gtrsim 2 c_\theta \lfloor \sqrt{r} \rfloor \log n.$$

对于大的 n, 本质上这个方法只有当存在无数多个素数 r, 使得 $r - 1$ 拥有一个素因子 $q \geqslant r^{1/2 + \delta}$ 的时候能够使用. 而以上条件则是一个在解析数论中已经得到充分研究的问题.

苏菲·姬曼 (Sophie Germain) 和费马猜想

"性价比" 最高的 q/r 来自于以苏菲·姬曼命名的奇素数 q 使得 $r = 2q + 1$ 也同时为素数. 在 1823 年苏菲·姬曼证明了, 对于这些素数, 所谓的费马大定理的第一种情况是成立的, 即 $x^q + y^q = z^q$ 没有非平凡整数解 (x, y, z), 使得 $q \nmid xyz$. 这也是一个很重要的原因, 为什么人们开始感兴趣, 是否存在无限多个这种形式的素数. 可惜的是, 至今我们还没有找到这个问题的答案. 但是这个想法启发了哈代和李特尔伍德 (Littlewood) 在 1922 年得到了对于姬曼素数的分布密度的精确估计:

---

[1] 在以下网址 http://www.ma.tum.de/m3/ftp/Bornemann/PARI/ask.txt, 有兴趣的读者可以找到一个编辑好的程序, 可以直接在免费数论程序包 PARI-GP (http://www.parigp-home.de) 环境下使用.

[2] 为了算法的完整性, 译者补充了步骤 (c). —— 译者注

$$\#\{q \leqslant x : q \text{ 和} 2q+1 \text{ 同时为素数}\} \sim \frac{2C_2 x}{\ln^2 x},$$

其中 $C_2 = 0.6601618158\cdots$ 为孪生素数常数.

如果这个猜想是正确的, 那么我们可以找到大小为 $O(\log^2 n)$ 并且对应于三角定理的素数 q 和 $r = 2q+1$. 于是, 以上提到的 AKS 算法便能被控制在多项式时间之内. 由于这个猜想已经在最多 $x = 10^{10}$ 的情况下得到了验证, 这意味着, AKS 算法对于所有不多于十万位的整数 n 都满足 $\tilde{O}(\log^6 n)$ 的复杂度.

虽然在姬曼素数的帮助下我们并没有成功地证明费马大定理的第一种情况, 但是在安德鲁·怀尔斯给出费马大定理的最终证明的将近十年前, Adleman, Fouvry 和 Heath-Brown 在 1985 年证明了第一种情况对于无限多个素数是正确的 [6]. 与此同时, Adelman 和 Heath-Brown 还研究了姬曼素数的一般化, 即数对 (q,r), 这些数对在 AKS 算法中也起了很重要的作用.

一枚菲尔兹奖牌

确切地说, 他们需要的是以下估计

$$\#\{r \leqslant x : q, r \text{ 为素数}; q \mid r-1; q \geqslant x^{1/2+\delta}\} \geqslant c_\delta \frac{x}{\ln x}$$

拥有一个允许的幂数 $\delta > 1/6$. 对于最大的幂数 δ 的寻找开始于 1969 年的 Morris Goldfeld [7], 他得到了 $\delta \approx 1/12$. 而 Fouvry [8] 超越了他的成就, 得到了 $\delta = 0.1687 > 1/6$. 以上这些工作无一例外地使用了解析数论中非常深奥的方法, 这些方法则源自于 Enrico Bombieri 的大筛法. 他在 1965 年以 25 岁的年龄发表了关于大筛法的理论, 并且在 1974 年得到了菲尔兹奖牌. 所以很有可能, 要帮助 "所有人" 完全理解对于这个估计的证明是很困难的. 马尼德拉·阿格拉瓦尔回答了我关于这三人中是否有人对于理解这个证明有困难的问题, 他答道:

"我们试过了! 但是筛论对于我们来说太复杂了, 因为我们并没有任何的解析数论背景. 所以尝试了一段时间之后我们就放弃了."

他们并不需要真的理解, 因为 "这个结论恰好以我们所需要的形式表示出来", 而且他们能够通过对一些评价的信任在某个时间区域内确切地给出证明. 我们特别需要指出的是, Fouvry 的结果和非常具有挑战性的费马大定理有密切的关系, 并且发表在了 *Inventiones* 上.

或者不是? Fouvry 在引用 Bombieri, Friedlander 和 Iwaniec 的一个引理时遗漏了一个需要重视的前提条件. 这个额外的条件将 δ 的估计值缩小到了 $\delta = 0.1683 > 1/6$. 但是他完全可以低于这个边界值. Fouvry 之后为了修正这个错误与 Roger Baker 进行了沟通, 并且在 1996 年 Roger Baker 与 Glyn Harman 发表了一篇概述文章中给出了修改 [9].

阿格拉瓦尔, 卡牙尔和萨克西纳非常偶然地在一次在图书馆中搜索 Pomerance 和 Shparlinski 的一项工作时看到了 Fouvry 的文章. 为了找到已知的最好的 δ 值, 它首先引用了 Baker 和 Harman 的工作.

不论最佳值是多少, $\delta > 0$ 已经足以保证, 我们可以为 AKS 算法得到所允许的大小为所要求的多项式大小的数对 (q, r, s),

$$r = O(\log^{1/\delta} n), \qquad q, s = O(\log^{1+1/2\delta} n).$$

于是, 对于 AKS 算法我们得到了一个有保障的总运行时间 $\tilde{O}(\log^{3+3/2\delta} n)$. 于是 PRIMES $\in \mathcal{P}$ 得到了证明. 恭喜! Fouvrys 改正了 δ 的值, 于是得到了 $\tilde{O}(\log^{11.913} n)$, 或者简单来说, 甚至可以除去波浪号: $O(\log^{12} n)$.[1]

印度高等理工学院坎普尔分校的校长 Sanjay Dhande 对于《纽约时报》的头条非常兴奋, 他充满信心地指出, 阿格拉瓦尔将会获得对于数学界最高荣誉的提名. 而在四年后的此时, 他将迈入 40 岁.

多么实用

在各种新闻媒体上, 人们很快地对实用性产生了疑问, 事实上, 在现在的生活中, 大素数已经在密码和电子商务中起着很大的作用. 我们首先要指出一个在业界由专家们寻找了数十年才成功解答的重要的理论问题. 阿格拉瓦尔本身经常强调, 这个问题对于他来说是一个非常有挑战的问题, 并且 AKS 算法比起那些用来得到现在的大素数的 5020 位纪录的算法[2]要慢得多. 最后我们不能忘记, 在对于复杂度等级, 例如 $\mathcal{P}$, 的定义中, 我们关注的是纯理论的概念, 即当 $n \to \infty$ 时的渐近表现. 所以在单独的情况下, 一个多项式算法对于超多项式算法的运行时间的优势仅仅在 n 足够大的时候才能表现出来, 所以表面上看起来, 两个算法中的任何一种将能够在我们的有生之年在现有的硬件条件下给出一个答案. 在实际应用中, 这还取决于我们的复杂度估计中大 O 中的常数.

"工业用素数", 即相比之下质量稍低只有 512 个对偶位的素数, 可以由一个标准的 2G 赫兹的计算机使用米勒 – 拉宾测试在不到一秒的时间内生成. 如果有必要的话, 我们可以在数秒之内通过基于椭圆曲线的 ECPP 方法根据 Atkin-Morain 进行素数性测试[3]. 这个概率性算法的运行时间实施上是一个 "模糊事件" (波莫伦斯), 但是通过探索性的考虑我们可以发现期待值应大约仅仅为 $\tilde{O}(\log^6 n)$.

---

[1] 亨德里克·伦斯特拉 (Hendrik Lenstra) 已经把幂数缩小到了 8, 参见 SIAM, 2002 年 9 月, 第 8 页.

[2] 请不要将此与对于最大的已知素数的寻找混淆. 现在已知的最大素数为 $2^{13466917} - 1$, 一个有 4053946 位的梅森素数. 这些素数拥有非常好的结构和非常特殊的性质使得我们可以对之进行一些运算. (现在已知的最大素数为 $2^{57885161} - 1$, 拥有 17452170 位数, 在 2013 年 1 月由互联网梅森素数大搜索项目 (简称 GIMPS) 得到. —— 译者注)

[3] 例如在 http://www.znz.freesurf.fr/pages/primo.html 下我们可以使用 Marcel Martin 的免费程序 PRIMO 得到最新的纪录.

相比之下, 由于 AKS 算法的第三步中多项式全等需要大量的时间, 在我们期待的运行时间 $\tilde{O}(\log^6 n)$ 中的常数非常大, 以至于它对于一个 512 位的素数的判定的运行需要花费大约一个季度的时间. 在这种情况下, 感谢伯恩斯坦, 伦斯特拉和乔斯 (José), 我们已经将这个算法由最原始的构想缩小了 10^5 的因子 —— 这是 8 月 29 日的状态[①].

所以现在我们依然面对着剩下的因子, 即 10^6 的挑战. 并且, ECPP 过程由一个完全不实用但同时却在基础上创新的由 Goldwasser 和 Kilian 提出的新方法开始. 同时, 现在由阿格拉瓦尔, 卡牙尔和萨克西纳提出的方法出乎意料是如此新颖和聪明, 以至于我们可以很有信心地期待它们能够被使用在将来的成熟算法中.

大众媒体的传播

除去 8 月 17 日在印度的周刊《前沿》(Frontline) 出现的一个经过深入的研究, 同时兼具专业性, 易读且详尽的报道, 在一般媒体上对于这个突破的报道可谓是一个灾难. 对于我提出的他对于这个问题的推广的印象问题, 阿格拉瓦尔只是使用非常礼貌的 "除去大众媒体的关注" 来回避了这个问题.

最初引用的《纽约时报》以 "胜利" 来庆祝这个结果, 但是在这篇报道中却出现了一些可笑的过分简化: 例如, 多项式运行时间被简化成了快速, 判定被简化成了确定. 于是这篇报道读上去便成了如下内容: 三个印度人做出了一个突破, 因为计算机现在可以快速和确定地说明, 一个整数是否为素数. 尽管如此, 这个新的算法却没有直接的应用, 因为我们已有的算法更快, 而且在应用上并没有出错. 好吧, 真不错的突破, 读者也许会这么说.

美联社 (AP) 把《纽约时报》的这篇报道变成了一个通讯社报道, 其中 "确定" 成了 "精确", 运行时间方面直接被完全置于背景中. 在这篇通讯社报道中将 "精确" 翻译为 "不出现错误", 能引出哪些好奇心, 可以由我们在开始时提到的 Osnabrück 新闻得到证明. 不好的是, 最后在其网站上刊登了以此为主题的当日新闻. 在 8 月 12 日, 以 "终于, 素数可以被精确地计算了" 为标题的报道出现在网站上, 并且出现了一些例如 "德国中学的庆祝是没有界限的: 终于, 我们可以大胆地计算素数了!" 等荒唐的说法. 在接收到了讨论版 de.sci.mathematik 的参与者们的强烈抗议之后, 这篇报道才从网站上被撤下.

那么, 那些大规模的德语报纸又如何表现呢?《南德时报》(Süddeutsche Zeitung) 完全没有相应报道,《新苏黎士时报》(Neue Züricher Zeitung) 的首次报道则出现在 8 月 30 日. 这篇报道错误地暗示, 至今在密码中所使用的素数的素数性在 "合理的时间内" 并不能通过计算给出绝对的证明, 而且这正是这三个印度人的贡献. 但是事实上这个结果并不如以上传媒所宣传的那么伟大, 因为它依然不足以处理至今所知的最大的素数.

---

① 参见 http://fatphil.asdf.org/maths/AKS.

《法兰克福汇报》在 8 月 9 日的一期特辑上以头条 "多项式的上帝: 足智多谋的印度人和他们的素数" 给出了一个隐晦的信息, 他们首先展示了印度数学和印度的神之间的关系, 并且接下来由其中四位神给出了关于这个新结果的一段简短的对话:

> "这个结果好在哪儿呢?" 伴随着噪音, Agni 生气地责问, 然后 Lakschmi 匆忙回复说: "冷静下来! 人们需要素数来在电子时代的信息传输中保证信息的安全, 存在很多不同的所谓的加密算法, 例如 RSA 或者资料加密标准 DES; 在这其中, 钥匙是已知素数分解的整数, 并且, 如果有一天, 我们能够轻松地得到一个数的素数分解, 并且这个算法所需要花费的时间是输入的数据的一个有理函数, 那么 ……" "但是我们已经有这样的算法了, 例如米勒 – 拉宾测试, 当我们足够多次地重复这个算法的时候, 即使对于最复杂的整数, 也可以找到一个正确概率几乎可以为任意大的素数性测试结果", Rudra 反驳道, "而且, 那个用来进行加密的素数分解与是否一个数为素数的测试完全无关, 这其实是一个完全不同的问题, 这几个人所做的工作对于从事保密工作的人们完全没有价值." 女主人 Uschas 最后终于在黎明来临的时候找到了缓和气氛的语言: "让我们简单地来庆祝这个优雅的结果, 这个被西方世界也同样赞赏的结果, 以及我们伟大的数学传统的继续延伸!"

从这里, 哪些读者可以真正找到这些赞赏的理由呢?

未来的计划

这三位计划将他们的工作向《数学年刊》(*Annals of Mathematics*) 提交, 而且和 Peter Sarnak 取得了联系. 他们希望重新撰写这篇文章, "以一种更适合《数学年刊》的更加 '数学' 而非 '计算机科学' 的方法".

关于这两位博士生卡牙尔和萨克西纳的感想和未来, 阿格拉瓦尔如此说:

> 他们很高兴, 但是同时也保持着理智. 我必须说他们两个都是非常冷静的孩子. 关于他们的博士头衔, 对, 我很确定这个工作已经足够使他们获得博士学位. 但是我建议他们先稳定下来几年, 因为这是他们学习的最好的时机. 依然有很多的东西在等待着他们去学习. 但是我尊重他们自己的决定 —— 他们已经得到了 TIFR (Tata Institute of Fundamental Research, 塔塔基础研究所) 的职位.

附录

我们接下来将根据自己的承诺给出 AKS 定理的证明概要. 在这里, 我依据的是伯恩斯坦优化的版本 [2].

■ **证明概要.** 我们先选取 n 的一个素因子 p, 使得 $p^{(r-1)/q} \not\equiv 0, 1 \bmod r$ 成立, 然后证明, 如果情形 (i) 和 (ii) 成立, 则这个整数 n 为 p 的幂.

现在我们考虑 —— 如同阿格拉瓦尔在 7 月 10 日的那个早上, 当那个定理被发现的时候一样 —— 以下形式 $t = n^i p^j$ 的乘积, 其中 $0 \leqslant i, j \leqslant \lfloor \sqrt{r} \rfloor$. 根据抽屉原理, 我们知道, 存在两组不同的指数对 (i_1, j_1) 和 (i_2, j_2), 使得 $t_1 = n^{i_1} p^{j_1} \equiv n^{i_2} p^{j_2} = t_2 \bmod r$ 成立. 我们的目标则是证明, 事实上 t_1 必须等于 t_2, 于是我们便得到了 $n = p^l$, l 是某个正整数.

由 (ii) 我们可以得到, 根据费马小定理, 对于所有的 $1 \leqslant a \leqslant p$ 和 $\mu = 1, 2$, 以下式子成立

$$(x - a)^{t_\mu} \equiv x^{t_\mu} - a \bmod (x^r - 1, p). \tag{$*$}$$

卡牙尔和萨克西纳在他们的本科论文中把这类指数 t_μ 称作 "自省" 整数, 并且对于这些 "自省" 整数, 他们证明了, 可以把等价关系 $t_1 \equiv t_2 \bmod r$ 提升到等价关系 $t_1 \equiv t_2 \bmod \#G$, 其中 $\#G \gg r$. 经过适当的选择使得 $\#G$ 足够大, 可以得到 $t_1 = t_2$. 阿格拉瓦尔将这个提升称为 "这篇文章中最美的部分".

我们怎么提升这个等价关系呢? 由于 $t_1 \equiv t_2 \bmod r$, 我们得到 $x^r - 1$ 整除 $x^{t_1} - x^{t_2}$ 的差, 根据 $(*)$ 我们最终可以得到

$$(x - a)^{t_1} \equiv (x - a)^{t_2} \bmod (x^r - 1, p).$$

另外, 由于 $g^{t_1} = g^{t_2}$ 对于所有的 $g \in G$ 均成立; 这表示, G 是由 $\zeta_r - a$ 生成的乘法群, 并且是由向 $\mathbb{Z}/p\mathbb{Z}$ 中添加 r 次单位根得到的割圆域的乘法子群. 现在选取一个本原元素 g, 即一个 $\#G$ 阶的元素, 于是我们得到了 $\#G \mid (t_1 - t_2)$.

另一方面, 由于 (i) 和 $p^{(r-1)/q} \not\equiv 0, 1 \bmod n$ 成立, 我们可以得到, 根据一些组合方法和割圆多项式的基本理论, 群 G 拥有至少 $\binom{q+s-1}{s}$ 个元素. 同时, 根据二项式系数满足的以下条件

$$|t_1 - t_2| < n^{\lfloor \sqrt{r} \rfloor} p^{\lfloor \sqrt{r} \rfloor} \leqslant n^{2\lfloor \sqrt{r} \rfloor} \leqslant \binom{q+s-1}{s} \leqslant \#G,$$

我们得到了所期待的 $t_1 = t_2$.

致谢

在此我要特别向马尼德拉 · 阿格拉瓦尔致以诚挚的谢意, 为了他的热情帮助, 尤其在他接到无数封恭贺的电子邮件的同时, 依然对于我关于背景知识的问题亲自并且用非常通俗易懂的方式进行解答.

参考文献

[1] Manindra Agrawal, Neeraj Kayal, Nitin Saxena, PRIMES is in P, IIT Kanpur, Preprint vom 6. 8. 2002, www.cse.iitk.ac.in/news/primality.html.

[2] Daniel Bernstein, An Exposition of the Agrawal-Kayal-Saxena Primality-Proving Theorem, 2. Fassung vom 20. 8. 2002, cr.yp.to/papers.html#aks.

[3] Manindra Agrawal, Somenath Biswas, Primality and identity testing via Chinese remaindering, in Proceedings of the Anual IEEE Symposium on Foundations of Computer Science, pp. 202–209, 1999.

[4] Rajat Bhattacharjee, Prashant Pandey, Primality Testing, Bachelor of Technology Project Report, IIT Kanpur 2001, www.cse.iitk.ac.in/research/btp-reports. html.

[5] Neeraj Kayal, Nitin Saxena, Towards a Deterministic Polynomial-Time Primality Test, Bachelor of Technology Project Report, IIT Kanpur, April 2002, www.cse. iitk.ac.in/research/btp-reports.html.

[6] D. Roger Heath-Brown, The First Case of Fermat's Last Theorem, Math. Intelligencer 7(4), pp. 40–47&55, 1985.

[7] Morris Goldfeld, On the number of primes p for which $p+a$ has a large prime factor, Mathematika 16, pp. 23–27, 1969.

[8] Étienne Fouvry, Théorème de Brun-Titchmarsh; application au théorème de Fermat, Invent. Math. 79, 383–407, 1985.

[9] Roger C. Baker, Glyn Harman, The Brun-Titchmarsh Theorem on Average, in Proceedings of a conference in honor of Heini Halberstam, Vol. 1, pp. 39–103, 1996.

[10] R. Ramachandran, A prime solution, Frontline, India's National Magazine, Vol. 19, Heft 17 vom 17. 8. 2002, www.flonnet/com/fl1917/19171290.htm.

[11] Sara Robinson, New Method Said to Solve Key Problem in Math, New York Times vom 8. 8. 2002.

[12] gsz., Methode zur Zertifizierung von Primzahlen, Neue Züricher Zeitung vom 30.8.2002.

[13] Dietmar Dath, Polynomiale Götter: Findige Inder und ihre Primzahlen, FAZ vom 9. 8. 2002.

素性测试和素数纪录

第 9 章

Günter M. Ziegler

选自《计算机代数通讯》(GI, DMV 和 GAMM 计算机代数学科组), 数学年特刊, 2008 年 4 月, 第 29–31 页.

最近这几年我们得到了一系列新的素数纪录. 在 **2005 年 11 月, F. Bahr, M. Boehm, J. Franke 和 T. Kleinjung** 解决了 **RSA-640 的解密问题: 一个 193 位数的素因子分解. 在 2006 年 9 月, 我们得到了至今[①] 已知的最大的素数, 即梅森素数**

$$M = 2^{32582657} - 1,$$

其拥有 **9 808 358 位数. 我们也许很有可能马上就能找到一个超过一千万位的素数, 对于这个素数的寻找给出了十万美元的奖金.**

Günter M. Ziegler

梅森素数

从 1996 年 1 月开始在互联网上开始了一番对于大梅森素数的寻找. 在名为 GIMPS (互联网梅森素数大搜索 www.mersenne.org) 的分布式计算项目中, 志愿者们可以从网站上下载 GIMPS 计算机软件, 并且得到 "各自" 分配的数来进行测试, 让他们各自的计算机做 "奴隶工作", 并且把对于这个数的反馈发送到互联网上.

为了纪念法国神父梅森 (Marin Mersenne, 1588—1648) 的成就, 形如 $M_n = 2^n - 1$ 的数被称为梅森数 —— 如果这个数恰巧为素数的话, 我们便称其为梅森素数. 为了保证这个数为素数, 有一个必要条件 (这可以作为一个很有趣的初等数论练习题) 是 n 本身即为素数. 但可惜这并不是充分条件: 例如 $n = 11$ 即给我们提供了第一个反例. 在 1644 年, 梅森断言, 对于 $n = 2, 3, 5, 7, 13, 17, 19, 31, 67, 127$ 和 257, 相应的 M_n 都是素数, 并且没有小于 257 的其他素数可以得到梅森素数 (在这其中他恰好犯了五个错误).

事实上梅森素数相当稀少: 我们甚至并不知道, 是否存在无数多个梅森素数, 我们只知道前 39 个以及另五个, 包括刚刚找到的 $M_{32582657}$, 其同时也为已知的最大素数.

我们能够有效地测试将近一千万位的数的素数性, 几乎是在这个新纪录背后在

[①] 此纪录已在 2013 年 1 月由互联网梅森素数大搜索项目 (简称 GIMPS) 打破, 现在已知的最大素数为 $2^{57885161} - 1$, 拥有 17452170 位数. —— 译者注

梅森

(图片来源: www-groups.dcs.st-and.ac.uk/~history/PictDisplay/Mersenne.html)

科学上 (和编程上) 最高的成就 —— 对 $n = 32582657$ 的素数性的验证, 已经是对于这个新纪录的一个小小热身了.

素性测试

我们在不久前才知道, 存在确定性的素性测试, 其运行时间是多项式时间 ——(见 [1]). 这展示了一个理论上的突破, 但是对于在实际中的使用却是不适合的. 在 GIMPS 项目中对于任意素数 n, 用户们会运行一个包含经典算法的级联, 关于这个级联我们可以在 www.mersenne.org/math.html 上找到非常漂亮和容易理解的描述. 关于素数的算法理论, 专家们推荐读者参考书 [2]. 从计算代数的观点出发, 素数性测试 (以及很多其他的有趣的内容) 可以在 [3] 中找到. 在第一阶段, 人们先寻找 $2^n - 1$ 的小素数因子 q. 这要求 (这依然是一个漂亮的练习题) q 满足 $q \equiv 1 \bmod 2n$ 和 $q \equiv \pm 1 \bmod 8$. 运用这种条件删减过的埃拉斯托尼筛法, 可以帮助我们找到 M_n 的大小不超过大约 40000 的素因子. 于是我们可以使用这个方法, 对形如 $2^n - 1$ 的数的可分解性利用二进制算术进行快速有效的计算.

接下来在第二阶段, 一种由 Pollard (1974) 发明的被称作 $(p-1)$ 方法的特殊情况将被应用, 这个方法将帮助人们找到形如 $q = 2kn - 1$ 的因子, 因为对于这些因子, $q - 1 = 2kn$ 由很多较小的素因子组成, 或者 (但是是在一个优化的版本中) 拥有一个较大的素因子: 当人们寻找 q, 使得所有的素因子都小于 B 时, 人们先获得 $E := \prod_{p<B} p$, 即所有小于 B 的素数的乘积, 然后计算 $x := 3^{E2n}$. 接下来我们可

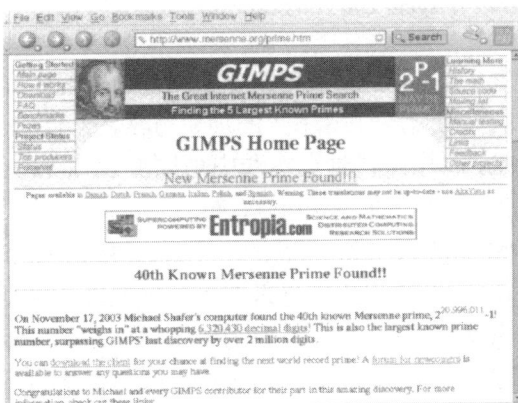

(图片来源: www.mersenne.org)

以在 $x - 1$ 和 $2^n - 1$ 的最大公约数中找到所需的 $2^n - 1$ 的因子.

在第三阶段的开始, 我们先应用一种方法, 它能帮助我们确定 $2^n - 1$ 是否为素数. 这个方法称为针对梅森数的 Lucas-Lehmer 测试 (1878, 1930/1935): M_n 为素数当且仅当 $l_n \equiv 0 \bmod M_n$ 成立, 其中 l_k 由递推公式 $l_1 = 4$ 和 $l_n = l_{n-1}^2 - 2$ 定义得到. 为了快速有效地计算, 我们必须首先能够快速地对大数进行模 $2^n - 1$ 的平方运算. 为此, 数字被划分成一个个区块, 然后我们可以使用快速傅里叶变换 (Fast Fourier Transform, FFT) 的一个特殊版本, 在这种情况下我们使用的是由 Richard Crandel 和 Barry Fagin (*Mathemtaics of Computation*, 1994) 引入的基于无理基的快速傅里叶变换. 在主要用以传播数学上的各项当前纪录的 *Mathemtica* 项目的网站之一 mathworld.wolfram.com 上, 有人建议将 GIMPS 与 *Mathematica* 的一个实现结合使用, 但是这并不是一个对事实的好的延伸. (在 *Mathemtaica* 中只有对 Cradall 的方法和素数性测试的实现.) 事实上, GIMPS 通过高度优化的汇编语言工作, 基于对于浮点算术的处理器建设的理由, 其错误可以被分别地认识并接受.

素性与分解

当 M_n 为合数时, GIMPS 方法的第一阶段和第二阶段将会确实给出 M_n 的因子 —— 当然, 当我们真正找到因子时 —— 但第三阶段和判定阶段则不能给出因子. 然后, 程序给出的答案仅为 "合数", 没有任何的 (素) 因子作为证据被给出. 所以这便给出了一个素数性测试, 但却不是一个完整的素因子分解方法.

同时这也是很好的: 我们不知道对于任何一个梅森数的有效的素因子分解的方法. 如果找到一个方法, 使得人们可以对任意一个拥有几百位的数字进行素因子分解, 那将是非常有趣和危险的, 因为网上银行和互联网的安全性基于素因子分解和这个问题的实际应用 (例如离散对数的计算) 的困难性.

RSA

对于这个问题的一个直接的例子便是由 Ron Rivest, Adi Shamir 和 Leonard Adelman 在 1978 年公布的 "使用公共密钥" 的加密方法, 这个方法几乎可以在所有基础数论的教科书中找到, 并且同时在实践中被频繁使用 —— 参见 Rivest, Shamir 和 Adelman 所创建的公司的主页 www.rsa.com.

这种方法对于未经允许的解密尝试的安全性取决于, 在当前的技术要求下, 将在十进制下拥有 150—200 位的数进行素因子分解是非常困难的. 这个名为 RSA Security 的公司甚至还曾经为一些针对素因子分解的攻击 (称为 "RSA 分解挑战", 见 de.wikipedia.org/wiki/RSA_Factoring_Challenge) 提供了总计超过六十三万美元的奖金.

对于编号为 "RSA-576" 的数的分解, 来自波恩大学的 Jens Franke 在 2003 年 12 月获得了一万美元的奖金. 在 2005 年 11 月, 他又和同伴一起攻克了编号为 "RSA-640" 的数的分解. 这个数在十进制下表示如下:

$$31074182404900437213507500358885679$$
$$30037346022842727545720161948823206$$
$$44051808150455634682967172328678243$$
$$79162728380334154710731085019195485$$
$$29007337724822783525742386454014691$$
$$736602477652346609$$

这个数在十进制下拥有 193 位, 如果写成二进制的话则拥有 640 位. 为此他们获得了一万美元. 这个数拥有以下因子:

$$16347336458092538484431338838650908$$
$$59841783670033092312181110852389333$$
$$1009045081512121181675111579$$

和

$$19008712816648221131268515739354139$$
$$75471896789968515493666638539088027$$
$$1038021044989571912614655571$$

(这两个因子在十进制下各拥有 97 位), 并且都为素数 —— 这对于现在的方法是非常容易证明的. 这里 Franke 应用了所谓的 "一般数域筛法" (General Number Field Sieve, 简称 GNFS). 这个方法由 Lenstra, Manasse 和 Pollard 在 1990 年引入, 并且于 n 位的数的计算时间为 $\exp(O(\sqrt[3]{n \log n}))$; 所以这个方法事实上并不是多项式时间的算法, 但已经接近为多项式时间算法了. 在一般数域筛法的应用下, 那些小的测试问题 RSA-100 和 RSA-512 也已经被攻破了.

在 2006 年 5 月, RSA Security 宣布终止了这个 "RSA 分解挑战". 与此同时, 这个问题的难度已经被充分证明了 —— 并且虽然到目前为止并没有给出一个证明, 但是我们已经可以看出大整数的分解无论在理论上还是在实际上都是很困难的.

很可惜, 在 "RSA 分解挑战" 中最高的奖金将不会被授予任何人了: 这个奖项是针对测试问题 RSA-2048 的, 奖金直至两万美元.

当然, 这是一个没有被 Franke 及其他同伴解决的问题: 在波恩的超级计算机的帮助下, 在瑞士洛桑的 EPFL 和日本的 NTT, 人们成功地给出了 $M_{1039} = 2^{1039} - 1$ 的完整的分解, 这是一个在二进制下 1039 位的数 (当然这不是一个 RSA 的测试问题).

同时, 我们还有其他的同样与分解有关的纪录. 在其他情况下, 人们关注的不仅仅是梅森数的素数性, 同时也关注它的完整的素因子分解. 于是, 在 "Cunningham 项目" (homes.cerias.purdue.edu/~ssw/cun/) 人们希望得到形如 $b^n \pm 1$ 的数的完整分解, 其中 $b = 2, 3, 5, 6, 7, 10, 11$ 和 12, 并且 n 取相对大的值. 作为其中的特殊情形, 这个项目中包含了梅森数 $M_n = 2^n - 1$ —— 这些数只有在 n 本身为素数时可能为素数 —— 和费马数 $F_n = 2^{2^n} + 1$ (练习题: 一个形如 $2^m + 1$ 的数为素数, 仅当 m 是 2 的幂次). 目前为止, 我们只知道对应于 $n = 0, 1, 2, 3$ 和 4 的费马数 F_n 为素数. 欧拉自己证明了, $F_5 = 4294967297$ 能被 641 整除. 对此, 分布式的互联网项目 NFSNET (www.nfsnet.org) 非常成功, 并且几乎每个月都能给结果列表上添加新的内容. 这个成功基于所谓的 "特殊数域筛法" (Special Number Field Sieve, 简称 SNFS) —— 一个 GNFS 的非常快速的特殊版本. 需要注意的是, 这个方法只能对某些特殊形式的数使用, 幸运的是, 这些特殊形式的数包含形如 $b^n \pm 1$ 的数.

纪录的追寻

对于纪录的追寻还在继续. "电子前沿基金会" (Electronic Frontier Foundation, www.eff.org/) 已经在 2000 年为第一个一百万位的素数支付了一次五万美元的奖金. 同时, 他们还对于超过一千万位的素数的验证悬赏十万美元. 这激发了更多的大众舆论的关注, 并且 GIMPS 项目依然在寻找愿意将其计算机贡献用于对纪录的追寻的同盟们.

这样, 很多个人计算机将被赋予一些数, 用于使用已知的分解方法进行素数性测试, 这样, 计算机的主人们才有可能在那面荣耀墙上得到一席之地 (当然还有奖金).

参考文献

[1] F. Bornemann, Ein Durchbruch für "Jedermann", in Computeralgebra-Rundbrief Nr. 32, 2003, S. 8–14.

[2] R. Crandall und C. Pomerance, Prime Numbers — A Computational Perspective, Springer-Verlag, New York, 2001.

[3] J. von zur Gathen und J. Gerhard, Modern Computer Algebra, Cambridge University Press, 2. Auflage, Cambridge, 2003.

II.2　无限性

Harro Heuser

选自《无限 —— 来自思想大峡谷的消息》(Teubner, 2008 年), 第 VII–XI 页.

"这一切都是合理的, 当无穷大进入我们的生活之后, 如果人们发现自己无法达到某个终点, 不应该为此觉得奇怪."

—— 莱布尼茨 (Gottfried Wilheim Leibniz)

"无穷大!" —— 这个词是托莱斯在数学课上学过的 ······ 它就在账单上, 除此之外托莱斯没有找到任何其他东西. 并且现在这个词带给他的是无法抑制翻腾的内心, 似乎在这个词上附带着某个非常可怕的生物 ······ 某些关于思维方式、疯狂、毁灭、通过某个发明者的工作而闪耀的东西突然被从沉睡中唤醒, 并且又变得可怕起来. 因为, 在这片蓝天上 (随同云彩之间那些细小的、湛蓝的、无法言说的深的洞), 对于他, 它现在是那么生动, 那么有威胁性, 并且在充分享受着对他的讥笑和嘲讽.

—— Robert Musil (选自《少年托莱斯的迷乱》)

在 1926 年, 我们最伟大的数学家之一, 希尔伯特 (David Hilbert), 本着伟大的哲学家莱布尼茨 (Leibniz) 和作家 Musil 的精神, 写道:

无限, 拥有任何其他问题都比不上的能够改变人的情绪的深度; 无限, 几乎没有任何想法可以与之一样, 如此令人激动和多产; 而同时, 无限, 也比任何其他的术语更能启发人们[1].

无限性的引入和认知对于人们的思想产生的影响有多么深远, 从 Romain Rolland 给心理分析学的奠基人 Sigmund Freud 所写的文字中可以窥见一斑. Rolland 指出, 宗教的基本来源, 在于一种感觉, 这种感觉被他称为 "永恒" —— "一种来自于某些没有边界, 没有界限, 如同漫无边际的大海一般的感觉." [2] 敏锐的神学家 Friedrich Schleiermacher 将宗教几乎定义为 "对于无限性的意义和品位" [3], 并且类似于 Romain Rolland, "在对于宇宙的看法上 ······ 将宗教看成最一般和最强大的形式." [4] 当 Ptolemaios 在他的天文学巨著中以 "神圣" 来称呼天体时, 这不仅仅是一个简单的形容词: 在他看来它们的神圣性体现在组成了一个 "永恒不变的世界". [5] "永恒",

对于希腊人而言是神的象征. 神和人的决定性区别就在于, 神是永恒的, 而人则会随着时间的推移而消逝. 人类最伟大的诗人之一, 荷马 (Homer), 在他的作品中就经常使用 "不朽的神" 和 "凡人" 来强调这种区别. 无限性和宗教是那么紧密地关联着, 以至于人们可以很容易在宗教中看到关于无限的理念. 并且因为宗教, 无论哪一种, 现在甚至已经被根植在复杂的人类灵魂的最深层, 无限性在这个关联中有巨大的情感影响力, 那些 "改变情绪" 的力量, 正如一个如此清醒的人, 例如希尔伯特所说的那样.

在宗教中, 人们总是明确地知道, "神是无穷的" 这个庄严的警告对人们的思想产生的影响. 他们知道, "神" 和 "无限" 属于人类思想的最深层. 对比而言, 类宗教信仰则不了解无限性 "改变情绪" 的力量, 并且一再重复地使用它们. 在纳粹统治下, 在所有庆典场合有一首赞美诗必须要被歌唱, 其中, 完全不肯定的无限性、世俗化的永恒和凡世的神圣被结合在一起: "Deutschland, heiliges Wort,/ Du voll Unendlichkeit! / Über die Zeiten fort/ Seist du gebenedeit!" (歌词大意: 德国, 神圣的词汇, /你就是永恒!/不论时间推移/你永远被保佑!) 歌词接下来的一些笔误又重新成为时尚: 神圣的海洋、森林和高位者.

现今, 甚至连殡葬行业也开始将永恒视作一个卖点, 为此他们甚至发明了所谓的 "永恒之墓": 使用火箭将骨灰盒和写有 "地球只是一个起点" 的字条一起送入地球轨道. 亲人们只能通过遥望拥有逝者骨灰的星空来感受到与逝者的联系. 据其一个经营者 (Eternita Galactica) 所言, 这种所谓的 "宇宙葬礼" 非常流行. 而其昂贵的费用并没有吓退追随者们, 毕竟, 在宇宙中并没有墓地维护的开销[6].

希尔伯特说, 没有任何东西像无限一样如此需要启示. 那对于无限性的让人惊喜的阐述 —— 自古时候就开始极度重要同时也充满争议的数学上的无穷 —— 在希尔伯特之前便已开始使用. 这主要在 19 世纪的后三分之一的时间完成, 并且在 1902 年, 通常极度冷静的罗素 (Bertrand Russell, 英国数学家和哲学家) 就强调: "对于之前围绕着数学中的无穷的困难的解答也许是我们这个时代能够获得的最大的成就." [7] 关于这个成就, 人们应该将其归功于一个人, 自称其根本上有一种 "非常轻微的艺术的内心", 并且一直在可惜, 他的父亲没有允许他成为一个小提琴演奏家, "演奏小提琴的时候总是我感觉最幸福的时刻".[8] (对于这一点, 也许你并不一定要太相信他.) 这位拥有 "非常轻微的艺术的内心" 并且名为康托 (Georg Cantor, 1845 年出生于圣彼得堡, 1918 年卒于萨勒河畔的哈雷) 的人绝对很有可能拥有不少波西米亚的物品 —— 每个认识他的人都谈到他 "闪亮、幽默、本真的性格, 并且容易爆发" [9] —— 但是这位被埋没了的小提琴演奏家同时也是人类历史上最具革命性的数学家. 他是一个深信宗教的人, 相信自己得到了上天的启示, 并且说他对于 "超越" 的理解得到了 "上帝的帮助". [10] Constantin Gutberlet (1837—1928), 富而达神学院的哲学和数学教授,《无穷, 从行而上学和数学的角度出发》(*Das Unendliche, metaphysisch und mathematisch betrachten* (1878)) 一书的作者, 在 1919 年关于超越数

的思维写道:

> 由于这些全方位的勇敢行动的攻击, 他到我这里来寻求援助 —— 也许我是
> 唯一一个, 如他所希望的那样, 与他的想法一致的人. 由于他有高贵的思想,
> 他并不与那些使用无神的科学来看待神圣的哲学的人分享他的轻蔑 ……
> 他询问我在学术的教育中这个 (无限性的) 概念的影响. 对此, 我可以特别
> 地指出圣奥古斯丁和后来的红衣主教 Franzelin. 这些我十分尊敬的智者在
> 关于上帝的知识中捍卫了真实的无限, 基于圣奥古斯丁的详尽的教导, 而
> 且也是他给了我对于那些文字 [11] 的启发, 也是他, 使我在那些暴力的袭
> 击中用从圣奥古斯丁的教学中得到的知识 [12] 使自己平静.

康托这个名字将从现在开始经常出现在我们面前, 甚至在我们开始对他一生的
工作进行详尽介绍之前. 对此你并不需要感到过于惊讶. 这位 "无限的巨人" 几乎
植根于关于无限的思想史中. 他研究了所有形成那团 "让人费解的迷雾" (歌德) 的
原因. 从这些出发, 他引导了一个跨越几个世纪的活跃、透彻, 甚至充满争论的对话.
如康托的工作中一般的哲学, 神学和数学如此高度统一的现象是非常罕见的. 这是
在人类思想史上的一个意外的幸运.

康托, 与他的无限性思想一起, 面对着无数的敌人. 他最有力的对手之一则是一
个幽灵: 伟大的亚里士多德 (Aristoteles, 前 384—前 322). "他让所有人尊敬, 他让所
有人仰慕", Dante 如此表达他最深的敬仰[13]. 这位生活在中世纪的诗人毫不掩饰
对他的崇拜而将其称为 "那位哲学家", 他的伟大已经完全不需要考虑在称呼中加入
任何的说明. 这位欧洲哲学的教父曾经却对于康托来说是一个非常危险的人物, 因
为他正巧将那个被康托称为生活的东西变得难以置信: 那个 "真正的" 无限, 并不是
一个无限增加的有限, 而是一个完整的、完美的, 一个在现实中 —— 真实的 —— 无
限的无限, 一个真正的无限. 一个如圣 Thomas von Aquin (1225—1274) —— 至今天
主教教会依然将其视为权威的人 —— 一样的强大的思想, 这个 "哲学之王" 是 "所
有所知之师" (Dante [14]), 并且将真实的无限从天主教思维中抹去. 另外, 现代经验
主义之父 John Locke (1632—1704), 这个被伏尔泰 (Voltaire) 称为在他身上看到了最
伟大的哲学的人, 呼吁一个完美的无限. 对于康托伤害最大的却是那位伟大的数学
王子, 高斯 (Carl Friedrich Gauss, 1777—1855), 他对于无限给出了一个摧毁性的判决:
"在数学中, 将无限大作为一个真正的数来使用是从来也永远都不会被允许的." [15]

对于亚里士多德, Thomas, Locke 和高斯而言, 他们也许会将在他们认为不存
在的无穷的问题上始终坚持的康托和一个一直在治疗一个不存在的器官的医者来
类比. 负有盛名的数学家克罗内克 (Leopold Kronecker, 1823—1891) 将无限视角简
短并且大胆地称为 "青春的掠夺者". 尽管如此, 康托依然在充满激情的 Giordano
Bruno (1548—1600) 那里找到了自己的同类, 并且这不会让克罗内克有任何欢愉, 因

为这位异教徒在火堆中找到了一个也许不光彩但非常恰当的结尾.

无限, 和任何其他术语都不同. 它是一个动态的名称 —— 它如此巨大, 以致可以将我们带到超越一切的境界; 相较之下我们是如此渺小, 以致它可以轻易地摧毁我们. 这个不可思议的无限也是一个充满矛盾的媒介, 一个无所不能的上帝也未能掌控的媒介. 神秘的《二十四位哲学家之书》(*Buch der vierundzwanzig Philosophen*) 中举出的二十四个上帝的定义包含了以下说法: 上帝和无限牵手并行. 虽然他们并没有能够从更高的角度理解, Nikolaus Cusanus (1401—1464) 和 Giordano Bruno 对于无限的狂热让他们提出了这样的说法: "上帝是一个无限的球, 任何点都是他的球心, 并且他的边界无处可寻." 同样, 数学界, 欧洲神学界和法国文学界不可或缺的一部分, 帕斯卡 (Balise Pascal, 1623—1662) 创造了自己的关于上帝的定义, 并且在一次冥想之后充满悲伤地写道: "在无限的世界中人是什么? …… 在无限的世界中, 任何的有限都轻易地消逝, 成为一个纯粹的虚无. 我们的思想在上帝面前是这样, 我们的权利在神圣的正义面前也是这样." [16] 自中世纪以来, 上帝一直是一个 "无穷的上帝", 一个 "完全的无穷". 帕斯卡在 Port-Royal 修道院①中去世, 并且在他逝去的同一年, 著名的《Port-Royal 的逻辑》(*Logik von Port-Royal*)② 正式发行, 在这本书中, 无所不能的上帝和物理上的无限出现了可怕的冲突: "上帝可以创造出一个无限大的个体, 一个无限快的运动, 或者一个无限大的数吗?" 两位作者最后提出了一个听上去非常荒谬的问题 —— 这个问题最早由康托给出了答案, 并且是肯定的回复 —— 这个问题是: "一个无限可以大于另一个吗?" [17] 是否存在两种甚至多种不同的无限呢?

离开哲学、神学和诗歌, 我们不能真正地谈论无穷, 正如康托所做的那样: 对于他, 无穷的数学理论是如此紧密地和哲学以及神学理论联系在一起, 在他与无穷的战斗中他从圣奥古斯丁身上看到了最强大的盟友. 圣奥古斯丁被誉为最后一个在现代科学的发展中拥有深刻影响的神思者. 他给予了康托力量, 使他能够对抗整个世界的阻力来掌控 "超越", 并且最终让无限这个概念能够真正地来到我们面前.

没有人能够比康托自己更好地解释无穷这个名词. 一个无穷集合, 他有一次说道, 他将其想象成一个 "深渊" [18]. 无穷就是思想的大峡谷. 而这个大峡谷中有无穷尽增长的超越数, 这些数由他创造, 并且由此能够在有限的基础上计数, 是 "一些神圣的, 在某种程度上通向永恒的, 通向上帝的宝座的阶梯". [19]

最后我希望表达我的感谢. 很幸运, 我一直能够得到很多有意义的讨论、支持和建议. 我对于 Rudolf Immig 教授, Harald Kuhn 教授和 Ulrich Staffhorst 博士的感谢也许并不能完全表达我对他们的感激.

---

① Port-Royal 修道院坐落在巴黎西南方向的 Vallée de Chevreuse 中. —— 译者注
② 这是一本关于逻辑学的著作, 完整的书名为 *La logique, ou l'art de penser*, 最早由 Antoine Arnauld 和 Pierre Nicole 匿名出版. —— 译者注

参考文献

[1] David Hilbert: Über das Unendliche. Math. Annalen 95 (1926) 161–190; dort S. 163.

[2] Sigmund Freud: Das Unbehagen in der Kultur, 1. Seite.

[3] Friedrich Schleiermacher: Über die Religion. Reden an die Gebildeten unter ihren Verächtern. Hrsg. von Hans-Joachim Rothert, Hamburg 1958.

[4] Friedrich Schleiermacher: 同上, S. 31.

[5] Ptolemaios: Almagest, Proömium.

[6] FAZ, 25. Januar 2000.

[7] Bertrand Russell: The Study of Mathematics. Abgedruckt in Bertrand Russell: Mysticism and Logic, Penguin Books, Melbourne-London-Baltimore 1953, dort S. 65.

[8] Georg Cantors 在 1896 年 3 月 17 日写给 E. Lemoine 的信, (部分) 刊登在 Herbert Meschkowski: Georg Cantor. Leben, Werk und Wirkung. 2. Aufl. Mannheim, Wien, Zürich 1983, S. 4.

[9] Adolf Fraenkel in: Das Leben Georg Cantors. Abgedruckt in Georg Cantor: Gesammelte Abhandlungen, hrsg. von Ernst Zermelo, Berlin 1932; dort S. 475.

[10] Pfingsten 在 1888 年写给 I. Jeiler 的信, 引自 Walter Purkert und Hans Joachim Ilgauds: Georg Cantor, Basel, Boston, Stuttgart 1987, S. 138.

[11] 已提到的 Gutberlets 关于无限的书.

[12] Phil. Jahrbuch der Görres-Gesellschaft 32 (1919), S. 364ff., zitiert nach Herbert Meschkowski: Georg Cantor.

[13] Dante: Inferno, 4. Gesang.

[14] Dante: Inferno, 4. Gesang.

[15] 1831 年 6 月 12 日写给 Schumacher 的信, 参见 Carl Friedrich Gauss: Werke VIII, Leipzig 1900, S. 216; 另见 Georg Cantor: Ges. Abh., S. 371.

[16] Blaise Pascal: Gedanken über die Religion (Pensées), übers, von Ewald Masnuth, Heidelberg 1946, S. 41 und 121.

[17] Antoine Arnauld und Pierre Nicole: Die Logik oder die Kunst des Denkens (Logik von Port-Royal), übers, von Christos Axelos, 2. Aufl. Darmstadt 1994, S. 286.

[18] 这个故事由著名的代数学家 Emmy Noether (1882—1935) 讲述, 参见 Oskar Becker: Grundlagen der Mathematik in geschichtlicher Entwicklung, suhrkamp taschenbuch wissenschaft 114, Frankfurt/M. 1975, S. 316.

[19] Gerhard Kowalewski: Bestand und Wandel, München 1950, S. 201.

集合，函数和连续统假设　　　　　　　　　　第 11 章

Martin Aigner, Günter M. Ziegler

选自《数学天书中的证明》(Springer, 第 2 版, 2004 年), 第 16 章, 第 111–119 页.

　　由 康托 (Georg Cantor)在 19 世纪下半叶建立的集合论对数学产生了深远的影响. 现在, 我们甚至无法想象缺少了集合的概念的现代数学. 正如希尔伯特 (David Hilbert) 所说: "没有人可以将我们从康托创造的 (集合论的) 天堂中驱逐出去."

康托

　　源自康托的一个基本概念为集合的基或势, 这是一个用以衡量集合 "大小" 的概念. 对于一个集合 M, 我们一般将其势记为 $|M|$. 对于一个有限的集合, 对于这个概念的理解我们不应该有任何困难: 我们只需要简单地数出集合中元素的个数. 如果 M 中恰好包含 n 个元素, 则我们可以说, M 是一个 n 元集, 或者说 M 的势为 n. 因此, 我们称两个有限集 M 和 N 等势, 如果它们包含同样多的元素, 记作 $|M|=|N|$.

　　为了将等势的概念拓展到无限集上, 我们使用以下关于有限集的实验带给我们的启发. 考虑正要上公交车的人数. 我们怎么才能确定人数和车上的座位数相同呢? 我们可以这么做: 让所有人都坐下. 每个人都能找到座位, 并且没有空座位留下, 当且仅当这两个集合 (即人的集合和座位的集合) 大小相同, 即等势. 换言之, 如果我们可以找到从一个集合到另一个的双射, 那么这两个集合等势.

　　而这就是我们将要给出的定义: 任意两个集合 M 和 N (无论有限或无限) 等势, 当且仅当存在一个从 M 到 N 的双射. 我们很容易可以看出, 这个等势的定义给出了集合间的一个等价关系, 而且我们可以对于任意一个等价类赋予一个 "数", 称作这个等价类的 "基数". 例如, 对于有限集, 我们有基数 $0, 1, 2, \cdots, n, \cdots$, 其中 n 表示 n 元集的等价类的基数, 而 0 表示空集的基数. 进一步地, 我们可以发现以下显然的事实: 一个有限集 M 的真子集 (即不等于 M 本身的子集) 的基数一定比 M 小.

　　当我们将视野拓展到无限集上时, 这个理论将会变得非常有意思 (当然也在很大程度上不再那么直观). 例如, 我们考虑所有自然数组成的集合 $\mathbb{N} := \{1, 2, 3, \cdots\}$. 我们称一个集合 M 可数, 如果可以找到一个从这个集合到 $\mathbb{N}$ 的双射. 换言之, 一个集合 M 是可数的, 当我们可以将 M 中的所有元素用 $m_1, m_2, m_3, \cdots$ 的形式来进行枚举. 但是接下来我们将要看到一个出乎意料的现象: 假设在 $\mathbb{N}$ 中加入一个新的元素, 记为 x, 所得到的新集合 $\mathbb{N} \cup \{x\}$ 还是可数的吗? 答案是肯定的, 而且, 我们得到的新集合甚至和 $\mathbb{N}$ 是等势的！

对于这个奇特现象的一个非常漂亮的解释是所谓的 " 希尔伯特的旅馆". 假设一个旅馆有可数个房间, 房间号为 $1, 2, 3, \cdots$, 而每个顾客 g_i 被安置在房间 i 中. 现在, 这个旅馆已经住满了. 一个新顾客甲出现在了前台, 他希望能够住在这个旅馆. 旅馆经理对他说, 对不起, 所有房间都被预订了. 没关系, 新顾客说, 我可以帮你解决这个问题: 你可以请顾客 g_1 移到 2 号房间, 顾客 g_2 移到 3 号房间, 顾客 g_3 移到 4 号房间, 以此类推, 接下来我就可以住到空出来的 1 号房间中. 照做之后, 旅馆经理吃惊地发现 —— 显然, 他不是一个数学家 —— 这个方法竟然奏效了! 他确实可以将每个顾客都安排好, 包括新来的顾客甲!

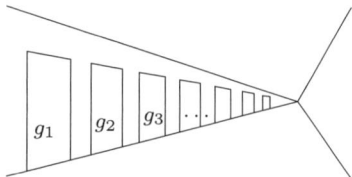

现在聪明的旅馆经理学会了, 他可以用类似的方法给另外新来的顾客乙安排住宿, 然后再是另一个新来的顾客丙, 等等. 特别地, 我们可以看到, 与有限集不同, 一个无限集 M 的真子集有可能和 M 本身是等势的. 实际上, 正如我们即将看到的, 这是判定无限集的一个方法: 一个集合是无限集, 当且仅当存在一个与其自身等势的真子集.

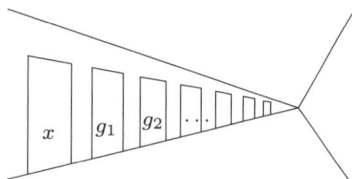

现在让我们离开希尔伯特的旅馆, 来看看我们熟悉的一些数组成的集合. 整数集 $\mathbb{Z}$ 也是可数的, 因为我们可以将 $\mathbb{Z}$ 写成 $\{0, 1, -1, 2, -2, 3, -3, \cdots\}$ 的形式. 如果你觉得这是一个显然的结论, 那么也许下面这个结论会让你吃惊: 有理数集 $\mathbb{Q}$ 也是可数的. 我们先考虑 $\mathbb{Q}^+$, 由所有正有理数组成的集合, 如下图所示, 我们可以找到一种枚举 $\mathbb{Q}^+$ 中所有元素的方法, 所以 $\mathbb{Q}^+$ 是可数的. 由此可以推知 $\mathbb{Q}$ 也是可数的: 我们将 0 设定为列表的起始点, 并且将 $-\frac{p}{q}$ 直接写在 $\frac{p}{q}$ 下面. 由这种表示法, 我们得到了以下形式:

$$\mathbb{Q} = \left\{ 0, 1, -1, 2, -2, \frac{1}{2}, -\frac{1}{2}, \frac{1}{3}, -\frac{1}{3}, 3, -3, 4, -4, \frac{3}{2}, -\frac{3}{2}, \cdots \right\}.$$

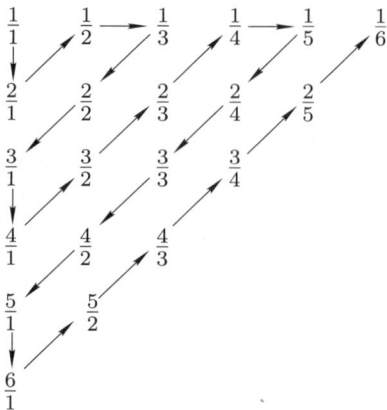

我们也可以用以下陈述来解释这个映射:

任意可数个可数集 M_n 的并集是可数的.

为了证明这个命题, 我们将其中任意一个可数集 M_n 写成 $\{a_{n1}, a_{n2}, a_{n3}, \cdots\}$ 的形式, 并且用同样的方法对它们的并集进行计数:

$$\bigcup_{n=1}^{\infty} M_n = \{a_{11}, a_{21}, a_{12}, a_{13}, a_{22}, a_{31}, a_{41}, a_{32}, a_{23}, a_{14}, \cdots\}.$$

现在让我们再仔细观察一下康托对正有理数的计数方法. 由上图我们可以得到以下数列:

$$\frac{1}{1}, \frac{2}{1}, \frac{1}{2}, \frac{1}{3}, \frac{2}{2}, \frac{3}{1}, \frac{4}{1}, \frac{3}{2}, \frac{2}{3}, \frac{1}{4}, \frac{1}{5}, \frac{2}{4}, \frac{3}{3}, \frac{4}{2}, \frac{5}{1}, \cdots,$$

然后删去重复的数 (也就是不是最简形式的分数, 如 $\frac{2}{2} = \frac{1}{1}$ 和 $\frac{2}{4} = \frac{1}{2}$ 等).

事实上我们还能用另一种更加优雅和系统的方法来进行计数, 并且这种方法不会涉及重复的数的问题 —— 这个方法最近由 Neil Calkin 和 Herbert Wilf 提出. 他们的数列按如下方式开始:

$$\frac{1}{1}, \frac{1}{2}, \frac{2}{1}, \frac{1}{3}, \frac{3}{2}, \frac{2}{3}, \frac{3}{1}, \frac{1}{4}, \frac{4}{3}, \frac{3}{5}, \frac{5}{2}, \frac{2}{5}, \frac{5}{3}, \frac{3}{4}, \frac{4}{1}, \cdots.$$

我们注意到, 在这个数列中, 第 n 个分数的分母永远等于第 $n+1$ 个分数的分子. 换言之, 第 n 个分数可以用 $b(n)/b(n+1)$ 来表示, 其中 $(b(n))_{n \geq 0}$ 是如下数列:

$$(1, 1, 2, 1, 3, 2, 3, 1, 4, 3, 5, 2, 5, 3, 4, 1, 5, \cdots).$$

这个数列最早出现于德国哥廷根的数学家斯特恩 (Moritz Abraham Stern) 在 1858 年发表的文章中.

我们怎样得到这个数列, 从而可以用 Calkin-Wilf 计数方法来枚举所有的正分数呢? 为此, 考虑如图所示的无限二叉树. 我们可以很容易地发现它的递推规则:

- 树顶为 $\frac{1}{1}$;
- 任意一个结点 $\frac{i}{j}$ 有两个分叉, 称为这个结点的 "子结点": 左边的子结点为 $\frac{i}{i+j}$, 右边的子结点为 $\frac{i+j}{j}$.

于是我们容易验证如下四个性质:

(1) 树中所有的分数都是最简的, 即如果出现 $\frac{r}{s}$, 那么 r 和 s 一定是互素的.

对于这个性质, 我们可以看到, 对于树顶的 $\frac{1}{1}$ 是成立的, 然后可以向下递归证明: 当 r 和 s 互素时, 显然 r 和 $r+s$, s 和 $r+s$ 也是分别互素的.

(2) 每一个最简的正有理数 $\frac{r}{s}$ 一定会出现在树中.

为此我们对 $r+s$ 使用递归法. 我们知道, $r+s$ 最小的可能值为 2, 对应的唯一的正有理数为 $\frac{1}{1}$, 而这个数出现在树中, 即树顶. 对于一般的 $r+s$, 我们首先注意到 r 不可能等于 s, 否则 $\frac{r}{s}$ 不可能是最简的. 如果 $r > s$, 那么根据递归假设, $\frac{r-s}{s}$ 出现在树中, 于是根据树的构造规则, $\frac{r}{s}$ 作为它的右边的子结点出现在树中; 如果 $r < s$, 那么同样地根据递归假设, $\frac{r}{s-r}$ 出现在树中, 于是根据树的构造规则, $\frac{r}{s}$ 作为它的左边的子结点出现在树中.

(3) 任意一个最简的正分数只出现一次.

对于这一点的证明是非常简单的. 如果 $\frac{r}{s}$ 在树中出现了多于一次, 那么一定有 $r \neq s$, 因为树中任意一个结点都形如 $\frac{i}{i+j} < 1$ 或者 $\frac{i+j}{j} > 1$. 于是我们可以对于 $r < s$ 和 $r > s$ 的情况分别进行递归证明.

于是我们知道, 任意一个正有理数在这个树中出现, 并且只出现一次, 而且我们可以根据这个树来对所有正有理数进行计数, 即从上至下每一层由左至右进行计数. 这个方法正好给出了我们在前面给出的那个数列.

(4) 这个数列中第 n 个数的分母恰好为第 $n+1$ 个数的分子.

显然对于 $n = 0$, 或者当第 n 个分数是一个左子结点时, 这个性质是成立的. 于是我们假设, 第 n 个分数 $\frac{r}{s}$ 是一个右子结点. 当 $\frac{r}{s}$ 出现在树中某一层的最右侧, 那么 $s = 1$, 并且接下来的一个分数出现在树的下一层的最左侧, 于是分子为 1. 现在我们来看当 $\frac{r}{s}$ 在树的内部的情况, 假设 $\frac{r'}{s'}$ 为数列中下一个数, 那么 $\frac{r'}{s'}$ 为某个结点的左子结点. 根据树的构造, 我们可以知道, $\frac{r}{s}$ 是 $\frac{r-s}{s}$ 的右子结点, 而 $\frac{r'}{s'}$ 是 $\frac{r'}{s'-r'}$ 的左子结点. 由于在数列中 $\frac{r-s}{s}$ 正好是 $\frac{r'}{s'-r'}$ 的前一个数, 于是根据递归假设, 我们知道 $s = r'$, 即 $\frac{r}{s}$ 的分母等于 $\frac{r'}{s'}$ 的分子.

以上的结果够漂亮了, 所以我们就在此停下吗? 不, 事实上, 它还提供给我们更多的信息. 首先我们来看两个很自然的问题:

- 数列 $(b(n))_{n \geqslant 0}$ 有什么 "意义" 吗? 这些数 $b(n)$ 是有意义的吗?
- 给定 $\frac{r}{s}$, 我们能够找到一个简单的公式来计算下一个分数吗?

为了回答第一个问题, 我们要应用结点 $b(n)/b(n+1)$ 的子结点是 $b(2n+1)/b(2n+2)$ 和 $b(2n+2)/b(2n+3)$ 的事实. 根据树的构造规则, 我们得到以下递推公式:

$$b(2n+1) = b(n), \qquad b(2n+2) = b(n) + b(n+1). \tag{1}$$

给定起始条件 $b(0) = 1$, 通过 (1) 式可以完全确定数列 $(b(n))_{n \geqslant 0}$.

我们想知道, 是否存在一个 "漂亮的"、"有名的" 数列满足以上性质呢? 答案是: 是的, 的确存在这样的数列. 我们知道, 任意一个整数 n 都能以唯一方式写成不同的 2 的幂次的和 —— 这样给出了 n 的二进制表示. 我们将 n 的超二进制表示定义为将 n 写成 2 的幂次的和, 其中任意幂次 2^k 至多出现两次. 我们用 $h(n)$ 来标记 n 的不同的超二进制表示的个数. 请读者自己验证, 这个数列 $h(n)$ 恰好满足递推公式 (1), 并且由此可知, 对于所有的 n, 等式 $b(n) = h(n)$ 成立.

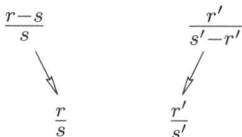

例如, 令 $n = 6$, 那么 $h(6) = 3$, 相应的超二进制表示如下:

$$6 = 4 + 2,$$
$$6 = 4 + 1 + 1,$$
$$6 = 2 + 2 + 1 + 1.$$

由此我们同时证明了一个让人惊讶的事实: 假设 $\frac{r}{s}$ 为一个最简分数, 那么恰好存在一个整数 n, 使得 $r = h(n)$ 和 $s = h(n+1)$ 成立.

现在我们继续考虑第二个问题. 在我们的树中有如下形式:

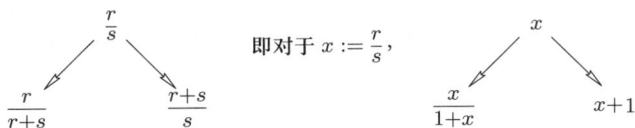

即对于 $x := \frac{r}{s}$,

我们现在应用这个来构造一个更大的 (无根) 无限二叉树, 如下图所示.

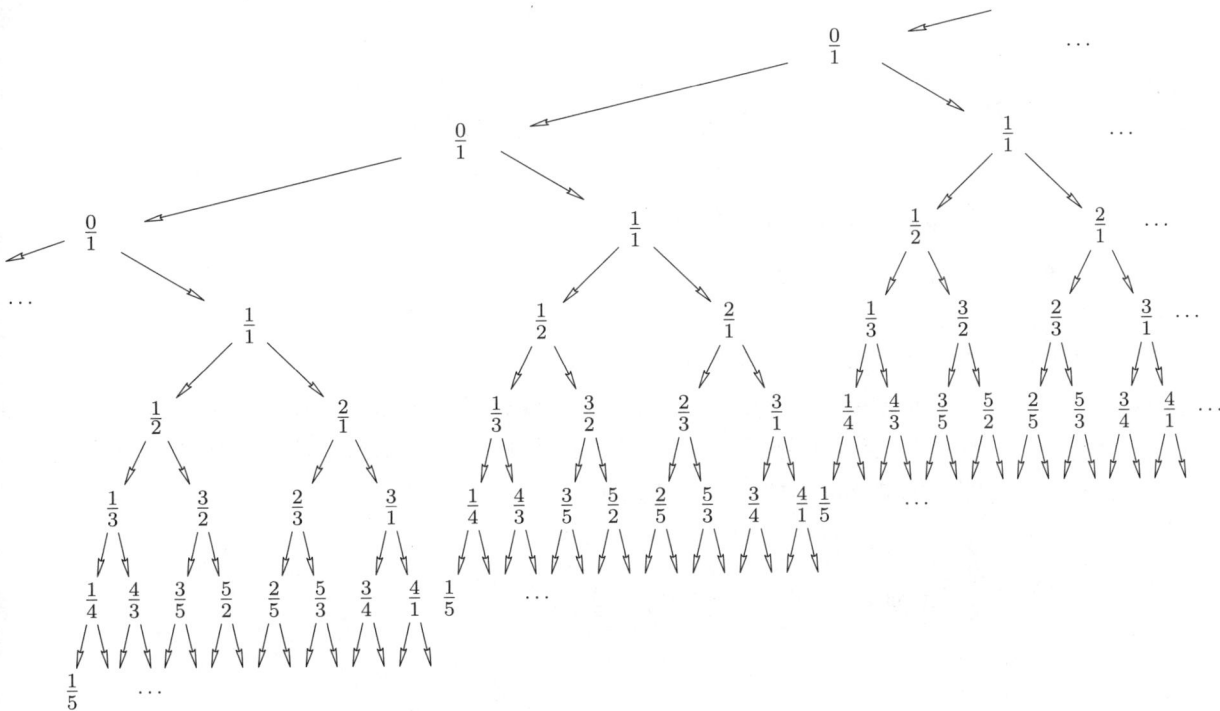

在这个树中, 每一行都是相同的, 即开始于 $\frac{0}{1}$, 然后接下来给出对于正有理数的 Calkin-Wilf 计数方法.

在这个计数方法中我们怎么从一个有理数得到下一个呢? 为了回答这个问题, 我们先观察到, 对于任意一个有理数 x, 它的右子结点为 $x + 1$, 右子子结点, 即二代右子结点为 $x + 2$, 以此类推, 第 k 代右子结点为 $x + k$; 类似地, 一个有理数 x 的

左子结点为 $\frac{x}{1+x}$, 左子子结点, 即二代左子结点为 $\frac{x}{1+2x}$, 以此类推, 第 k 代左子结点为 $\frac{x}{1+kx}$.

为了找到由任意一个 $\frac{r}{s} = x$ 得到数列中的 "下一位" $f(x)$ 的方法, 我们需要先分析下图中的情况. 当考虑无限二叉树中的任意非负有理数时, 一定存在一个 $k \geqslant 0$, 这是一个有理数 $y \geqslant 0$ 的左子结点的第 k 代右子结点, 而同时 $f(x)$ 又是这个有理数 y 的右子结点的第 k 代左子结点. 根据以上推导的第 k 代左子结点和第 k 代右子结点的公式, 我们有

$$x = \frac{y}{1+y} + k,$$

和我们在下图中所预测的一样. 这里, $k = \lfloor x \rfloor$ 为 x 的整数部分, 同时 $\frac{y}{1+y} = \{x\}$ 为 x 的小数部分. 于是有

$$f(x) = \frac{y+1}{1+k(y+1)} = \frac{1}{\frac{1}{y+1}+k} = \frac{1}{k+1-\frac{y}{y+1}} = \frac{1}{\lfloor x \rfloor + 1 - \{x\}}.$$

由此我们得到了下面这个由 x 得出后一项 $f(x)$ 的公式, 这个公式在不久前由 Moshe Newman 提出:

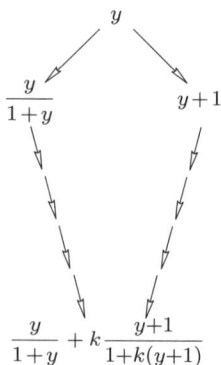

函数

$$x \mapsto f(x) = \frac{1}{\lfloor x \rfloor + 1 - \{x\}}$$

生成了 Calkin-Wilf 序列:

$$\frac{1}{1} \mapsto \frac{1}{2} \mapsto \frac{2}{1} \mapsto \frac{1}{3} \mapsto \frac{3}{2} \mapsto \frac{2}{3} \mapsto \frac{3}{1} \mapsto \frac{1}{4} \mapsto \frac{4}{3} \mapsto \cdots,$$

在这个序列中任意正有理数出现且仅出现一次.

现在我们考虑所有的实数. 这个集合是可数的吗? 不是, 可惜这个集合并不是可数的. 证明其不可数性的方法, 称为康托对角化方法, 不仅是集合论的基础想法, 同时也毫无疑问地属于天才之作.

定理 1 实数集合 $\mathbb{R}$ 是不可数的.

■ **证明.** 首先我们需要知道的是, 一个可数集合 $M = \{m_1, m_2, m_3, \cdots\}$ 的任意子集 N 都是至多可数的 (即它是有限或者可数的). 为了证明这一点, 我们只需将 N 中的所有元素按照它们在 M 中的 "排列" 方法来进行排列和计数. 于是, 如果我们能够找到 $\mathbb{R}$ 的一个子集, 使得这个子集是不可数的, 那么就证明了 $\mathbb{R}$ 本身是不可数的. 我们所期待的这个子集 M, 实际上就是区间 $(0, 1]$, 即所有满足 $0 < r \leqslant 1$ 的实数的集合. 我们假设这是不对的, 希望从中推导出矛盾. 假设 M 是可数的, 那么我们可以

给出 M 的一个计数: $\{r_1, r_2, r_3, \cdots\}$. 现在将 r_n 写成唯一的无穷小数的形式 (若为有限小数, 则在最后添加无限多个 0):

$$r_n = 0.a_{n1}a_{n2}a_{n3}\cdots,$$

其中对于任意的 n 和 i, 有 $a_{ni} \in \{0, 1, \cdots, 9\}$. 例如 $0.7 = 0.6999\cdots$. 现在观察以下无穷数组:

$$r_1 = 0.a_{11}a_{12}a_{13}\cdots,$$
$$r_2 = 0.a_{21}a_{22}a_{23}\cdots,$$
$$\cdots\cdots\cdots\cdots\cdots$$
$$r_n = 0.a_{n1}a_{n2}a_{n3}\cdots,$$
$$\cdots\cdots\cdots\cdots\cdots$$

对于任意 n, 我们可以选择一个 $b_n \in \{1, 2, \cdots, 8\}$, 满足 $b_n \neq a_{nn}$; 这当然是可能的. 于是我们得到一个实数 $b = 0.b_1b_2n_3\cdots b_n\cdots$. 显然这个实数在集合 M 中, 于是它存在于这个序列中, 即它一定有一个序号 n'. 但是这是不可能的, 因为当我们构造 b 时, 特别选择了 $b_{n'} \neq r_{n'n'}$. 由此可知, 我们关于 M 是可数的假设是不正确的, 于是定理得证.

现在让我们暂时在实数的世界里多待一会儿. 我们先观察到, 事实上区间 $(0,1)$, $(0,1]$, $[0,1)$ 和 $[0,1]$ 都拥有同样的基数. 例如, 证明区间 $(0,1]$ 和 $(0,1)$ 拥有同样的基数. 定义映射

$$f: (0,1] \to (0,1), \quad x \mapsto y,$$

其中

$$y := \begin{cases} \frac{3}{2} - x, & \text{当 } \frac{1}{2} < x \leqslant 1 \text{ 时,} \\ \frac{3}{4} - x, & \text{当 } \frac{1}{4} < x \leqslant \frac{1}{2} \text{ 时,} \\ \frac{3}{8} - x, & \text{当 } \frac{1}{8} < x \leqslant \frac{1}{4} \text{ 时,} \\ \cdots\cdots\cdots\cdots \end{cases}$$

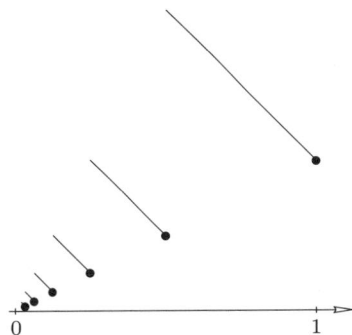

双射 $f: (0,1] \to (0,1)$

我们可以看到, 这个映射是一个双射. 对于双射的证明, 我们只需要观察, 在第一种情况中 $\frac{1}{2} \leqslant y < 1$, 在第二种情况中 $\frac{1}{4} \leqslant y < \frac{1}{2}$, 在第三种情况中 $\frac{1}{8} \leqslant y < \frac{1}{4}$, 以此类推.

接下来我们可以得到, 任意两个长度大于零的有限区间都是等势的. 为此, 考虑如右图中的中心投影. 事实上, 我们还能得到更进一步的结果: 任意区间 (长度大于零) 都和实数直线 $\mathbb{R}$ 是等势的. 右图清楚地展示了这个结果: 我们将区间 $(0,1)$ 完全并且从中心 S 将其投影至整个实数直线 $\mathbb{R}$.

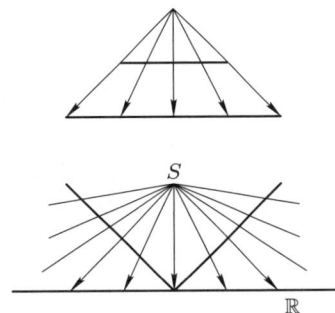

现在将这些讨论结合起来, 得到下面的结论: 所有的长度大于零的开、半开、闭 (有限或者无限) 区间都是等势的. 它们的基数被记为 c, 这个 c 来自于连续统的英文简称 (这个名字在之前主要用于指代区间 $[0,1]$).

也许有限和无限区间是等势的并不是一个特别让人惊讶的结论. 但是接下来这个事实, 将对你的直觉造成很大的冲击.

> **定理 2** 由有序实数对组成的集合 $\mathbb{R}^2$ (即实平面) 和实数集合 $\mathbb{R}$ 是等势的.

■ **证明.** 为了证明这个定理, 我们只需要证明, 对于所有数对 (x,y) 组成的集合, 其中 $0 < x,y \leqslant 1$, 存在一个到区间 $[0,1]$ 的双射. 事实上, 如果观察数对 (x,y), 并且将 x 和 y 写成唯一的无穷小数的形式, 如同以下例子:

$$
\begin{array}{lllllllll}
x & = & 0. & 3 & 01 & 2 & 007 & 08 & \cdots, \\
y & = & 0. & 009 & 2 & 05 & 1 & 0008 & \cdots.
\end{array}
$$

我们可以看到, 这里将 x 和 y 的数位分组写出, 使得每一组的最后一个数字都是非零的. 现在我们将这个数对 (x,y) 和一个实数 $z \in (0,1]$ 关联起来, 这个实数 z 由 x 中的第一组, y 中的第一组, 然后 x 中的第二组, y 中的第二组, 以此类推来得到. 于是在以上的例子中, 我们得到

$$
z = 0.3009012205007108 0008 \cdots.
$$

根据对 x 和 y 的选择, 即它们都是无穷小数, 我们在这里所构造的 z 也一定是一个无穷小数. 反过来说, 我们可以用同样的方法从一个给定的 z 的无穷小数形式中得到它所对应的 (x,y). 于是我们通过以上方法成功构造了一个由 $[0,1] \times [0,1]$ 到 $[0,1]$ 的双射, 定理得证.

由于映射 $(x,y) \mapsto x+iy$ 给出了一个从 $\mathbb{R}^2$ 到 $\mathbb{C}$ 的双射, 我们知道 $|\mathbb{C}| = |\mathbb{R}| = c$. 为什么 $|\mathbb{R}^2| = |\mathbb{R}|$ 那么出乎意料呢? 事实上, 它完全跟我们对于 "维数" 的直观是互相矛盾的. 这个结论意味着, 二维空间 $\mathbb{R}^2$ 可以被双射到一条一维的直线 $\mathbb{R}$ 上. 这个现象告诉我们, 在一般情况下, 维数并不是双射下的不变量. 但是, 如果我们假定一个映射和它的逆映射都是连续的, 那么事实上这个映射是保持维数的 —— 这是一个很著名的结论, 最早由布劳威尔 (Luitzen Brouwer) 证明.

至此, 我们已经讨论了等势这个概念. 但是在什么情况下, 可以说一个集合 M 至多和 N 一样大呢? 同样, 我们会需要一些特定的映射. 我们说, 基数 **m** 小于或等于基数 **n** (为了和有限情形下的符号相符, 我们记为 $\mathbf{m} \leqslant \mathbf{n}$), 当且仅当对于满足 $|M| = \mathbf{m}$ 和 $|N| = \mathbf{n}$ 的集合 M 和 N, 存在一个从 M 到 N 的单射. 显然这个关系 $\mathbf{m} \leqslant \mathbf{n}$ 独立于我们对于满足条件的集合 M 和 N 的选取. 对于有限集合, 这个概念也符合我

们对于大小的直观理解 —— 我们说一个 m 元集至多和一个 n 元集一样大, 当且仅当 $m \leqslant n$ 成立.

既然有了大小关系, 那现在我们面临了一个基本的问题: 很自然, 我们希望不等式的一般法则对于基数也成立. 但是它们真的成立吗? 特别地, 如果我们有 $\mathbf{m} \leqslant \mathbf{n}$ 和 $\mathbf{n} \leqslant \mathbf{m}$, 能由此得到 $\mathbf{m} = \mathbf{n}$ 吗? 这个问题的答案是肯定的, 原因基于康托在 1883 年宣布的 Schröder-Bernstein 定理. 对于这个定理的第一个证明最早由 Friedrich Schröder 和 Felix Bernstein 在很多年后发表. 下面的证明则来自于 20 世纪的集合论大师之一 Paul Cohen 的一个小册子.

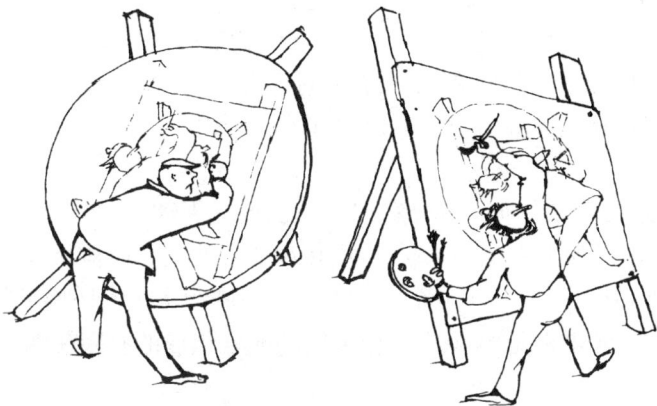

Schröder 与 Bernstein 在画画

定理 3 如果对于任意两个集合 M 和 N, 能找到从其中一个集合到另一个的单射, 那么一定存在一个从 M 到 N 的双射. 也就是说, 我们有 $|M| = |N|$.

■ **证明.** 我们可以假设, M 和 N 的交集为空集. 否则, 我们只需要简单地将 N 替换为一个与 M 的交集为空且与其等势的集合.

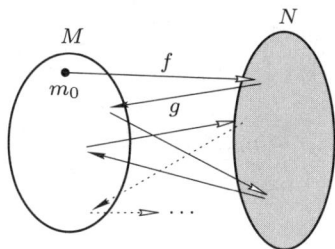

假设题设中的单射分别为 $f: M \to N$ 和 $g: N \to M$. 由此我们可以将 M 中的元素映到 N 中, 也可以将 N 中的元素映到 M 中. 为了理清这个情况, 我们将 $M \cup N$

中的元素按这个映射的顺序排列起来, 从而得到一个元素链: 从 M 中的任意一个元素 m_0 开始, 由此生成一条元素链, 即先对 f 取值, 然后是 g, 接下来是 f, 以此类推. 这个元素链有可能是封闭的, 即在经过多次重复映射之后又重新回到了 m_0 —— 我们将这种情况记为 "情况 1"; 还有一种可能性是, 这个元素链中可以不断添加不同的元素从而可以无限延伸, 由于单射性, 在这个元素链中除了第一个元素外不可能再出现 m_0. 当元素链可以无限延伸时, 我们尝试反方向进行构造: 由 m_0 开始, 如果 m_0 在 g 的像中, 那么我们在链条中添加它的原像 $g^{-1}(m_0)$; 接下来添加 $f^{-1}(g^{-1}(m_0))$, 当然, 前提是 $g^{-1}(m_0)$ 在 f 的像中; 以此类推. 需要特别注意的是, 由于映射 f 和 g 是单射, 那么这个反向元素链是良好定义的. 由此我们可以得到以下三种情况: 这个反向的元素链也可以无限延伸 —— 记为 "情况 2"; 或者我们将在这个反向元素链中得到一个不包含在 g 的像中的 M 中的元素 —— 记为 "情况 3"; 又或者我们将在这个反向的元素链中得到一个不包含在 f 的像中的 N 中的元素 —— 记为 "情况 4".

于是我们将 $M \cup N$ 唯一地分解成以上四种元素链, 而我们可以将这些元素链中的元素依序标记为 $m_0, n_0, m_1, n_1, \cdots$ (情况 2 会出现), 使得从 M 到 N 的一个双射 F 可以由 $F : m_i \mapsto n_i$ 给出 (除了情况 4). 我们对于以上四种情况分别进行验证:

情况 1: 这个元素链是由 $2k+2$ 个不同的元素组成的有限闭圈 ($k \geqslant 0$):

$$m_0 \xrightarrow{f} n_0 \xrightarrow{g} m_1 \xrightarrow{f} \cdots \ m_k \xrightarrow{f} n_k$$
$$\underleftarrow{\qquad\qquad\qquad g \qquad\qquad\qquad}$$

情况 2: 在两个方向上这个元素链都是由不同的元素组成且无限延伸:

$$\cdots \longrightarrow m_0 \xrightarrow{f} n_0 \xrightarrow{g} m_1 \xrightarrow{f} n_1 \xrightarrow{g} m_2 \xrightarrow{f} \cdots$$

情况 3: 由不同元素组成的无限元素链, 并且这个元素链由一个 $m_0 \in M \backslash g(N)$ 开始 (注意在这里我们重新标记了 m_0):

$$m_0 \xrightarrow{f} n_0 \xrightarrow{g} m_1 \xrightarrow{f} n_1 \xrightarrow{g} m_2 \xrightarrow{f} \cdots$$

情况 4: 由不同元素组成的无限元素链, 并且这个元素链由一个 $n_0 \in N \backslash g(M)$ 开始 (同样, 在这里我们重新标记了 m_0, 并且上面的双射 F 由 $n_i \mapsto m_i$ 给出):

$$n_0 \xrightarrow{g} m_0 \xrightarrow{f} n_1 \xrightarrow{g} m_1 \xrightarrow{f} \cdots$$

欧拉的无限和

第 12 章

Daniel Barthe

选自 *Spektrum der Wissenschaft*, 特刊 2, 2005 年:《无限 (加一)》, 第 19–23 页.

将无限多项相加, 往往是一个非常冒险的尝试. 但是在一个天才的魔术师手中, 我们见识到了有创造性的系列奇迹.

> "发散级数完全是恶魔的发明 ······ 除了一些简单的例外 —— 例如几何级数, 在数学中几乎很难找到一个无穷数列, 其和是可以确定表示的."
>
> —— 阿贝尔 (*Niels H. Abel*), 1826

我们经常会在无意的情形遇到无限和. 谁会想到, 在 10/3 的小数展开

$$\frac{10}{3} = 3.33333333333333333333\cdots$$

背后事实上存在着一个无限和 (或者级数) 呢? 事实上, 根据小数的严格定义, 我们有

$$3.3333333333333 = 3 + 0.3 + 0.03 + 0.003 + 0.0003 + \cdots$$
$$= 3 + \frac{3}{10} + \frac{3}{10^2} + \frac{3}{10^3} + \frac{3}{10^4} + \cdots.$$

我们该怎么理解这样的一个和, 或者更一般地, 一个形如

$$S = 1 + q + q^2 + q^3 + q^4 + q^5 + \cdots$$

(其中 $q \neq 1$) 的和 (即我们所说的等比数列的和) 呢? 如果提出一个因子 q, 那么得到

$$S = 1 + q\,(1 + q + q^2 + q^3 + q^4 + \cdots),$$

我们可以看到, 括号中的部分是与原有的 S 同样的无限和. 于是我们得到 $S = 1+qS$, 或者说, $S(1-q) = 1$. 由于我们假设 $q \neq 1$, 可以在等式两边同时除以 $1-q$, 于是得

欧拉[①]

[①] 欧拉 (Leonhard Euler, 1707—1783) 是有史以来最多产的数学家. 他曾经在圣彼得堡的研究所工作, 之后迁移到柏林, 最后回到圣彼得堡继续研究. 他将分析, 这个牛顿和莱布尼茨在数十年前创立的新理论, 向前推进了一大步.

到

$$S = \sum_{k=0}^{\infty} q^k = \frac{1}{1-q}. \tag{*}$$

但是以上等式一定成立吗? 假设 $q = 2$, 我们有

$$-1 = 1 + 2 + 4 + 8 + 16 + 32 + \cdots.$$

等式左边是一个负数, 而右边是一个很大的正数. 显然这个等式是不可能成立的. 是我们误入歧途了吗?

级数或者无限和

我们现在进行一些实验. 假设有一根 2 米长的棍子, 我们将它等分成两段, 于是得到了长度均为 1 米的两段棍子. 然后将其中一根棍子继续等分成两段, 于是我们有了长度分别为 1 米, 1/2 米, 1/2 米的三根棍子. 我们继续等分棍子, 每次都取一根最短的棍子进行等分, 直至无穷. 于是我们有无穷多根棍子, 而它们的长度分别是 1, 1/2, 1/4, 1/8, $\cdots$, $1/2^n$, $\cdots$.

同时, 如果我们将这些棍子组合在一起, 就重新得到了原来的棍子. 于是所有局部长度的和一定等于原有棍子的长度, 即

格雷戈里[1]

$$2 = 1 + \frac{1}{2} + \frac{1}{4} + \cdots + \frac{1}{2^n} + \cdots.$$

事实上, 这就是在 $q = 1/2$ 时的公式 (*). 如果取 $q = 1/10$, 那么 S 等于 10/9, 因为 $3S$ 就是我们在开始时给出的 10/3 的小数展开.

并非所有的无限和都是如此充满矛盾的怪兽, 恰恰相反, 那些 "拥有好的性质" 的例子反而成为分析中很有力的工具.

更一般地, 我们称所有的拥有如下形式的无限和

$$a_0 + a_1 + a_2 + \cdots = \sum_{k=0}^{\infty} a_k$$

为级数. 在这里, a_k 可以是任何对象, 它们需要满足的唯一条件是可以进行加法. 接下来我们将只考虑实数的情况, 在很多情况下我们甚至要求所有的 a_k 都是正实数. 显然, 对于 $a_k = q^k$, 我们就重新得到了前面所讨论的级数, 这类级数称为几何级数.

---

[1] 格雷戈里 (James Gregory, 1638—1675) 在 1671 年发现了下面这个很有意思的公式:
$$\frac{\pi}{4} = 1 - \frac{1}{3} + \frac{1}{5} - \frac{1}{7} + \frac{1}{9} - \cdots.$$
这个公式并非没有什么实际的应用. 在计算机诞生的几百年前, 这个公式帮助人们计算 π 的小数点后最初的几百位小数.

这里, 求和符号 $\sum$ 可以被看成一种机器: 我们向这个机器中输入无穷多个 a_k, 从而得到它们的和 —— 但是这个机器只有在我们遵守 "说明书" 的时候才能正确工作. 其中提出: 只有当这个无限和收敛时, 才能使用这个机器. 所谓 "收敛" 指的是: 当我们不断地向这个机器中添加更多的求和项时, 它们的和越来越逼近一个有限的值; 换言之, 它们的和与一个有限的值的差将会小于任意一个给定的正数. 特别地, 一个几何级数收敛, 当且仅当 $-1 < q < 1$.

当我们遵守这个求和机器的说明书时 —— 当然, 前提条件并不仅仅是我们已经提到的收敛性 —— 我们可以如同计算平常的和一样地计算级数. 但这些前提条件并不能用简单的方式来表述, 所以我们将遵照先人的例子, 在下面的小节中暂时忽略这些前提条件. 这种情况并非罕见: 我们先不管其他前提条件去计算. 当得到一个好结果的时候, 再回头验证这个级数是否满足我们所需的前提条件.

裂项级数

在很长的时间里, 几何级数是仅有的人们能够处理的级数. 在 17 世纪初, Pietro Mengoli (1625—1686) 找到了一类新的可以计算的级数: 裂项级数. 这个名字和它英文名字中的 Telescope (裂项级数的英文名称为 Telescoping series) 可没什么关系, 而更多的是指我们处理这类级数的方法, 就像把单眼望远镜拉开一样. 如同被收缩之后的单眼望远镜既小又方便携带一样, 裂项级数也可以通过对相邻项进行作差被 "折叠". 下面是一个例子:

$$
\begin{aligned}
\sum_{k=1}^{\infty} \frac{2}{k(k+1)} &= 1 + \frac{1}{3} + \frac{1}{6} + \frac{1}{10} + \cdots \\
&= 2 \left(\frac{1}{2} + \frac{1}{6} + \frac{1}{12} + \frac{1}{20} + \cdots \right) \\
&= 2 \left[\left(1 - \frac{1}{2} \right) + \left(\frac{1}{2} - \frac{1}{3} \right) + \left(\frac{1}{3} - \frac{1}{4} \right) + \left(\frac{1}{4} - \frac{1}{5} \right) + \cdots \right] \\
&= 2.
\end{aligned}
$$

另一个例子是所谓的 "导出几何级数":

$$
T = \sum_{k=1}^{\infty} k q^{k-1} = 1 + 2q + 3q^2 + 4q^3 + \cdots.
$$

计算这个级数的诀窍在于对 $(1-q)T$ 的计算:

$$
\begin{aligned}
(1-q)T &= (1 + 2q + 3q^2 + 4q^3 + \cdots) - (q + 2q^2 + 3q^3 + 4q^4 + \cdots) \\
&= 1 + q + q^2 + q^3 + \cdots.
\end{aligned}
$$

于是我们得到了几何级数 S, 从而有 $(1-q)T = S$, 换言之,

$$
T = \frac{S}{1-q} = \frac{1}{(1-q)^2}.
$$

我们可以用另一种方法来计算 T, 即从无限和的角度来看:

$$T = 1 + 2q + 3q^2 + 4q^3 + 5q^4 + \cdots$$
$$= 1 + q + q^2 + q^3 + q^4 + \cdots$$
$$+ q + q^2 + q^3 + q^4 + \cdots$$
$$+ q^2 + q^3 + q^4 + q^5 + \cdots$$
$$+ q^3 + q^4 + q^5 + q^6 + \cdots$$
$$+ \cdots,$$

接下来在每一行中都提出一个因子:

$$T = (1 + q + q^2 + q^3 + q^4 + \cdots)$$
$$+ q\,(1 + q + q^2 + q^3 + q^4 + \cdots)$$
$$+ q^2\,(1 + q + q^2 + q^3 + q^4 + \cdots)$$
$$+ \cdots$$
$$= (1 + q + q^2 + q^3 + \cdots)(1 + q + q^2 + q^3 + \cdots)$$
$$= S^2,$$

于是和上面一样我们得到了

$$T = S^2 = \frac{1}{(1-q)^2}.$$

请读者用类似的方法证明以下等式:

$$\sum_{k=1}^{\infty} \frac{1}{k\,(k+1)\,(k+2)} = \frac{1}{4}$$

和

$$\sum_{k=1}^{\infty} \frac{1}{k\,(k+1)\cdots(k+m)} = \frac{1}{mm!},$$

其中 $m!$ (称为 "m 的阶乘") 指的是从 1 到 m 所有自然数的乘积, 即

$$m! = 1 \cdot 2 \cdot 3 \cdot \cdots \cdot m.$$

调和级数带来的惊喜

我们将所有自然数的倒数的和

$$H = 1 + \frac{1}{2} + \frac{1}{3} + \frac{1}{4} + \cdots = \sum_{k=1}^{\infty} \frac{1}{k}$$

来自 Sunday A. Ajose 的无字 "证明": 几何级数 $1/4 + 1/16 + 1/64 + 1/256 + \cdots$ 收敛至 $1/3$

称为调和级数. 调和级数给数学家们提出了一个巨大的难题. 当我们计算最初的一些部分和时, 可以发现, 它们增长得非常缓慢. 所以, 找到一个值, 使得这个部分和数列收敛到这个值, 似乎是可行的.

　　但是当修士 Nicole Oresme 尝试用以下方法来进行估计时, 问题出现了:

$$H = 1 + \frac{1}{2} + \left(\frac{1}{3} + \frac{1}{4} \right)$$
$$+ \left(\frac{1}{5} + \frac{1}{6} + \frac{1}{7} + \frac{1}{8} \right)$$
$$+ \left(\frac{1}{9} + \frac{1}{10} + \frac{1}{11} + \frac{1}{12} + \frac{1}{13} + \frac{1}{14} + \frac{1}{15} + \frac{1}{16} \right)$$
$$+ \cdots.$$

我们可以进行适当的组合, 使得任何一个括号中的数的和都不小于 $1/2$. 于是得到

$$H \geqslant 1 + \frac{1}{2} + \frac{1}{2} + \frac{1}{2} + \frac{1}{2} + \frac{1}{2} + \cdots.$$

从此, H 可以是任意大. 换言之, 调和级数是不收敛的, 不存在一个有限的和.

交错调和级数, 即每一项的符号交替出现, 就容易控制得多了. 在 1671 年, 格雷戈里证明了

$$1 - \frac{1}{2} + \frac{1}{3} - \frac{1}{4} + \frac{1}{5} - \frac{1}{6} + \cdots = \ln 2.$$

广义调和级数

我们在这里推广调和级数的概念, 用自然数的 p 次幂来代替原来分母中的自然数, 即

$$H_p = 1 + \frac{1}{2^p} + \frac{1}{3^p} + \frac{1}{4^p} + \cdots.$$

现在, 这些数列经常被称作黎曼数列. 我们在上面提到的 Pietro Mengoli 毕生都在寻找一个确定的公式来计算 $p = 2$ 的情形, 即 $1 + 1/4 + 1/9 + 1/16 + \cdots$ 的和, 也就是自然数的平方的倒数之和, 但是他失败了. 后来, 他成功地证明了这个级数是收敛的. 由于 $2k^2 \geqslant k(k+1)$, 他得到了

$$\frac{1}{k^2} \leqslant \frac{2}{k(k+1)},$$

接下来他使用计算裂项级数的方法对其进行求和, 得到了以下结果:

$$\sum_{k=1}^{\infty} \frac{1}{k^2} \leqslant \sum_{k=1}^{\infty} \frac{2}{k(k+1)} = 2.$$

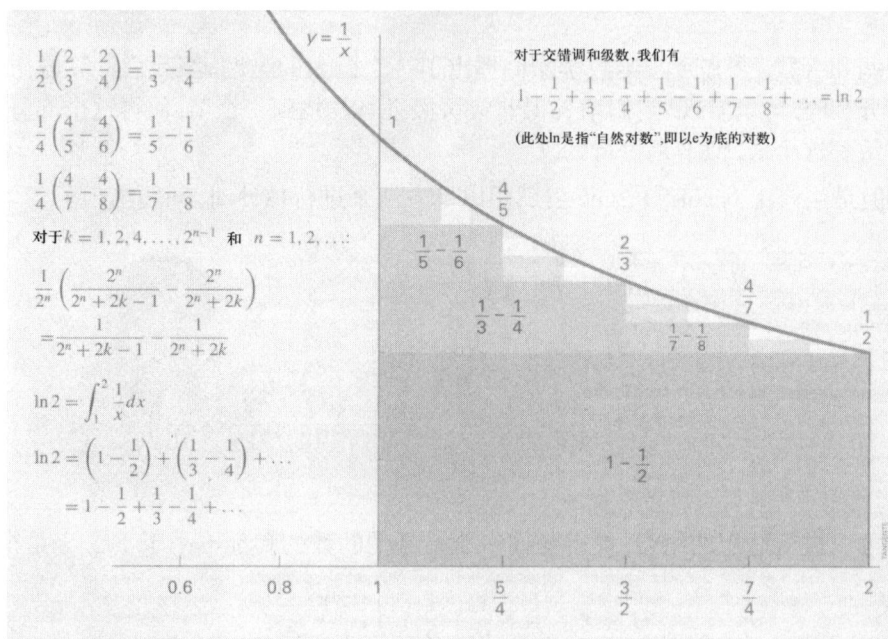

来自 Mark Finkelstein 的图像证明

同样在寻找 H_2 的值这个问题上遭遇挫折的还有莱布尼茨, 而雅各布·伯努利 (Jakob Bernoulli) 也没有能够走得更远. 这个问题逐渐以巴塞尔 (Basel) 问题这个名字变得广为人知. 它得到这个名字的原因是巴塞尔曾经是伯努利家族的居住地.

巴塞尔问题

这个问题最早由在巴塞尔本地出生的著名数学家, 并且对于无穷数列毫无争议的专家欧拉迈出了有突破性的一步. 他的方法, 严格来说, 并不完全是显然的.

在这里, 欧拉应用了他找到的将正弦函数表示为无穷级数的方法:

$$\sin x = x - \frac{x^3}{3!} + \frac{x^5}{5!} - \frac{x^7}{7!} + \cdots$$
$$= \sum_{k=0}^{\infty} (-1)^{k+1} \frac{x^{2k+1}}{(2k+1)!}.$$

它事实上是一个幂级数, 即每一项都是一个常数乘以一个变量 x 的幂. 这个幂级数在 x 取任何实数值时都是收敛的.

如果只有有限多项, 那么这个级数就是一个多项式, 这也是代数学家们长久以来钟爱的一个研究对象. 二次、三次、四次、$\cdots\cdots$ 的等式的解就是二次、三次、四次、$\cdots\cdots$ 的多项式的零点. 如果已知 $\alpha_1, \alpha_2, \alpha_3, \cdots, \alpha_n$ 为一个 n 次多项式 $P(x)$ 的零点, 并且有 $P(0) = 1$, 那么我们可以通过这些 α_j 重新得到这个多项式

$$P(x) = \left(1 - \frac{x}{\alpha_1}\right)\left(1 - \frac{x}{\alpha_2}\right)\left(1 - \frac{x}{\alpha_3}\right) \cdots \left(1 - \frac{x}{\alpha_n}\right) \tag{$**$}$$

欧拉将这种方法转移到了以下 "多项式":

$$P(x) = \frac{\sin x}{x} = 1 - \frac{x^2}{3!} + \frac{x^4}{5!} - \frac{x^6}{7!} + \cdots.$$

在这种情况下满足 $P(0) = 1$, 并且它的零点就是正弦函数的零点 (除去 0 本身), 也就是形如 $\pm k\pi$ 的实数, 其中 $k = 1, 2, 3, \cdots$. 于是我们可以应用 $(**)$ 得到

$$1 - \frac{x^2}{3!} + \frac{x^4}{5!} - \frac{x^6}{7!} + \cdots$$
$$= \left(1 - \frac{x}{\pi}\right)\left(1 + \frac{x}{\pi}\right)\left(1 - \frac{x}{2\pi}\right)\left(1 + \frac{x}{2\pi}\right) \cdots$$
$$= \left(1 - \frac{x^2}{\pi^2}\right)\left(1 - \frac{x^2}{4\pi^2}\right)\left(1 - \frac{x^2}{9\pi^2}\right) \cdots$$

要写出这样的一个等式, 需要的不仅仅是绝对的天才, 更需要一定的胆量. 这个等式成立的前提条件是否满足是完全不显然的. 但是欧拉的魔法并没有到此结束. 他对等式的右边进行了进一步的加工, 将其中的项按照 x 的次数进行了整理. 在这种情

况下, 事实上我们只关心包含 x^2 的项:

$$\left(1 - \frac{x^2}{\pi^2}\right)\left(1 - \frac{x^2}{4\pi^2}\right)\left(1 - \frac{x^2}{9\pi^2}\right)\cdots$$

$$= 1 - \left(\frac{1}{\pi^2} + \frac{1}{4\pi^2} + \frac{1}{9\pi^2} + \cdots\right)x^2 + (\cdots)x^4 + \cdots.$$

接下来我们要应用一个多项式和幂级数的美丽的性质: 当两个多项式或幂级数相等时, 也就是说当 x 取任何值时得到的值都相等, 那么它们的系数, 也就是不同的 x 的幂次前的常数因子, 必须相等. 特别地, 对于函数 $P(x)$ 的两种不同的展开式中 x^2 的系数必须相等. 于是我们得到

$$-\frac{1}{3!} = -\left(\frac{1}{\pi^2} + \frac{1}{4\pi^2} + \frac{1}{9\pi^2} + \cdots\right),$$

只需要把两边简单整理一下, 就得到了想要的结果:

$$1 + \frac{1}{2^2} + \frac{1}{3^2} + \frac{1}{4^2} + \frac{1}{5^2} + \cdots = \frac{\pi^2}{6}.$$

哇! 当欧拉在 1738 年完成这个智力上的壮举时, 他刚刚迈入 28 岁. 但是他并没有止步于此. 使用这个如同巴洛克风格般华丽无比的方法, 他得到了以下结果:

$$\sum_{k=1}^{\infty} \frac{1}{k^4} = \frac{\pi^4}{90} \text{ 和 } \sum_{k=1}^{\infty} \frac{1}{k^6} = \frac{\pi^6}{945},$$

并且最终在 1744 年得到了以下令人震惊的结论:

$$\sum_{k=1}^{\infty} \frac{1}{k^{26}} = \frac{2^{24} \cdot 76977927 \cdot \pi^{26}}{27!}.$$

欧拉的钥匙还可以继续被打磨加强, 来填满他这个绝对具有突破意义的证明思路中的空格. 众多的初始证明确认了欧拉的直觉的正确性. 今天我们有了一个更一般的公式:

$$\sum_{k=1}^{\infty} \frac{1}{k^{2n}} = \frac{2^{2n-1}\pi^{2n} \mid B_{2n} \mid}{(2n)!},$$

其中的因子 B_{2n}, 称为伯努利数, 的定义略复杂, 但是最后却是相对简单的有理数.

至今依然有一个问题保持着它的神秘感 —— 即对于奇次幂的广义调和级数 H_p, $p = 3, 5, 7, \cdots$, 我们是否拥有类似的结果呢? 这个问题的答案既简单, 同时又让人沮丧: 我们对此几乎一无所知. 欧拉自己对于

$$H_3 = \sum_{k=1}^{\infty} \frac{1}{k^3}$$

进行了很多尝试, 可惜都是徒劳的. 但是他却找到了这个级数的交替版本的结果:

$$1 - \frac{1}{27} + \frac{1}{125} - \frac{1}{343} + \cdots$$
$$= \sum_{k=1}^{\infty} \frac{(-1)^k}{(2k+1)^3} = \frac{\pi^3}{32}.$$

对于这个问题, Roger Apéry 在 1979 年证明了 H_3 是无理数. 这是一个很可观的结论, 但同时也只是对于解决这个问题的第一步. 巴塞尔问题依然等待着人们揭开它神秘的面纱.

Lina

选自《德国数学家协会通讯》, 第 2 册, 第 14 页; 第 3 册, 第 4–5 页, 2003 年.

一封给 www.mathematik.de 的电子邮件

亲爱的数学家们:

你们好! 我是一个六年级的学生, 刚刚学习了循环小数. 我们已经学习了 $1/9 = 0.1111\cdots$, $3/9 = 0.3333\cdots$, 等等.

但是 $0.9999\cdots$ 呢? 我们老师说, 这就是 9/9. 但我觉得这是不可能的. 因为 9/9 是 1, 但是 $0.9999\cdots$ 是一个无穷小数, 并且和 1 的差距是无穷小的. 是否真的存在 $0.9999\cdots$ 呢? 但是这一定是一个数, 可能已经超越了我的理解. 人们到底是怎么得到 $0.9999\cdots$ 的呢?

希望能得到您的解答.

Lina

给编辑的信

关于 Lina 的信 (2/2003)

2003 年 7 月 31 日

在《德国数学家协会通讯》的第 14 页引用了六年级学生 Lina 关于 $0.9999\cdots$ 是否等于 1 的问题. 对此 Fred Richman 给出了一个出色的回答:

Fred Richman: Is $0.9999\cdots = 1$? Mathematics Magazine, 72 (1999), 404–408.

这篇文章的英文版可以在作者的主页上找到:

http://www.math.fau.edu/Richman/html/docs.htm

Dr. Peter M. Schuster

2003 年 8 月 4 日

Lina 的电子邮件, 或者更确切地说, 一个十二三岁的孩子通过互联网向数学家们求助的事实, 让我非常感动. 如果你们还没有收到任何满意的回复, 我很高兴能够给 Lina 提供以下的解释, 希望她能够从中找到她所希望的答案:

亲爱的 Lina:

首先我要感谢你, 没有对一个看似简单的问题妄下结论, 而是能够主动向专家求助.

接下来是我的回答 (这也许是一个让你觉得奇怪的答案): 你的老师是对的, $0.9999\cdots$ 的确等于 1.

为什么呢? 的确, 分数的使用给我们提供了很多便利, 但同时也有一个很大的问题, 当人们将一个分数写成小数时, 它是由每一个数值的唯一表示来决定的! 让我们先以 $\frac{3}{4}$ 和 $\frac{6}{8}$ 举例 —— 同样的大小, 但是却有两种不同的写法. 一个可以帮助你理解的方法 —— 也许你已经知道了 —— 就是约分. 于是 $\frac{6}{8}$ 就应该等于 $\frac{3}{4}$, 但是我们依然需要一些小小的计算才能得到这个等式. 粗看上去, 循环小数表示 (0.75) 似乎是解决的方法, 但事实上这依然具有一定的欺骗性. 同样, 就像你马上就要看到的那样, $0.9999\cdots$ 只能是 1. 我们不能约简小数, 但是存在另一种方法, 帮助我们用类似的想法来确定两个循环小数是否是同一个数的不同表示方法. 它基于以下考虑:

两个数 a 和 b 相等当 (且仅当) 在数轴上不存在一个介于 a 和 b 之间的数.

现在一个很自然的问题就是, 什么样的数是介于 a 和 b 之间的呢? 我估计你应该知道, 给定两个数 a 和 b, 我们可以计算它们的平均数 $\frac{a+b}{2}$, 这就是一个介于它们之间的数. 例如, 我们先有一个数 2, 再有一个数 1, 那么它们的平均数正好在这两个数的中间, 也就是 $\frac{2+1}{2} = \frac{3}{2} = 1.5$.

而当你计算两个同样的数的平均数时, 得到的结果则会和这两个初始的数都相等 (这里你可以想象将两个相等的数相加, 也就是乘以 2, 再除以 2, 所以还是得到了这个数). 你可以先用以下的几个例子来测试一下:

(1) 3 和 10: 它们的平均数是 $\frac{3+10}{2} = \frac{13}{2} = 6.5$, 所以 3 和 10 是不相等的 —— 正如你所期待的那样;

(2) 4.25 和 5.75: 它们的平均数是 $\frac{4.25+5.75}{2} = \frac{10}{2} = 5$, 所以4.25 和 5.75 是不相等的, 5 正处于它们的中间;

(3) $\frac{3}{4}$ 和 $\frac{6}{8}$ (上面的例子): 在这里我们需要先进行一些处理, 使得我们可以进行加法: $(\frac{3}{4} + \frac{6}{8})/2 = (\frac{6}{8} + \frac{6}{8})/2 = \frac{6}{8}$, 于是在 $\frac{3}{4}$ 和 $\frac{6}{8}$ 中间的数依然是 $\frac{6}{8}$, 也就是说事实上在 $\frac{3}{4}$ 和 $\frac{6}{8}$ 之间没有任何其他的数, 所以 $\frac{3}{4}$ 和 $\frac{6}{8}$ 实际上表示同样的数;

(4) $0.9999\cdots$ 和 1: 这就是你的问题, 下面是具体的回答:

$$(0.9999\cdots + 1)/2 = 1.9999\cdots/2 = 0.9999\cdots.$$

$$\frac{-18}{-19}$$
$$\frac{-18}{-19}$$
$$\frac{-18}{\cdots}$$

于是在 $0.9999\cdots$ 和 1 中间的数依然是 $0.9999\cdots$，也就是说在它们之间不存在任何数。所以 $0.9999\cdots$ 和 1 表示的是同样的数。

最后我还想要给你一点剧透 (同时这也是很必要的): 如同你提到的那样，$0.9999\cdots$ 和 1 之间的差距是无穷小的; 在十一年级你将会学到，事实上无穷小正是 0.

祝你以后在数学中能有更多的发现并体验到更多的快乐。

Dr. Mathias Kratzer

II.3 维数

五维的蛋糕 第 **14** 章

Ehrhard Behrends

选自《五分钟数学 ——〈世界报〉上数学专栏中的一百篇文章》(Vieweg, 2006 年), 第 19 章, 第 50–52 页.

对于一本不好的书或者一部不好的电影, 我们有时候会称其为 "一维". 它的意思是, 这本书或者这部电影平铺直叙, 没有什么引人入胜的情节. 但是究竟什么是一维、二维、三维呢? 或者说, 什么是维数呢?

简单来说, 一个几何对象的维数就是指任意一个点需要几个数来确定. 例如一条线. 当我们选定这条线上的一个点 P 时, 那么我们可以将任意一个其他的点通过一个数来表示 —— 我们只需要描述这个点在点 P 的 "右边" 多远 (对于一条线, 我们当然可以将它想象成水平放置, 从而便有了左右之分), 当然, 对于左边的点, 我们就用负数来表示. 于是我们知道, 线是一维的.

类似地, 我们可以知道, 地球表面是二维的, 我们可以将任意一个点通过经度和纬度来确定. 在一个空间中, 我们则需要三个数来确定, 而如果我们想要同时确定位置和时间的话, 那么我们则需要四个数 —— 这就是相对论中的四维时空.

很多时候, 数学家们处理更高维数的情况. 当他们需要想象这些情况时, 他们会在眼前想象出一个二维, 最高三维的映像, 以此反映出这个问题最重要的方面, 正如我们可以通过二维的照片来反映三维的空间一样. 如果我们不需要具体的映像, 那么问题就变得简单多了. 那么一个五维的空间其实就可以看做一个集合, 其中每个元素都由五个数组成.

这个问题听上去非常困难和抽象, 但是却和我们日常生活的经验有很多相似之处. 例如, 一个蛋糕的配方是通过配料的重量或数量来给出的. 例如我们可以将面粉、糖、黄油、鸡蛋和酵母用 $(200, 100, 80, 20, 3)$ 来给出, 由此我们就得到了最重要的部分. 也就是说, 我们的蛋糕事实上是通过五维来决定的.

四维空间的一个突进

数学家们的大脑构造和其他人并没有什么不同, 所以他们也不能直接将高于三维的物体形象化. 即便如此, 他们依然可以处理很高维数的问题. 重点在于将一个问题重要的方面通过二维、最高三维的映像来表现出来. 比如关于位置, 这个映像应该能够正确地表示物体之间的相对位置 —— 距离相等的点在映像中也应该有相等的距离, 等等. 事实上这和 —— 例如公交车的线路图 —— 并没有很大的区别, 他们都是概要地将最重要的方面表达出来, 而没有人期待能够在公交车的线路图上看到具体的路径, 人们关注的仅仅是信息, 例如两站之间需要多长时间.

下面我们将要给出一个数学家们如何考虑四维空间的问题的例子. 首先让我们来考虑三维空间: 我们如何仅用二维空间来想象一个 (三维的) 立方体的各个面呢? 首先我们来看下面的图:

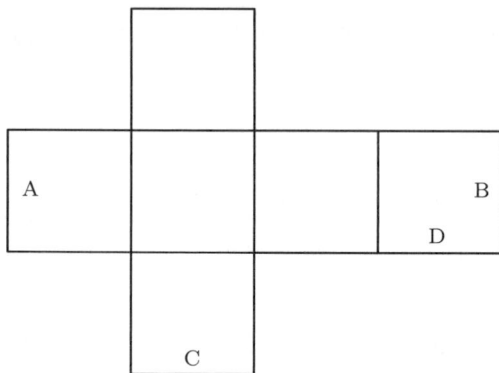

在这里它可以通过一个二维的对象表达

显然这是我们将一个立方体 "展平" 之后得到的图形. 接下来我们可以在这个二维的对象上漫步, 当然要遵守一定的规则:

- 你可以在这个表面上任意移动, 但不能离开这个范围;
- 当你跨越某个边界时, 同时也意味着你进入了某个确定的边界. 确切地说, 向右跨过 A 意味着你向左跨过了 B, 而向下跨过 C 则意味着你向上跨过了 D, 等等.①

二维对象可以作为对立方体研究的替代对象. 通过这个替代我们可以知道, 例如, 这个表面没有界限, 我们可以在这个表面上不断前进. 我们还可以知道, 该表面是有限的, 我们只需要有限的涂料就能将整个表面涂满颜色. 通过一些努力我们可以得到更深刻的理解, 例如, 我们可以发现对于任意一个点, 我们都可以找到另一个点, 使得这两个点之间的距离尽可能远; 这两个对应的点在三维空间中表现为出现在相对的两个面上.

现在我们将在更高维的情况下重复这个动作. 现在我们想要用一个三维的对象来表示一个四维空间中的物体. 至少我们应该对四维空间中的立方体的三维表面有一些感觉. 为此, 我们来看左边这个看上去像是操场上常见的攀缘架的物体, 同时, 我们也收到了一张写有 "攀缘规则" 的纸:

- 你不能离开这个攀缘架.

_____

① 其他的规则也是类似的, 这些规则来自于, 当我们由二维那个图重新 "粘" 出一个立方体时, 这个对象的边界上的每一条线段必须和另一条重合, 两条重合的线段就给出了一个如上的规律.

- 当你想要从某一处离开这个攀缘架时, 同时你也通过对应的某一处回到了这个
  攀缘架中, 例如从上面离开意味着从最底下重新进入 (当然还有一些其他的对
  应规则).

由此, 我们了解并可以研究这个几何物体的具体结构, 虽然我们并不能对这个物体
完全的具象化.

　　顺便说一下, 著名艺术家达利 (Salvador Dalí) 在他的一幅画作中创作了这个 "超
立方体" (" Crucifixion, Corpus Hypercubus", 作于 1954 年). 也许在这个超立方体上耶
稣是为了提示人们, 我们只能由此来体会那个不能直接触摸的神吧.

这个迷宫展示了二维和三维世界之间的关系。如果我们可以像一只鸟儿一样从上空俯视这个二维的世界,那么就可以清晰地看到各个部分,而这是我们身处迷宫中无法做到的

维数的介绍

第 15 章

Thomas F. Banchoff

选自《几何空间中的维数、图形和形体》(Spektrum, 1990 年), 第 1 章, Spektrum 图书馆第 31 辑, Spektrum 学术出版社, 海德堡, 第 12–22 页.

通过显微镜, 我们可以观察变形虫在一个几乎为二维的世界 —— 在紧靠的显微镜的载片和盖片之间狭小的区域 —— 中的活动. 我们从上方观察, 变形虫如何遇见其他类似的生物, 如何进食, 如何避开敌人. 一部分细胞膜形成了一个边界, 将变形虫的内部整个包围起来, 尤其保护它的细胞核不受载片上的其他生物的威胁. 对于处于三维空间中的我们, 内部和包围的说法和这些平面上的住户来说是不同的. 在这个空间中, 没有任何变形虫能够直接接触到另一个变形虫的细胞核. 但是我们可以从另一个角度观察, 并且直接看到这个组织的内部. 我们不仅仅能够看到它的细胞核, 甚至可以用一个足够细的物体的尖端来直接碰触细胞核 —— 对于这个单细胞动物来说是一种罕见、同时又让它不安的感觉. 从我们的三维视角, 对于显微镜下的世界, 我们和它的居民们有着完全不同的观点.

大约一百年前, 在一本书中阐述了这种在生活在不同维度中的生物之间转换视角的基本想法, 用以鼓励读者们跳出固有的想法并且发掘新的观点. 这个作者, Edwin Abbott Abbott, 是一个牧师, 同时也是一所维多利亚时期的英格兰学校的校长. 他曾经在剑桥大学学习经典文学、数学和神学, 并且致力于为所有社会阶层的年轻男孩和女孩们提供接受教育的机会. 他经常对那些教育和宗教固有的看法感到失望. 他的五十本书中的一本对今天的我们依然有着巨大的影响力 —— 他的经典之作《平面国》(原名为《Flatland》); 这本书是对维多利亚时代的阶级观念的尖锐讽刺, 同时也是对于高维空间的概念的引入和介绍. 在这本书众多版本的序言中, 著名科幻作家 Issac Asimov 写道:《平面国》是 "我们能找到的对于维度的概念的最好的介绍".

Abbott 描述了一个由二维生命体构成的群体, 它们生活在一个平面上, 完全不知道超越它们生活范围的世界的存在.

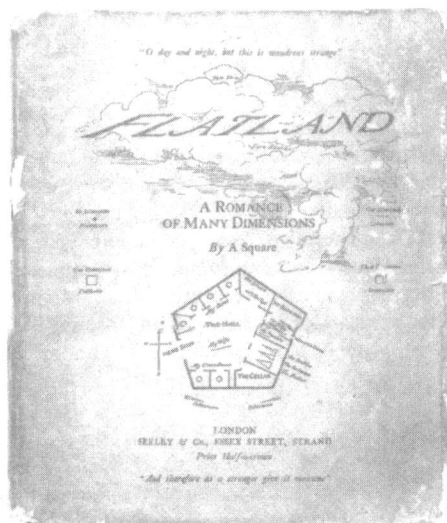

在 1884 年出版的《平面国》的第一版的封面. 它不仅邀请读者进入新的维度的帝国, 而且进入了担当平面国中的独白的正方形的二维房间. 虽然对于正方形而言, 这个房间是封闭的, 但从我们的角度来看, 这个房间是完全开放的

它们如何生活,处理和理解事物是一个充满吸引力的故事,而故事的讲述者,一个正方形,给我们,生活在"空间国"的人们,阐述了它们的生活和它们的世界. 它的任务并不轻松,因为即使对于我们,如果想要描述平面世界上的居民是如何的,也不是一件容易的事,而这些困难完全无法与一个二维居民描述它自己世界的困难度相提并论 —— 它完全没有可能理解和领会空间国的情况. 尤其,它无法对自己所身处的宇宙得到一个完整的观感 —— 一个我们对这个宇宙的观感. 正如生物学家观察一个细胞的运动一样,我们可以从另外的角度观察平面国的生物们. 我们可以同时看到一个房子的任何部分,任何房间或是任何围城的内容物. 从平面国居民的角度出发,我们是无所不能无所不知的. 毫不意外地,一个正方体,当它第一次听说这样的一个角度时,是多么震惊,使得它不得不将其描述为神的角度.

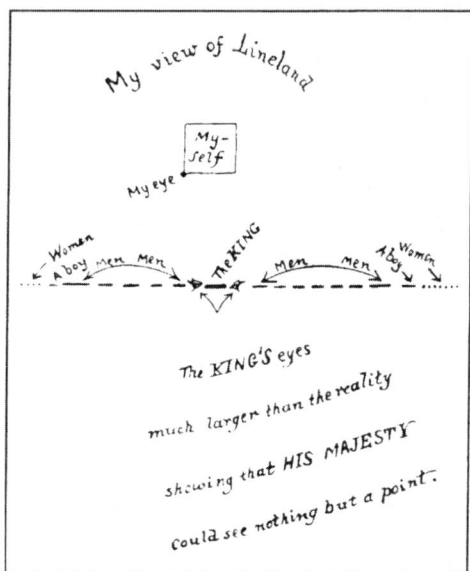

一个正方形,它如何看待直线国的居民们

为了帮助一个正方形真正理解第三维度,Abbott 设定了一个维数的对比. 他让正方形想象它将如何观察直线国 —— 一个一维的空间,线段们居住于此. 一个正方形可以同时看到这个世界的所有物体. 直线国的国王,一条很长的线段,对此表示非常惊讶,当它知道一个正方体可以不触动边界得搅动它的内部.

正如一个平面物体可以同时看到整个直线国一般,我们在三维空间中也可以对平面国有一个整体概念. 在故事中,这个类比给正方形一个很大的冲击. 它问道,在一个四维空间中的物体是否也一样可以 "从上面看到" 三维空间中的一切. 五维或者是六维的世界又会是如何呢?

Abbott 使用这些很直观的维数对比来引出这个问题 —— 当我们可以超越这个世界的时候,我们会如何看待这个世界呢? 超过一百年前,数学家们以及其他很多学者对更高维度的性质进行了推测,并且今天,维度这个概念在很多不同的领域都扮演着重要的角色.

维数的不同含义

当我们想要将数学研究所的新大楼的入口大厅的大小加倍的时候,建筑师和土木工程师需要计算必需的台阶、线路和空调的数量. 对于一个病人视觉神经上的肿瘤,一个放射科的小组研究一系列的断层切片影像,以及它们在一个月的治疗期间相应的变化. 一个研究全球变暖课题的地理学家的小组重建了中西部在一万年的时间内的气候历史. 一位舞蹈老师指导他的学生们将后背紧靠在墙上练习舞蹈. 在一个交互的计算机图像实验室中,一位数学教授和她的学生们使用计算机来演技复杂的表面. 在以上所有的情况中都应用了维数这个概念. 虽然在这些例子中我们都使用了维数这个概念,但是它在不同的例子中的表现形式却是不同的. 在我们的日常生活中,"维"这个词拥有很多不同的含义,而在理论中,它同样拥有众多不同的含义. 当我们考虑 "新的维度" 时,它几乎总是指代我们将从一个崭新的方向考虑一个现象. 这个词也可以用作隐喻,例如,如果一个相当 "一维" 的同事同时也是一个完美的吉他手,也是一个厉害的飞碟射击运动员,我们可以说我们发现了他的两个额外的 "性格维度". 在传统的语言中,维度意味着计量单位,例如,我们可以谈论船的长度、宽度和深度;或者用以描述形状,例如一根逐渐变细的旗杆的高度或者上下截面的半径. 当我们写出一个列表的维度时,其中可以包含不同的特征值,例如当我们需要描述一个锣的时候,我们可以描述它的重量、厚度、半径、光泽和响声. 除了空间,我们还需要时间作为维度,例如我们将要在 9 点在第四大道和 23 路的夹角处的 37 楼和朋友见面. 过去几年,物理学家们开始研究 11 维或者 26 维的弦理论 —— 一种空间中的 "力场". 数学家们则经常讨论 n 维空间的结构.

　　常见的对维度的理解方法是考虑所谓的 "自由度". 在这个概念中,物理学家们和工程师们提取了很多我们的生活经验,如同下面这个例子所展示的那样. 一位司机身处巴尔的摩港口下的一条隧道中,他发现他的前面是一辆非常缓慢的载重货车. 这里有严禁超车的规定. 他身处一维空间中,并且被困在车流中,同时也挡住了后面的车辆.

　　终于他离开了隧道,这个时候他终于可以在二维空间中移动,因为现在他拥有了额外的 "自由度",即可以向左或者向右换道. 没过多久,所有车道都由于立交桥建设而被阻挡了. 货车和客车都被夹逼到了同一条车道中. 于是他希望能够进入额外的第三维空间中,在这个维度里,警用的直升机飞过,不需要被拥堵的交通所阻碍. 他也可以期待使用其他的维度来解决自己的问题,即时间维度. 如果他正确规划自己的行程,那么他完全可以避开堵车时段.

　　维度的这些概念拥有一些共同的特征,以此来帮助我们更好地理解维度这个概念.

维数 —— 作为坐标

　　几乎所有对于维数的介绍都从数轴 (坐标) —— 用数值来描述物体或者现象 —— 开始. 例如,巴尔的摩隧道中的司机可以通过路上的每百米出现的里程标志和距离隧道墙的距离来描述自己的位置. 而我们更熟悉的例子则是一个长方体的长宽高这三个坐标. 这三个数字完全确定了这个长方体的体积. 一旦我们知道了这些数字,我们便完全可以重建出这个长方体,或者画出这个长方体. 通过这个例子的帮助,我们可以想象其他不同维数的情况 —— 一维、二维、三维,甚至是四维或者更高的维数.

　　在很多数学应用中 —— 从疾病控制的预算规划到遥远星系的研究 —— 包含了很多从众多不同角度观察而得到的信息. 从收集的这些复杂的数据中提取有意义的信息,是社会学家和物理学家最重要的需求之一,而且正好是在这些领域中,数学家们利用自己对高维空间的熟悉度和经验对他们提供了帮助. 所有这些科学家们依赖于他们的能力, 来了解发展趋势, 理解样本, 并且对未来的情况进行预言. 我们的视力天生便具备了很强大的对这种结构的感知能力. 我们的图像想象能力可以有效地通过一系列坐标来想象空间中的一个点.

如果我们想要用坐标来表示家庭中成员的身高, 那么一个数字便已足够, 并且这个坐标可以将所有成员都标识在一条数轴上, 例如在厨房的门框上. 而为了同时记录每个成员的臂展, 我们可以在两条不同的数轴上标识这两个数值; 当我们在厨房墙面 —— 一个二维平面 —— 上标识这些信息时, 显然, 我们可以记录更多的信息. 现在, 对于每个家庭成员, 我们都得到了一个长方形, 长和宽分别表示了身高和臂展. 在这里我们可以看到二维表示的一个很明显的优点, 即我们只需要一个点, 便可以同时展示相关那位家庭成员的身高和臂展. 当这些数据同时出现在一个二维表格中时, 这让我们更容易发现这两个数值之间的关系.

作为一个此类关系的例子, 我们发现, 对于成年人而言, 这些以身高和臂展为长宽的长方形几乎为正方形. 一旦我们发现了这个规律, 我们便可以减少这个记录系统的维数. 我们再也不需要去测量臂展, 因为我们可以从身高数据中推知臂展. 这个简单的例子便展示了现代数据分析方法.

除了身高和臂展之外, 我们还想要标识每个家庭成员的鞋子大小, 那么我们便得到了一个小长方体. 而每个长方体的右上角的位置则给出了一个确定所有三个数值的三维坐标.

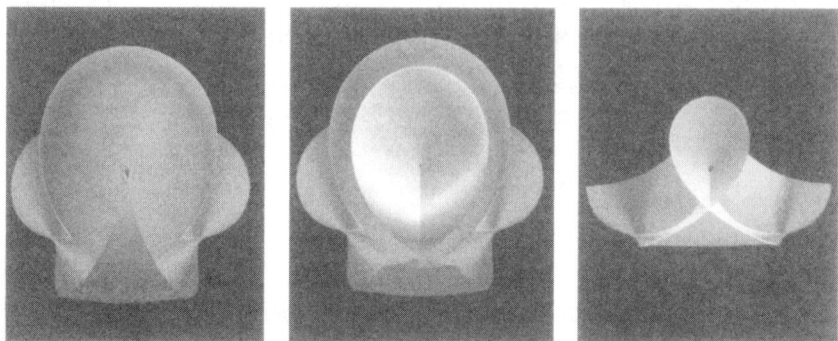

通过现代计算机的帮助, 我们可以研究一个复杂的数学对象的内部结构. 这些图像展示的是一条曲线所谓的马鞍面; 这个曲面是由与这条曲线相切的平面上的点所生成的, 其中对于每一个平面, 我们选取与原点距离最短的点. 完整的图形上的红点被称为"燕尾突变" —— 这里展示的是这样的一个点附近曲面的结构

一旦我们用完全不同的角度来描述, 抛却长宽高这些概念, 这个我们熟悉的系统 —— 一维、二维或三维 —— 的重要性似乎就变得显然了. 如此, 三个分别代表大小、重量和时间的数字可以在同一个由大小、臂展和鞋号这三个坐标生成的一个三维的网格中同样表现出来.

对于一维、二维和三维的数据, 存在一种非常简明扼要的表示方法. 一条数轴, 一张纸上的网格或者空间中的点的坐标同时也对应代表了一个由这些坐标所组成的集合. 但是如果我们对于超过三个量度感兴趣的话, 例如说大小、臂展、重量和年龄, 那我们该怎么办呢? 家庭中的任何一个成员都有这四个指标. 我们应该如何表示这些指标, 并且我们该怎样直观地表达它们呢?

当我们观察一个熟悉的二维或是三维的网格中标注的一些点时, 我们可以认识到这里面的关系 —— 这些关系在我们盯着一长串这些量度的列表是看不出来的. 这个坐标结构形成了一个背景, 由此出发我们可以有效地组织我们的观察并且得到直观观感. 为了可以直观表示更复杂的情况下的数据, 我们必须了解和熟悉更高维度下的坐标网格.

在所有关于维数的讨论中, 有一条很重要的中轴线, 便是尝试将低维情况得到的视角转移到高维中. 这样的一个过程, 例如, 自动发生在我们的身边, 当我们围绕着一个物体或者一栋建筑走时, 在我们的视网膜上呈现的是一系列二维的图像, 但从这些图像中, 我们的大脑自动重建了三维建筑物的形象. 当再来考虑不同维度时, 我们可以清楚了解到什么叫做了解一个对象 —— 不仅仅是一系列的图像, 而是在思想中作为一个虚拟物体的形式而存在. 那么我们可以从这种对于一个对象的想象力 —— 当然我们还需要对此进行更多的研究 —— 开始, 接下来我们将可以理解那些在我们熟悉的空间中无法被构造的对象.

向更高维进展

平面国并不是最早对于维数的类比的思考. 早在柏拉图的著作中, 我们已经可以发现对于这种不同维度比较的详尽描述. 在《理想国》的第七卷中, Sokrates 和 Glaukon 有一段关于在理想国中守卫的教育的对话: 从基本的算术和关于整数数轴的学习开始, 接下来发展到平面几何 —— 这是任何与武力防御或者城市布局相关的人应该了解的基本知识. 当 Sokrates 问, 接下来应该是什么时, Glaukon 建议了天文学. Sokrates 斥责他远离了所谓的 "基本知识" 的中心思想: 立体几何的研究, 在他看来, 是一门在当时的学校中微不足道的学科. 人们需要从一维走向二维, 再前进到三维, 至此才有足够的能力观察和研究星体的运动.

柏拉图已经知道维数是逐步构造的 —— 也就是说, 高维空间是由低维空间构造得来的, 并且他还知道, 可以有效地使用类比的方法, 将立体几何中的定理通过相应的平面几何中的定理来理解. 但是事实上, 他没有能够沿着从一维拓展到二维, 进而到三维空间这条路继续前进, 从而得到一个四维空间. 这个步骤的出现要晚得多 —— 最早出现于 19 世纪初, 那个时期世界上不同地区的数学家们不约而同地打开了通向几何新世界的大门. 这个突破的直接后果便是非欧几里得几何的诞生. 在非欧几里得几何中, 所有欧几里得关于平面几何的公理依然成立, 除了一个 —— 即所谓的第五公设. 更进一步决定性的步骤则是, 数学家们认识到我们的平面和立体几何正是通往更高维数的一个几何序列的开始. 这两个发现是对当时的理念的一种挑战, 当时人们认为, 几何是对于物理经验的直接描述. 无法意识到非欧几里得和更高维集合的意义的事实导致很多人从主观上否定它. 如 Abbott, 高斯和 Hermann von Helmholtz 一般的作者们展示了维数之间的类比, 用以介绍崭新的数学思想.

这个类比显然是在对维数介绍的历史中具有决定性的想法. 如果我们确实理解了一个平面几何的定理, 我们应该处于一个能够在立体几何中找到一个或者多个类比的定理的境地, 并且反过来, 空间几何中的定理也经常能够暗示平面几何中的新关系. 关于正方形的定理应该对应于关于立方体的定理; 而关于圆的定理将对应于球面或者圆柱或者圆锥的性质. 并且, 如果我们已经了解了从二维到三维的推广, 那么我们是不是不需要学习太多的新东西, 来将三维拓展到四维呢?

在这个过程中, 数学家们开始沿着不同的道路前进, 他们发展了维数阶梯上的一系列类比图像. 一个可能的发展始于一个点, 它的维数为零并没有任何自由度. 这个点在一条直线上移动, 生成一条有两个顶点的线段, 一个基本的一维几何体. 一条线段在一个平面上沿着与自己垂直的方向运动, 得到了一个有四个顶点的图像, 一个长方形或是一个正方形, 而它们是基本的二维几何体. 为了拓展到第三维, 我们将一个正方形沿着垂直于它的方向移动, 从而生成了一个立方体, 一个三维的基本几何体. 同样地, 尽管来自平面国的一个正方形无法完全理解这个过程, 它还是有可能沿着这个方向从理论上探究一个立方体可能的性质 —— 虽然它无法亲眼看到这个物体. 例如说, 一个立方体应该有八个顶点. 现在我们自问, 如果我们将一个立方体沿着与它垂直的方向在第四个方向上运动又会发生如何? 我们将会得到一个四维中的基本几何体, 一个超立方体, 并且同样地, 尽管我们没有办法完全将这个过程实现, 我们依然可以预言, 一个超立方体有 16 个顶点. 顶点数构成了一个等比数列, 并且我们拥有了一个计算任何维数中的方形的顶点数的公式.

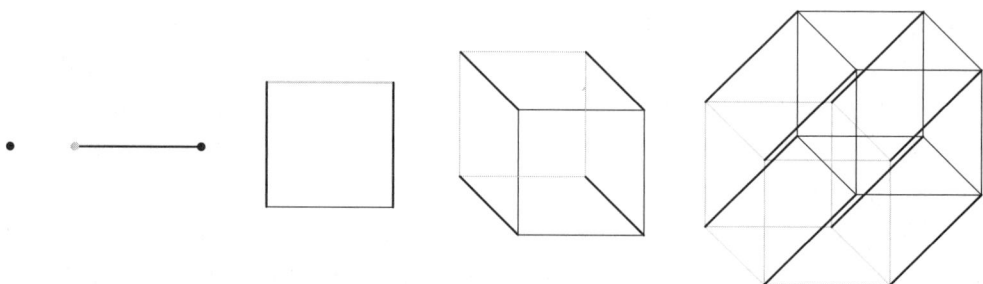

为了从低维向高维发展, 基本图形可以沿着与其垂直的方向 (黑粗线) 运动

关于边界的考虑则引出了另一个发现. 一条线段有两个边界点. 一个正方形的边界由四条线段组成的. 一个立方体的边界上是六个正方形. 根据以上事实, 我们可以期待, 一个超立方体的边界应该是由立方体组成的, 并且应该有八个立方体. 这个关于任意维数的类方形的边界数的公式给出了一个等差数列.

是否真的存在这样的一个超立方体呢? 数学家们觉得自己并没有回答这个问题的责任. 他们可以预测任意维数的类方形的顶点数和边界物体的数量, 无论这些类方形是否真的对应于某个物理存在. 即便如此, 这些数字依然不是让人完全满意的. 在平面和立体几何中, 这些对象不仅是真的, 它们还可以被表示为表格或者模型, 这些模型可以给我们直观展示有意义的关系. 但是我们该如何直观展示一个超立方体呢? 既然我们并不能看到它们, 那么我们怎么知道我们关于超立方体的假设是正确的呢?

几何学家们在 20 世纪中发展了表示更高维数物体的方法, 而出于这本书的内容, 这些方法绝对值得我们加以深究. 一百多年前发展的成像和模型化技术已经在很多层面上非常成熟了, 但是还是经常没能给出满意的结果, 所以它们有时候并不适用于诠释复杂的四维对象. 所以, 高维几何所依赖的不仅仅是类比, 还有坐标; 借由它们的帮助, 几何概念可以由算术或者代数的形式来诠释. 虽然这些形式方法给数学家们提供了下脚之处, 但 "看见" 高维的愿望依然无法成真.

时至今日, 对于表示四维以及更高维的对象和关系的任务, 我们已经有了一个理想的工具, 即现代计算机制图.

视觉技术的一场革命

计算机试图是在帮助我们认识从前无法触及的方向的一系列发明中的最新成员. 早在四百年前, 伽利略将他的望远镜指向了木星, 从而发现了它的卫星们, 这在他的时代, 那个所有人都觉得所有天体围绕地球旋转的时代, 是一个让别人觉得不可思议的发现. 今天的望远镜 —— 伽利略望远镜的后裔们 —— 让我们看到了很多类星体的存在, 其中一些甚至远在几亿光年之外.

在伽利略生活的时代的一个世纪之后, 出现了列文虎克 (Antonie van Leeuwenhoek), 他使用自己制造的显微镜观察了当时的人们无法想象的世界, 他亲眼看到了那些真正生活在我们的眼泪和血液中的微小的生物和植物. 今天, 强大的高倍数电子显微镜给我们展示了更加细微的结构, 其中包括基因结构.

从 1895 年伦琴射线 (即 X 光) 的发现开始, 我们可以将体内的骨骼结构投射在一张 X 光图上并且可以更好地研究器官的状态. 尤其, 居里夫人将伦琴射线应用在了医学方面. 更有效的是今天的计算机断层摄影技术和核磁共振成像技术, 让我们可以看到我们身体的切片图像.

显微镜和望远镜给我们展示了我们不可触及的远方和同样无法想象的细微世

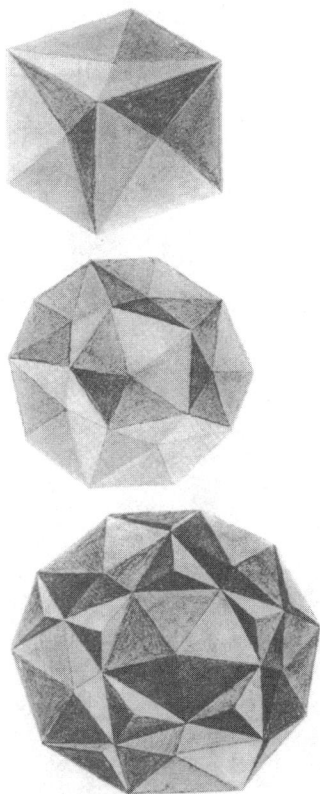

在 1880 年的一篇文章中, Stringham 使用了分析几何的方法来绘制部分完备的正规四维图像在三维空间中的投影

界的图像, 也证明了我们可以走出自身的限制, 来了解一些无法 "眼见为实" 的世界. 同样令人震惊的是一场视觉技术的改革, 让我们能够将在其他维度中的对象视觉化直观化.

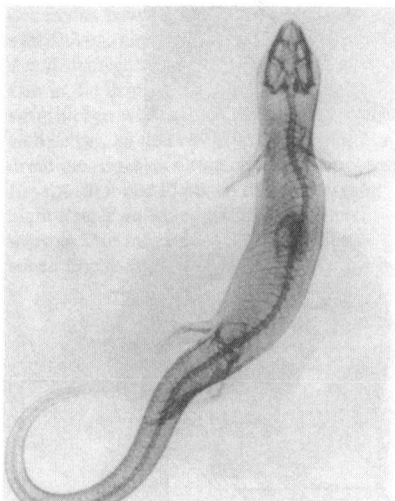

一幅 X 光图展示了一只壁虎内部的二维图像

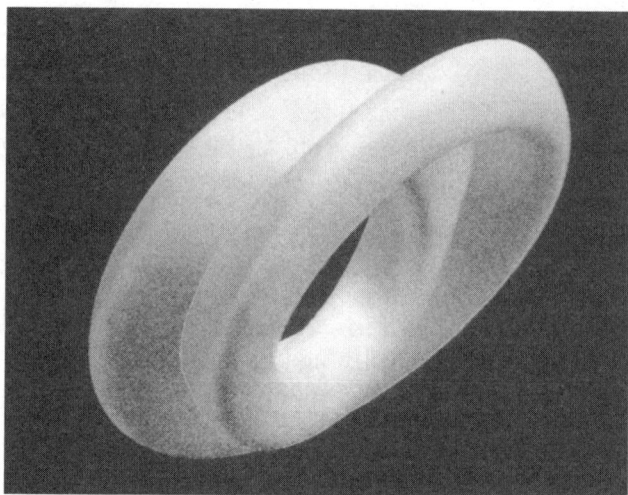

一个克莱因瓶的计算机图像, 这是一个在我们所熟悉的空间中无法避自相交而被构造的图形, 但在四维空间中, 我们却可以将其不自相交地构造出来

鉴于计算机制图技术的快速发展, 我们现在已经可以对只存在四维中的对象构造很直观的看法. 当我们考虑在计算机屏幕上展示这样的一个图形以及它的移动时, 我们所面对的挑战正如当年最早使用望远镜或是显微镜或是伦琴射线的那些科学家一般. 我们看到以前从未看到的东西, 并且我们学会了如何展示这些图像. 我们还站在起跑线上.

拓扑

第 16 章

Richard Courant, Herbert Robbins

来自《数学是什么?》(Springer, 第 4 版, 1962 年), 第 5 章, 第 180–202 页.

在 19 世纪中叶诞生了几何中一个全新的方向, 而它也很快在现代数学中扮演了重要的角色. 这个新的领域 —— 称为位相学或是拓扑学 —— 所研究的对象为几何体在进行巨大变化之下依然保持的性质, 即使这些几何体在变化中失去了它们某些测度和射影性质.

当时最伟大的几何学家之一为莫比乌斯 (A. F. Möbius, 1790—1868) —— 他, 由于对于自我定位的错误, 大半生都扮演了一个不知名的天文学家的角色. 在他 68 岁的时候, 他向巴黎科学院提交了一份关于 "单面" 的平面的工作, 其中刻画了这种新的几何的一些令人惊叹的性质. 正如他之前的一些重要的贡献一样, 他的工作在科学院的文件堆中被埋葬了很多年, 直至莫比乌斯本人最后发表了他的工作. 独立于他的研究, 在哥廷根的天文学家利斯廷 (J. B. Listing, 1808—1882) 得到了类似的发现, 并且在高斯的建议下, 在 1847 年出版了一本名为《拓扑初步》(*Vorstudien zur Topologie*) 的小书. 当黎曼 (Bernhard Riemann, 1826—1866) 来到哥廷根学习时, 他发现这个大学城中充斥对于这个奇怪的几何新思想的强烈兴趣. 很快地, 他意识到这是对于理解有一个复变量的解析函数的深层性质的关键. 黎曼在接下来的伟大的关于复分析的天才的工作也奠定了很多几何概念的基础 —— 这对于接下来这个几何的新分支的发展有着至关重要的影响.

最初, 这个新领域的方法是如此新, 数学家们甚至没有时间将他们的理论以初等几何的公理化形式来表达. 取而代之的是, 拓扑学的先锋们, 例如庞加莱 (Poincaré), 在工作中必须强烈地依赖于自己的直觉. 即使时至今日, 我们依然可以在拓扑的学习中注意到, 如果过于坚持于 "严密" 的表达, 那么将很容易失去一些很关键的几何信息. 即便如此, 将拓扑纳入严谨的数学体系中依然是一个伟大且重要的工作, 当然, 在保持几何直觉的前提下, 但是直觉不是对于真相的最终衡量. 在布劳威尔 (L. E. J. Brouwer) 起着关键作用的这个过程中, 拓扑在几乎所有数学领域中的重要性逐渐显现出来. 美国数学家, 尤其是范伯伦 (O. Veblen), 亚历山大 (J. W. Alexander) 和莱夫谢茨 (S. Lefschetz), 也对这个领域做出了重要的贡献.

虽然拓扑作为一个新领域的历史不过一百多年, 在它的诞生之前已经有了一些发现, 这些发现在后来的拓扑学的系统发展中找到了它们的一席之地. 其中最重要的是一个公式, 这个公式将一个多面体的点、线、面的数量联系起来, 它由笛卡儿 (Descartes) 在 1640 年最早意识到, 并且在 1752 年由欧拉再度发现并且使用. 这个关系却在很久之后才由庞加莱以 "欧拉公式" 的名字确立为一个拓扑定理, 并且将其拓展为拓扑学中的中心定理之一. 所以我们, 出于历史和客观原因, 希望将我们对于拓扑学的讨论以欧拉公式开始. 由于在认识一个崭新的学科的过程中不需要特别的严密, 我们将时不时地求助于读者的几何直觉.

1 欧拉的多面体公式

即使对于多面体的研究在希腊数学中占据着中心的地位, 但下面的事实直到笛卡儿和欧拉的时代才被发现: 在一个单纯多面体中, 我们用 E 来表示角的数量, K 来表示边的数量, F 来表示面的数量.[①] 那么以下等式总是成立:

$$E - K + F = 2. \tag{1}$$

所谓多面体, 我们指的是一个有界体, 它的表面由一系列多边形面组成. 对于正多面体而言, 它所有的面都是相似的, 并且每个角上的角度都是相等的. 一个多面体被称为单纯, 如果不存在 "洞", 也就是说它的表面可以连续变换成一个球体的表面. 图 2 展示的就是一个非正多面体, 图 3 展示一个非单纯的多面体.

我们邀请读者自己动手验证, 欧拉公式对于图 1 和图 2 中的单纯多面体是成立的, 但是对于图 3 中的非单纯的多面体是不成立的.

为了证明欧拉公式, 我们想象, 给定的单纯多面体是空心的, 表面是很薄的橡胶薄膜. 那么, 当我们将一个面从这个空心多面体中切下时. 我们可以将剩下的表面变形直至它可以平摊在一个平面上. 当然, 在这个过程中, 我们改变了表面积和两条边的夹角的大小. 但是我们得到的这个平面上由点和边组成的网格拥有和原先的多面体同样多的边数和角数, 而多边形的数量比原有的多面体的面的数量少 1, 因为我们在上面的步骤中取走了一个面. 现在我们可以证明, 在一个平面的网格中, $E - K + F = 1$, 由此可知, 当我们将切下的那个面重新计入, 那么我们可以得到, 对于原先的多面体, $E - K + F = 2$ 成立.

首先, 我们将这个平面网格用以下方式 "三角化": 对于一个不是三角形的多边形, 我们画一条对角线. 这样, 我们将 K 和 F 同时增加了 1, 但保持 E 不变, 所以这时, $E - K + F$ 的值保持不变. 我们继续画对角线 (如图 4 所示), 直至网格中所有多边形都是三角形或者由三角形组成. 在这个 "三角化" 的网格中, 我们知道, $E - K + F$ 的值和原图的相同, 因为添加对角线并不改变这个式子的值.

有一些三角形的边位于整个网格的边界. 在这些三角形中, 有一些, 例如三角形 ABC, 只有一条边位于边界上, 而其他的三角形则可以有两条边在边界上. 我们选择一个边界三角形, 并将其中不同时属于其他任何三角形的部分都扔掉. 于是, 我

---

① 这些字母分别来源于德语 Ecke (角), Kanten (边) 和 Flächen (面). —— 译者注

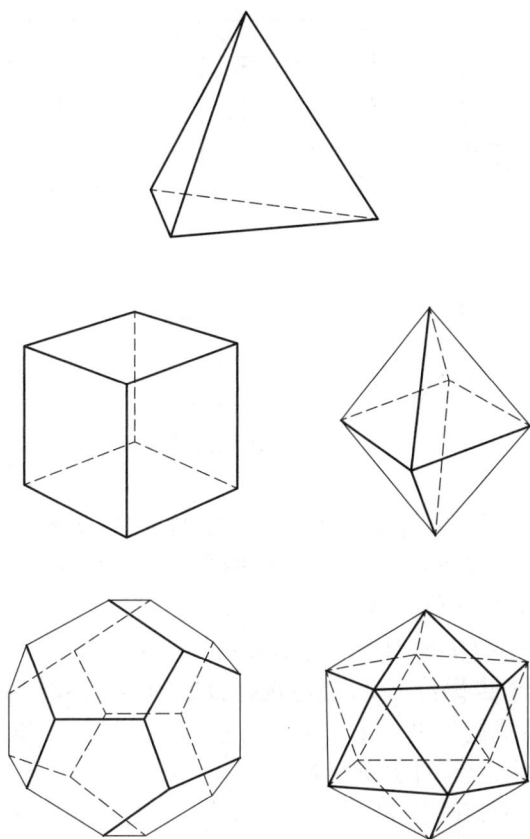

图 1 正多面体

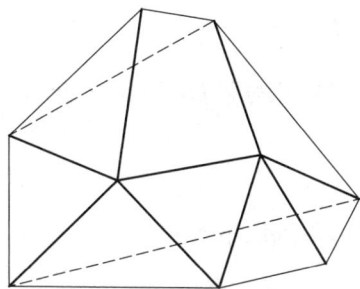

图 2 一个单纯多面体:
$E - K + F = 9 - 18 + 11 = 2$

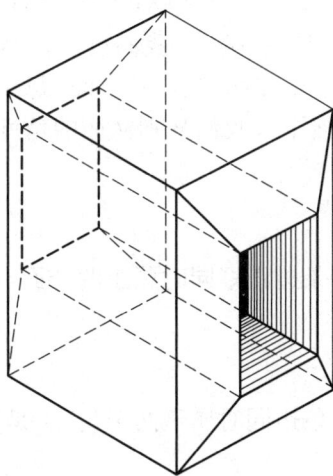

图 3 一个非单纯的多面体:
$E - K + F = 16 - 32 + 16 = 0$

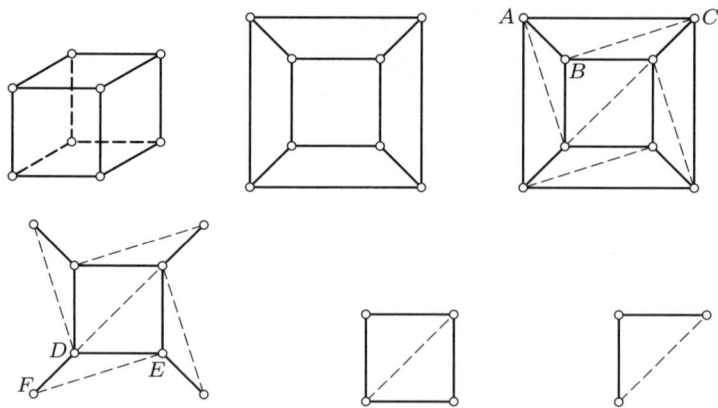

图 4　欧拉定理的证明

们选择 ABC, 将其中边 AC 和这个面积舍弃, 而角 A, B 和 C, 以及边 AB 和 BC 留在网格中. 从三角形 DEF 中, 我们舍弃的是边 FD 和 FE, 以及角 F. 对于三角形 ABC 的舍弃将 K 和 F 同时减少 1, 同时 E 并没有发生变化, 所以 $E-K+F$ 的值依然保持不变. 而舍弃 DEF 类型的三角形则将 E 减少 1, K 减少 2, 同时 F 减少 1, 所以 $E-K+F$ 的值也保持不变. 通过选择合适的顺序, 我们可以逐步舍弃边界上的三角形, 直至最后我们只剩下了一个三角形, 有三个角, 三条边和一个面. 对于这个平面网格, 我们可以直接计算 $E-K+F=3-3+1=1$. 但是我们在上面已经发现了, 舍弃三角形并不会改变 $E-K+F$ 的值. 所以, 在原有的平面网格中, 我们必须有 $E-K+F=1$. 由此我们便证明了, 对于一个单纯多面体而言, $E-K+F=2$ 成立. 以上便是对于欧拉公式的证明.

通过欧拉公式, 我们可以很容易地证明, 至多只有五个正多面体. 为此我们假设, 一个正多面体有 F 个面, 每一个都是一个正 n 边形, 并且有 r 条边经过每一个角. 接下来我们分别从面的角度和角的角度来分别计算边的数量, 于是得到, 一方面,

$$nF = 2K, \tag{2}$$

因为每条边正好同时属于两个面 (所以在乘积 nF 中正好被算了两次); 而另一方面,

$$rE = 2K, \tag{3}$$

因为每条边同时属于两个角. 于是我们由 (1) 可以得到以下等式:

$$\frac{2K}{r} + \frac{2k}{n} - K = 2,$$

或者说

$$\frac{1}{r} + \frac{1}{n} = \frac{1}{2} + \frac{1}{K}. \tag{4}$$

我们由前面知道, n 和 r 都必须至少为 3, 因为一个多边形必须至少有三条边, 并且在一个多边形的角上必须至少有三个面相交. 但是 n 和 r 又不能同时大于 3, 因为否则的话等式左边则不可能大于 $\frac{1}{2}$, 这和我们的 K 是正数相矛盾. 所以我们只需要考虑当 $n = 3$ 时 r 可能的值和当 $r = 3$ 时 n 可能的值.

当 $n = 3$ 时, 等式 (4) 变为

$$\frac{1}{r} - \frac{1}{6} = \frac{1}{K};$$

由于等式右边为正, r 只能等于 3, 4 或 5. 对于这些值我们有 $K = 6, 12$ 或者 30, 分别对应于正四面体, 正八面体和正二十面体.

类似地, 对于 $r = 3$ 的情况, 我们有等式

$$\frac{1}{n} - \frac{1}{6} = \frac{1}{K},$$

由此我们可以知道, $r = 3, 4$ 或 5, 而 $K = 6, 12$ 或 30. 这些值对应的是正四面体, 正六面体和正十二面体. 只要将我们得到的 r, n 和 K 的值代入等式 (2) 和 (3), 便可以得到相应的角数和边数.

2 几何体的拓扑性质

2.1 拓扑性质

我们已经证明了, 欧拉公式对于所有的单纯多面体都成立. 初等几何中多面体的面是平面, 边是直线 —— 但是这个公式成立的正确性远不止于这些对象. 上面给出的证明同样适用于拥有弯曲的面和边的单纯多面体, 或者对于任意一个球面的划分, 使得每一个区域的边界都为曲线. 欧拉公式当然也成立, 当我们将多面体或者球体的表面想象为很薄的橡胶并且将它任意变形, 只要不要撕破这层薄膜就行. 因为这个公式关注的是角、边和面的数量, 而非长度、面积、曲率、交比或者其他初等或者射影几何中的概念.

要知道, 初等几何关注的是在刚性移动下保持不变的大小的概念 (长度、角度、面积), 射影几何关注的则是在更宽泛的射影变换的群作用下不变的概念 (点、直线、关联、交比). 但是刚性移动和射影变换事实上都是所谓的拓扑变换的非常特殊的情况: 一个将几何体 A 变化为几何体 A' 的拓扑变换 (也被称为 "从 A 到 A' 的拓扑映射") 是通过一个任意的对应

$$p \leftrightarrow p'$$

来给出的, 其中 p 为 A 的点, p' 为 A' 的点, 并满足以下性质:

(1) 这个对应是一一对应的, 也就是说, 任意一个 A 上的点 p 都对应于 A' 上的一个点 p', 反之亦然.

(2) 这个对应在任何方向上都是连续的 也就是说, 如果我们选取 A 上的任意两个点 p 和 q, 并且移动 p, 直至它与 q 的距离趋近于零, 那么对应地 A' 上的点 p' 和 q'

之间的距离也会相应地趋近于零, 反之亦然.

一个几何体 A 的那些在进行拓扑变换后得到的几何体 A' 中依然保持的性质则称为 A 的拓扑性质, 而拓扑学便是研究几何体的拓扑性质的几何的分支. 我们可以想象, 一个认真但是却没有经验的粘土工匠想要 "纯手工" 地复制一个形状, 直线也许会变弯, 角度也许也会变, 距离和面积都产生变化; 那么会失去很多原有形状的测度和射影性质, 但是它的拓扑性质将会被保留.

拓扑变换的最直观的例子便是形变. 我们可以考虑一个几何体, 例如一个球面或者一个三角形, 由很薄的橡胶制成, 然后将其以任意方式拉伸或者扭曲, 只要不撕破或者将不同的点捏在一起即可. (将两个不同的点捏在一起将会破坏第一个条件. 将薄膜撕破将会破坏第二个条件, 因为如果我们选择原几何体中两个在撕裂的边两边的点, 那么它们将无法通过连续变换走到一起.) 得到的结果将是原有几何体的一个拓扑像. 一个三角形可以形变成任意其他的三角形, 或者是圆, 或是椭圆, 于是所有这些几何体都拥有同样的拓扑性质. 但是我们不可以将一个圆形变为一条线段, 或者将一个球面形变为一个自行车轮胎的表面.

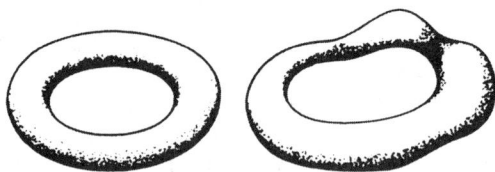

图 5　拓扑等价的曲面　　　　　　　　　　　图 6　拓扑不等价的曲面

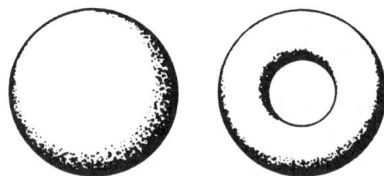

拓扑变换是一个比形变这个概念更宽泛的概念. 如果, 例如一个几何体在形变中被切开, 然后在形变之后将切开的部分按原样重新组合起来, 那么我们得到的依然是原有几何体的一个拓扑变换, 但这显然不是形变. 于是在图 6 中的两条曲线互相拓扑等价, 同时也和一个圆拓扑等价, 因为我们可以将其从一个点切开, 拉直, 然后再重新连接起来. 但是将一个曲线不切开而形变为另一条, 或者形变为圆, 是不可能的.

几何体的拓扑性质 (如欧拉定理所给定的性质或者其他我们将要在下面的章节中讨论的) 对于很多数学研究有着非常重要的意义. 在某种程度上, 它们是最深刻的几何性质, 因为它们在最巨大的变化下依然保持.

图 7　单连通和双连通

2.2　连通性

作为一个非拓扑等价的两个图的例子, 我们可以考虑图 7 给出的两个平面区域. 第一个包含了一个圆中的所有点, 而第二个包含了所有在两个同心圆之间的点. 区域 a 中任意的封闭曲线可以在这个区域内部连续地 "收缩" 至一点. 一个拥有如此性

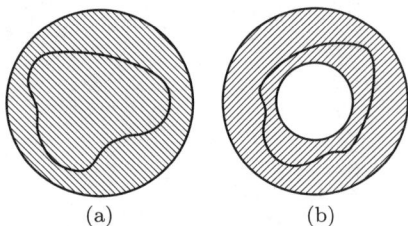

质的区域被称为单连通. 区域 b 并不是单连通的. 例如我们可以找到一个介于两个圆之间的曲线, 它并不能在这个区域内收缩至一点, 因为在收缩过程中, 这条曲线必须经过同心圆的圆心, 但是这个点并不在这个区域内. 我们称一个不是单连通的区域为多连通. 如果我们将多连通区域 b 沿着一条半径切开, 正如图 8 所示, 那么所得到的区域是单连通的.

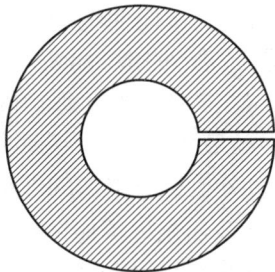

图 8　将一个双连通的区域切开, 得到了一个单连通区域

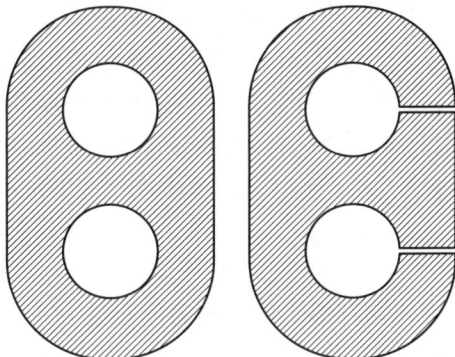

图 9　约化一个三连通的空间

更一般地, 我们可以考虑有两个、三个或者更多个 "洞" 的区域, 如图 9 所示. 为了将这个区域变化成一个单连通区域, 我们需要切两刀. 如果我们为了将一个多连通的区域 D 变化成单连通区域, 至少需要切 $n-1$ 刀, 它们相互不相交, 从边界到边界, 那么我们称这个区域 D 是 n- 连通的. 一个区域的连通度数是一个重要的拓扑不变量.

3　拓扑定理的其他例子

3.1　若尔当曲线定理

假设一个平面上有一条简单闭曲线 (意为一条不自相交的闭曲线). 如果我们将这个平面想象为一层薄膜并将其进行任意的形变, 这个图形的哪些性质会保持不变呢? 显然, 曲线的长度和曲线所围住的面积是很容易在形变下产生改变的. 但是存在一个拓扑性质, 这个性质如此简单, 使得它看上去几乎是显然的: 平面上的一条简单闭曲线 C 将这个平面恰好分成两个部分, 内部和外部. 这里的意思是说, 这个平面上的点被分成了两类 —— 曲线的外部 A 和曲线的内部 B ——, 使得以下条件成立: 同一类中的任意一对点都可以通过一条不与 C 相交的曲线连接起来; 而任意连接两个位于不同类的点的曲线则必须与 C 相交. 这个说法显然对于一个圆或者椭圆是成立的; 但是如果我们考虑一条复杂的曲线, 例如图 10 中的曲线, 那么这个说法便不是那么显然了.

图 10 你能看出平面上的哪些点在这条曲线外吗?

这个证明最早由若尔当 (Camille Jordan, 1838—1922) 在他著名的 *Cours d' Analyse* 中给出, 这本书给整整一代数学家提供了分析中的严谨的数学概念. 奇怪的是, 若尔当的证明既不简短也不简单, 并且更令人惊奇的是, 人们后来发现若尔当的证明存在漏洞, 而填补这些漏洞则耗费了相当多的努力. 这个定理最早的正确且严密的证明极为复杂, 并且即使对于很多经过良好训练的数学家们而言依然是难以理解的. 相对简单的证明仅仅在最近才被发现. 这个问题的困难度的一个原因在于 "简单闭曲线" 这个概念的一般性, 这个概念并不局限于多边形, 或者 "光滑" 曲线, 而是包含了所有拓扑等价于圆的曲线. 另一方面, 某些概念, 例如 "内部"、"外部" 等, 虽然乍看上去是显然的, 但是最初却缺乏严谨的数学定义. 对这些概念在最一般的情况下进行分析拥有最深的理论意义, 并且近代拓扑很大的一部分便是致力于这个方面. 但是我们永远不应该忘记, 在大多数情况下, 我们研究的对象来源于具体的几何现象, 而此时我们不需要考虑那些会带来不必要的困难的最一般的概念. 事实上, 如果我们只考虑那些 "行为得当" 的曲线, 那么若尔当曲线定理是很容易证明的, 例如多项式或者斜率连续变化的曲线, 而这些是我们最常遇见也是最重要的问题.

3.2 四色问题

从若尔当曲线定理这个例子, 你也许会觉得, 拓扑关注的是对那些任何有理智的人都不会怀疑的看上去很显然的一些结论给出严格的证明. 但是反过来, 存在着很多拓扑的问题, 其中一些以非常简单的形式给出, 但是看上去却根本不可能是正确的. 著名的 "四色问题" 便是其中一个.

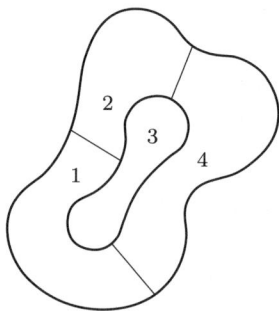

图 11 一幅地图的上色

如果我们想要给一幅地图上色, 那么有共同边界的相邻的两个地区必须被标注以不同的颜色. 从经验出发, 任何国家地图, 不论有多少省份需要标注, 不论这些省份以何种形式在地图上存在, 最多只需要四种颜色. 我们可以很容易看到, 使用更少的颜色是不可能适用于任何情况的. 图 11 展示的是大海中的一个岛屿, 毫无疑问, 我们需要四种颜色来标注这幅地图, 因为这幅地图中有四个区域, 而其中任意一个都与其他三个有共同的边界.

因为我们至今还不知道任何需要多于四种颜色的地图, 下面这个数学命题被普遍认可: 对于一个平面的任意不重叠的划分, 我们总是可以将平面上的区域以数字 1, 2, 3 和 4 标注, 使得相邻的两个区域所标注的数字不同. 在这里, "相邻" 的区域是指拥有共同的边界的区域; 两个仅仅在一个点上或者有限个点上相交的区域并不被看成是相邻的.

对于这个定理的证明中的问题最早由莫比乌斯在 1840 年提出, 之后是德·摩根 (De Morgan) 在 1850 年, 和凯莱 (Cayley) 在 1878 年. 在 1879 年肯普 (Kempe) 发表了一个 "证明", 但在 1890 年希伍德 (Heawood) 在肯普的思路中找到了一个错误. 通过修正肯普的证明方法, 希伍德可以证明, 无论如何, 五种颜色是一定足够的 (对于五色定理的一个证明将会在这一章的附录中给出). 除了很多著名数学家在这个问题上的努力, 这个问题的根本还在于以下更简朴的结果: 对于所有地图, 我们已经证明了, 五种颜色就足够了; 并且我们还猜想, 事实上四种颜色就已经足够了. 但是正如在费马大定理的例子中一样, 我们没有能够找到一个证明, 也没能找到一个反例, 于是四色问题依然是一个充满魅力的未解决问题. 即便如此, 对于少于 830 个区域的所有地图, 四色问题已经得到了证明. 这个事实说明了: 即使这个命题是错误的, 我们也没有办法找到一个简单的反例.

在四色问题中, 这些地图既可以在一个平面上, 也可以在一个球面上. 这两种情况是等价的: 因为任意一个球面上的地图都可以被表示在平面上, 其中, 我们可以想象在其中一个区域 A 内部钻一个洞, 并且将其形变直至在一个平面上, 正如对于欧拉公式的证明一样. 我们得到的平面上的地图正如包含了所有区域的 "小岛", 被区域 A 这片 "海洋" 环绕着. 反之, 将这个方法倒过来, 我们可以将任何平面上的地图标示在球面上. 因此, 我们将视线限制于球面上的地图上. 更进一步地, 因为这个区域和它的边界的形变对这个问题没有影响, 我们可以假设, 任意区域的边界都是一个由弧线组成的简单闭多边形. 即使对于这个 "正规化" 的形式, 四色问题依然没能解决; 原因在于在这里, 不像若尔当曲线定理一样, 困难并不在于对于区域和曲线的概念的一般化.

一个值得注意的与四色问题相关的事实是, 对于比平面和球面更复杂的曲面而言, 相应的命题事实上已经被证明了, 而很奇怪, 对于较复杂的几何曲面的分析在这种情况下竟然比简单的情形更容易. 例如对于一个环面的表面 (见图 5), 像是一个充满气的自行车轮胎, 我们可以证明, 任何地图都可以用七种颜色上色, 并且我们还可以构造可以包含七个区域的地图, 其中每个区域都和另外六个相邻.

*3.3　维数的概念

维数这个概念并没有什么难度, 只要我们只考虑简单的几何体, 例如点、直线、三角形或者多面体等. 一个单个的点, 或是由点组成的有限集的维数为零, 一条线段的维数为一, 而一个三角形或者一个球的表面的维数为二. 一个实心立方体的所有点的集合则是三维的. 但是如果我们尝试将这个概念拓展到一般的点集上, 那么我们需要一个确切的定义. 对于一个包含 x 轴上的坐标为有理数的点的点集 R 而言, 我们应该赋予它什么维数呢? 包含有理点的几何在这条直线上是稠密的, 于是可以被看成是一维的, 正如直线本身一样. 而另一方面, 在 R 中的任意两点

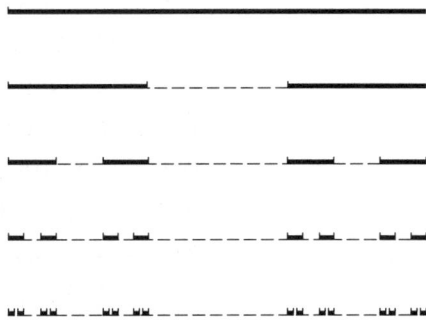

图 12　康托点集

之间, 都存在一个不包含在 R 内的无理点, 正如有限点集一般. 于是我们也可以将 R 看成是零维的.

一个更加错综复杂的问题是, 如果我们尝试给以下最早由康托考虑的点集赋予一个维数. 从一个单位长度的线段出发, 我们首先移去中间三分之一, 即移去满足 $1/3 < x < 2/3$ 的所有点 x. 我们将剩下的点的集合记为 C_1. 现在我们将 C_1 中的两个子区间分别移去中间的三分之一, 并将剩下的点的集合记为 C_2. 我们继续进行这个方法, 将 C_2 中的四个子区间分别移去中间的三分之一, 得到集合 C_3, 并且继续进行, 得到集合 $C_4, C_5, C_6, \cdots$. 现在我们将移去所有子区间的中间三分之一之后留下的点的集合记为 C, 也就是说, C 是这无限多个点的集合 $C_1, C_2, \cdots$ 中共同的点. 因为我们在第一步中移去了整条线段长度的 $1/3$, 在第二步中每个子区间移去了长度的 $1/3^2$, 如此往复, 这样移去的总长度为

$$1 \cdot \frac{1}{3} + 2 \cdot \frac{1}{3^2} + 2^2 \cdot \frac{1}{3^3} + \cdots = \frac{1}{3} \left[1 + \frac{2}{3} + \left(\frac{2}{3} \right)^2 + \cdots \right].$$

括号中的无限序列是一个等比数列的和, 它的和是 $1/(1 - 2/3) = 3$; 所以被移去的区间的总长度为 1. 即便如此, C 中确实包含着一些点, 例如点 $1/3, 2/3, 1/9, 2/9, 7/9, 8/9, \cdots$. 事实上很容易证明, C 中的点恰好是可以表示为以下形式的点 x:

$$x = \frac{a_1}{3} + \frac{a_2}{3^2} + \frac{a_3}{3^3} + \cdots + \frac{a_n}{3^n} + \cdots,$$

其中每一个 a_i 要么是 0, 要么是 2, 反之每一个被移去的点的类似展开中至少有一个 a_i 为 1.

那么现在, 集合 C 的维数是多少呢? 我们可以适当地修正用来证明包含所有实数的集合的不可数性的对角线方法, 使得它可以对于集合 C 给出同样的结果. 接下来我们会想, 这个集合 C 应该是一维的. 但是 C 又不包含即使是很小的完整的区间, 所以我们可以觉得 C 是零维的, 正如一个有限集合一般. 同样, 我们还可以问, 一个平面的有理点的集合, 或者是包含所有的长度为 1 的线段对应的康托点集的集合的维数是 1 还是 2.

最早 (在 1912 年) 让大家注意到对于一个更深的分析, 给出一个对于维数的更确切的定义的是庞加莱. 庞加莱观察到, 一条直线是一维的, 这是因为对于直线上的任意两个点, 我们可以通过将它在某一个 (维数为 0 的) 点上切开而分开, 而一个平面是二维的, 因为我们可以通过将它沿着一条 (维数为一的) 闭曲线切开来将任意两个点分开. 由此我们可以推导出维数这个概念的一个归纳性特征: 一个空间是 n 维的, 如果我们可以通过移去一个合适的 $n-1$ 维的子集来分开任意两个点, 并且任意更低维的子集是不能做到的. 对于维数这个概念的一个归纳性定义也出现在了欧里得的《几何原理》中, 在那里一个一维的几何体是边界为点的几何体, 二维的则是边界为曲线的几何体, 三维的则是边界为曲面的几何体.

　　最近, 人们发展了一种新的详尽的维数理论. 维数的定义起始于对于 "维数为 0 的点集" 的确切描述. 任意有限点集都有一个性质, 对于集合中的每一个点, 我们都可以找到一个包含这个点的区域 (我们称其为这个点的邻域), 并且使它足够小, 使得这个邻域的边界不包含这个集合中的任意点. 现在我们将这个性质设定为维数为 0 的定义. 为了方便, 我们说, 空集, 也就是不包含任意点的集合, 的维数为 –1. 那么一个点集 S 的维数为 0, 如果它的维数不是 –1 (也就是说, S 至少包含一个点), 并且 S 中的任意点都有一个足够小的邻域, 使得这个邻域的边界和 S 的交集构成一个维数为 –1 的集合 (也就是说, 它的边界不包含 S 中的任意点). 例如一条直线上的有理点所构成的集合的维数为 0, 因为任何有理点都可以被看成是一个任意小的区间的中点, 并且这个区间的两个边界点都是无理数. 而康托点集 C 的维数也为 0, 因为正如有理数的集合一样, 它是由移去直线的一个稠密点集得到的.

　　到现在, 我们只定义了维数为 –1 和维数为 0 这两个概念. 我们可以很快由此得到对于一维的定义: 一个点集 S 的维数为 1, 如果它的维数不是 –1 或 0, 并且 S 中的任意点都包含在一个小邻域中, 使得这个邻域的边界与 S 相交于一个零维的子集. 一条线段拥有这个性质, 因为任意区间的边界都是两个点, 而这两个点组成的集合根据以上的定义是一个零维的集合. 类似地, 我们可以以同样的方法依次定义维数 $2, 3, 4, 5, \cdots$, 其中每一个都基于前面的定义. 于是, 一个集合 S 的维数为 n, 如果它不是更低的维数, 并且 S 中的每一个点都有一个小邻域, 使得它的边界与 S 相交于一个 $n-1$ 维的子集. 例如一个平面是二维的, 因为平面上的任意点都可以包含在一个圆盘中, 而它的边界, 一个圆, 的维数为一. 这个说法并不意味着一个对于在我们的定义下平面的维数为二的严格的证明, 因为我们在这里假定我们知道圆的维数为一, 并且平面的维数不是 0 也不是 1. 但是这个事实和它的类比可以在更高维的情况下得到证明. 这个证明展示了, 一个一般的点集的维数的定义和常见的简单集合的一般维数的定义完全没有冲突. 在一般的空间中, 任何点集的维数都不可能超过 3, 因为任意空间中的点都可以作为一个球的球心, 而我们知道, 球面的维数为 2. 但是在近代数学中, "空间" 这个词也被用于任意 "距离" 或者 "邻域" 良好定义的系统中, 并且这些抽象 "空间" 的维数完全可以大于 3. 一个简单的例子便是 n 维的数字空间, 其中的 "点" 为有序的 n 元数组:

$$P = (x_1, x_2, x_3, \cdots, x_n), \quad Q = (y_1, y_2, y_3, \cdots, y_n),$$

其中点 P 和 Q 之间的 "距离" 定义为

$$d(P, Q) = \sqrt{(x_1 - y_1)^2 + (x_2 - y_2)^2 + \cdots + (x_n - y_n)^2}.$$

对于这样的空间, 我们可以证明它的维数为 n. 对于一个维数不能由一个整数 n 表示的空间, 我们称它的维数为无穷. 无穷维的空间已经有很多已知的例子存在.

　　关于这个维数理论的一个很有趣的事实是下面的对于二维、三维和一般的 n 维

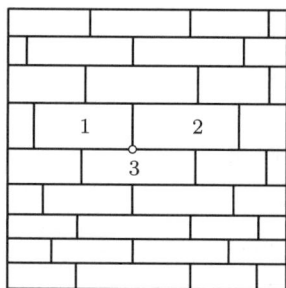

图 13 镶嵌定理

图形的特性. 我们首先考虑二维的情形. 如果任何一个简单的二维的图形被分割成足够小的区域 (其中一个区域应该包含它的边界), 那么应该存在一些点, 作为三个或者更多这样的区域相交的地方, 无论这些区域的形状为何. 另外, 存在这个图形的一个子覆盖, 使得任意点最多同时属于三个小区域. 例如在图 13 中, 我们考虑二维图形正方形, 那么存在一个点, 同时属于区域 1, 2 和 3, 并且对于这种特殊的分割, 没有点可以同时属于超过三个区域.

在三维的情况中, 我们可以同样证明, 如果一个区域被足够多个小区域覆盖, 那么总是存在至少同时属于四个小区域的点, 并且通过选择合适的子覆盖, 使得没有点可以同时属于超过四个子区域.

这个观察结果道出了下面这个由勒贝格和布劳威尔给出的定理: 如果一个 n 维图形以任意形式被足够小的区域覆盖, 那么存在一些点, 它至少属于其中 $n+1$ 个区域; 并且我们总是可以从中选择一个由足够小的子区域构成的子覆盖, 其中没有任何点同时属于超过 $n+1$ 个区域. 由于我们这里观察的覆盖, 这个定理被称为 "镶嵌定理" (the tiling theorem). 这个定理刻画了任意几何体的维数的特性: 满足这个定理的几何体是 n 维的, 而所有其他的则拥有其他的维数. 因此, 它有时会被作为维数的定义给出, 正如很多人所做的那样.

一个集合的维数是这个集合的一个拓扑性质; 两个不同维数的图形永远不可能拓扑等价. 这是一个著名的拓扑定理, "维数不变性", 我们可以认识到它的重要性 —— 一个正方形中的点和一条线段上的点是等势的. 在那里定义的对应方法并不是拓扑的, 因为它违反了连续性.

*3.4 一个不动点定理

在拓扑在数学其他领域的应用中, "不动点" 扮演着一个很重要的角色. 一个很典型的例子便是下面的布劳威尔定理. 相较于很多其他的拓扑事实, 它显得非常不显而易见.

我们考虑平面上的一个圆盘. 对此, 我们理解为一个由圆的内部和圆圈本身共同组成的区域. 我们假设, 这个圆盘中的点经历了任意的连续形变 (我们甚至不要求这个形变是一一对应的), 其中任意点都保留在这个圆内, 但是点之间的距离会发生变化. 例如, 一个圆形的橡胶薄膜可以被扭曲、翻转、折叠、拉伸或者以任何形式变形, 只要最后得到的形状保留在原有的圆圈范围之内即可. 或者, 我们将一个杯子中液体任意搅动, 使得在表面的粒子依然停留在表面, 但是可能会移动到另一个位置, 那么液体表面的这些粒子的位置变化则可以考虑为原有的粒子分布的一个连续形变. 布劳威尔定理断言: 在这样的变化下, 至少有一个点是不动的; 也就是说, 至少存在一个不动点, 即一个在变化之后依然停留在原有位置的点. (在液体表面的例子

中, 不动点一般会随着时间变化; 如果只是简单的旋转, 那么圆心总是不动的.) 对
于这样的一个不动点的存在性的证明是在证明拓扑定理中一种很典型的方法.

我们考虑变化前后的圆盘, 并且假设命题是错误的, 也就是说没有
不动的点, 使得在某个变换后, 任意点都移到了另一个在圆内或者圆上
的点上. 我们对任意一个点 P 都标注一个箭头, 或者一个 "向量", 由 P
指向 P', 其中 P' 为 P 在变换后的位置. 对于圆盘中的任意一个点, 我
们都可以找到这样的一个箭头, 因为在我们的假设下, 任意一个点都移
动到了另一个位置上. 现在我们只考虑圆上的点, 以及它们对应的向
量. 所有这些向量都应该指向圆内部, 因为前提是没有任何点可以变换
到圆的外部. (即使一个点最终被移到了另一个边界上的点, 这个向量
依然是指向内部的!) 我们由一个边界上的点 P_1 出发并且逆时针方向
在圆上行走. 在这个过程中, 向量的方向会发生变化, 因为边界上的点

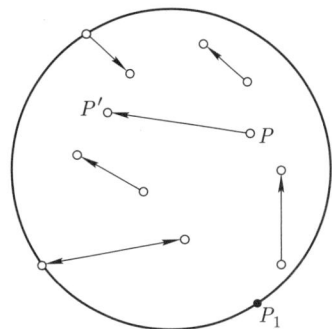

图 14 变换向量

对应了不同方向的向量. 我们可以得到一个更好的整体观感, 如果将这些向量的方
向通过平行移动到平面上的同一个起点上. 注意到, 如果我们从 P_1 沿着圆走回 P_1,
那么我们知道, 这个向量应该沿着这个点旋转并且最终回到原有的位置. 我们将这
个向量旋转的数量记为这个向量在圆上的 "指标"; 更确切地说, 我们将指标定义为
这个向量的角度变化的代数和, 其中任意顺时针的部分被计算为负值, 逆时针的部
分则被计算为正值. 那么这个指标必须是一个整数 $0, \pm1, \pm2, \pm3, \cdots$, 对应于总角
度 $0, \pm360°, \pm720°, \cdots$. 我们现在断言, 这个指标一定是 1, 也就是说, 总共的角度变
化恰好构成一个正向的旋转. 为了证明这一点, 我们注意到, 边界上的一个点 P 的
变换向量总是指向内部, 并且永远不会出现在切线方向上. 现在, 如果这个变换向
量变化的总角度不同于 360 度, 即切线变化的总角度, 那么这两个总角度的差必须
是 360 度的某个非零倍数, 而任意一个都对应着一个整数旋转圈数. 接下来, 在从 P_1
回到自身的过程中, 这个变换向量必须至少一次绕着切线旋转, 并且因为切线和变
换向量都是连续变化的, 变换向量必须在某个特定的点上正好指向切线的方向. 但
正如我们前面的观察, 这是不可能的.

现在如果我们考虑任意一个与边界同心并且在圆盘内部的圆, 连同其上的点所
对应的变换向量, 那么这些变换向量的指标也必须为 1. 因为如果我们将边界连续
变化到其中一个同心圆, 那么指标也应该连续变化, 因为变换向量的方向在圆盘内
连续变化. 但是这个指标只可能取整数值, 并且因此必须保持不变, 即值为 1, 因为
从 1 到另一个整数的变化将导致指标的一个不连续的变化. (一个连续变化同时只
能取整数值的数值必须保持不变的结论是在很多数学证明中常见的论据.) 于是,
我们可以找到一个任意小的同心圆, 使得它对应的变换向量的指标为 1. 但是这是
不可能的, 因为由变化的连续性可知, 一个足够小的圆上的所有点的变换向量应该
指向圆心的变换向量所指的同一方向. 所以总角度变换可以是任意小的, 例如说小
于 10°, 如果我们将这个圆选得足够小. 但是根据定义, 指标必须为一个整数, 所以

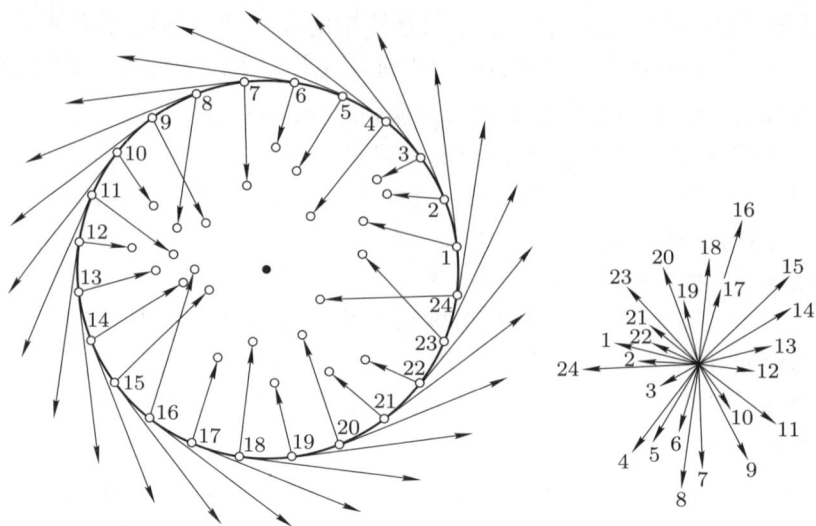

图 15

必须为 0. 这个矛盾说明了, 我们原先的假设, 即不存在任何不动点, 是错误的, 所以我们得到了对定理的证明.

　　上面证明的定理不仅对于圆盘成立, 同样对三角区域, 或者正方形区域, 甚至对于任意拓扑等价于圆盘的区域都是成立的. 因为, 对于任意图形 A, 如果 A 可以通过一个一一对应的连续变换得到一个圆盘, 那么一个从 A 到本身的连续变换 —— 如果它没有不动点的话 —— 将可以得到一个没有不动点的从圆盘到本身的连续变换, 而正如以上所示, 这是不可能的. 这个定理同样在三维情况下对于球体和立方体是成立的; 但是证明就没有那么简单了.

　　虽然对于圆盘的布劳威尔不动点定理在直觉上并不是那么显而易见, 但我们可以很容易地证明, 它可以是以下这个很直观的事实的推论: 不可能将一个圆盘连续变化为它的边界, 使得边界上的所有点都不动. 我们将要证明, 一个没有不动点的圆盘的变换的存在性将会导出与以上事实的矛盾. 我们假设, $P \rightarrow P'$ 是这样的一个变换, 那么我们可以对于圆盘上的任意一个点 P 找到一个箭头, 从 P' 出发, 经过 P 到达圆上, 将重点记为 P^*. 那么变换 $P \rightarrow P^*$ 将是一个连续变换, 这个变换将圆盘内的所有点都移动到边界上, 并且边界上的所有点保持不动, 而这显然与我们的不存在这样的变换的假设是冲突的. 一个类似的观察可以帮助我们证明对于三维的球体和正方体的布劳威尔定理.

　　我们可以很容易地发现, 对于特定的几何体, 存在没有不动点的连续变换. 例如两个同心圆围成的环状的区域便可以有没有不动点的连续变换, 例如, 围绕圆心的任意旋转, 只要角度不是 $360°$ 的整数倍即可. 一个球体的表面也拥有没有不动点的连续变换, 例如将每一个点移动到与它对应的对径点 (即与其之间的线段为球体的一条直径的点) 处. 但是可以通过与圆盘类似的方法, 我们可以证明, 任何一个不是把所有点映到它的对径点的连续变换必须包含一个不动点.

这种形式的不动点定理给很多数学上的 "存在性定理" 提供了非常有力的方法, 甚至是某些乍看上去并不是几何性质的定理. 一个著名的例子便是 1912 年, 庞加莱在他临去世之前做出的猜想. 这个定理可以推导出一个很直接的结果, 便是在一个限制性三体问题中存在无数多个周期轨道. (限制性三体问题指的是三体在重力影响下的运动, 假设其中二体相较于第三体非常小.) 庞加莱没有能够证明他的猜想, 而这是美国数学家伯克霍夫 (G. D. Birkhoff) 的一个巨大的成就 —— 他在接下来的几年后便给出了一个证明. 而这, 也掀开了拓扑方法在动力系统定性分析中的巨大成功的新的一页.

3.5　纽结

作为本节的最后一个例子, 我们想要展示的是纽结. 需要指出的是, 纽结理论展示了一个在数学上非常困难的拓扑性质. 一个纽结表示的是将一段绳子任意弯曲, 然后将两端黏合在一起. 得到的闭合曲线展示的是在不破坏绳子的前提下进行拉伸或者扭曲都保持本质不变的几何图形. 现在, 我们如何可以给这样的一个图形一个直观的定性, 使得我们能够将空间中的一个打结的闭曲线和一个不打结的曲线 (例如圆) 区别开来呢? 这个问题的答案并不简单, 并且更困难的是对不同的纽结及它们之间的区别进行完整的数学分析. 即使对于最简单的情况, 我们已然可以看到这已经是一个非常巨大的工程. 我们考虑图 16 中的两个 "三叶" 纽结. 这两个纽结完全是对方的对称镜像, 并且是拓扑等价的; 但是它们却不是在纽结意义下等价的. 这里的问题是, 我们能够通过一个连续的变换将一个纽结变换为另一个. 答案是否定的, 但是这个看上去简单的事实的证明却需要很多来自拓扑和群论的理论支持. 这个证明过于复杂, 我们将不在这里给大家进行具体的介绍.

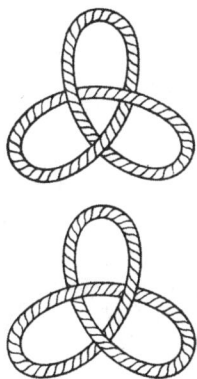

图 16　拓扑等价但不能通过形变得到另一个的纽结

4　曲面的拓扑分类

4.1　一个曲面的亏格

在对于二维曲面的研究中, 我们已经能够看到很多简单但重要的拓扑性质. 例如, 我们来比较一个球面和一个环面. 从图 17 中我们可以看到, 这两个曲面从根本上是不同的: 球面类似于平面, 每一个简单闭曲线, 例如 C, 将这个曲面切断成两个部分; 而在环面上, 则存在闭曲线, 例如 C', 并不会将曲面切断成两个部分. 我们说一条闭曲线 C 将球面切断成两个部分, 意思是如果我们将这个曲面沿着 C 剪开, 那么将得到两个不相连的部分, 换言之, 将这两个部分连接的任何曲线都必须和闭曲线 C 相交. 而与此不同的是, 如果我们将一个环面沿着闭曲线 C' 剪开, 那么得到的曲面依然是连在一起的, 也就是

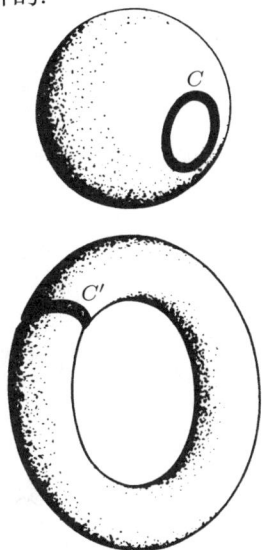

图 17　将球面和环面分别沿闭曲线剪开

说, 曲面上任意两个点都可以通过一条不与 C' 相交的曲线连接起来. 球面和环面的这个不同性质展示了, 这两种曲面的类型在拓扑上是不同的, 并且不可能将其中一种连续形变到另一种.

现在我们来考虑图 18 所展示的有两个洞的曲面. 在这样的曲面上我们可以找到两个不相交的闭曲线 A 和 B, 使得它们不切断这个曲面. 如果将一个环面沿着两条这样的闭曲线剪开, 它一定会被切断成两个部分. 而另一方面, 沿着三条不相交的闭曲线剪开, 这样的有两个洞的曲面总是会被切断.

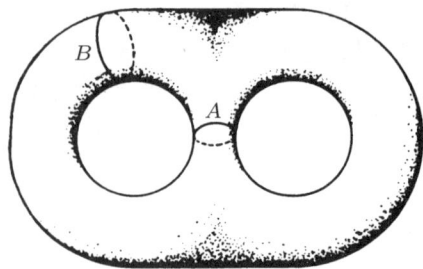

图 18   一个亏格为 2 的曲面

这些事实提示我们, 可以定义曲面的亏格为最大的不相交的简单闭曲线的数量, 使得它们不会切断这个曲面. 那么, 球面的亏格为 0, 环面的亏格为 1, 而图 18 中的曲面的亏格则为 2. 一个类似的有 p 个洞的曲面的亏格为 p. 亏格是一个拓扑性质并且在形变下保持不变. 反过来我们可以证明 (在这里我们略去证明步骤), 任意两个亏格相同的闭曲面都可以形变为另一个, 使得一个闭曲面可以在拓扑角度上由它的亏格 $p = 0, 1, 2, \cdots$ 完全界定. (我们于是假设, 我们考虑的曲面是 "两面的" 闭曲面. 在这一部分的第三节中我们将考虑 "单面的" 曲面.) 例如, 如图 19 所示的有两个洞的椒盐卷饼 (Brezel, 德国传统小吃) 和有两个 "把手" 的球面都是亏格为 2 的闭曲面, 并且很显然地, 这两个中的任意一个都可以通过连续形变得到另一个. 由于有 p 个洞的椒盐卷饼, 和它的等价曲面, 有 p 个把手的球面, 的亏格都为 p, 我们可以将这些曲面中的任意一个用来作为所有亏格为 p 的闭曲面的拓扑代表.

图 19   亏格为 2 的曲面

*4.2   一个曲面的欧拉示性数

我们来考虑一个亏格为 p 的闭曲面 S 中可以通过标出 S 上的一些顶点并将其用弧线连接得到的区域的数量. 我们想要证明

$$E - K + F = 2 - 2p, \tag{1}$$

其中 E 表示的是顶点数量, K 表示的是弧线数量, 并且 F 表示的是区域的数量. 这个数值 $2 - 2p$ 被称为这个曲面的欧拉示性数. 在前面, 我们已经看到, 对于球面而言, $E - K + F = 2$, 这个结果和 (1) 是相符的, 因为对于球面, $p = 0$.

为了在一般情况下证明 (1), 我们需要假设 S 是一个有 p 个把手的球面. 我们已

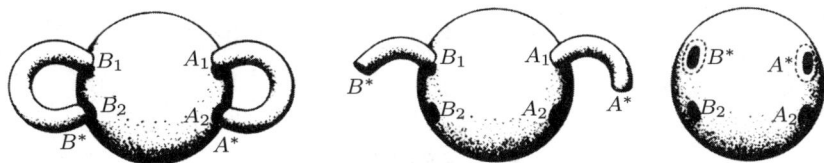

图 20

经说了, 任意亏格为 p 的曲面都可以连续形变为这样的一个曲面, 并且在这样的形变下, $E-K+F$ 和 $2-2p$ 都保持不变. 我们选择一个形变, 使得闭曲线 $A_1, A_2, B_1, B_2, \cdots$, 即把手表面和球面相交的闭曲面, 属于给定的分割的弧线边界. (图 20 展示的是对于 $p=2$ 的情况的证明.)

现在我们将曲面 S 沿着曲线 $A_2, B_2, \cdots$ 切开并且将把手拉开. 那么, 任何把手都多出来了一个边界, 我们将它们标记为 $A^*, B^*, \cdots$, 这些新的曲线的顶点和弧线的数量都和 $A_2, B_2, \cdots$ 相等. 所以 $E-K+F$ 依然没有发生变化, 因为额外的顶点正好和额外的弧线相抵消, 同时并没有生成新的区域. 现在, 我们将这个曲面进行形变, 其中我们将向外延展的把手铺平, 使得得到的曲面是一个简单的被挖了 $2p$ 个洞的球面. 因为我们知道, 任意一个对完整的球面的分割, 我们都有 $E-K+F$ 等于 2, 所以对于挖了 $2p$ 个洞的球面, 我们有

$$E-K+F=2-2p,$$

而且这个等式对于原有的, 有 p 个把手的球面也成立, 得证.

图 3 展示了公式 (1) 在一个有平面上的多边形构成的曲面 S 上的应用. 这个曲面可以连续形变为一个环面, 所以它的亏格 p 为 1, 于是 $2-2p=2-2=0$. 正如公式 (1) 所示, 我们的确有

$$E-K+F=16-32+16=0.$$

习题: 我们将图 19 所示的两个洞的椒盐卷饼分成几个区域, 并且证明, $E-K+F=-2$.

4.3　单面曲面

一个常见的曲面有两面. 这个性质对于闭曲面也成立, 例如球面和环面, 或者对于有边界的曲面, 例如一个圆盘或者被挖走一片的环面. 我们可以将这样的一个曲面的两面以不同的颜色区别上色. 如果这个曲面是封闭的, 这两种颜色在任何地方都不会相会. 如果这个曲面有边界, 那么这两种颜色只在边界上相会. 一只在这样的一个平面上爬行的蚂蚁, 如果我们禁止它穿过边界的话, 那么它永远不可能到达另一面.

莫比乌斯留给了我们一个很惊人的发现 —— 只有一面的曲面. 这类曲面的最简单的情形便是所谓的莫比乌斯环, 我们可以通过将一个长方形的纸带扭转 180°,

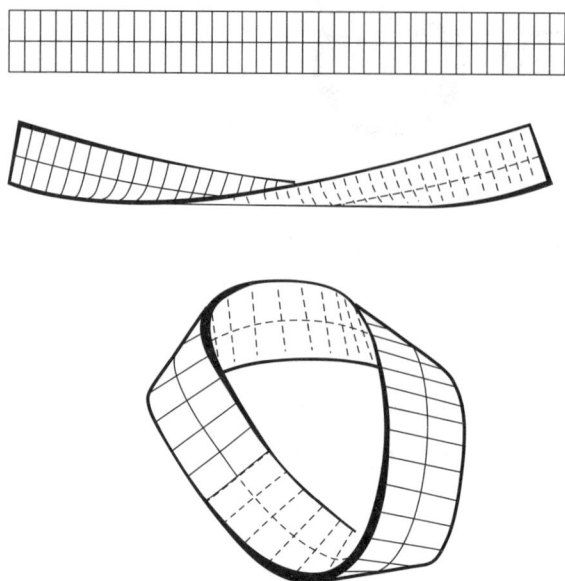

图 21　构造一条莫比乌斯环

然后将原先平行的两条边相黏合得到, 如图 21 所示. 如果一只蚂蚁在这样的一个平面上爬行, 并且一直保持在这条纸带的中间, 他可以回到原地, 但是却走到了纸条的另一面. 莫比乌斯带只有一个顶点, 因为它的边界只包含有一条闭曲线. 常见的两面的曲面 —— 由不扭转长方形纸带的情况下黏合平行的两条边得到的曲面则有两条不同的边界曲线. 如果将这样的一个纸带沿着中线剪开, 那么它将被分成两条独立且相同的环. 但是如果莫比乌斯换沿着这样的一条线被剪开 (如图 21 所示), 那么它依然是同一条. 任何不知道莫比乌斯环的人将很难预见这个情况的发生. 如果我们将剪开莫比乌斯环得到的曲面再次从中间剪开, 那么我们将得到两条分开的, 但是套在一起的环.

沿着与边界曲线平行, 距离为环面宽度的 1/2, 1/3 等的线剪开这样的环面是一个很有意思的问题.

一个莫比乌斯环的边界是一条不自相交的闭曲线, 它可以形变为一条平面曲线, 例如一个圆. 在形变中, 这个纸带也许会与自身相交, 从而得到如图 22 所示的交叉套便是一个单面且自相交的曲面. 这个曲面自相交的线必须看成是由两条不同的线组成, 它们分别属于相交的两个曲面部分. 莫比乌斯环的单面性是保持不变的, 因为这是一个拓扑性质; 一个单面曲面不可能连续形变为一个双面曲面. 令人吃惊的是, 事实上可以通过形变将莫比乌斯环的边界线重新变为平面曲线, 例如三角形, 同时保持这个纸带不与自身相交. 图 23 展示的便是这样的一种可能性, 这个例子由塔克曼 (B. Tuckerman) 给出: 边界线是一个三角形, 其中一半构成了一个正八边形的对角正方形; 莫比乌斯环本身包含的是正八边形的六个面, 以及四个直角三角形, 其中每一个都是一个对角正方形的四分之一.

一个更有意思的单面曲面是 "克莱因瓶". 这个曲面是封闭的, 但是它没有里面和外面之分. 它在拓扑上等价于一对交叉套在将边界黏合之后得到的结果.

我们可以证明, 任意闭合的亏格为 $p = 1, 2, \cdots$ 的单面曲面都拓扑等价于一个球面, 其中被挖走了 p 个小圆盘, 并且代之黏合上了一些交叉套. 从这里出发, 我们可以证明, 这样的一个曲面的欧拉示性数 $E - K + F$ 可以通过公式

$$E - K + F = 2 - p$$

与其亏格 p 联系起来.

这个命题的证明是对于双面曲面的一个类比. 我们首先证明, 一个交叉套或者一个莫比乌斯环的欧拉示性数为 0. 为此我们考虑一个被分割的莫比乌斯环. 我们

将这样的一个环剪开, 于是得到了一个长方形, 两个额外的顶点, 一条额外的边, 和与莫比乌斯环同样多的区域数. 对于长方形而言, 我们已经证明了, $E - K + F = 1$. 所以对于莫比乌斯环而言, $E - K + F = 0$. 有兴趣的读者可以自己尝试将证明补充完整.

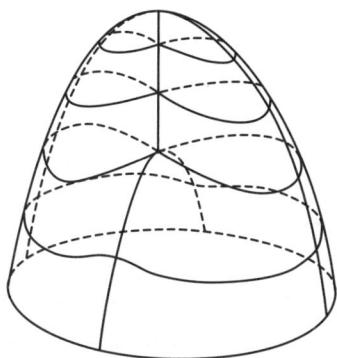

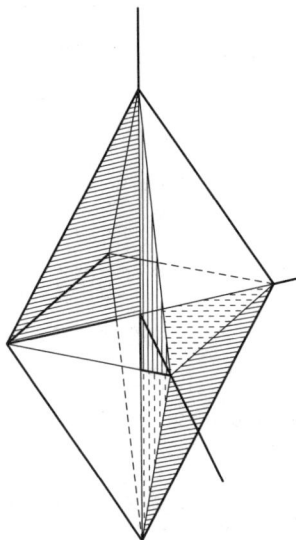

图 22　一个交叉套　　　　　　　　　图 23　平面边界线的莫比乌斯环

基本上, 我们可以简单地通过平面上的多边形来研究这类曲面的拓扑性质, 通过将特定的顶点粘在一起得到. 在图 25 中我们可以看到如何通过将平行的箭头沿标识的方向粘起来从而得到一些曲面.

我们可以通过类比这个黏合的方法来定义三维的闭流形. 例如, 如果我们将一个立方体相对两面黏合起来 (如图 26 所示), 那么我们得到了一个三维的闭曲面, 称为三维环面. 这个流形和两

图 24　克莱因瓶

个同心环面 —— 其中一个包含在另一个之内, 并且将相应的点黏合起来 (图 27) —— 之间的空间是拓扑等价的; 因为这个流形也可以来自于立方体, 如果我们将相对的两面黏合在一起.

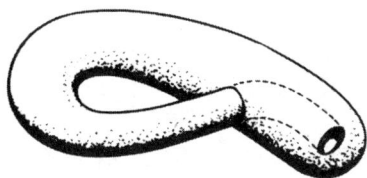

附录

4.4　五色定理

借由欧拉公式的帮助, 我们可以证明球面上的任何一幅地图都可以通过最多五种不同的颜色来上色. (如前, 我们称一幅地图能够被上色, 如果任意两个相邻的面 (即被闭多边形围起来的区域) 的颜色都不同.) 我们将只考虑边界为简单闭多边

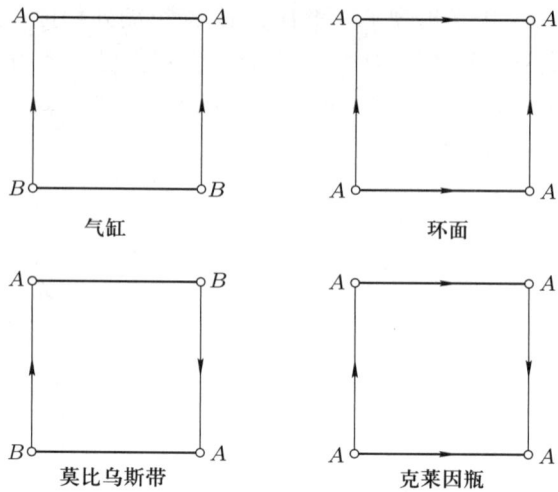

图 25　通过黏合平面图形上的顶点来定义闭曲面

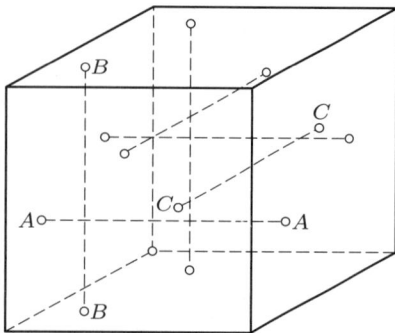

图 26　通过黏合曲面边界来定义一个三维环面

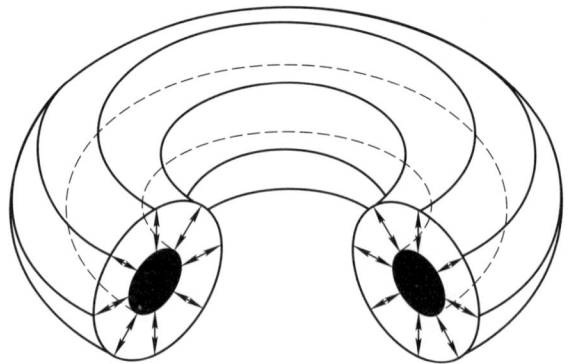

图 27　三维环面的另一种表示 (为了便于展示, 我们标识了黏合的方向)

形的区域. 除此之外, 我们还假设, 通过任意一个顶点的边最多只有三条; 这样的一幅地图被称为是正规的. 如果我们将一个超过三条边同时通过的顶点用一个小圆圈代替, 并且这样一个圆圈的内部和其中一个和这个顶点相连的区域合并, 那么我们得到了一幅新的图, 其中所有的 "较复杂" 的顶点都被只有三条边的顶点来代替. 这个新的图中的面数和原图中的面数相同. 如果这个正规的新图可以用五种颜色上色, 那么我们可以获得对于原图的上色, 只要将那个小圆圈重新恢复成顶点即可. 所以证明正规图的情况就足够了.

我们首先证明, 任意正规图必须至少包含一个多边形, 使得这个多边形的边数少于 6 条. 我们通过 F_n 来标记一幅正规图中 n 边形的数量. 于是, 如果 F 表示的是图中面的总数, 那么

$$F = F_2 + F_3 + F_4 + \cdots . \tag{1}$$

任意边都有两个顶点, 并且任意顶点都有三条边通过. 所以如果我们用 K 和 E 分别表示图中边和顶点的总数, 那么有

$$2K = 3E. \tag{2}$$

更进一步地, 一个有 n 条边的面同时也有 n 个顶点, 并且任意顶点都同时属于三个面, 所以

$$2K = 3E = 2F_2 + 3F_3 + 4F_4 + \cdots. \tag{3}$$

现在我们使用欧拉公式:

$$E - K + F = 2$$

或者说

$$6E - 6K + 6F = 12.$$

由 (2) 可知, $6E = 4K$, 所以 $6F - 2K = 12$.

所以综合 (1) 和 (3), 我们得到

$$6(F_2 + F_3 + F_4 + \cdots) - (2F_2 + 3F_3 + 4F_4 + \cdots) = 12,$$

或者可以写成

$$4F_2 + 3F_3 + 2F_4 + F_5 - F_7 - \cdots = 12.$$

由于上面这个等式中, 右边为正, 而在左边只有 F_2, F_3, F_4 和 F_5 的系数是正的, 所以它们中至少有一个不为零, 得证.

现在我们来证明五色定理. 令 M 为一个球面上的正规图, 其中有 n 个面. 我们知道, 至少存在一个面, 使得它的边少于 6.

第一种情况: M 包含一个面 A, 使得它的边数为 2, 3 或者是 4. 在这种情况下, 我们将 A 与和它相邻的一个面之间的边界删去 (如图 28 所示). 如果 A 有四条边, 有可能存在一个面, 从外部延伸使得其与 A 相交于两条不相交的边. 在这种情况下, 根据若尔当曲线定理, 与 A 相交于另外两条边的两个面必须是不相交的, 于是我们删去 A 和其中一个面之间的边界. 那么, 得到的图 M' 依然是一个正规图, 其中包含了 $n-1$ 个面. 如果 M' 可以通过五种颜色上色, 那么对 M 也可以; 因为 A 最多被四个面包围, 我们总可以找到第五种颜色用以给 A 上色.

第二种情况: M 包含一个有五条边的面 A. 我们考虑与 A 相邻的五个面, 分别记为 B, C, D, E 和 F (如图 29 所示). 我们总是可以找到一组面, 使得它们不相交. 因为假设 B 与 D 相交, 那么我们将它们合并, 那么如果 C 与 E 或 F 相交, 它们的共同边界则必须至少穿过面 A, B 或是 D. (我们也可以通过若尔当曲线定理来证明这个事实.) 于是我们可以假设, C 和 F 不相交. 现在, 我们删去 A 与 C 和 F 的共同边界, 得到一个有 $n-2$ 个面的新图, 这个图也一定是正规的. 如果这个新图可以通

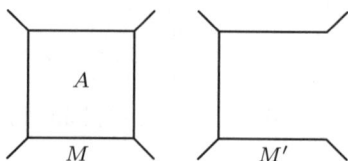

图 28

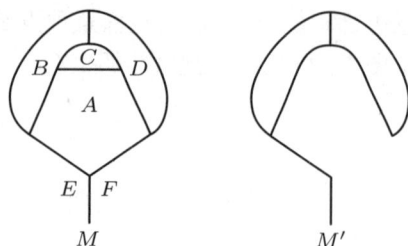

图 29

过五种颜色上色, 那么 M 也可以; 因为我们可以将边界线重新加上, 而因为 C 与 F 的颜色相同, A 的所有相邻面至多使用了四种颜色, 我们可以为 A 选择一种另外的颜色.

于是在两种情况下我们都将一个 n 个面的正规图的上色问题简化到了一个 $n-1$ 或是 $n-2$ 个面的图 M' 的上色问题, 并且, 如果 M' 可以被五种颜色上色, 那么 M 也可以. 同样的方法可以应用在 M' 上, 如此继续; 我们可以得到一系列图:

$$M, M', M'', \cdots$$

由于一幅图中面的数量是有限的, 我们一定会得到一个面数为 5 或者更小的图. 这样的一个图当然可以使用最多五种颜色上色. 接下来我们将以上步骤倒回去, 最终重新得到 M; 这样我们看到, 原图 M 是可以通过最多五种颜色上色的. 这便是完整的证明. 我们看到, 这是一个构造性的证明, 因为这个证明同时也提供了一种方法, 使得我们可以按部就班地给一幅有 n 个面的正规图在有限的步骤内以五种颜色上色.

维数

第 17 章

Timothy Gowers

选自《数学 —— 一个非常简短的介绍》(牛津大学出版社, 2002 年), 第 5 章, 第 70–85 页.

高等数学的一个显著特征是它更多地涉及了高于三维的几何. 对于非数学专业人士, 这是令人困惑的: 直线和曲线是一维的, 曲面是二维的, 实心物体是三维的, 怎么会有四维的东西呢? 一旦一个物体有了高度、宽度和深度, 它就完全充满了空间的一个部分, 似乎没有能容下更多维数的余地了. 有人提出第四维是时间, 这在某些情况下是个很好的答案, 比如狭义相对论. 但是这个答案对于理解二十六维甚至无穷维几何没什么帮助, 而后两者都有重要的数学意义.

高维几何是最好从抽象角度来理解概念的一个例子. 与其担忧二十六维空间的存在性, 不如去考虑它的性质. 你也许会奇怪, 在还没确定某个物体的存在性之前怎么能去考虑它的性质. 不过这样的担忧是容易解决的. 如果你把 "某个物体" 这个词放到一边, 那么问题就变成了: 在没有确定一些性质是来源于一个存在着的物体上, 怎么能够去考虑由这些性质所组成的集合呢? 但这其实一点都不难. 比如, 尽管美国未必一定会出现一位女总统, 但人们总是可以去推测她会有怎样的特征.

我们应当期待二十六维空间有怎样的性质呢? 最明显的也是决定它是二十六维的性质是, 我们需要二十六个数来指定一个点, 这就好比在二维时我们需要两个数, 在三维时需要三个数. 另一个性质是: 取一个二十六维的形体, 把它沿着每个方向都扩大二倍, 那么它的 "体积" (假设我们可以定义体积) 应当变大到 2^{26} 倍. 还有其他性质, 不一而足.

如果二十六维空间这个概念会导致逻辑上的不协调, 那么如上的期待也就没有意义了. 为了使我们在这一点上放心, 我们终究还是要回到二十六维空间的存在性上 —— 显然不协调性与存在性相互排斥 —— 不过是数学意义上的而非实体性的. 这就意味着我们需要定义一个合理的模型. 它也许不一定非得是某个实物的模型, 但只要具备我们所期待的所有性质, 那么它就证明了这些性质的协调性. 不过一般常见的情况下, 我们将要定义的这个模型往往是非常有用的.

怎样定义高维空间

一旦有了坐标这个主意, 这个模型定义起来就不可思议地简单. 就如已经提到的, 用两个数可以确定二维下的一个点, 与此同时在三维下确定一个点需要三个. 通常的做法是用笛卡儿坐标, 这是以它的发明人笛卡儿命名的 (笛卡儿坚称他是在梦里得到了这个主意的). 在二维空间取两个相互垂直的方向. 例如在图 1 里那样, 一个是水平向右的, 另一个是垂直向上的. 给定平面上的任意一个点, 水平地走一段距离 (如果是向左那么就认为是向右走了一段负的距离), 然后转 90° 垂直地再走一段距离, 就可以到达这个点. 这两段距离给出了两个数, 这两数就是你到达的那个点的坐标. 图 1 给出了有以下坐标的点: (3, 2) (向右走三个单位的距离再向上走两个单位的距离), (–2, 1) (向左走两个单位的距离再向上走一个单位的距离), (1, –2) (向右走一个单位的距离再向下走两个单位的距离). 在三维空间里, 也就是我们周围的实实在在的空间, 相同的操作完全可以搬过来, 除了现在需要三个方向, 比如向前, 向右和向上.

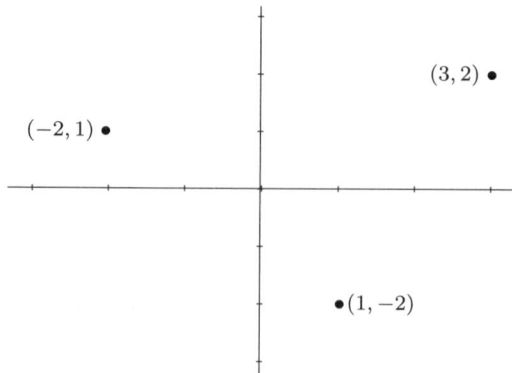

图 1

让我们稍微换个角度来看. 之前我们称那两个 (或者三个) 数为空间里一个点的坐标, 现在让我们称这些数为点. 换句话说, 之前我们称 "坐标为 (5, 3) 的点", 现在我们称 "点 (5, 3)". 大家也许认为这样做只是为了语言上的方便, 实际上它的意义不止如此. 它用空间的数学模型来代替实体的空间. 二维空间的数学模型由实数对 (a, b) 组成. 尽管这些数对本身不是空间里的点, 我们称其为点, 以此来告诉我们他们所代表的点. 类似地, 借助三数组 (a, b, c) 我们可以得到三维空间的模型, 我们依然称他们为点. 现在我们有了一个明显的方法来定义 —— 比如八维的 —— 空间里的点. 它们就是实数的八数组. 比如, 我们有如下两个点: (1, 3, –1, 4, 0, 0, 6, 7) 和 $(5, \pi, -3/2, \sqrt{2}, 17, 89.93, -12, \sqrt{2}+1)$.

我们已经定义了一个某种形式的数学模型, 但是它还不足以被称为一个八维空间的模型. 因为 "空间" 这个词带有很多的几何含义, 而这些含义还没有用这个模型表述出来, 也就是说空间不仅仅是一大堆点的合集. 比如, 我们可以讨论两个点之间的距离, 讨论直线、圆, 还有其他的几何形状. 那么这些概念在高维里的对应物是什么呢?

有一个一般的方法来回答诸如此类的问题. 给定一个二维或三维的熟知的概念, 首先完全用坐标来把它描述出来, 然后期待它在高维有显然的推广. 让我们看一个关于距离概念的例子.

给定平面上的两个点, 比如 $(1, 4)$ 和 $(5, 7)$, 我们可以计算它们之间的距离如下. 先画一个以 $(5, 4)$ 为第三个顶点的直角三角形, 如图 2. 然后我们注意到连接 $(1, 4)$ 到 $(5, 7)$ 的边是这个三角形的斜边, 这意味着它的长度可以用勾股定理来计算. 其他两条边的长度分别是 $5 - 1 = 4$ 和 $7 - 4 = 3$, 所以斜边的长度是 $\sqrt{4^2 + 3^2} = \sqrt{16 + 9} = 5$. 因此, 这两个点之间的距离就是 5. 对一般的点对 (a, b) 和 (c, d) 应用这个方法, 我们得到了一个直角三角形, 它的斜边以这两个点为顶点, 其余两边的长度分别为 $|c - a|$ (这是 c 与 a 的差) 和 $|d - b|$. 然后勾股定理告诉我们这两个点间的距离被以下公式给出 $\sqrt{(c - a)^2 + (d - b)^2}$. 类似的方法在三维里也成立, 尽管会略微复杂一些: 给出两个点 (a, b, c) 和 (d, e, f) 间的距离为 $\sqrt{(d - a)^2 + (e - b)^2 + (f - c)^2}$. 换言之, 为了计算两个点间的距离, 把对应坐标差的平方加起来, 然后取平方根. (简证如下: 以 (a, b, c), (a, b, f) 和 (d, e, f) 为顶点的三角形 T 在 (a, b, f) 处的角为直角. 从 (a, b, c) 到 (a, b, f) 的距离为 $f - c$, 由二维的公式可知从 (a, b, f) 到 (d, e, f) 的距离为 $\sqrt{(d - a)^2 + (e - b)^2}$. 对三角形 T 应用勾股定理, 结果得证.)

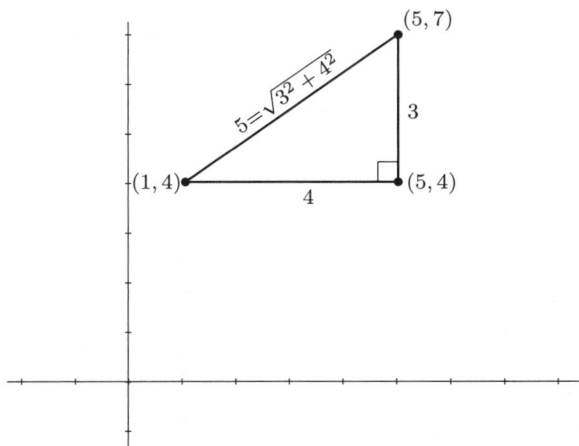

图 2　用勾股定理①计算距离

上述结果有一个有趣的特征, 即它并没有用到所给定的点需要是三维的. 因此我们实际上发现一个可以在任意维数下计算距离的方法. 比如点 $(1, 0, -1, 4, 2)$ 与点 $(3, 1, 1, 1, -1)$ (这两个点在五维空间里) 之间的距离是

---

① 原文为毕达哥拉斯定理, 在中国通常被称为勾股定理或商高定理. ——译者注

$$\sqrt{(3-1)^2 + (1-0)^2 + (1-(-1))^2 + (1-4)^2 + (-1-2)^2}$$
$$= \sqrt{4+1+4+9+9} = \sqrt{27}.$$

这种处理方式有一点误导性, 因为它表明任意两个五维的点 (回顾: 一个五维的点仅仅是五个实数组成的序列) 之间都有距离并且我们已经发现了怎样去求距离. 实际上, 我们刚才所做的是定义了距离的一种概念. 并没有从物理上的现实要求我们必须如此去计算五维的距离. 不过从另一方面来说, 这种方法却是我们在二维和三维中所做的很自然的推广, 而任何一种其他的距离定义相较之下都会显得奇怪.

一旦距离的概念被定义出来, 我们就可以去推广其他的概念. 比如, 一个球面显然是一个圆在三维的对应物. 那么一个四维的球应该是怎样的呢? 就如同处理距离的情形, 如果可以用一种不涉及维数的方式来描述二维、三维的球, 那么我们就可以回答这个问题. 这一点都不难: 圆和球面都可以被描述为到一个定点 (圆心) 距离为定值 (半径) 的点的集合. 我们当然可以用同样的定义来得到四维的球, 或者八十七维球. 比如, 圆心为 $(1,1,0,0)$ 半径为 3 的四维球为到 $(1,1,0,0)$ 距离为 3 的 (四维) 点的集合. 一个四维的点是一个四个实数组成的序列 (a,b,c,d). 它到点 $(1,1,0,0)$ 的距离 (根据前面的定义) 为 $\sqrt{(a-1)^2+(b-1)^2+c^2+d^2}$. 因此, 这个四维球的另一个定义是满足 $\sqrt{(a-1)^2+(b-1)^2+c^2+d^2} = 3$ 的四元组 (a,b,c,d) 的集合. 例如, $(1,-1,2,1)$ 就是这样的一个四元组, 因而给出了给定四维球里的一个点.

另外一个可以被推广的概念是关于二维里的正方形和三维里的正方体. 如图 3, 很明显所有的点 (a,b), 其中 a 和 b 都是介于 0 和 1 之间的数, 组成了一个边长为 1 的正方形, 这个正方形的四个顶点为 $(0,0),(0,1),(1,0)$ 和 $(1,1)$. 在三维的情况下, 可以定义一个正方体为所有的点 (a,b,c), 其中 a,b 和 c 都是介于 0 到 1 之间的数, 组成的集合. 现在这个正方体有八个顶点: $(0,0,0),(0,0,1),(0,1,0),(0,1,1),(1,0,0),(1,0,1),(1,1,0)$ 和 $(1,1,1)$. 显然在高维下类似的定义也是可行的. 比如, 我们可以得到一个六维的方体, 或者更准确地说是符合这个称谓的一种数学构造. 它由所有坐标介于 0 到 1 的点 (a,b,c,d,e,f) 组成. 它的顶点则为所有坐标为 0 或者 1 的点: 不难看出每增加一个维数, 顶点的个数都会增加一倍, 因此在这种情况下我们有 64 个顶点.

相较于定义形体, 我们可以做更多的事情. 通过计算一个五维方体的边数, 让我来简短地说明一下这一点. 边是什么不是显然就能说明的, 对于这一点我们回到二维三维中去寻找提示: 一条边是连接两个相邻顶点的线, 两个顶点被认为是相邻的如果它们只有一个坐标是不同的. 在五维球里, 取一个顶点, 比如 $(0,0,1,0,1)$, 根据前面刚给出的定义, 它的邻点是 $(1,0,1,0,1),(0,1,1,0,1),(0,0,0,0,1),(0,0,1,1,1)$ 和 $(0,0,1,0,0)$. 一般来说, 每个顶点有五个相邻点, 因此从这一点出发有五条边. (关于从二维三维的情况出发去推广两个邻点之间的边的概念, 我们留给读者. 对于这里的计算, 这个无关紧要.) 总共有 $2^5 = 32$ 个顶点, 那么看起来好像应该有 $32 \times 5 = 160$ 条边. 但是, 每条边被重复计算了两次 —— 两个顶点每个都算了一次 —— 因此

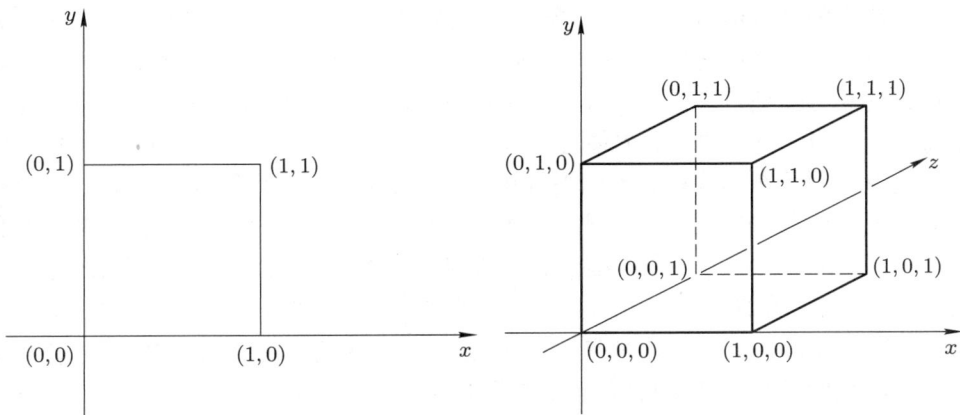

图 3　单位正方形和单位正方体

正确的答案应该是 160 的一半, 也就是 80.

我们所做的总结起来就是: 我们把几何转化成了代数, 通过坐标把几何概念变成了另一种等价的概念, 而这种概念仅仅涉及数字之间的关系. 尽管我们不能直接推广几何的方面, 但是我们可以推广代数方面, 而称这种推广为高维的几何看起来是很合理的. 显然, 五维的几何并没有像三维的几何那样与我们的生活体验直接相关, 但是这并不妨碍我们去考虑它, 也不妨碍它成为一个有用的模型.

四维空间可以被直观化吗?

一般大家会觉得三维的对象是可以被直观化的, 而四维的则不行. 但是这种看似显然的结论实际上是禁不起严格的审视的. 尽管使一个对象直观化感觉起来像是去实实在在地看到它, 然而这两者却是有着很重要的不同之处. 例如, 如果我被请求去描述一间我熟悉却不是非常熟悉的屋子, 这不是一件难事. 如果我进一步被问到关于这间屋子的一些简单问题, 比如屋里有多少张椅子或者地板是什么颜色的, 我常常是答不上来的. 这就表明了, 不管思维形象是什么, 它都不会是摄影式的表示.

在数学的环境下, 能或不能使某个对象直观化有着很重要的不同. 对于前者, 我们能够以某种方式直接回答问题, 而不是不得不停下来去计算. 这种直接性当然是个程度性的问题, 但是这并不影响它的客观存在性. 比如, 如果我被请求去给出一个立方体的边的个数, 我可以直接就看出来在立方体的顶部有四条边, 在底部有四条, 从顶部到底部还有四条, 总共有十二条.

在高维下, "直接就看出来" 变难了, 我们被迫去做更多的论证, 就像我之前在讨论的五维的类似问题. 尽管如此, 有时 "直接就看出来" 还是可行的. 比如, 我可以把一个四维的方体想象成给定两个面对面的立方体, 用一些边把对应的顶点连起来 (在第四个维度里), 就像是一个立方体可以由两个面对面的正方形沿着对应顶点连起来得到. 尽管对四维空间我没有一个完整而清晰的图像, 我依然可以 "看出来"

那两个给定的立方体每个都有 12 条边, 还有把顶点连起来的 8 条边. 这给出了总共有 $12 + 12 + 8 = 32$ 条边. 接下来, 我们可以 "直接看出来" 一个五维的立方体由两个四维的立方体把对应的顶点连起来而得到, 总共有 $32 + 32 + 16 = 80$ 条边 (每个四维立方体有 32 条, 两个立方体之间有 16 条), 这恰好就是我们之前所得到的答案. 这样我就得到了在四维和五维里去直观化的初步能力. (如果你对 "直观化" 这个词感到不安, 你可以换个词来用, 比如 "概念化") 当然这种能力比起三维下的直观化要难得多 —— 比如, 把一个四维的立方体旋转后会怎么样, 我是直接回答不了这类问题的, 而三维的则可以 —— 但是它也显然要比五十三维下的直观化要简单, 当然如果这几个维度下的直观化都是不可能的话, 也就无所谓哪个更简单了. 一些数学家专门研究四维几何, 他们有着超乎常人的四维直观化能力.

以上对数学有着很重要的心理学意义, 且并不仅限于几何. 献身于数学研究的一个快乐之处在于, 随着专业知识的逐渐获得, 你会发现你可以 "直接看出来" 越来越多的问题的答案, 而这些问题的解答曾经也许需要一到两个小时的苦思, 这些问题不一定非要是几何的. 一个浅显的例子是 $471 \times 638 = 638 \times 471$. 通过做两次复杂的乘法并验证是否得到了相同的答案, 来证明这个等式. 不过, 如果你转而去考虑一个边长为 471 和 638 的长方形里的格点, 你会发现等式的左边是把每行的点数都加起来, 而等式的右边是把每列的点数都加起来, 这两种算法当然会给出相同的答案. 注意这里的思维图像是很不同于照片的: 你能真正想象出一个边长为 471 和 638 的长方形而不是一个边长为 463 和 641 的长方形? 为了确认这一点, 你能数出来沿着短边的点的个数吗?

为什么要研究高维几何?

说明高维几何的想法讲得通是一回事, 而另一回事是需要解释为什么高维几何是一个值得我们去严肃对待的主题. 在本章开始时, 我声称作为一个模型它是非常有用的. 但是我们生活在一个三维的空间里, 这又是怎么可能呢?

这个问题的答案其实非常简单. 其中一点就是一个模型可以有很多不同的用处. 甚至二维和三维几何都有除了实体空间的直接模拟之外的很多用处. 比如, 我们常常画一个图来记录了一个物体在不同时间点所到达的距离, 来表现这个物体的运动. 这个图是平面里的一条曲线, 这条曲线的几何性质对应于这个物体的运动信息. 为什么要用二维几何来模拟这个运动呢? 这是因为有两个数需要关注 —— 过去的时间和走过的距离 —— 并且, 就像我之前所说的, 二维空间可以被看成是二元数组的集合. 这个例子告诉了我们为什么高维几何是有用的. 在宇宙中也许没有任何高维几何空间存在着, 但是却有着很多情形下我们需要去考虑多元数组的集合. 接下来我会简短地描述两个例子, 相信之后你会同意更多的例子是存在的.

假如我想描述一把椅子的位置. 如果它是竖立地站着, 那么它的位置是由它的腿中的两条与地面接触的点所完全决定的. 这两个点每个都可以被两个坐标描述.

结果就是四个数字就能够被用来描述椅子的位置. 不过, 这四个数字是相关的, 因为选定的这两条腿底部的距离是固定的. 如果这个距离是 d, 并且两条腿与地面接触的点为 (p, q) 和 (r, s), 那么根据勾股定理我们有 $(p - r)^2 + (q - s)^2 = d^2$. 这个等式给 p, q, r 和 s 加上了限制条件, 一种描述这个限制条件的方法使用了几何语言: 点 (p, q, r, s), 属于四维空间, 被约束在某个三维的 "曲面" 里. 更复杂的物理系统可以用相似的方法来分析, 而维数也会变得更高.

高维几何在经济学中也是非常重要的. 如果, 比如你想知道购买某个公司的股份是否明智, 那么有助于你做出决定的信息的很大一部分是以数字的形式出现的 —— 劳动力的规模、各种资产的价值、原材料的成本、利率的高低, 等等. 这些数字, 当作一个序列, 可以被看成某个八维空间里的一个点. 而你想做的, 通过分析许多类似的公司的情况, 是去找出那个空间里的一块区域, 使得在这块区域里的点对应于值得你去购买股份的条件.

分数维数

到目前为止, 如果在讨论中有一件事看起来是显然的, 那么它就是: 任何一个形体的维数总是一个整数. 那么如果你需要两个半坐标去确定一个点 —— 即使只是一个数学意义上的点 —— 可能会有着怎样的意义呢?

下面似乎是一个令人信服的说法. 我们之前定义数 $2^{2/3}$ 时面临着类似的困难, 并成功地使用抽象的方法绕过了它. 对于维数我们能用相似的方法吗? 如果我们想这样做, 我们必须找到维数的某些属性, 使得这些属性不能推出维数必须是个整数. 这就排除了任何与坐标个数所相关的属性, 而坐标似乎与维数的概念是如此紧密相关, 使得我们很难去想到别的. 然而在本章开头简单提到的一个属性, 恰好给了我们所需要的.

几何的一个随着维数而变化的重要方面是如下的一条规则. 它就是决定当你把一个形体沿着每个方向都扩大 t 倍, 这个形体的大小会怎么变的规则. 这里大小指的是长度, 面积或者体积. 在一维下, 大小扩大到 t 倍, 换言之 t^1 倍, 在二维下它扩大到 t^2 倍, 在三维下它扩大到 t^3 倍. 因此, t 的幂告诉了我们这个形体的维数.

到目前为止我们还能够把整数从我的讨论中排除掉, 因为数字二和三隐藏在词语 "面积" 和 "体积" 中. 尽管如此, 我们可以用如下的方法避开这两个词. 为什么边长为 3 的正方形的面积是边长为 1 的正方形的面积的 9 倍? 原因是我们可以把这个大的正方形分割成 9 个与小正方形全等的正方形 (见图 4). 同理, 一个边长为 3 的正方体可以被分割成 27 个边长为 1 的正方体, 因此它的体积为边长为 1 的正方体的体积的 27 倍. 因此我们可以说一个正方体是三维的, 因为当把它扩大 t 倍, 其中 t 是一个大于 1 的整数, 新的正方体可以被分割成 t^3 个与原来的正方体全等的正方体. 注意体积这个词在上一句话中并没有出现.

现在我们可以问: 是否存在一个形体使得经过如上推理后, 将得到一个非整数?

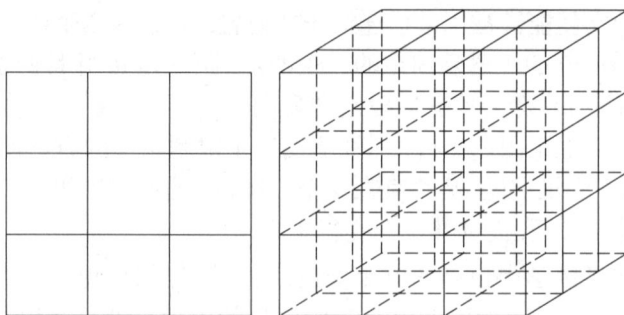

图 4　把一个正方形分割为 $9 = 3^2$ 个小正方形, 一个正方体分割为 $27 = 3^3$ 个小正方体

答案是肯定的. 科赫 (Koch) 雪花曲线是一个最简单的例子. 这种曲线不能直接地去描述, 而需要通过以下操作的极限来定义. 从一条线段开始, 假如它的长度为一. 然后把这条线段三等分, 并把中间的一段替换为以它为底边的等边三角形的另外两边. 结果得到了由四条线段构成的一个图形, 每条线段的长度都为三分之一. 再把每条线段都三等分, 并替换所得的所有中间一段为相应的等边三角形的另外两边. 现在我们得到了一个由十六条线段组成的图形, 每条线段都长为九分之一. 显然我们可以继续相同的操作: 开头的几步见图 5. 这一过程将给出一个极限图形, 严格地证明这一点并不难. 就像图像所提示的, 这就是科赫雪花曲线. (如果你把三条这样的曲线沿着一个三角形放在一起, 所得图形看起来就像是一片雪花.)

科赫雪花曲线有几个有趣的特点. 我们所关心的一点是它是由它自己的小的副本构建出来的. 这也是可以从图像中看出来的: 它由四个副本组成, 每个副本都是由整个形体缩减到三分之一得到的. 现在让我们考虑这能给出关于形体维数怎样的信息.

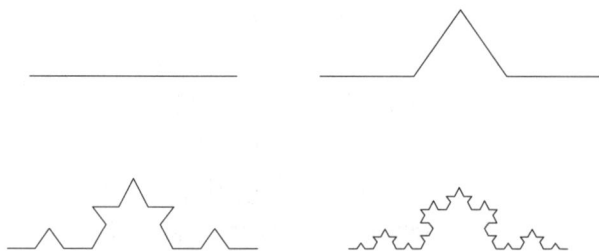

图 5　科赫雪花曲线的构造

如果一个形体的维数是 d, 那么把它缩小到三分之一后, 它的大小应当相应变为原来的 3^d 分之一. (就像我们之前已经看到的, 当 $d = 1, 2, 3$, 这是对的.) 因此, 如果这个形体是由其缩小版的复制品组成的, 那么我们应当需要 3^d 个这样的复制品. 既然科赫雪花曲线需要其四个小的复制品来组成, 它的维数 d 应当满足方程 $3^d = 4$. 因为 $3^1 = 1$ 和 $3^2 = 9$, 所以 d 介于 1 和 2 之间, 因此它不是一个整数. 事实上, d 等

于 $\log_3 4$, 约等于 1.2618595.

　　上面的计算依赖于这样的一个事实, 即科赫雪花曲线可以被分解成若干它自己的复制品. 这是一个很不寻常的特征: 比如常见的圆形是不具备这个特征的. 尽管如此, 我们可以进一步发展以上想法, 从而给出维数的一种有着更广泛应用的定义. 与之前的其他的抽象方法的使用一样, 这并不意味着我们发现了科赫雪花曲线或类似奇异形体的 "真正的维数" —— 而仅仅是我们发现与某些性质协调的唯一可能的定义. 事实上, 存在着其他定义维数的方法, 并给出不同的答案. 比如, 科赫雪花曲线的 "拓扑维数" 是 1. 粗略说来, 这是因为, 就像直线一样, 通过去掉它的任意一个内点, 科赫雪花曲线可以被分成两个不连通的部分.

　　以上阐明了抽象化和推广这两个紧密相关的操作. 当我们想要推广一个概念时, 应当先去找到与此概念相关的一些性质, 然后通过推广这些性质去推广原来的概念. 通常只有一种最自然的方法去实现这种推广, 但是有时不同性质的选取也会导致不同的推广, 并且不止一种有意义的推广.

II.4   概率论

偶然事件是不能被智胜的

第 **18** 章

Ehrhard Behrends

选自《五分钟数学 ——〈世界报〉上数学专栏中的一百篇文章》(Vieweg, 2006 年), 第 1 章, 第 1–3 页.

假设你生活在一个像柏林或者汉堡一样的大城市中. 你坐在一辆公车上, 却发现有同车的乘客下车了, 却忘记了自己的雨伞. 于是你下车的时候拿上了雨伞, 希望晚上回家后在电话上随机拨七个数字, 接起电话的对方就是忘记雨伞的那位.

当然这个故事是虚构的, 这样的一个人物在现实生活中会因为他的超级幼稚而被众人嘲笑. 但是我们暂时不要那么着急加入嘲笑他的行列, 因为每周日的晚上, 成千上万的德国人民希望能够成为圈对乐透那六个数字的幸运者. 而对此, 成功的概率是 1/13983816; 但事实上这已经比我们想要寻找伞的主人的事件更不可能了, 因为电话号码 "仅仅" 有 10000000 个可能性.

有一些乐透的投注者相信他们可以通过选择一些之前较少被选择的数字可以让他们 "智胜" 这个小概率事件. 可惜这是完全徒劳的, 因为这些事件本身并没有记忆力. 甚至, 当数字 13 不再被从选择中剔除的时候, 它现在和其他的任何数字出现的概率完全一样. 其他人则既希望于一个成熟的游戏机制来增加他们的机会. 而这也是徒劳的, 早在几十年前, 在数学上已经证明了你没有任何机会能以此成功.

最后还有一些正面的建议: 更有效的方法是选择一个很少人选择的数字组合, 于是在赢了之后不需要与太多的人分享奖金. 当然这显然说得比做得容易. 即使经过很多年的探索, 人们依然没办法找到一个选择数字组合的模式, 当然, 正因如此, 乐透依然保持着它的神秘性和吸引力.

数学与否, 没有任何公式可以描述这种对于如何处理奖金的美好期待. 请接受我衷心的祝福.

13983816 是怎么计算的?

数学家们究竟是如何得到 13983816 这么多个可能性的呢? 我们考虑两个数字, 例如 n 和 k, 并且要求 n 大于 k. 那么有多少种方法, 从一个 n 元集中选出一个 k 元子集呢?

这看上去是一个非常抽象的问题, 但事实上这个答案和我们的兴趣有很大的关系. 一张乐透的彩票无非就是从 49 个数字中圈选出 6 个, 也就是说在我们的问题中选择 $n = 49$ 和 $k = 6$.

我们可以找到更多的 "来源于生活" 的例子:

- 当 $n = 32$ 和 $k = 10$ 时, 我们得到的是斯卡特牌游戏①中得到的牌的组合的可能性.

- 假设有 14 个人互相道别, 我们想知道他们有多大的概率会互相握手, 这个问题就是我们选择 $n = 14$ 和 $k = 2$ 的情形.

我们回到一般的问题, 这里有一个现成的公式: 这个数是一个商, 其中分母是 $n \cdot (n-1) \cdot \cdots \cdot (n-k+1)$, 分子是 $1 \cdot 2 \cdot \cdots \cdot k$. 乍看上去, 分母似乎复杂得有些令人畏惧, 但事实上, 它只是先从 n 个备选元素中任选一个, 再从剩余 $n-1$ 个元素中任选一个, 继续直至选定的元素达到 k 个.

对于我们的例子, 我们有:

- 对于乐透的中选概率, 我们要计算的是 $49 \cdot 48 \cdot 47 \cdot 46 \cdot 45 \cdot 44$ 除以 $1 \cdot 2 \cdot 3 \cdot 4 \cdot 5 \cdot 6$, 由此我们就得到了前文所提到的 13983816 这个数字.

- 对于斯卡特牌的问题, 我们要计算的则是 $32 \cdot 31 \cdot \cdots \cdot 23$ 除以 $1 \cdot 2 \cdot \cdots \cdot 10$. 结果为 64512240, 于是我们得到斯卡特牌的可能性有这么多种.

- 对于握手的问题, 我们完全可以进行心算, 即 $14 \cdot 13$ 除以 $1 \cdot 2$, 答案为 91.

一个高达 4.37 km 的斯卡特牌堆

开篇提到的由电话号码的游戏来介绍概率论的有趣并不是偶然的, 在概率论中我们还有很多这样的小故事.

基本的出发点在于, 如果假设每副斯卡特牌的厚度为 1 cm 的话, 由简单的交叉相乘可以得到, 我们大约需要 437000 副斯卡特牌, 来得到 13983816 张牌, 而且, 如果我们将这些牌向上堆起来的时候, 高度达到了惊人的 4.37 km. 现在我们回头看乐透的中奖概率. 这些牌中的其中一张得到了一个小叉子. 当我们回头去看, 要在这 4.37 km 的牌堆中随机地选定一张, 选中的概率和我们在乐透彩票上选中正确的六个数字是一样的. 而得到超级大奖的情形则需要一个高达 43.7 km 的牌堆.

---

① 斯卡特牌是一种德国特有的牌类游戏, 一共有 32 张牌, 三位参与者, 每人十张牌. ——译者注

乐透 —— 比公平更公平?

第 19 章

Jörg Bewerdorff

选自《幸运、逻辑和吹牛》(Vieweg, 第 4 版, 2007 年), 第 1.3 节, 第 7–14 页.

根据从 1955 年 10 月到 1983 年初总共 1433 次乐透开奖的统计, 我们可以看到, 除去附加数字, 其中 76.4% 包含至少一个从 1 至 10 的数字. 由此, 不包含 1 到 10 的数字的投注有 76.4% 的可能性没办法赢得选中六个正确数字的大奖. 所以我们是不是应该总是在投注时选择从 1 至 10 的数字中的至少一个呢?

数字乐透, 在德国和其他一些国家以 "49 选 6" 的形式出现, 已经成为现在最流行的投注游戏之一. 不仅参与者们乐在其中, 国家也能够得到投注金额的至少一半的收入. 乐透最早诞生于 16 世纪的热那亚城, 当时热那亚城每年的五个议员就是随机抽选的. 同时, 市民们可以在 110 个参选的名字中进行投注. 随着时间的推移, 这个游戏逐渐进化和完善, 用数字代替了人名[1].

由于乐透如此受欢迎, 它也成为很多出版物的主题. 在一本乐透书中[2], 对于乐透数字的选择有着如下评论:

> 由此我们可以看到, 乐透是完全没有逻辑的. 如果你回头看看, 这再简单不过了. 当我们考虑 "起始数字"[3] 时, 并不是所有的数字, 从 1 到 44, 的概率都是完全一样的.
>
> 正因如此, 在乐透中并不是所有的数字序列的获奖概率是相等的. …… 如果一个人买的乐透数字组合的起始数字是 11 或者更大中六个数字的概率则下降了四分之三之多. 虽然如此, 幸运女神依然有可能眷顾他. 在所有的组合中, 他只能在那个狭小的四分之一的区域中期待幸运. 敢于选取大的起始数字的人相当于想要在四分之一的机会中寻求赢得百万欧元的机会. 这绝对不简单.

我们几乎可以说, 应该每次都选取 1 到 10 之间的数字作为起始数字. 但是从另一个角度说, 任何数字, 从而任何数字组合出现的概率在理论上都应该是相等的,

---

[1] 对于东德的乐透的发展参见 Wolfgang Paul, *Erspieltes Glück–500 Jahre Geschichte der Lotterien und des Lotto*, Berlin 1978, S. 190–192.

[2] Rolf B. Alexander, *Das Taschenbuch vom Lotto*, München 1983; Zitate: S. 26, S. 68 f.

[3] 在这里, "起始数字" 意为选择的六个数字中最小的一个.

正如拉普拉斯 (Laplace) 描述的一样. 所以为什么是从 1 到 10 的数字, 而不是如下的 10 个数字的组合:

- 34 到 43;
- 4, 9, 14, 19, 24, 29, 34, 39, 44 和 49;
- 11, 16, 17, 22, 23, 25, 29, 32, 36 和 48

在我们的以上分析中扮演如此重要的角色呢? 这一切看上去很漂亮很好, 但也许只是理论而已? 最后, 统计分析的结果并不能被简单地忽略! 但是它真的像看上去的那样那么不同寻常吗? 而且, 这个统计的结果真的可以作为提供建议的依据吗?

让我们暂时忘记前面提到的统计的分析结果. 我们会期待什么样的结论呢? 也就是说, 乐透的数字组合中至少出现一个 1 到 10 之间的数字的概率有多大呢? 为了得到这个问题的答案, 我们可以利用计算机来计算所有可能的数字组合的个数, 以及其中我们关注的数字组合的个数. 当然我们也可以用更简单的方法来得到这些数字, 这就是数学中的一个分支 ——组合学, 这个分支主要关注的是对象的组合或者排列的可能性. 最容易想象的例子就是两个完全独立的骰子的组合: 骰子的任何一个点数都可以和另一个骰子的任何点数结合出现, 也就是说, 它们可以给出 $6 \cdot 6 = 36$ 种可能的组合情况, 其中骰子的点数 2–6 和 6–2 被视为两种不同的组合.

稍微复杂一些的情况则是, 当我们混合几张牌的情况. 当我们将一些不同的牌进行排列的时候, 会有多少种情况出现呢? 我们先考虑只有三张牌的情况, 我们将它们简单地叫做 1, 2 和 3, 那么可能出现的牌的排列情况如下:

$$123 \quad 132 \quad 231 \quad 213 \quad 312 \quad 321$$

于是我们看到, 三张牌可以按照以上六种顺序整理, 也就是说存在六种所谓的排列. 类似地, 4 张牌给出了 24 种排列, 5 张牌给出了 120 种排列. 为了找到这些数, 我们并不需要列出所有的排列的可能性. 在 5 张牌的情况下, 第一张牌的选择有五种可能性. 当我们选定了第一张牌后, 第二张牌只能在剩下的四张牌中选取; 第三张牌只能在剩下的三张牌中选取; 而第四张牌的选取有两种可能性. 最后, 剩下的那张牌必须被放置在第五张的位置上. 于是, 五张牌, 或者五个不同的物体的排列数等于 $5 \cdot 4 \cdot 3 \cdot 2 \cdot 1 = 120$.

排列数的意义可以用一种独立的数学符号来描述, 即所谓的阶乘. 阶乘的符号为 "!". $n!$, 读作 n 阶乘, 指的是 n 个不同的物体的排列数. 类似 $n = 5$ 的情况, 我们可以用以下公式来计算 n 阶乘:

$$n! = n \cdot (n-1) \cdot (n-2) \cdots \cdots 4 \cdot 3 \cdot 2 \cdot 1,$$

对于 $n = 1, 2, 3, 4, 5, 6$ 的情况我们将直接给出 n 阶乘的值:

$$1! = 1, \quad 2! = 2, \quad 3! = 6, \quad 4! = 24, \quad 5! = 120, \quad 6! = 720.$$

为了便于计算和应用, 我们令零的阶乘为 1, 即

$$0! = 1.$$

斯卡特游戏中的 32 张牌可以有 $32! = 32 \cdot 31 \cdot 30 \cdot 29 \cdot \cdots \cdot 4 \cdot 3 \cdot 2 \cdot 1$ 种不同的混合方法, 这是一个 36 位的数字, 远远超过了我们所猜测的从宇宙大爆炸至今的秒数 ——它 "仅仅" 是一个 18 位的数字而已:

$$32! = 263130836933693530167218012160000000.$$

而如此之大的一个数, 相较扑克牌的 52! 种排列方法却是微不足道的 ——52! 是一个 68 位的数字, 几乎是宇宙中所有的原子的数量[①].

现在让我们回到乐透的问题, 不看附加的数字, 我们需要从 49 个数字中选出 6 个. 类似的问题可以在其他的游戏中找到: 在扑克牌游戏中, 从 52 张牌中选出 5 张, 在斯卡特牌游戏中, 从 32 张牌中选 10 张. 总的来说, 我们需要在给定的不同的物体中随机选出一定数量的物体, 但并不考虑选出的物体的排序差别. 在这种情况下, 我们称之为组合.

组合数也可以通过和计算排列数类似的方法来得到: 对于乐透的第一个球, 我们有 49 个选择; 当选择第二个球时, 我们只剩下了 48 个选择. 所以对于前两个球我们的选择有 $49 \cdot 48$ 种. 一个球的选择性总是比上一个的选择减少 1. 所以最终我们可能选出 $49 \cdot 48 \cdot 47 \cdot 46 \cdot 45 \cdot 44$ 种六个球的排列, 其中有一些是同样的数字的不同排列方式 —— 我们当然不希望区分它们. 我们现在来处理这个情况: 任意一个 6 个乐透数字的不同的排列方式一共是 $6! = 720$ 种, 于是, 组合数一共是:

$$\frac{49 \cdot 48 \cdot 47 \cdot 46 \cdot 45 \cdot 44}{6!} = 13983816.$$

所以存在将近一千四百万种不同的乐透的组合. 也就是说猜中六个数的可能性大概为一千四百万分之一. 即便概率如此之低, 几乎每周都有幸运者的出现, 这完全归功于参与者的数量之庞大, 以及许多参与者都进行了多种投注.

一般的组合数的公式完全可以通过我们对于乐透的计算类比得到: 假设我们想要从 n 个不同的物体中选取其中 k 个, 则我们一共有

$$\frac{n(n-1)(n-2)\cdots(n-k+1)}{k!}$$

种不同的可能性. 这个分数 —— 事实上计算结果总是整数 —— 被称作二项式系数, 通常被记作

$$\binom{n}{k},$$

[①] 为了对于阶乘的增长有个粗略的概念, 我们可以看所谓的斯特林(Stirling) 公式, 这个公式允许我们对阶乘可以进行一些估计. 根据斯特林公式, 我们知道

$$n! \approx \left(\frac{n}{a}\right)^n \sqrt{2\pi n},$$

其中对于大的 n 的误差相当的小. 我们可以描述这个估计的误差, 因为经过一些计算可以发现, n 阶乘和我们的估计的商介于 $e^{1/(12n+1)}$ 和 $e^{1/12n}$ 之间. 例如, 当 $n = 32$ 时, 我们得到的估计是 $2.6245 \cdot 10^{35}$, 仅仅比正确的值小了 0.26%.

读作 "n 选 k". 由此我们可以把乐透数字的选择性简单地记作:

$$\binom{49}{6},$$

给出了和我们之前的计算完全相同的结果.

帕斯卡三角[①]

所有的二项式系数可以写成一个很漂亮的形式, 被称为帕斯卡三角:

$$
\begin{array}{ccccccccccc}
 & & & & & 1 & & & & & \\
 & & & & 1 & & 1 & & & & \\
 & & & 1 & & 2 & & 1 & & & \\
 & & 1 & & 3 & & 3 & & 1 & & \\
 & 1 & & 4 & & 6 & & 4 & & 1 & \\
1 & & 5 & & 10 & & 10 & & 5 & & 1 \\
\end{array}
$$

$$\cdots \qquad \cdots \qquad \cdots$$

其中二项式系数 $\binom{n}{k}$ 出现在第 $n+1$ 行的第 $k+1$ 位, 例如我们可以在第五行的第三个找到 $\binom{4}{2} = 6$. 帕斯卡三角的高明之处在于, 对于使用乘法定义的二项式系数, 我们只需要用简单的两数相加的方法来计算. 这个方法可行的原因也很容易解释: 为了从 n 张卡中选出 k 张, 我们要么从前 $n-1$ 张中选出 $k-1$ 张, 并加上最后一张; 要么从前 $n-1$ 张中直接选出 k 张. 也就是说我们有如下的等式:

$$\binom{n}{k} = \binom{n-1}{k-1} + \binom{n-1}{k}.$$

借助二项式系数, 乐透中奖概率的计算成了一个简单的任务. 于是在将近一千四百万种可能的中奖数字排列中只有 $\binom{39}{6} = 3262623$ 种情况, 它们的所有数字都是从 11 到 49 的 39 个数字中选择的. 所以我们可以计算, 所有数字都大于或等于 11 的概率大约为 0.2333. 根据大数原则, 我们可以期待, 在对足够多的中奖号码分析后, 包含至少一个在 1 到 10 之间的数字的中奖号码的出现的比例应该大约为 76.67%. 所以我们完全不必对那个 76.4% 的研究结果感到意外.

---

① 在中国通常被称为 "杨辉三角" 或 "贾宪三角", 最早出现于杨辉的《详解九章算术》中, 书中杨辉说明引自贾宪的《释锁算术》. 杨辉和贾宪分别为 13 世纪和 11 世纪的中国数学家, 比欧洲的帕斯卡分别早了 350 年和 600 年之久. ——译者注

如果这个研究结果并不出人意料的话, 那么我们又该怎么看待必须选择至少有一个 1 到 10 之间的数字的建议呢? 事实上, 我们可以完全将它放到一边, 因为这个建议完全是基于一个谬论得到的! 不包含 1 到 10 的数字的乐透彩票在将近 77% 的情况下都不可能中大奖是因为至少一个在 1 到 10 之间的数字被选中了的说法完全是无稽之谈. 我们只能从以上的研究结果得到, 当投注者选择彩票数字时没有遵循这个建议时, 中大奖的可能性会小于 0.2333 而已. 但是无论如何, 中大奖的概率要小得多, 大约为 0.0000000715.

不相信吗? 那么我们来假设, 我们投注了 22, 25, 29, 31, 32, 38 这些数字. 因为某些原因, 我们不能亲自观看电视上的开奖直播, 我们请一个认识的朋友帮忙写下中奖数字. 因为我们总是不确定, 不投注任何 1 到 10 之间的数字是否是一个正确的决定, 我们先问朋友: "其中有 1 到 10 之间的数字吗? " 在将近 77% 的情况下我们成为百万富翁的梦想会因为一个 "是的" 的回答终止. 看上去不错. 在剩下的将近 23% 的情形中 —— 这里是我们引用的作者出错的地方 —— 赢得大奖的概率并不是相等的, 反而相对上升了. 总而言之, 我们只是希望能够在 39 个数字中选择正确的六个数字来投注.

在我们说服自己以上引用的建议完全是毫无依据的之后, 我们依然面对着一个问题: 虽然如此, 一个乐透的参与者能否还是可以期待一些实用的投注技巧呢? 首先我们很自然地注意到, 一个数字组合并不如作者所假设的比另一个 "好", 同时也并不会比另一个 "差". 就这点来说, 任何建议对于获奖概率而言都是没有任何影响的. 但是我们注意到, 获奖金额和参与者的数量以及某一个档次的获奖者的数量是有很大关系的 —— 这改变了我们的故事.① 于是, 任何包含常见的数字或数字组合的数字序列, 都不在我们的推荐范围内, 因为在获奖的情况下会导致一个相对低的奖金数额. 比如说, 很多乐透的参与者会用日期来作为他们的投注数字, 所以包含 19 的数字组合会有比较低的出现的概率. 相应地, 只包含 1 到 12 的数字, 或者 1 到 31 的数字的数字组合会经常出现. 其他常见的情况为, 例如幸运数字 7, 或者某些有特殊含义的数字. 并且, 这些数字在投注单上的几何分布也有一定的影响.

---

① 奖金事实上有很大区别. 在 "中六个" 的等级中, 曾经出现两次非常低的奖金金额. 在 1977 年 6 月 18 日的开奖中, 有 205 位幸运儿选中了所有六个数字, 为 9, 17, 18, 20, 29 和 40. 他们获得的奖金并不是众所期待的百万马克, 而是相比之下可悲的 30737.8 马克. 出了什么问题了吗? 事实是, 很多投注者, 尤其是德国西北部的投注者, 有依据上一周的荷兰开奖的数字来投注的传统. 正如你们所看到的那样, 这是一个很大的错误, 并不是因为简单地回收上一轮的开奖数据并不比其他的数字组合更 "差", 而是因为一个简单的原因 —— 这样的数字组合会有很多的人投注. 在另一次的开奖中, 在 1988 年 1 月 23 日, 出现了 222 个大奖获得者. 造成这个结果的原因是这一次的开奖结果是很常见的一个序列: 24, 25, 26, 30, 31 和 32.

乐透中的奖项等级

同样, 我们可以通过简单的二项式系数的计算来得到某一个既定的乐透奖项等级的机会的大小. 例如, 当开奖数字为

- 6 个投注数字中的 4 个;
- 另外 43 个未投注的数字中的2个,

那么我们正好得到了 4 个正确的数字. 于是, 当我们将投注正确和投注错误的数字组合在一起时, 我们一共得到了

$$\binom{6}{4} \cdot \binom{43}{2} = 15 \cdot 903 = 13545$$

种可能性. 相应的获奖概率为大约 0.00097, 大约等于 1/1032. "只" 得到 4 个正确数字的概率依然小于千分之一!

奖项等级	数字组合的数量	概率
中 6 个数字	1	1/14000000
中 5 个数字和附加数字	6	1/2300000
中 5 个数字	252	1/55 491
中 4 个数字	13545	1/1 032
中 3 个数字和附加数字	17 220	1/812
中 3 个数字	229600	1/61
无奖 (其他)	13723192	0.981
	13983816	

由于附加的 "超级数字" 的作用, 最高的奖项分成了 9 : 1 的比例, 即最大奖的得奖概率仅为一亿四千万分之一. 尽管参加者在增加 —— 不仅仅是因为德国的统一 —— 依然经常出现数个星期没有人获得最高奖的情况. 于是, 没有被领取的奖金将留在所谓的奖金池中, 等待下一次开奖. 在 1994 年, 奖金池中一度积累了创造纪录的四千二百万马克.

关于哪些数字经常出现在投注彩票中的提示, 间接地存在于人们对于每周获奖数字的研究, 哪些出现得比较多, 哪些出现得比较少. 但是, 由于一些复杂的原因, 或多或少地受欢迎的数字组合, 以及每次开奖的情况的不同, 我们并不能对此有太多确定的说法.[①] 更有价值的是一个对于 1993 年全年巴登 – 符腾堡州全州全年的投

① Heinz Klaus Strick, Zur Beliebtheit von Lottozahlen, Praxis der Mathematik, 33 (1991), Heft 1, S. 15–22; Klaus Lange, *Zahlenlotto*, Ravensburg 1980, S. 61–110.

注彩票的一个整体分析.[①] 其中 80.7% 的投注的起始数字介于 1 和 10 之间. 因为我们可以假定这并不是一时潮流使然, 一个起始数字不大于 10 的数字组合显然是我们不推荐的. 当然你可以将其归功于那些乐透书, 但更重要的原因是我们之前提到的对于日期的偏好.

扑　克

在扑克游戏中每一个参与者能够拿到 52 张牌中的 5 张, 于是存在

$$\binom{52}{5} = \frac{52 \cdot 51 \cdot 50 \cdot 49 \cdot 48}{1 \cdot 2 \cdot 3 \cdot 4 \cdot 5} = 2598960$$

种可能性. 假设我们想要在这将近二百六十万中可能性中计算出有两对的数量, 那么我们最好如此考虑: 拥有两对即为在五张牌中一共有三个不同的数值, 其中每个数值各有两张牌. 例如:

- 一张红心 4, 一张梅花 4, 一张红心 J, 一张黑桃 J, 一张黑桃 Q.
  一手两个对的牌可以由以下方式来确定:
- 两个对的数值 (在我们的例子中, 4 和 J);
- 独自出现的牌的数值 (在我们的例子中, Q);
- 较小的数值的对的花色 (在我们的例子中, 红心和梅花);
- 较大的数值的对的花色 (在我们的例子中, 红心和黑桃);
- 独自出现的数值的牌的花色 (在我们的例子中, 黑桃).

最终的可能性的数量需要通过将以上的可能性相乘得到, 因为以上的情况是互相独立的. 于是我们得到:

- 首先有 $\binom{13}{2} = 78$ 种可能出现的两个对的数值;
- 接下来独自出现的牌的数值有 11 种可能性;
- 对于第一对的牌的花色的可能性则有 $\binom{4}{2} = 6$ 种;
- 对于第二对的牌的花色的可能性同样有 $\binom{4}{2} = 6$ 种;
- 单独出现的牌的花色则有 4 种可能性.

[①] Karl Bosch, Lotto und andere Zufälle, Braunschweig 1994, S. 201 ff.; Karl Bosch, Glücksspiele: Chancen und Risiken, München 2000, S. 57–70. 这个分析覆盖了大约七百万份彩票, 使得在将近一千四百万种不同的投注可能性中所有的组合都有 0.5 的期待值. 虽然如此, 在研究中发现了对于投注数字机器爱那个的偏好性, 其中 24 种组合出现了超过一千次. 最常见的组合为数字 7, 13, 19, 25, 31 和 37, 这个组合被投注了 4004 次! 可能的原因 —— 并不是这些数字本身 —— 是因为这些数字, 除去 25, 都是素数. 更有可能的是, 这些数字在彩票上正好处于一条由右上角开始的对角线上. 对于全德国的彩票的不完全统计显示, 每次开奖时这个组合都会被投注超过三万次. 也许其中没有任何一个投注者预料到, 一旦获奖, 他的获奖金额将会多低. 在其他国家的类似的结果参见 Hans Riedwyl, Zahlenlotto-Wie man mehr gewinnt, Bern 1990; Norbert Henze, Hans Riedwyl, How to win more, Natick 1998; Hans Riedwyl, Gewinnen im Zahlenlotto, Spektrum der Wissenschaft, 2002/3, S. 114–119.

于是总共地, 我们有 $78 \cdot 11 \cdot 6 \cdot 6 \cdot 4 = 123552$ 种得到两个对的可能性. 于是在一副混合得很好的牌的发牌时, 我们得到两个对的概率为

$$123552/2598960 = 0.04754,$$

也就是说, 大约在 21 次随机的发牌中我们可能会拿到一次两个对的牌.

下面的表格告诉我们扑克的各种组合的出现的可能性. 同样还有五个骰子的情况, 即使用五个骰子, 掷出的点数 1 至 6 分别等同于扑克牌的 9 至 A, 分别看它们掷出的数值组成的组合:

扑克组合	五张牌的数量	五个骰子的数量
五胞胎 (即五个相同数值)		6
大同花顺 (即由 10 至 A, 且为同一花色)	4	
同花顺	36	
四条 (即四个相同数值)	624	150
葫芦 (即一组三张相同数值的牌和一对)	3744	300
同花 (即五张同一花色的牌)	5108	
顺子 (即五张数值连续的牌)	10200	240
三条	54912	1200
两对	123552	1800
一对	1098240	3600
其他情况	1302540	480
	2598960	7776

关于乐透这个主题的进一步的阅读可见:

[1] Norbert Henze, 2000mal Lotto am Samstag–gibt es Kuriositäten? Jahrbuch Überblicke der Mathematik, 1995, S. 7–25.

[2] Glück im Spiel, Bild am Sonntag Buch, Hamburg, ca. 1987. S. 6–29.

[3] Ralf Lisch, Spielend gewinnen?–Chancen im Vergleich, Berlin 1983, S. 38–54.

[4] Günter G. Bauer (Hrsg.), Lotto und Lotterie, Homo Ludens–der spielende Mensch, Internationale Beiträge des Institutes für Spielforschung und Spielpädagogik an der Hochschule "Mozarteum" Salzburg, 7 (1997), München 1997.

蒲丰的投针问题

第 **20** 章

Martin Aigner, Günter M. Ziegler

选自《数学天书中的证明》(Springer, 第 2 版, 2004 年), 第 21 章, 第 153–156 页.

一位法国贵族蒲丰 (Georges Louis Leclerc, Comte de Buffon, 1707–1788) 在 1777 年提出了如下的问题:

当我们将一根针随机地投掷在一张横线纸上时, 针所在的位置和横线相交的可能性有多大呢?

这个概率取决于横线之间的距离 d 和针的长度 l, 事实上是取决于 $\frac{l}{d}$ 的大小. 在我们的问题中, 一根短针意为一根长度小于横线间隔的针, 即 $l \leqslant d$. 换言之, 一根短针就是一根不能同时与两条横线相交的针 (即同时和两根横线相交的概率为零). 而蒲丰投针问题的答案是让人们出乎意料的, 因为其中竟然出现了无理数 π.

定理 (蒲丰投针问题) 一根长为 l 的短针, 将其随机投掷在横线纸上, 其中相邻横线的间隔为 d. 于是, 针最后在纸上的位置恰好与横线相交的概率为

$$p = \frac{2}{\pi}\frac{l}{d}.$$

这个结果意味着可以通过实验得到 π 的近似值: 掷针 N 次, 得到正面的结果 (相交) P 次, 则 $\frac{P}{N}$ 应大约为 $\frac{2}{\pi}\frac{l}{d}$, 亦即 π 可以由 $\frac{2lN}{dP}$ 逼近. 最大规模 (和最彻底的) 实验也许是 1901 年由 Lazzarini 完成的, 他甚至造了一个机器来把一根木棍抛掷 3408 次 (其 $\frac{l}{d} = \frac{5}{6}$). 和横线相交的次数是 1808 次, 从而得到近似 $\pi \approx 2 \cdot \frac{5}{6}\frac{3408}{1808} = 3.1415929\cdots$. 这精确到 π 的第六位小数, 足够好了! (Lazzarini 选取的值直接联系到广为人知的近似 $\pi \approx \frac{355}{113}$; 这可以解释 3408 和 $\frac{5}{6}$, 要知道 $\frac{5}{6} \cdot 3408$ 是 355 的倍数. 更多关于 Lazzarini 的把戏参见 [5].)

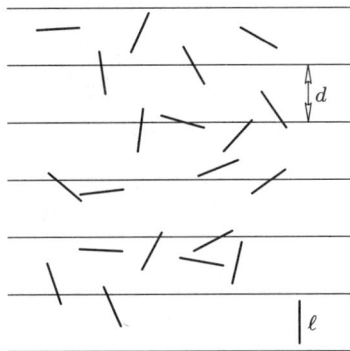

投针问题可以通过对于一个积分进行求值来解决. 我们会在后面解释这种方法, 并且通过同样的方法, 我们可以解决投一根长针的问题. 但是我们先要展示的天才的证明来自于 E. Barbier 在 1860 年的天才之举, 而这个证明中并不需要涉及积分.

■ **证明.** 这种方法中, 我们需要再投一根针 ······ 当我们投掷任意的一根针时, 不论长短, 我们所期待的交点数为

$$E = p_1 + 2p_2 + 3p_3 + \cdots,$$

其中 p_1 表示该针恰好和一根线相交的概率, p_2 表示该针恰好和两根线相交的概率, p_3 表示该针恰好和三根线相交的概率, 依此类推. 而对于蒲丰的问题, 也就是说我们至少得到一个交点的概率则为

$$p = p_1 + p_2 + p_3 + \cdots.$$

(针恰好在一根横线上或者恰好有一个顶点在横线上的可能性为零; 所以在我们的讨论中可以忽略这两种情况.)

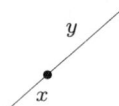

当这根针是短针时, 交点多于 1 的可能性都为零, 即 $p_2 = p_3 = \cdots = 0$, 于是我们有 $E = p$, 也就是说我们需要回答的可能性的大小恰好等于我们所期待的交点的数量. 这样的表示方法是很有用的, 因为如此我们就可以应用期望值的线性性质. 我们用 $E(l)$ 来表示长度为 l 的针投掷之后得到的交点数量的期望值. 当针的长度满足 $l = x + y$ 时, 并且当我们将针长度为 x 的 "前半段" 和长度为 y 的 "后半段" 分开考虑时, 我们得到了

$$E(x + y) = E(x) + E(y);$$

也就是说, 交点的总数总是等于 "前半段" 的交点数与 "后半段" 的交点数之和.

通过对 n 进行归纳法, 我们得到了一个 "函数方程": $E(nx) = nE(x)$, 对于所有的 $n \in \mathbb{N}$ 都成立. 由此我们可以推知, $mE\left(\frac{n}{m}x\right) = E\left(m\frac{n}{m}x\right) = E(nx) = nE(x)$, 所以我们得到了 $E(rx) = rE(x)$, 对于所有的有理数 $r \in \mathbb{Q}$ 都成立. 更进一步地显然 $E(x)$ 的值完全依据 $x \geqslant 0$ 单调增长, 于是我们得到了, 对于所有的 $x \geqslant 0$, 都有 $E(x) = cx$, 其中 $c = E(1)$ 是一个常数. 但这个常数是多少呢?

为了回答这个问题, 我们使用一些弯曲的针. 首先我们考虑一个由多根总为 l 的针组成的 "多边形". 这个多边形得到的交点的数量就是每一根单独的针所得到的交点的数量的和. 于是根据期望值的线性性质, 我们所期待的交点的数量也同样为

$$E = cl.$$

(于是, 我们的针是直线段或是其他的形状对我们的结果并没有任何影响!)

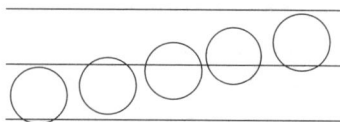

Barbier 对于投针问题的解决方法的关键之处在于, 我们考虑一根形为一个直径为 d 的圆 C 的针, 其中 $x = d\pi$. 当我们将这样的一根针投掷到纸上时, 总是会有两个交点!

类似于我们在微积分中使用的方法, 我们可以使用多边形来逼近圆. 为此我们想象一下, 对于这个圆 C 的内外各有一个正 n 边形, 分别记为 P_n 和 P^n, 如图所示.

所以任何一条和 P_n 相交的线也将和 C 相交, 并且当一根线和 C 相交时, 它同时也会和 P^n 相交. 所以它们分别对应的期望的交点数满足

$$E(P_n) \leqslant E(C) \leqslant E(P^n).$$

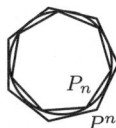

现在 P_n 和 P^n 都是多边形, 所以我们期待的交点数正好为 "c 乘以周长", 而同时, C 的期望的交点数恰好为 2, 所以我们得到了

$$cl(P_n) \leqslant 2 \leqslant cl(P^n). \tag{1}$$

在 n 逼近无穷时, 我们依然可以用 P_n 来估计 C. 特别地, 我们有

$$\lim_{n \to \infty} l(P_n) = d\pi = \lim_{n \to \infty} l(P^n),$$

并且根据不等式 (1), 当 n 逼近无穷时,

$$cd\pi \leqslant 2 \leqslant cd\pi$$

成立, 所以我们得到了 $c = \frac{2}{\pi} \frac{1}{d}$.

当然, 我们可以用分析的方法来证明. 为了得到一个 "简单" 的积分, 我们首先考虑这根针在纸上位置的斜率. 我们假设这根针的斜率为正, 并且跟横线所形成的角度为 α, 其中 α 是一个满足 $0 \leqslant \alpha \leqslant \frac{\pi}{2}$ 的角度. (我们忽略针的斜率为负的情况, 因为这种情况和斜率为正的情况是对称的, 所以它们的概率也是一样的.) 一根在纸上的角度为 α 的针的高度为 $l \sin \alpha$, 由此, 这样的一根针和横线相交的概率为 $\frac{l \sin \alpha}{d}$. 所以我们通过对于所有的可能的 α 进行积分, 得到

$$p = \frac{2}{\pi} \int_0^{\pi/2} \frac{l \sin \alpha}{d} d\alpha = \frac{2}{\pi} \frac{l}{d} [-\cos \alpha]_0^{\pi/2} = \frac{2}{\pi} \frac{l}{d}.$$

对于一根长针而言, 只要 $l \sin \alpha \geqslant d$ 成立, 也就是说那个角度 α 满足 $0 \leqslant \alpha \leqslant \arcsin \frac{d}{l}$, 我们依然会得到同样的概率 $\frac{l \sin \alpha}{d}$. 对于更大的角度 α, 那根针总是和横线有交点, 也就是说概率为 1. 所以对于 $l \geqslant d$, 我们可以计算

$$p = \frac{2}{\pi} \left(\int_0^{\arcsin (d/l)} \frac{l \sin \alpha}{d} d\alpha + \int_{\arcsin (d/l)}^{\pi/2} 1 d\alpha \right)$$

$$= \frac{2}{\pi} \left(\frac{l}{d} [-\cos \alpha]_0^{\arcsin (d/l)} + \left(\frac{\pi}{2} - \arcsin \frac{d}{l} \right) \right)$$

$$= 1 + \frac{2}{\pi} \left(\frac{l}{d} \left(1 - \sqrt{1 - \frac{d^2}{l^2}} \right) - \arcsin \frac{d}{l} \right).$$

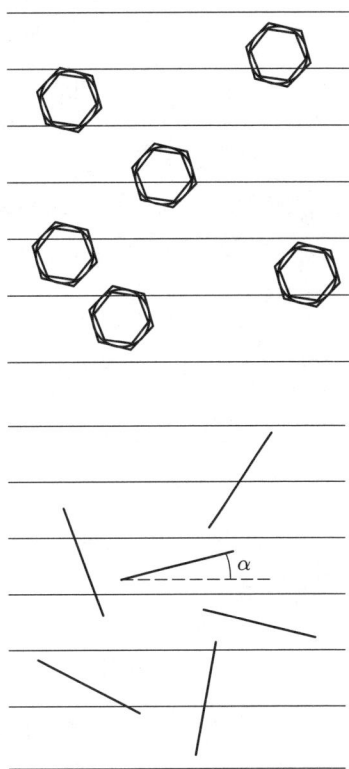

于是, 对于一根长针的问题的答案并不是那么优雅, 但是它也给了我们一个不错的练习题: 证明 ("为了安全起见"), 以上公式在 $l = d$ 时得到的值为 $\frac{2}{\pi}$, 并且随着 l 的增长严格增长, 并且, 当 l 趋向正无穷时我们得到的极限为 1.

参考文献

[1] E. Barbier: Note sur le problème de l'aiguille et le jeu du joint couvert, J. Mathématiques Pures et Appliquées (2) 5 (1860), 273–286.

[2] L. Berggren, J. Borwein & P. Borwein, eds.: Pi: A Source Book, Springer-Verlag, New York 1997.

[3] G. L. Leclerc. Comte de Buffon: Essai d'arithmétique morale, Appendix to "Histoire naturelle générale et particulière", Vol. 4, 1777.

[4] D. A. Klain & G.-C. Rota: Introduction to Geometric Probability, "Lezioni Lincee", Cambridge University Press 1997.

[5] T. H. O'Beirne: Puzzles and Paradoxes, Oxford University Press, London 1965.

有问题吗?

女性问题; 或者换言之, "多有时候就是少"   第 21 章

Christoph Drösser

选自《数学引路人》(Booklett, 2007 年), 第 98–106 页.

"亲爱的同事们, 我将大家召集起来, 是因为我们 …… 需要讨论一个 …… 不能拖延的问题."

Holger Ehrmann, 在 Erlangen 的翻译官学校的校长, 脸上充满公务员般的严肃神情. 在他面前坐着四位语言学校的学科带头人: Gerd Miesgang, 俄语专家; Kathleen Cross, 英语教授; Franz Vogler, 代表西班牙语学科; 来自于小语种系, 专门教授意大利语的 Ivana Campagnola. 在校长旁边, 坐着一位深色头发, 盘发, 戴着一副时髦的眼镜的年轻女性. 她正在专注地看着眼前的一堆打印物. "在座的各位一定认识 Weißer 女士, 本校的妇女代表. 在几天前她向我提出了这个严重的问题, 也就是我们今天想要讨论的主题. Weißer 女士, 请开始吧." Aline Weißer 闻言环视了周围之后说: "也许在座各位暂时还和我没什么关系, 也对我并不好奇. 大部分人们都觉得, 我的工作就是处理各种关于性别平等的文件和表格, 但事实上这并不是我主要的工作, 当然那些性别歧视的文书也不是凭空生成的."

Vogler 和 Miesgang 交换了一个眼色, 而这个眼色促使 Aline Weißer 的措辞少许平缓了一些. "正如你们所知道的, 在近几年中, 在德国的中小学中女孩和年轻女性的比例产生了可喜的增长. 在这期间, 更多的女孩完成了九年制的中学考试, 她们能够以一个不错的成绩完成学业, 尤其在外语方面. 对应的猜测 —— 也是我的想法 —— 是这种情形会在高校中继续出现."

"真的如此," Vogler 对于这些话深有同感. "在我的学科上我完全同意这个看法. 我最好的学生都是女性."

"如果您能让我结束这句话, Vogler 先生," 这位妇女代表尖锐地回答. "我的出发点并不只是学习成绩. 我的想法是, 我们没有能够给很多年轻的女性提供足够多的学习的机会."

"我们?"

"对, 我们." Weißer 女士确定地点头说. "几年前, 我们处于最好的时候, 学生们可以完全自由地选择自己的兴趣. 但是这些日子已经过去了, 那个时候我们只需要看平均分."

"那也是最高峰的时期," Ehrmann 校长说.

"学校的成绩真是 …… 呃, 该怎么说呢 ……"

"没用,"Voglar 给出了他的建议. "自然, 语言学校应该根据语言成绩来选择学生. 但是接下来根据什么呢? "

Weißer 女士接着说: "理论上这当然很好. 但是我们真的根据这些选择学生吗? 我对此怀有疑问, 有根据的怀疑."

周围没有人能够跟上她的思路, 于是 Alina Weißer 觉得她应该用清晰的语言来阐述: "女人," 她接着说, "在遴选过程中受到了歧视."

"什么时候? 怎么歧视? " Kathleen Cross 愕然地问道.

"亲爱的同事, 给你们展示这个,"Weißer 女士回答说, "就是我们大家今天坐在这里的目的." 大家先安静了一下, 慢慢开始了一些小声讨论声. "咳咳, 同事们," 校长提醒大家道, "我们可以给 Weißer 女士一点安静的氛围来继续阐述她的想法吗? Weißer 女士, 请继续."

这位妇女代表慢慢地富有戏剧性地从她的文件夹中抽出一张纸. "直到上个冬季学期, 我们一共有 2175 个男性申请者和 849 个女性申请者."

"年轻女性," Voglar 插入说, 并且将眼镜后面的眼光投向了妇女代表.

"我们对谁来申请并没有很大的影响力." 校长说.

"当然我并不仅仅看的是申请的数量, 不管我是怎么想的, 这已经是一个令人惋惜的现实, 我们现在想要做的是找到女性对学习期待的到底是什么." Ehrmann 校长随手摆弄着他的眼镜架, 并且向 Weißer 女士投去了深思的目光. "现在让我们来讨论讨论许可配额吧." 她继续说. "在男性申请者中, 其中录取率为 47%, 而女性申请者的录取率则只有 31%. 这个差距太大了, 以致我们不能仅仅将其归咎于偶然性. 而且, 在前三年的情况都是类似的." 她稍微停顿了一下, 观察周围人的反应, 似乎非常满意, 她的话给了大家很深刻的印象.

"由此, 对我来说, 感觉男性似乎在申请录取上更有优势. 因为在我看来, 并不觉得男性在这个方面有特别的优势, 所以我们现在就有了这个问题."

Ivana Campagnola 首先打破了沉默. 带着浓重的意大利口音, 她说: "对于我们这并不是这样的. 上学期我们一共可以接收 46 个学生, 一半男生一半女生, 即使我们有超过十倍多的申请者. 而录取率, 呃, 让我想想 ……" 她瞟了一眼她有些破旧的草稿本, 说 "男性为大约 6%, 而女性为 7%."

其他人也都翻阅了自己手头的文件, 希望其中不要存在被指责为歧视女性的片段.

"在我们英语系中我们的学生数量要大得多, 我们现在是一个很大的科系." Kathleen Cross 仔细地组织着自己的语言. "每年我们有超过 600 个新学生. 相较之下我们对男性会更加挑剔, 大约有 62% 的男性得到了学习的机会, 而对于女性而言, 这个比例为 82%."

这是明确的数字, Kathleen Cross 并不能凭空杜撰出来. 现在只剩下两位男性还没有发言了. 首先, Miesgang 开始对这个指责做出辩解. "我不明白为什么这么少的女性对俄语感兴趣. 也许是因为俄语说起来没那么性感吧." 他充满期望地看了周围一眼, 但可惜没人对他表示支持, 他只能继续说, "相较 560 个男性申请者, 我们只收到了 25 名女性的申请. 但是在这里, 女性申请者的录取率还是比男性要高, 68% 相较于 63%. 所以对于我来说, 这并不是大家可以期待的结果. 对于我们的同事 Vogler 这个情况也并没有太好."

"稍多一些的男性之间的团结会更好, 亲爱的同事," 被提及的西班牙语教授回答道. 在听到他的同事的介绍后, 他合上了眼前的文件. "这里是我的数字: 792 个申请者, 男性比女性申请者稍多一些. 35% 的女性申请者得到了学习的机会, 而男性则是 33%."

没有人是带着嘲弄的心情, 而是普遍的无助, 尤其这些数字是毫无争议的. 校长抓住机会说: "这些数据足以说明一切. 在我们所有四个系别中, 女性申请者的录取率都较男性高. 这基本上就是我们为这个通气会准备的材料, 并且符合于我们亲爱的 Weißer 女士用她迷人的方式对我们的提醒."

所有的目光都聚集到了妇女代表的身上. 她非常了解大家内心中的疑问. "我的数字一定是正确的," 她怒道. "这些文件是我今天早上刚刚从秘书处取来的, 完全新鲜. 但是我承认, 这其中包含着一些神秘的部分."

Vogler 想: 什么神秘的部分! 你完全就错了, 小女孩.

Ehrmann 给出了总结陈词: "看上去这真的是一个矛盾. 我建议我们今天先到这里, 下周三大家再见面一次. 在这之前我将拜托计算中心的 Weingarten 先生, 看这个为数字而生的人能否找到对此的解释. 至此我想起来了丘吉尔的名言: 我不相信任何不足以蒙混过自己的统计."

"抗议!" Katheleen Cross 说. "这绝对是一个谜题. 这句话绝对不是丘吉尔说的, 在我们英格兰, 没有人知道这句话."

辛普森悖论

Ehrmann 教授在这些数字中找到的悖论事实上在数学中有相应的理论, 称为"辛普森悖论". 这个悖论由数学家辛普森 (E. H. Simpson) 在 1951 年第一次描述, 而从那时开始, 在所有领域上都造成了很多的困惑和混淆. 尽管如此, 事实上对于这个问题我们完全可以用一个简单的方法来表述.

在我们能够处理以上的女性问题之前, 我们先来看一个简单的例子.

从下面这个小故事里你能得到什么结论呢? 有两个运动员, 暂且称他们为甲和乙, 都参与了一项简化过的铁人两项, 其中他们需要先跑步后游泳, 总距离都为 10 km.

运动员甲跑步的速度为 15 km/h, 乙则稍慢一些, 速度为 12 km/h. 而在游泳这个项目上, 甲依然比乙快一些, 甲的速度为 4 km/h, 而乙的速度为 3 km/h. 虽然如此, 乙使用 1 小时 40 分钟完成了全程, 而甲却需要 2 小时 8 分钟完成全程, 也就是说总体来说甲反而更慢. 为什么会发生这种情况呢?

也许你听到这个答案之后会抗议说不公平. 事实上, 两位运动员只是在这 10 km 中选择了不同的项目的组合. 甲需要先跑 2 km, 接下来游泳 8 km; 而同时, 乙正好相反! 他只需要跑步 8 km, 而游泳 2 km. 所以, 即使乙在任何一个单个项目上都比甲的表现要差, 乙比甲更早到达终点这个结果, 并没有那么出乎人的意料.

我们可以简单地使用如下图形来描述这个情况:

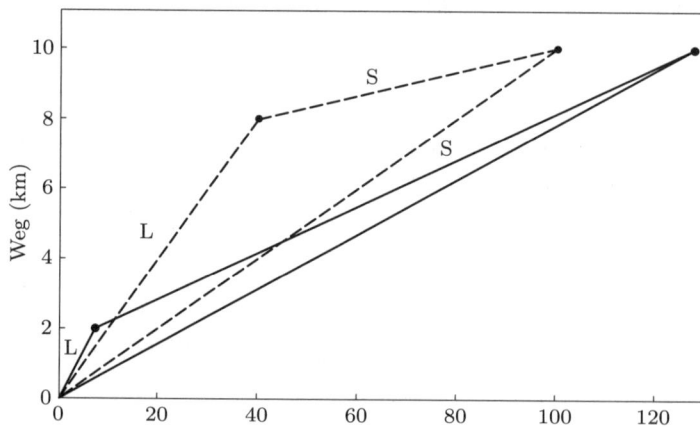

图中横轴表示时间, 纵轴表示距离. 而虚线对应甲, 实线表示乙

这幅图中每一条线段的斜率表示的是运动员在这段路程的速度, 其中 L 表示跑步, S 表示游泳. 我们看到: 即使在 L 段 (即跑步) 和 S 段 (即游泳) 中, 甲的线段都比乙的要陡, 乙依然比甲更快达到终点. 当然这并不是一个公平的比赛. 而我们在本章开始提到的申请者的录取率的故事也是类似的情况. 而其中提到的数据绝对是正确的: 在 20 世纪 70 年代, 加州大学伯克利分校事实上真的针对女性的录取比例进行了一场讨论; 而针对这场讨论还在著名的科学期刊《科学》中发表了一篇文章, 其中主要针对辛普森悖论的经典情况进行了探讨. 以下是我从这篇文章中提到的四个科系的确切的数据 —— 其中这些科系的名称与原文不同:

科系	男性申请者	录取者	比例	女性申请者	录取者	比例
英语	825	512	62	108	89	82
俄语	560	353	63	25	17	68
西班牙语	417	138	33	375	131	35
意大利语	373	22	6	341	24	7
总计	**2175**	**1024**	**47**	**849**	**261**	**31**

我们可以很明显地看到: 在每个单独的科目中, 女性的录取率都较男性的录取率要高, 即便如此, 在总体上女性的录取率却要相较低一些 —— 大约只有 31% 的女性申请者成功得到了她们期待的学习机会. 难道这意味着, 女性被歧视了吗? 或者说, 如果我们依据上面的运动员的例子来描述的话: 她们是不是在男性申请者们跑步的时候游泳了呢?

事实上正是如此, 更多的女性们申请了 "较难" 的科目. 可以从表格中看出: 大部分的男性 (大约 64%) 申请了英语系, 但在意大利语专业, 只有大约 6.5%. 并且当男性申请者们倾向选择相对录取率较高的专业 (也就是所谓的 "跑步") 时, 女性申请者们却更多地选择了录取率较低的劣势专业, 也就是说她们必须 "游泳". 所以, 最后整体录取率上女性较低的现象并不奇怪. 这个我们也可以在以下的图中表示 (其中 E 表示英语系, R 表示俄语系, S 表示西班牙语系, 而最后一段则表示意大利语系):

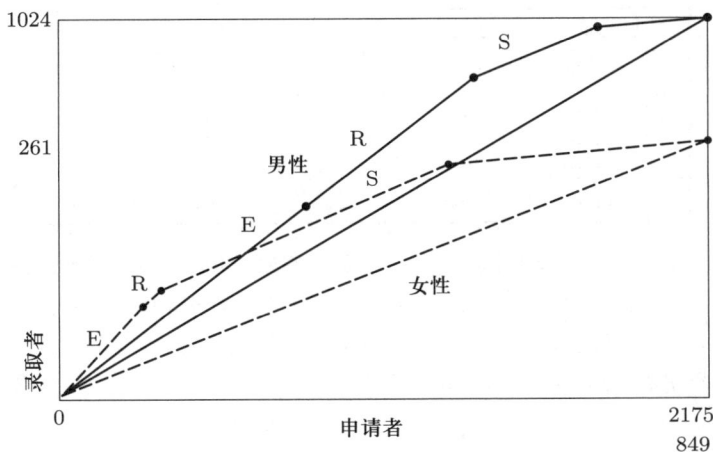

图中横轴表示申请者数量, 纵轴表示录取者的数量. 实线的部分对应于男性申请者, 虚线的部分则对应于女性申请者. 为了便于比较, 我们对女性申请者的曲线进行了适当的缩放, 使得两条曲线的宽度相同. 同时, 女性录取者的数量也进行了相应的缩放, 所以我们可以直观地从图中看到录取比率的大小

从图中可以看到, 在每一部分线段, 虚线的都比实线的更陡, 但总体上斜率却更小!

在所有的辛普森悖论中, 都存在着一个 "隐藏的变量" —— 一个因素, 一个我们在纵观全局时容易忽视的因素. 在运动员的那个例子中, 就是对于跑步和游泳分配的不平均, 而在大学录取率的例子中, 则是申请者对于不同的专业的不平均的分配.

有些时候, 这些具有误导性的隐藏变量却并不容易被发觉. 下面是另一个现实中的例子: 美国航空协会每年都会发布一个 "全年准点信息总结书". 该报告书总结了 30 个选定的机场中航班晚点降落的概率. 在其中, 美国西部航空 (联合全美航空) 的表现始终优于阿拉斯加航空. 这可以得到另一个结论, 这个航空公司就比另一个要更可靠吗? 在这种情况下的 "隐藏变量" 则是, 事实上两个航空公司在不同的机场的飞行频率是不同的. 每一个公司都有自己的枢纽机场 —— 也就是说是他们的飞行网的中心机场, 从这儿他们的飞行线路呈星形向各个方向展开. 对于美国西部航空, 这个枢纽机场则在亚利桑那州的凤凰城 —— 那里每年大部分的时间人们都能见到蔚蓝的天空. 较小一些的阿拉斯加航空在过去的时间基本只飞 30 个主要机场中的 5 个, 而他们在美国大陆的飞行网的中心则位于西雅图 ——处于美国东北部, 完完全全是一个雾城. 下表展示了在 1991 年, 这两个航空公司在他们都使用的 5 个机场的晚点率:

	阿拉斯加航空		美国西部航空	
	航班数量	晚点率	航班数量	晚点率
洛杉矶	559	11.1	811	14.4
凤凰城	233	5.2	5255	7.9
圣地亚哥	232	8.6	448	14.5
旧金山	605	16.9	449	28.7
西雅图	2146	14.2	262	23.3
总计	**3775**	**13.3**	**7225**	**10.9**

单独看这五个机场中的任何一个, 阿拉斯加航空的表现都比美国西部航空要好, 但是在总体上显然美国西部航空要更胜一筹. 但是到底哪个方面才是正确的呢 ——整体, 抑或是细节? 对于这个问题, 我们不能一概而论: 展示细节的表格给我们提供了一些貌似重要的额外细节, 但同时很容易给我们产生误导. 这些表格告诉我们, 小航空公司不论在好天气或是坏天气下都比对手更加准时.

同样, 在 "铁人两项" 的例子中, 我们必须强调这是不公平的. 而在我们关于是否存在对女性的歧视的问题中, 我们也可以得到一个答案: 女性申请者们自由选择她们想要申请的专业, 她们只是选择了相对困难的专业. 所以我们没有理由责怪高校歧视女性. 但是我们必须反过来说, 我们能够考虑扩大女性申请者尤其中意的专业 (虽然这似乎可能性并不是很大), 或者在申请之前给她们一些好的建议.

但是这已经超越了数学的范畴. 我们的结论是: 仅仅根据总体录取率来得到歧视女性的结论是非常草率的. 我们可以通过了解额外的信息来对整体情况有更清晰的认识, 甚至有时候额外的信息会给我们提供对这个事件的整体有完全不同的认知.

习题: 下面的表格展示的是一个在 1972 年到 1994 年之间在英国展开的一个研究的真实数据. 这个研究的目的在于, 探索吸烟者和非吸烟者的死亡率的区别. 在每一个年龄组, 我们分别调查吸烟者和非吸烟者在 20 年后死亡的比例. 从中我们得到:

	55—64		65—74		**55—74 总体**	
吸烟者	51	44%	29	80%	**80**	**53%**
非吸烟者	40	33%	101	78%	**141**	**56%**

黑体部分告诉我们, 吸烟者比非吸烟者活得更久! 这个解释是正确的吗?

三个悖论

Olle Häggström

第 22 章

选自《概率论漫步》(Springer, 2006 年), 第 7–25 页.

概率论魅力的一部分就是其丰富的悖论. 对于一个悖论, 我们指的是一个断言 (或者说一个问题), 这个断言乍看之下是有矛盾或者是不合理的, 但是在更细致的分析下确实拥有一个可能或者说是没有矛盾的解释.[①] 这些精确的分析和讨论很多时候都很有教育意义, 并且可以在某些情况下让我们惊呼: "原来如此!"

在这一章, 我将向大家介绍在初等概率论中最有名也是最经常被讨论的三个悖论. 为此我决定将这些悖论以问题的形式给大家展现. 如果你希望从这一章中学习到关于概率论的知识, 我建议在阅读我给出的结论之前先自己尝试解决这个问题.

这三个问题, 和它们的答案一起, 都满足一个概率论的所有应用满足的一个基本定律:

在任何概率能够被计算之前, 我们必须首先对这个情形建立一个相应的概率模型, 将其以一个问题的形式展现出来.

这三个问题将以难度递增的顺序来排列: 也许你会发现第一个问题对你甚至是显然的. 当你如此感觉 (并且你的答案和我的是一样的话) 时, 请直接跳到第二个问题; 我希望, 至少最后一个问题可以给亲爱的读者们一些挑战, 并帮助你一窥概率论的优美之处.

问题 2.1 (硬币的背面): 假设在一个钱包中有三枚硬币. 其中一枚为欧元硬币, 正面为德国国徽上的鹰, 反面为数字 1 (为了方便起见, 接下来我们简单地称它们为图案面和数字面). 另两枚硬币则是经过特殊处理的硬币 —— 其中一枚两面都是图案, 而另一枚两面都是数字. 被蒙上眼睛的你则要凭运气从这三枚硬币中随意取出一枚, 并且抛掷在桌面上. 之后取下眼罩, 你看到向上那一面是图案面. 请问, 这枚硬币的反面是数字的概率是多大呢?

问题 2.2 (山羊问题): 现在你参加了一个游戏节目, 在这个节目中, 你站在三扇

[①] 所以我们可以对悖论这个词用一个比较通俗的说法来解释: 貌似矛盾. 在这里我们必须小心, 因为在书本中很经常会出现一个类似但是含义完全不同的词: 也就是单纯的矛盾. 当然, 如果我们将这两种含义混淆的话, 那么会引起误解.

完全相同的门前, 在某一扇门的后面 —— 当然, 你不知道到底是哪一扇 —— 放着一辆价值高昂的跑车, 另两扇后面则各有一只山羊. 这个游戏是这样的: 你先选择一扇门, 接下来, 事先了解门后礼物放置的主持人会打开另外两扇门中的背后站着山羊的一扇. 接下来, 你可以选择依然坚持第一选择, 或者改选另一扇依然保持悬念的门. 怎么做才能让你获得大奖的概率最大化呢? 是应该留在原来那扇门前, 还是选择另一扇门, 换或不换, 跑车都在那里, 根本没什么影响呢?

问题 2.3 (**两个信封**): 现在你在另外一个游戏节目的现场, 而且这次, 你可以直接赢取现金大奖! 主持人会选定一个正数 x (当然你是不知道这个数值的), 将其写在一张纸上, 而在另一张纸上写上 $2x$. 接下来他将两张纸分别放进两个信封. 这两个信封是完全相同的, 从外观或者任何角度上完全没有任何区别. 接下来你可以打开选好的那个信封, 并且看到那里面的数值. 最后你需要决定, 是保留已经看到的金额, 还是决定选择另一个信封里的金额.

你应该换门, 还是留在原来的门前才是更明智的选择呢? 现在我们假设, 你打开的信封里的金额是 10 欧元, 那么另一个信封里可能是 5 欧元也可能是 20 欧元. 所以平均下来, 金额是 $(5 + 20)/2 = 12.5$. 所以这个意思是说, 平均上换另一个信封对你来说更好吗?

同样的论述事实上是独立于具体金额的. 如果你看到的纸上写的金额是, 假如说, y 欧元, 那么在另一个信封里的金额的期望值则是 $\frac{5y}{4}$. 也就是说, 在任何情况下你都应该换信封. 但是这也意味着, 在你打开信封之前, 你已经知道, 不管金额是多少, 都应该换信封吗? 这不是一个很奇怪的说法吗? 在选择信封之前的情况是完全对称的 —— 也就是说, 对于两个信封, 拥有较高金额的概率是相同的, 所以平均下来它们应该拥有同样的价值. 必然有一个地方出错了 —— 但是哪里呢?

这就是我们的三个问题. 首先我们会在 §1 介绍一些概率论的基本概念, 这些概念在我们之后的讨论中会使用到, 接下来的三个小节中我们会依次给出这三个问题的解答. 如果有哪位觉得还想要继续了解概率论的话, 接下来的两个小节将会进行一些更加深入的讨论.[①]

1 一些基本概念

为了能够顺利从逻辑上推导出概率论的结论, 我们需要对概率论这个名词进行一些数学上的解释, 同样还有另外一些基本概念, 例如条件概率、独立性、期望值, 等等. 在这个小节中, 我们将要尽可能用非正式的语言来介绍它们, 并且在附录二[②]中对其使用数学语言进行介绍和处理.[③]

---

① 本书中并没有收录最后两个小节. —— 译者注
② 此书中并没有收录此附录. —— 译者注
③ 如果你已经参加过概率论或者数理统计的介绍课程, 并且对于其中的知识依然记忆犹新那么你完全可以直接跳过此节.

===

一个事件 A 的概率是一个介于 0 和 1 的数. 它被用以衡量这个事件的 "偶然性", 也就是说, 事件 A 发生的可能性. 我们一般记为 $\mathbf{P}(A)$.[①] 当我们确定事件 A 不可能发生时, 我们将其记为 $\mathbf{P}(A) = 0$, 同时, $\mathbf{P}(A) = 1$ 则意味着, 我们非常确信事件 A 一定会发生; 而相对地, $\mathbf{P}(A) = \frac{1}{2}$ 则告诉我们, 事件 A 发生与不发生的可能性是一样的. 现在我们同时考虑一系列不同的事件 $A, B, C, \cdots$, 于是它们的概率必须满足某些规律 (计算法则), 我们暂时先不深入讨论这些规律. 取而代之, 我们只考虑一些例子.

假设一个气象学家对于明天会下雨还是阳光灿烂给出了下面的预测. 他对两个城市 —— 斯德哥尔摩 (缩写为 S) 和哥德堡 (缩写为 G) —— 同时进行了预测. 由于天气的多变, 我们没有办法确定地说, 明天的天气一定会是如何, 所以这位气象学家给出的是如下可能出现的天气情况的概率:

$$\begin{cases} \mathbf{P}(G \text{ 下雨}, S \text{ 下雨}) = 0.4, \\ \mathbf{P}(G \text{ 下雨}, S \text{ 天晴}) = 0.1, \\ \mathbf{P}(G \text{ 天晴}, S \text{ 下雨}) = 0.2, \\ \mathbf{P}(G \text{ 天晴}, S \text{ 天晴}) = 0.3. \end{cases} \tag{1}$$

我们注意到, 在 (1) 式中给出的所有概率的总和为 1 —— 这是非常必要的, 因为由此我们可以知道, 只可能出现这几种情况. 而这些概率可以提供我们一些其他的信息, 例如

$$\mathbf{P}(G \text{ 下雨}) = \mathbf{P}(G \text{下雨}, S \text{ 下雨}) + \mathbf{P}(G \text{ 下雨}, S \text{ 天晴})$$
$$= 0.4 + 0.1 = 0.5.$$

还有

$$\mathbf{P}(\text{至少有一个城市天晴})$$
$$= \mathbf{P}(G \text{ 下雨}, S \text{ 天晴}) + \mathbf{P}(G \text{ 天晴}, S \text{ 下雨}) + \mathbf{P}(G \text{ 天晴}, S \text{ 天晴})$$
$$= 0.1 + 0.2 + 0.3 = 0.6.$$

后面的概率还可以用以下方法计算:

$$\mathbf{P}(\text{至少有一个城市天晴}) = 1 - \mathbf{P}(G \text{ 天晴}, S \text{ 天晴})$$
$$= 1 - 0.4 = 0.6.$$

在这里我们应用了一个概率论中非常一般的计算法则, 即一个事件 A 发生的概率为 1 减去事件 A 不发生的概率.

---

① 在这里, 字母 $\mathbf{P}$ 源于英文的 probability 和法语中的 probabilité.

在这种情况下, 我们还应该针对不同事件的组合的概率多说一些. 如同以上表述的那样, 我们将同时在哥德堡和斯德哥尔摩都下雨的概率记为 $\mathbf{P}(G\,\text{下雨}, S\,\text{下雨})$. 一般来说, 对于任意两个事件 A 和 B, 我们把它们都发生的概率记为 $\mathbf{P}(A, B)$. 另一个常用的记号, 同时也是较为正式的记号借鉴了集合学中交集的符号, 即事件 A 与 B 同时发生的概率被记为 $\mathbf{P}(A\cap B)$. 换言之, "事件 A 与事件 B 都发生" 则是一个新的事件, 这个事件可以用事件 A 和事件 B 的交集来表示. 在这种情况下, 这些事件都被看成是包含所有可能发生的时间的集合的子集. 这个集合运算 $\cap$ 读作 "交集", 对应于逻辑学中的 "且" 运算.

用类似的方法, 我们可以将至少事件 A 和事件 B 中的一个发生的事件记为 $A\cup B$, 相应的概率则记为 $\mathbf{P}(A\cup B)$. 在这种情况下, 符号 $\cup$ 读作 "并集", 它所对应的逻辑学中的运算则为 "或".

这些集合运算可以应用在三个甚至更多的事件上, 例如说 $\mathbf{P}(A\cap B\cap C)$ 则表示所有三个事件 A, B 和 C 都发生的概率.

===

一个较我们至今介绍的概率论稍近一些的概念就是条件概率, 事件 A 在事件 B 已经发生的情况下发生的概率记为

$$\mathbf{P}(A\mid B).$$

这个条件概率可以被理解为, 当我们已经知道事件 B 会发生的前提下, 事件 A 发生的 "修正后" 的概率.

让我们再回去看前面的哥德堡和斯德哥尔摩的天气预报的问题, 假设我们明天会去哥德堡. 我们将会发现, 哥德堡会是个雨天, 在这种情况下, 我们希望知道斯德哥尔摩也是个雨天的概率. 当我们确定哥德堡会下雨时, 我们将 (1) 式中的四个等式减少到了两个: $\{G\,\text{下雨}, S\,\text{下雨}\}$ 和 $\{G\,\text{下雨}, S\,\text{天晴}\}$. 这两种情况的概率总和为 $0.4+0.1=0.5$. 如果我们希望得到在斯德哥尔摩下雨的 "修正后" 的概率 (在哥德堡下雨的前提下), 那么总体概率的分子是在斯德哥尔摩 (和哥德堡) 下雨的概率:

$$
\begin{aligned}
&\mathbf{P}(S\,\text{下雨}\mid G\,\text{下雨})\\
&=\frac{\mathbf{P}(S\,\text{下雨}, G\,\text{下雨})}{\mathbf{P}(S\,\text{下雨}, G\,\text{下雨})+\mathbf{P}(S\,\text{天晴}, G\,\text{下雨})}\\
&=\frac{\mathbf{P}(S\,\text{下雨}, G\,\text{下雨})}{\mathbf{P}(G\,\text{下雨})}\\
&=\frac{0.4}{0.5}=0.8.
\end{aligned}
\tag{2}
$$

这个例子引出了下面这个一般的定义.

定义 1 (条件概率) 一个事件 A 在一个事件 B 的前提下的概率称为条件概率,定义为:[①]

$$\mathbf{P}(A \mid B) = \frac{\mathbf{P}(A \cap B)}{\mathbf{P}(B)}. \tag{3}$$

经常, 我们将等式 (3) 变形为

$$\mathbf{P}(A \cap B) = \mathbf{P}(B)\mathbf{P}(A \mid B). \tag{4}$$

对此我们可以如下解释: 为了确定事件 $A \cap B$ 是否发生 —— 也就是说, 事件 A 与事件 B 同时发生 —— 我们可以首先验证, 事件 B 是否发生 (其概率为 $\mathbf{P}(B)$). 如果答案为 "是", 那么我们接下来验证, 事件 A 是否发生 (对应的概率为条件概率 $\mathbf{P}(A \mid B)$).

以下例子是关于概率和条件概率的区别: 当我们定义事件 A 为斯德哥尔摩下雨, 事件 B 为哥德堡下雨, 那么我们有

$$\mathbf{P}(A) = 0.4 + 0.2 = 0.6,$$

同时, 根据我们在 (2) 式中的计算,

$$\mathbf{P}(A \mid B) = 0.8.$$

对于事件 B 是否发生的期待, 我们根据事件 A 发生的前提进行了修正 (因为 $0.6 \neq 0.8$). 这里改变了的概率清楚地说明了, 我们该如何理解 (统计的) 关联事件. 但是我们要注意, 不能将统计关联性和因果关联性混淆: 斯德哥尔摩的天气和哥德堡的天气可以在统计上关联, 但是我们并不能从一个地方的天气推知另一个地方的天气.[②]

在这个例子中我们有 $\mathbf{P}(A \mid B) \neq \mathbf{P}(A)$. 但是换言之, 当

$$\mathbf{P}(A \mid B) = \mathbf{P}(A) \tag{5}$$

[①] 我们注意到, 只有当 $\mathbf{P}(B)$ 为正时, 这个条件概率才是良好定义的 (否则, 我们需要面对除以零的问题). 在现在的情况下, 我们还不是很清楚, 应该如何在 $\mathbf{P}(B)$ 为零的情况下给出一个合理的条件概率的定义. 在高等概率论 —— 一般我们不会在博士学习之前接触到 —— 中, 存在一个适用的理论来解决我们这个问题, 具体参见例如 Williams (1991).

[②] 因果关联性这个概念在乍看之下是非常困扰的. 举个例子: 在一个十字路口, 一辆车停在了红灯前, 除了这辆车之外这个路口空空荡荡. 原因是什么呢? 一个工程师可以从汽车的刹车系统的摩擦来解释. 而对一个神经科医生而言, 他更倾向将其解释为神经系统和大脑的合作, 司机的视觉印象引导了他右脚的条件反射, 踩下刹车. 一个律师则会断言, 这个事件应该用交通规则来解释. 一个社会学家会强调社会标准的学习的意义, 这告诉我们, 在红灯前我们应该停下来. 以此类推. 谁是对的 —— 我们可以将以上的这些理由中的哪一个看成是最根本的原因呢? 显然我们并不能简单地回答这个问题 (对于这个例子, 我要感谢 Bo Rothstein 的建议).

成立时, 那么我们可以推知, 事件 B 发生的概率并不影响事件 A 发生的概率. 在这种情况下, 我们说, 事件 A 是 (统计) 独立于事件 B 的.[①] 结合 (4) 和 (5) 式, 对于独立事件我们得到:

$$\mathbf{P}(A \cap B) = \mathbf{P}(B)\mathbf{P}(A \mid B) = \mathbf{P}(A)\mathbf{P}(B),$$

也就是说, 事件 A 与事件 B 都发生的概率等于分别的概率的乘积. 这就是我们对于独立性的定义.

定义 2   我们称两个事件 A 与 B 是独立的, 当

$$\mathbf{P}(A \cap B) = \mathbf{P}(A)\mathbf{P}(B) \tag{6}$$

成立.

自然地, 两个不互相独立的事件被称为关联. 这两个互相反义的概念, 独立和关联, 在概率论中是如此重要和中心, 以致我们最好在这里再使用几个例子来强化我们对其的理解. 为此, 我们可以使用我的好朋友 Axel 的晨间观察的例子:

在一整年的每个早上, 我都会去我的信箱中取早报. 在这短短的路途中, 我会进行一些观察, 下面我会列出我的这些观察. 另外我还有可能预测一些可能会发生在任何一天的事件.

报纸有一份周日特刊	$\mathbf{P}(\text{周日特刊}) = \frac{1}{7}$
地面上有雪	$\mathbf{P}(\text{雪}) = \frac{1}{5}$
下雨	$\mathbf{P}(\text{雨}) = \frac{1}{5}$
天晴	$\mathbf{P}(\text{太阳}) = \frac{1}{5}$
路灯亮着	$\mathbf{P}(\text{路灯}) = \frac{1}{2}$
柳莺在歌唱	$\mathbf{P}(\text{柳莺}) = \frac{1}{6}$
布谷鸟在歌唱	$\mathbf{P}(\text{布谷鸟}) = \frac{1}{18}$
桦树上有绿叶	$\mathbf{P}(\text{桦树叶}) = \frac{5}{12}$
听到垃圾车的声音	$\mathbf{P}(\text{垃圾车}) = \frac{1}{7}$
听到犁的声音	$\mathbf{P}(\text{犁}) = \frac{1}{150}$
听到自行车的声音	$\mathbf{P}(\text{自行车}) = \frac{1}{36}$
听到枪击声	$\mathbf{P}(\text{枪}) = \frac{1}{180}$

以上的观察 (事件) 中有一些是互相关联的, 不论是否是因果关联; 另外的一些则是完全互相独立的. 两个事件互相关联也就是说, "某一项事件发生的概率会被另一项事件的发生所影响".

[①] 接下来, 当我们讨论关联或者独立的概念时, 除了特殊指出之处, 我们一般都指统计关联或统计独立.

听到垃圾车的声音的概率, $\mathbf{P}$(垃圾车), 为 $\frac{1}{7}$, 因为垃圾桶固定在每周三会在我取报纸的时间被清空. 下雨的概率, $\mathbf{P}$(雨), 是 $\frac{1}{5}$. 我们可以相信, 这两个事件是互相独立的. 平均每五天下一次雨, 同样平均每五周都会出现一次下雨的周三, 因为周中或者周末, 几乎对于天气是没有任何影响的. 所以这两个事件同时发生的概率, $\mathbf{P}$(雨 ∩ 垃圾车), 等于

$$\mathbf{P}(雨) \cdot \mathbf{P}(垃圾车) = \frac{1}{5} \cdot \frac{1}{7} = \frac{1}{35}.$$

这个和我们在数学上对于独立事件的定义是相符的: 交集事件的概率等于两个原事件的概率的乘积.

早上我能够在信箱中找到周日特刊的事件和听到垃圾车的声音的事件同时发生的概率则为零: $\mathbf{P}$(垃圾车 ∩ 周日特刊) = 0. 如果我听到了垃圾车的声音, 这个事件严重影响了同一个造成出现周日特刊的概率, 因为周日和周三不可能是同一天. 这意味着概率

$$\mathbf{P}(垃圾车 ∩ 周日特刊)$$

不可能等于乘积

$$\mathbf{P}(垃圾车) \cdot \mathbf{P}(周日特刊) = \frac{1}{7} \cdot \frac{1}{7} = \frac{1}{49},$$

也就是说这种情况每年能出现 7 至 8 次. 所以这两个事件是互相关联的.

在这里并不存在任何的因果关系. 因为垃圾车的声音意味着周日特刊不可能出现在信箱中, 而反之亦然. 反过来, 这一天是星期几则与这两个事件都有着因果关系, 这个因果关系则导出了我们观察到的这两个事件的关联性.

接下来是另一个例子. 在某一个随机地造成看到桦树上绿色的叶子的概率, $\mathbf{P}$(桦树叶), 为 $\frac{5}{12}$ (所以这个事件大约在 12 个月中发生 5 个月). 而地面上有雪的概率, $\mathbf{P}$(雪), 是 $\frac{1}{5}$. 自然, 地面上是否有雪, 和桦树上是否有绿色的叶子是有关系的, 这两件事情同时发生的概率当然不是

$$\mathbf{P}(雪) \cdot \mathbf{P}(桦树叶) = \frac{1}{5} \cdot \frac{5}{12} = \frac{1}{12}$$

(这对应着每年一个月), 而是非常低: 大约为 $\mathbf{P}$(雪 ∩ 桦树叶) $= \frac{1}{200} = 0.005$, 也就是说每年大约两天. 这意味着, 这两个事件是互相关联的.

在这个情况下同样不存在任何的因果关系 —— 并不是因为树叶的生长而让雪花消融, 反之亦然. 对这个关联性的解释则是, 这两个事件与季节和气温是有很大关系的.

对于其他的晨间事件又如何呢? 哪些事件和其他事件是关联或者独立的呢? 在哪些情况下存在着直接的因果关系呢? 例如, "天晴" 和 "听到自行车的声音" 是互相独立的事件吗? 它们存在一个因果关系吗?[①]

[①] Axel von Arbin, 私人邮件, 2003 年 9 月.

我将 Axel 的这些疑问留给亲爱的读者们, 作为对于 "关联性" 和 "独立性" 的概念的附加习题. 你能回答他的这些问题吗?

==

现在假设, 我们随机地投掷一个完美的骰子, 并且用 X 表示最上面那一面的数字. 于是 X 可以取值 $1, 2, 3, 4, 5, 6$, 并且每个数字出现的概率都是 $\frac{1}{6}$. 所以 X 可以被看成是一个数值, 这个数值的大小是随机的. 在概率论中, 这样的数值被称为随机变量, 或者随机数值. 那么, 对于一个随机变量 X, 我们有一个很自然的问题: 数值 X 的平均大小是多少呢? 我们称这个平均值为 X 的期望值, 符号记做 $\mathbf{E}[X]$.[①] 当 X 的所有可能取值的概率都相等时, 这个期望值是很容易计算的, 也就是所有可能取值的平均数 (即算术平均数), 例如在我们的骰子例子中:

$$\mathbf{E}[X] = \frac{1+2+3+4+5+6}{6} = 3.5.$$

但是当不同的取值的概率有所不同时, 我们则通过计算加权平均数来计算期望值. 在这里每个数值的权重就是它出现的概率. 例如, 我们现在有一个随机变量 Y, 它的取值由一个变形骰子投掷得到. 而这个变形骰子各面取值依然为 $1, 2, 3, 4, 5, 6$, 和普通骰子不同的是, 数值 6 出现的概率为 $\frac{1}{2}$, 而其他数值出现的概率都为 $\frac{1}{10}$.[②] 于是我们可以如下计算随机变量 Y 的期望值:

$$\mathbf{E}[Y] = \frac{1}{10} \cdot 1 + \frac{1}{10} \cdot 2 + \frac{1}{10} \cdot 3 + \frac{1}{10} \cdot 4 + \frac{1}{10} \cdot 5 + \frac{1}{2} \cdot 6$$
$$= 4.5.$$

以上的两个随机变量 X 和 Y 的可能取值都是一样的, 都为 $1, 2, 3, 4, 5, 6$. 即便如此, 它们却拥有不同的概率分布. 在这里, 一个随机变量的概率分布, 是指对于它所有可能取值的概率的全面描述. 所有的可能性的概率都相等的特殊情况 (例如以上 X 的例子), 我们称其为均匀分布.

最后我们希望将随机变量的概念和独立事件的概念联系起来. 我们假设, X 和 Y 是两个只有有限个可能取值的随机变量. 这两个随机变量被称为相互独立, 如果对于任意一组可能的取值 (x, y), 我们都有以下关系成立[③]:

$$\mathbf{P}(X = x, Y = y) = \mathbf{P}(X = x)\mathbf{P}(Y = y).$$

[①] 这个符号来源于英文中的 expectation.
[②] 注意到, 在这里我们需要确定所有概率的和为 1.
[③] 确切地说, 我们必须事先强调, 这个定义只对所谓的离散随机变量成立, 意即这个随机变量只有有限多个, 至多可数个可能的取值. 对于一般的随机变量, 我们则需要一个比较复杂的定义.

2　硬币的背面

这个关于猜测硬币背面的问题已经是一个非常古老的问题了, 并且, 我们可以在绝大多数的概率论的教科书中看到这个问题或者是它的变形.

对于这个问题的答案, 似乎有一个非常诱人的答案 —— 在这个硬币背面是数字或者是图案的概率应该是相等的. 由翻开的那一面我们可以知道, 这个硬币要么是图案 – 图案硬币, 要么是图案 – 数字硬币, 并且它们在开始时拥有同样的概率. 在前一种情况, 我们有图案面, 而在另一种情况我们则有数字面, 所以这个情况很清楚: 出现的可能性是 $50 : 50$.

但是这是错误的! 我们马上会看到, 我们想要寻找的概率并不是 $\frac{1}{2}$.

为了得到正确的答案, 我们需要首先针对这个情况建立一个模型. 我们将这三个硬币分别称为 M_Z (数字 – 数字硬币), M_K (图案 – 图案硬币) 和 M_G (正常硬币, 即图案 – 数字硬币). 而重要的是考虑硬币的六面, 我们将其分别记为: S_Z^{z1}, S_Z^{z2}, S_K^{k1}, S_K^{k2}, S_G^z 和 S_G^k. 硬币各面和硬币的对应关系参见下面的表格:

硬币	硬币面	图案或是数字
M_Z	S_Z^{z1}	数字
	S_Z^{z2}	数字
M_K	S_K^{k1}	图案
	S_K^{k2}	图案
M_G	S_G^z	数字
	S_G^k	图案

我们更进一步地假设, 这三个硬币中的任何一个被从钱包中选出的概率都是 $\frac{1}{3}$ —— 也就是说, 我们在题设中所称的 "全凭运气" 来选择硬币. 另外, 我们还可以假设, 任意一个选定的硬币的任一面, 在被投掷之后朝上的概率都为 $\frac{1}{2}$.

现在我们要开始计算开始时已经确定了某个硬币面, 例如 S_K^{k1}, 的概率了. 为此我们必须将硬币 M_K 从钱包中取出. 这个事件的概率是 $\frac{1}{3}$ 并且平均来说, 在一半的情况下这个硬币面 S_K^{k1} 在硬币投掷时会朝上. 这个概率 $\mathbf{P}(S_K^{k1}$ 向上$)$, 也就是说, 硬币面 S_K^{k1} 向上的概率, 于是可以通过

$$\mathbf{P}(S_K^{k1}\text{向上}) = \frac{1}{3} \cdot \frac{1}{2} = \frac{1}{6}$$

来给出.

对于另外 5 面的相应的计算给出了相同的结果. 由此可知, 所有 6 个硬币面向上的概率是一样的, 都为 $\frac{1}{6}$. (也许对于某些读者而言, 这在开始时已经是显然的?)

在我们开始选择之前, 这些概率已经是成立的. 当你拿下眼罩看到图案面向上时, 我们需要考虑这个条件, 并依此计算相应的条件概率, 即在事件 "图案面向上"

已经发生的前提下.

当我们看到事件 "图案面向上" 时, 理论上我们将向上的硬币面的 6 种可能性缩小到了 3 种, 即 S_K^{k1}, S_K^{k2} 和 S_G^{k}, 其中的任意一个都拥有相同的出现的概率. 而在这三种情况中, 只有一个符合条件 "数字面朝下", 即 S_G^k. 所以我们所寻找的条件概率 **P**(数字面向下 | 图案面向上) 为 $\frac{1}{3}$!

这是正确的答案, 但是为了确保正确, 我们依旧希望能够通过条件概率的定义来验证, 也就是说是否满足

$$\mathbf{P}(\text{数字面向下} \mid \text{图案面向上}) = \frac{\mathbf{P}(\text{数字面向下, 图案面向上})}{\mathbf{P}(\text{图案面向上})} \tag{7}$$

这个事件 "数字面向下, 图案面向上" 也就是等同于事件 "硬币面 S_G^k 向上", 其 (非条件) 概率为 $\frac{1}{6}$. 由此我们可知,

$$\mathbf{P}(\text{数字面向下, 图案面向上}) = \frac{1}{6}. \tag{8}$$

除此之外, 由于 (7) 式我们还需要:

$$\mathbf{P}(\text{图案面向上}) = \mathbf{P}(S_K^{k1} \text{向上}) + \mathbf{P}(S_K^{k2} \text{向上}) + \mathbf{P}(S_G^k \text{向上})$$
$$= \frac{1}{6} + \frac{1}{6} + \frac{1}{6} = \frac{1}{2}. \tag{9}$$

现在我们将等式 (8) 式和 (9) 式代入公式 (7) 式, 得到

$$\mathbf{P}(\text{数字面向下} \mid \text{图案面向上}) = \frac{\mathbf{P}(\text{数字面向下, 图案面向上})}{\mathbf{P}(\text{图案面向上})}$$
$$= \frac{1/6}{1/2} = \frac{1}{3}.$$

于是我们验证了在前面得到的结果.

还没有被说服吗? 让我再提出一些论据: 假设答案为 $\frac{1}{2}$ 的话, 那么也就是说, 在我们看到图案面向上这个条件下, 我们拿到硬币 M_G 的机会是 $\frac{1}{2}$. 根据对称性, 在我们看到数字面向上这个条件下, 我们拿到硬币 M_G 的机会也是 $\frac{1}{2}$. 也就是说, 不论我们看到的是哪一面向上, 我们拿到硬币 M_G 的机会都是相等的, 为 $\frac{1}{2}$, 独立于投掷之后向上的一面是哪一面. 更甚者, 这意味着, 如果我们随机拿出一个硬币, 在重复这个动作很多次之后, 那么有一半的情况我们会拿到这个硬币. 但是如同我们之前所讨论的, 在 "凭运气" 从钱包中拿硬币的情况下, 每个硬币都应该拥有同样的概率 $\frac{1}{3}$, 这显然是互相矛盾的!

3 山羊问题

这个关于跑车和山羊的游戏来源于美国的一个电视节目 "让我们做个生意", 在美国, 这个游戏则以主持人 Monty Hall 命名. 在 1990 年, 一个读者写了一封信给游

行杂志中的一个名为 "问问 Marilyn" 的专栏, 问道: 在这个游戏中, 是换一个门好呢, 还是停留在原来的选择前面? 这个专栏的作者, Marilyn vos Savant, 被誉为地球上智商最高的人, [1] 回答道, 换门是更好的选择. 她觉得, 如果参与者换门的话, 那么选中跑车的概率为 $\frac{2}{3}$, 但是如果留在原来的门前, 那么选中跑车的概率则为 $\frac{1}{3}$. 这个答案引发了山洪般的批评: 大多数人认为, 选中跑车的概率一直是 $\frac{1}{2}$, 这个概率完全独立于参与者是否换门. 即便如此, Marilyn vos Savant 坚持认为她的答案是正确的. 关于这个问题更多的背景故事, 参见 Morgan 等 (1991).

来自于 vos Savant 的回答有一个很简单的原因: 如果参与者留在原先的门前, 那么他赢得跑车的机会则是只有他在开始时就选中了正确的门. 我们已经知道, 这个事件发生的概率为 $\frac{1}{3}$. 而如果参与者换了门的话, 那么他赢得跑车的机会则是只有他在开始时没有选择了正确的门 —— 这个事件发生的概率则是 $\frac{2}{3}$!

但是, 我们真的应该相信这个论据吗? 当我们反过来看这个问题, 也许能够得到一个深层次的分析. 我们从建立这个游戏的概率模型开始.

我们可以假设, 这个游戏节目的主持人想要将这个游戏设计得尽可能困难, 所以将跑车放在了随机的一扇门后面, 也就是说, 选中后面有跑车的那扇门的概率是 $\frac{1}{3}$. 一眼看上去, 这似乎已经足够完全界定这个问题, 也就是说, 我们可以通过已有的所有信息来计算相对概率. 即便如此, 我们还是需要再确认一个细节问题, 即如果参与者首先选中的是有跑车的门的话, 那么主持人将会打开哪一扇后面是山羊的门. 我们可以进一步假设, 在这种情况下, 主持人 —— 同样, 为了使游戏尽可能困难 —— 会完全随机地选择一扇门, 也就是说, 对于任何一扇门的概率都是 $\frac{1}{2}$. (同样, 我们可以假设, 这也不够完全界定这个问题, 而且, 我们还必须为参与者首先选择哪扇门给出一个分布. 从参与者的角度来说, 我们可以看成, 他已经知道他的选择, 而且这和跑车在哪里是无关的.)

我们将这三扇门记做 L_1, L_2 和 L_3, 并将门 L_i 后是跑车的事件记做 A_i, 其中 $i = 1, 2, 3$. 现在我们假设, 参与者选择了门 L_1, 而且主持人接下来打开了门 L_2 (当然, 根据游戏规则, 门后出现了一只山羊) —— 其他的情况也可以用类似的方法来处理.

现在我们知道, 跑车要么在门 L_1 后面, 要么在门 L_3 后面, 也就是说, 事件 A_1 或 A_3 成立. 我们想要计算这些事件在主持人打开了门 L_2 的条件下的概率. 接下来, 我们用 B 来指代主持人打开门 L_2 这个事件. 如果跑车真的在门 L_1 后的话, 主持人可以打开门 L_2 或者门 L_3, 所以我们有, $\mathbf{P}(B \mid A_1) = \frac{1}{2}$. 同样, 如果跑车在门 L_3 后面的话, 他则必须打开门 L_2, 这意味着我们有 $\mathbf{P}(B \mid A_3) = 1$. 我们可以结合以上的

---

[1] 我对这个说法有一些怀疑. 一个人怎么能知道自己是地球上智商最高的人呢? 而且, 如果一个人是世界上最聪明的人, 利用这种唯一的资源来在一本进步的期刊中开设一个问答专栏是一个合理的决策吗?

讨论[1], 得到:

$$\mathbf{P}(A_3 \mid B) = \frac{\mathbf{P}(B \cap A_3)}{\mathbf{P}(B)}$$

$$= \frac{\mathbf{P}(B \cap A_3)}{\mathbf{P}(B \cap A_1) + \mathbf{P}(B \cap A_2) + \mathbf{P}(B \cap A_3)}$$

$$= \frac{\mathbf{P}(A_3)\mathbf{P}(B \mid A_3)}{\mathbf{P}(A_1)\mathbf{P}(B \mid A_1) + \mathbf{P}(A_2)\mathbf{P}(B \mid A_2) + \mathbf{P}(A_3)\mathbf{P}(B \mid A_3)}$$

$$= \frac{\frac{1}{2} \cdot 1}{\frac{1}{3} \cdot \frac{1}{2} + \frac{1}{3} \cdot 0 + \frac{1}{3} \cdot 1} = \frac{2}{3}.$$

于是, 概率 $\mathbf{P}(A_1 \mid B)$ 必须等于 $1 - \mathbf{P}(A_3 \mid B) = \frac{1}{3}$. 这个结果和上面的简短的论据相符, 所以我们全力支持来自 vos Savant 的建议 ——换门!

4 两个信封

下面关于信封问题的讨论在很大程度上建立在 Christensen 和 Utts 在 1992 年的论证的基础上, 其中他们也给出了这个问题的一系列背景故事. 在瑞典文献中, 我们还能找到 Arnèrs 在 2001 年对这个问题的分析, 他的观点也被广泛认可, 认为非常有创新性. 这里我们将要尝试具体讨论这个问题的基本概念.

在这之前, 我们想要先继续在给出问题时候的错误的讨论, 来看看最后会得到什么没有意义的结论.

假设之前的讨论是正确的, 也就是说, 当我们在选中的信封中看到 10 欧元时, 平均来说, 我们可以在另一个信封中期待 $(5 + 20)/2 = 12.5$ 欧元. 如果我们在另一个信封中找到 y 欧元, 那我们可以用类似的方法思考, 也就是说在另一个信封中我们可以期待的金额为 $\frac{5y}{4}$. 这和 y 的值是没有关系的, 所以在我们打开信封之前就已经知道, 我们应该换另一个信封. 令 μ 为我们将在选中的信封中期待的金额, 也就是说, 是我们计算得到的平均金额. 我们已经确定, 另一个信封中平均拥有的金额是选中的信封的金额的 $\frac{5}{4}$ 倍, 于是, 在这个信封中的期待金额为 $\frac{5\mu}{4}$.

让我们试着将这个情况弄得更清楚一些. 为此, 我们假设, 主持人允许在两个信封都没有打开的时候就换信封. 我们换了一个信封, 于是拿到了平均上应该拥有 $\frac{5\mu}{4}$ 金额的那另一个信封. 因为现在的情况和刚开始时一样, 我们可以通过换信封得到 $\frac{5}{4}$ 倍的原有金额. 所以通过两次交换, 我们于是得到了原有的信封, 但其中所期待的金额却提高为 $\frac{25\mu}{16}$. 通过反复使用这个方法, 我们可以将信封中的金额无限地提高 —— 由此我们得到了一个金融上的永动机!

这当然是胡说八道!

---

[1] 了解贝叶斯定理的读者可以直接应用此定理, 以跳过接下来的计算的第二行和第三行.

==

上面的论据的一个错误在于, 它并没有建立在完整的模型上. 我们或多或少已经确定了, 两个信封中的金额分别为 x 和 $2x$ 并且选到任何一个信封的概率都为 $\frac{1}{2}$. 但是这并不足以对这个情况建立完整的模型. 因为至此, 我们并没有讨论过主持人如何决定这个金额 x. 现在我们使用大写字母,[①] 并且将主持人选择的金额记为 X, 将参与者选中的信封中的金额记为 Y. 而在我们没有选择的信封里的金额, 则被记为 Y'.

由于这两个信封被充分混合, 并且从外表上没有区别, 我们可以知道, 这是独立于主持人选择的金额 X 的. 于是我们得到, 例如:

$$\mathbf{P}(Y = 100 \mid X = 50) = \frac{1}{2} \tag{10}$$

和

$$\mathbf{P}(Y = 100 \mid X = 100) = \frac{1}{2}. \tag{11}$$

根据同样的理由, 我们还有

$$\mathbf{P}(Y = X, Y' = 2X) = \frac{1}{2}$$

和

$$\mathbf{P}(Y = 2X, Y' = X) = \frac{1}{2}.$$

这意味着, 金额 Y' 是金额 Y 的一半或者两倍大小的概率都是 $\frac{1}{2}$:

$$\mathbf{P}\left(Y' = \frac{Y}{2}\right) = \mathbf{P}(Y' = 2Y) = \frac{1}{2}. \tag{12}$$

我们现在假设, 我们打开了选定的信封并且发现 $Y = 100$. 根据 (12) 式, 我们可以说 Y' 等于 50 或者 100 的概率都是 $\frac{1}{2}$ 吗?

不是! 如果我们发现 $Y = 100$, 并且希望知道, 换一个信封能够赢得更好的局面的机会有多大. 为此我们要计算的不是 $\mathbf{P}(Y' = 2Y)$, 而是要考虑条件概率

$$\mathbf{P}(Y' = 2Y \mid Y = 100). \tag{13}$$

情形 $Y' = 2Y$ 等价于, Y 是两个金额中较小的那个, 也就是说, $X = Y$. 在我们观察到 $Y = 100$ 的情况下, 我们知道 $Y' = 2Y$ 等同于 $X = 100$. 类似地, $Y' = \frac{Y}{2}$ 则等同

---

① 在概率论中, 大写字母经常被用做表示随机变量.

于 $X = 50$. 于是在 (13) 式中我们所寻求的条件概率可以由如下方法得到:[①]

$$
\begin{aligned}
&\mathbf{P}(Y' = 2Y \mid Y = 100) \\
&= \mathbf{P}(X = 100 \mid Y = 100) \\
&= \frac{\mathbf{P}(X = 100, Y = 100)}{\mathbf{P}(Y = 100)} \\
&= \frac{\mathbf{P}(X = 100, Y = 100)}{\mathbf{P}(X = 100, Y = 100) + \mathbf{P}(X = 50, Y = 100)} \\
&= \frac{\mathbf{P}(X = 100)\mathbf{P}(Y = 100 \mid X = 100)}{\mathbf{P}(X = 100)\mathbf{P}(Y = 100 \mid X = 100) + \mathbf{P}(X = 50)\mathbf{P}(Y = 100 \mid X = 50)} \\
&= \frac{\frac{1}{2}\mathbf{P}(X = 100)}{\frac{1}{2}\mathbf{P}(X = 100) + \frac{1}{2}\mathbf{P}(X = 50)} \\
&= \frac{\mathbf{P}(X = 100)}{\mathbf{P}(X = 100) + \mathbf{P}(X = 50)}.
\end{aligned}
\tag{14}
$$

使用这个等式, 我们可以很清楚地看到, 为了计算这个事件 (即当 $Y = 100$ 时交换信封是值得的) 的条件概率, 我们必须知道概率 $\mathbf{P}(X = 50)$ 和 $\mathbf{P}(X = 100)$, 或者至少知道一些关于它们的相互关系的信息. 在将这个游戏模型化的过程中, 我们需要首先对主持人选择的 X 的值的概率分布有一定的了解.

对于我们原有问题的答案则取决于在这一步中我们所选用的模型. 例如我们有, 对于 X 的取值, 主持人从数值 $1, 2, 3, \cdots, 1000$ 中选择, 并且每一个数值的概率都是 $\frac{1}{1000}$. 那么我们则在 (14) 式中有:

$$
\mathbf{P}(Y' = 2Y \mid Y = 100) = \frac{\frac{1}{1000}}{\frac{1}{1000} + \frac{1}{1000}} = \frac{1}{2}.
\tag{15}
$$

这个结果和我们原始的问题构建是相符的. 不同的 X 的取值会导致不同的结果, 比如以下例子:

- 如果 X 的取值的分布由[②] $\mathbf{P}(X = n) = \frac{n}{5050}$ 给出, 其中 $n = 1, 2, 3, \cdots, 100$. 那么我们有

$$
\mathbf{P}(Y' = 2Y \mid Y = 100) = \frac{\frac{100}{5050}}{\frac{100}{5050} + \frac{50}{5050}} = \frac{2}{3}.
$$

- 如果 $X = 30, 40, 50$, 并且每一个的概率皆为 $\frac{1}{3}$, 那么我们有

$$
\mathbf{P}(Y' = 2Y \mid Y = 100) = \frac{0}{0 + \frac{1}{3}} = 0.
$$

[①] 我们可以用如下方式来进行这个很长的计算: (1) 在算式第二行中的条件概率 $\mathbf{P}(X = 100 \mid Y = 100)$ 不能与 (11) 式中的混淆, 那里出现的相应符号指代的是不同的意思; (2) 在计算第五行中, 我们使用了关于交集的概率的一般公式 (4) 式; (3) 在计算倒数第二行中出现的 "一半" 则来自于 (10) 式和 (11) 式.

[②] 所有概率的总和必须等于1, 因为 $1 + 2 + 3 + \cdots + 100 = 5050$. 这个当然可以通过计算得到; 在这个计算上还有一个很有趣的故事, 在高斯的少年时代, 他在不到一分钟的时间便计算出了结果 —— 随之也摧毁了他的老师想要有一个不受打扰的时间的希望.

事实上, 对于在 0 和 1 之间的任何一个值 p, 我们都可以找到一个 X 的分布, 使得概率 $\mathbf{P}(Y' = 2Y \mid Y = 100) = p$ 成立. (有兴趣的读者可以将对此的证明作为习题来练习.)

我们应该选择哪一个模型或者 X 什么样的分布呢? 对于这个问题, 我们不能光凭概率论给出答案. 取而代之, 游戏参与者 —— 如果我们真的要参与这个游戏的话 ——必须坚定自己的想法, 例如, 借助对于主持人的心理的估计.

在信封问题中这个看上去的矛盾来自于对于 $Y' = 2Y$ 的概率和相应的条件概率, 例如在 $Y = 100$ 的前提下, 的混淆, 或者是来自于一个下意识的 (但却是错误的) 假设 —— 两个概率必须是相等的.

在等式 (15) 中, 我们已经看到了, 事实上两个概率可以相等, 例如, 当我们的随机变量 X 的分布为 $\mathbf{P}(X = n) = \frac{1}{1000}$, 其中 $n = 1, 2, 3, \cdots, 1000$ 时. 如果我们假设 X 这样的分布时, 就一定不会产生新的矛盾了吗?

答案是否定的, 因为为了产生一个金融永动机, 对于任意一个数值 y, 我们必须有 $\mathbf{P}(Y' = 2Y \mid Y = y)$ 都取值为 $\frac{1}{2}$. 对于这样的一个 X 的分布, X 可以取遍 1 到 1000 的所有的整数值, 于是 Y 可以取遍直到 2000 的所有整数值. 如果现在我们看到了例如 $Y = 1792$, 那么 Y' 必须等于 896, 所以 $\mathbf{P}(Y' = 2Y \mid Y = 1792) = 0$.

为了保持这个点, 我们想要构造一个 X 的分布, 使得对于每一个可能的取值 y, 我们都有

$$\mathbf{P}(Y' = Y \mid Y = y) = \frac{1}{2}. \tag{16}$$

(当我们达到目标时, 我们便又得到了一个永动机.) 为了简单起见, 我们在开始便假设 X 只取值为 2 的幂, 也就是说, 是集合 $\{\cdots, \frac{1}{4}, \frac{1}{2}, 1, 2, 4, 8, 16, \cdots\}$ 中的元素. 如果我们现在, 例如考虑 $Y = 8$ 的情况, 那么我们必须能够得到

$$\mathbf{P}(Y' = 2Y \mid Y = 8) = \frac{1}{2}.$$

相应于 (14) 式的计算得到

$$\mathbf{P}(Y' = 2Y \mid Y = 8) = \frac{\mathbf{P}(X = 8)}{\mathbf{P}(X = 8) + \mathbf{P}(X = 4)},$$

而且为了得到这个概率为 $\frac{1}{2}$, 我们必须有 $\mathbf{P}(X = 8) = \mathbf{P}(X = 4)$ 成立.

另外, 如果我们考虑情况 $Y = 16$, 那么可以用类似的方法和分析得到, 需要让 $\mathbf{P}(X = 16) = \mathbf{P}(X = 8)$ 成立. 类似地, 只要我们愿意, 我们就可以继续用类似的方法前进. 作为结果, 我们可以得到 $\mathbf{P}(X = 2^k)$ 对于所有的整数 k 都是相等的, 假设它们的取值都是 p.

现在我们假设, $p = 0$. 所以 $\mathbf{P}(X = 2^k) = 0$, 对于所有的 k 都成立, 此时, 当我们对于所有的 k 作和时, 我们有

$$\sum_{k=-\infty}^{\infty} \mathbf{P}(X = 2^k) = 0.$$

所以, 这并不是一个可被允许的概率分布 (因为对于一个正确的概率分布, 所有的概率加和都应为 1), 所以 $p = 0$ 的情况是不可能的. 这意味着, 我们必须让 $p > 0$ 成立. 所以必须为

$$\sum_{k=-\infty}^{\infty} \mathbf{P}(X = 2^k) = \sum_{k=-\infty}^{\infty} p = p \cdot \infty = \infty,$$

也就是说, 在这个情况下, 这也不是可被允许的概率分布.

据此我们证明了, 在集合 $\{\cdots, \frac{1}{4}, \frac{1}{2}, 1, 2, 4, 8, 16, \cdots\}$ 上不存在 X 合适的概率分布, 使得等式 (16) 对于所有的可能的取值 x 都成立. 如果我们将 X 取值 2 的不同的幂, 那么是否存在一个 X 的分布, 使得对于任何一个 y 的值等式 (16) 都成立呢? 这个答案是否定的, 而且可以通过类似的方法得到. 我们假设, 存在这样的一个 X 的分布, 使得对于任何一个 y 的值, 等式 (16) 都成立. 主持人根据这个分布选择了一个 X. 我们继续假设, 这个主持人有一个很小气的上司, 当主持人选定了一个数值 X 时, 他却将其改成了一半的大小. 为此 X 有了一个新的分布, 显然这也是在同样的集合 $\{\cdots, \frac{1}{4}, \frac{1}{2}, 1, 2, 4, 8, 16, \cdots\}$ 中取值, 而且也满足等式 (16). 因为我们在前面已经证明了, 不存在 2 的次幂的集合的适当的分布, 我们由此便可以得到, 不存在这样的一个 X 的分布, 其满足等式 (16).

III 硬核

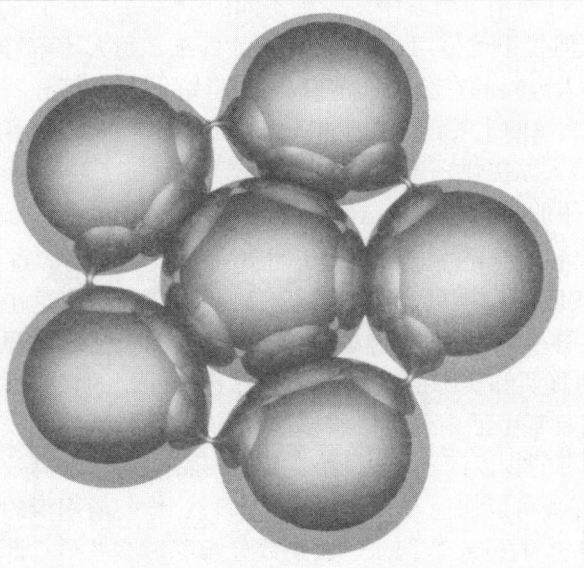

"在数学中所有的都是已知的了, 还有什么需要继续研究的呢?" —— 这是一个偏见, 完全错误, 却广为人知. 在很多问题上我们可以有争论, 但是有一点是确定的: 还有很多很多种我们还不知道的数学, 远远超过我们已经了解的. 对于现在的物理、医学、生物学和经济学 —— 基本上所有的生活领域 —— 中的问题都可以引出新的数学. 已经被研究和发展的数学已经为各个学科提供了很大的帮助, 但是很多新的问题, 无论大小, 都在等待着一个数学上的解答.

本书的第三部分主要关注的是三个大问题, 三座数学中的喜马拉雅山, 其中两个尚未解决, 一个在被提出的 370 年后终于被 "登顶成功" 了. 第一篇文章尝试给大家一种感觉, 为了证明费马大定理, 使用了数学中多少种不同的子领域, 并且它们以一种让人惊讶的方式通力合作. 但是很可惜, 我们在这里不能详细地给大家解释安德鲁 · 怀尔斯 (Andrew Wiles) 出人意料的在公众面前宣布的解决问题的思路. 我们在这里只能做到浅尝辄止, 这篇文章的主要贡献在于相对于其他部分的文章较容易理解. 千万不要阻碍这种尝试; 给大家提供一个模糊的想法就已经足够了 —— 而且最后, 怀尔斯一共花费了超过八年的时间来攀登这座高峰.

接下来的两篇文章以 "轻快和松弛的" 方法描述了另外一个重要问题的意义, 虽然尚未解决, 但已然在很多实际应用中处于中心位置. 甚至没有人给出这个问题 "$P = NP$" —— 它的官方名称 —— 是否正确的判定方法. 这两篇文章解释了这个问题, 和它的解答中可能的真实和实际的效果. 事实上, 这个问题的重要性在于, 我们想要知道的是对于我们日常生活中遇到的很多问题, 例如通信网络的安全性, 我们的商业系统中的几乎所有的物流问题 (参见第三部分) 等, 是否存在高效的算法和方法, 这就意味着, 这些任务可以快速和有效地完成. 自然, 你的信用卡的安全也与此紧密相关. 顺便说一句, 实时的素数纪录、大整数分解等请参见第二部分第 6 章的《素数》一文.

正如第一个问题一样, 所谓的黎曼猜想 (Riemann hypothesis), 我们展示的两个未解决问题之一, 便是著名的 Clay 研究所所罗列的七个 "千禧年问题" (Millennium Problems, 详细参见 http://www.claymath.org/millennium) 之一, 其中每一个问题的解答将会获得一百万美元的奖金. 列表上的第五个问题是庞加莱猜想 (Poincarè conjecture), 这个问题在 2002 年由 Grigori Perelman 解决. 可惜的是, 对于公众而言, 这个问题本身却不如性情孤僻的 Perelman 的个人的细节故事那么有名. 但是同样不寻常地, 是没有一个像他一样从任何角度而言都不富裕的科学家会拒绝授予他的高额奖金以及菲尔兹奖. 当然从另一角度来说, 数学的永恒, 才是这些奖项的真正意义所在.

黎曼猜想, Clay 列表上的第六个问题, 是对于素数研究的中心问题; 参见第二部分. 总而言之, 为了准确表达这个猜想, 我们需要复分析的知识, 而复分析是一门在任何数学专业的课程中都不会在第三个学期之前教授的课程. 这真的是一个坚硬的坚果, 而且任何不能马上理解和解决它的人都可以自我安慰: 你拥有很多同伴.

从 150 年前开始. 所有, 略知一二即可, 但是不要强迫自己理解所有的内容!

　　但是如果你坚持想要找到一个解答 (而且你低于四十岁 —— 我承认, 条件的确很苛刻), 那么一定会有一枚菲尔兹奖牌向你挥手. 每四年一届的国际数学家大会 (简称 ICM) 将会颁发这个数学界的最高荣誉. 本部分的最后一章将会是一篇简短的对于 2002 年在马德里的国际数学家大会的报道.

III.1　费马

费马大定理 —— 一个困扰数学家三百年的问题的解答

第 23 章

Jürg Kramer

选自《一切皆为数学 —— 从毕达哥拉斯到 CD 播放器》(Vieweg, 第 2 版, 2002 年), 第 201–213 页.

1 简介

在这篇文章中我们将介绍最近引起轰动的与费马猜想相关的最新发展. 这个猜想所说的是, 对于任何大于 2 的整数 n, 不存在非零的整数 a, b, c, 使得以下等式

$$a^n + b^n = c^n \tag{1}$$

成立. 费马在 1637 年左右提出了这个猜想, 也就是说, 这个猜想至今已经超过 350 岁高龄了.

皮埃尔·德·费马 (Pierre de Fermat) 在 1601 年 8 月 20 日出生于法国西南部的城市 Beaumont de Lomagne. 在父亲的坚持下, 年轻的他投身于法律生涯, 并且在 1631 年被任命为图卢兹议会顾问 (Conseiller au Parlement de Toulouse). 除此之外, 费马还身兼图卢兹的法官一职. 他并没有任何的政治野心; 取而代之的是, 他将自己的业余时间奉献给了数学, 尤其是数论. 当时的数论基本建立在丢番图在 3 世纪的巨著《算术》(Arithmetica) 上. 在 1621 年, 费马从 Claude Gaspar Bachet 那里得到了新出版的丢番图的《算术》一书并进行了深入的研读, 另外他还在书上记录了很多他自己的观察和发现. 他的大多数发现都只是简略的记录; 在费马死后, 他的这些工作被逐个严格证明, 除了一个 —— 那一个在本篇开始便提到的猜想, 直至 1995 年依然保持着神秘的面纱. 对于这个最后的谜题的解答, 我们需要感谢来自英国, 当时在普林斯顿任教的数学家安德鲁·怀尔斯, 他对于这个问题投入了多年的心血, 并且最后和理查德·泰勒 (Richard Taylor) 一起给出了这个猜想的完整证明; 我们将要在这篇文章的第二部分对此进行介绍. 皮埃尔·德·费马在他著名的发现之后还活了将近三十年的时间, 在这段时间内, 他除了数论之外还对概率论的基本概念, 以及微积分都做出了巨大的贡献. 在 1664 年底, 费马病重, 并且在不久之后的 1665 年 1 月 12 日便去世了.

2 费马是如何发现这个猜想的?

在我们回答这个问题之前, 先回忆一下勾股定理: 对于一个直角三角形 (见图 1) 直角边长为 a 和 b, 斜边长为 c, 那么它们之间满足关系:

$$a^2 + b^2 = c^2. \tag{2}$$

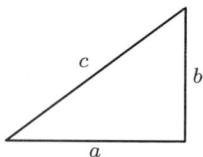

图 1   直角三角形

在这里三个边长 a, b 和 c 并不一定是整数; 例如假设 $a = 1$, $b = 2$, 那么斜边 c 的长度便由一个无理数 $\sqrt{5} \approx 2.236\cdots$ 给出.

同样值得注意的还有这个命题的逆命题: 假设有三个正实数, 称之为 a, b 和 c, 满足等式 (2), 那么以这三个数为边长的三角形一定是一个直角三角形, 其中 c 为斜边长.

现在我们面对另一个问题: 是否确实存在满足等式 (2) 的正整数 a, b 和 c. 事实上我们中的大多数已经知道一个例子, 即 $a = 3$, $b = 4$, $c = 5$ (即《周髀算经》中提到的 "勾三股四弦五"), 它们满足:

$$3^2 + 4^2 = 9 + 16 = 25 = 5^2.$$

对于毕达哥拉斯学派, 这样的整数对 (a, b, c) 是尤其被崇拜的, 因为它们对应着和谐的关系; 类似地, 长度比例为 $3 : 4 : 5$ 的三边也构成一个和谐的三角形. 这些所谓的勾股数早在公元前 1600 年左右的巴比伦时代便已经被学者所知了; 由此, 他们可以很轻松地构造直角, 尤其可以使用在测量土地上.

在上面提到的丢番图关于数论的巨著中包含了系统构造勾股数的方法的问题; 与此紧密相关的还有一个问题, 即究竟存在有限多还是无穷多对勾股数. 我们将使用现在的形式语言来描述以下的构造方法: 选择两个正整数 m 和 n, 使得 m 大于 n, 接下来令

$$a := m^2 - n^2, b := 2mn, c := m^2 + n^2,$$

于是我们便得到了一组勾股数, 因为通过二项式系数, 我们可以很轻松地验证

$$\begin{aligned}
a^2 + b^2 &= (m^2 - n^2)^2 + (2mn)^2 \\
&= m^4 - 2m^2n^2 + n^4 + 4m^2n^2 \\
&= m^4 + 2m^2n^2 + n^4 = (m^2 + n^2)^2 = c^2.
\end{aligned}$$

由于在这个构造方法中, 我们只需要选择满足关系 $m > n$ 的正整数 m 和 n 即可, 我们可以马上发现, 一定存在无限多对不同的勾股数.

在学习丢番图的工作中这一段内容的时候, 费马提出了一个问题: 如果在等式 (2) 中的幂数 2 用 $n \geqslant 3$ 来代替, 那么存在多少组由正整数组成的组 (a, b, c) 满足这个等式呢? 通过一些研究, 他得到了一个结论: 和勾股数的情形不同, 在这个情况

下不存在满足以上条件的数对 (a, b, c). 费马将他的结论写在他的那本《算术》上, 和以下那句如雷贯耳的话一起:

Cubum autem in duos cubos aut quadrato quadratum in duos quadrato quadratos et generaliter nullam in infinitum qudratum potestatem in duos eiusdem nominis fas est dividere. Cuius rei demonstrationem mirabilem sane detexi. Hanc marginis exiguitas non caperet.

以上这段拉丁语的句子翻译成中文就是:

我们不可能将一个数的立方写成两个立方之和, 或者一个数的四次方写成两个四次方之和; 一般来说, 将一个高于 2 的次幂分解成两个同次幂之和是不可能的. 对此, 我确信我已经找到了一个美妙的证明, 但可惜这里的空白太小, 我写不下.

3 1637 年和 1980 年之间的时间

至于费马猜想的证明, 当时人们只能证明 $n = 4$ 的情况. 在这里费马成功使用了他的无限下降的方法: 假设有一组正整数对 (a, b, c) 满足猜想, 即

$$a^4 + b^4 = c^4, \tag{3}$$

他构造了另一组正整数组 (a_1, b_1, c_1), 满足以下性质:

$$a_1^4 + b_1^4 = c_1^4,$$
$$a_1 < a, b_1 < b, c_1 < c.$$

通过这种方法, 费马可以构造无穷多组满足等式 (3) 的正整数组, 但是另一方面来说, 这些正整数组总是小于另一个, 所以可以达到任意小. 根据这些数组的构造, 它们必须是整数而且是正的, 于是我们得到了一个矛盾.

当费马在 1665 年逝世之后, 幸运地, 他的儿子萨穆埃尔 (Samuel) 了解他的父亲的数学工作的意义, 并在 1670 年重新编辑出版了丢番图的《算术》, 连同费马的观察和注解. 于是接下来的数学家们可以了解并验证费马在数论上的工作. 费马的没有严谨证明的观察中的很多都在接下来通过很多其他数学家的工作得到了完善, 其中包括著名数学家莱昂纳多 · 欧拉 (Leonhard Euler, 1707—1783). 他也对于费马猜想的进行了尝试, 但他只在 $n = 3$ 的情况获得了成功. 在欧拉去世之后最早的对于费马猜想的主要贡献来自女数学家苏菲 · 热尔曼 (Sophie Germain, 1776—1833), 而在那个封闭的年代, 她发表的工作都不得不以一个男性的名字 Monsieur Le Blanc 来署名. 在 1825 年, 阿德里安 – 马里 · 勒让德 (Andrien-Marie Legendre, 1752—1833) 和彼得 · 古斯塔夫 · 勒热纳 · 狄利克雷 (Peter Gustav Lejeune Dirichlet, 1805—1859) 独立地对 $n = 5$ 的情况下的费马猜想给出了证明. 接下来在 1839 年, 加布里埃尔 · 拉梅 (Gabriel Lamè) 给出了 $n = 7$ 的情况的证明. 在 1847 年, 他宣布他得到了对于费马猜想完整的证明, 并且通知了在巴黎的法国国家科学院, 但是这些论据被数论家恩斯特 · 爱德华 · 库默尔 (Ernst Eduard Kummer, 1810—1893) 驳斥了. 通过他的研究,

库默尔得到了解决费马问题的重要一步: 他解决了某些特殊情况下的费马猜想, 即指数 $n = l$, 其中 l 是正则素数 (100 以内的素数中不是正则素数的素数只有 37, 59 和 67).

在前一段中提及的对于费马猜想的工作经常基于关于数论的一般研究结果. 虽然人们在 20 世纪初继续努力寻找费马问题的解答, 并且在 1908 年哥廷根的皇家数学学会甚至为问题的解决提供了诱人的奖金 —— 高达十万马克的沃尔弗斯科尔奖, 但是数论的发展似乎却越来越脱离费马猜想的方向. 这种情况一直保持到 20 世纪 80 年代, 直到那时, 库默尔的工作得到了简化并且由于计算机科技的发展, 人们得到了越来越多的费马猜想的数值证据; 例如在 1976 年通过小萨穆埃尔·S·瓦戈斯塔夫 (Samuel S. Wagstaff, Jr.) 的计算, 我们知道对于小于 125000 的素数, 费马猜想都成立.

4   三个世界

在这一小节我们将要介绍数论的三个看上去互相独立的领域. 我们称这些领域为 "世界". 这些 "世界" 中的其中两个已经经过很长时间的数学研究, 但是它们直至 20 年前依然被视为和费马猜想毫无关系. 在接下来的小节中, 我们将要证明这些 "世界" 如何和其他的 "世界" 互相联系, 和这些对应的 "桥梁" 如何引导出费马猜想的证明. 而这个在 20 世纪 80 年代中期出现的, 将这几个看上去似乎毫无关联的领域联系起来并引导出费马猜想的证明的崭新的发现, 我们需要感谢当时在萨尔布吕肯 (Saarbrücken) 现在在埃森 (Essen) 的数学家弗雷 (Gehard Frey).

A. 反费马世界

在这个世界中, 存在一个素数 $l > 5$, 和一个正整数的数组 (a, b, c), 满足以下等式

$$a^l + b^l = c^l.$$

在不失去一般性的情况下, 我们可以假设, 这些数字 a, b 和 c 两两互素; 进一步, 我们可以知道 a, b 和 c 中恰好有一个是偶数.

最后我们将要证明的是, 这个反费马的世界是不可能存在的. 在这个情况下, 不存在任何对于素数指数 $l > 5$ 满足等式 (3) 的正整数 a, b 和 c. 接下来我们可以通过很简单的论证得到, 在这个情况下, 整个费马猜想是正确的.

B. 椭圆世界

这个世界由所谓的椭圆曲线组成. 一条 (定义在有理数 $\mathbb{Q}$ 上的) 椭圆曲线 E 是一条在 X, Y-平面上的曲线, 由三次等式:

$$E : Y^2 = X^3 + \alpha X^2 + \beta X + \gamma \tag{4}$$

定义, 其中 α, β 和 γ 是给定的整数, 使得等式右边的三次多项式的零点两两不同.

在代数曲线的理论中, 我们不仅将这条曲线考虑为处于 X, Y-仿射平面上, 而将其放置在射影平面中进行研究. 这意味着, 我们将椭圆曲线两个伸向 $\pm\infty$ 的分支 (见图 1) 通过一个无穷远点连接在一起. 现在, 让我们将这条位于射影平面上的椭圆曲线进行一些连续变形, 那么我们得到了由两个圈构成的图形 (见图 2). 最后我们将实数世界看成复数世界的一片, 于是我们得到了椭圆曲线 E 的副平面的图像, 就是所谓的环面 (见图 3). 接下来我们将对椭圆曲线和这样的环面进行一些介绍.

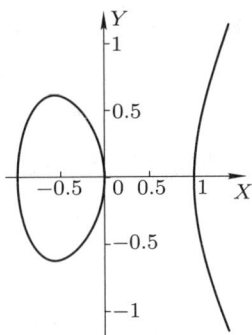

图 1　椭圆曲线 $Y^2 = X^3 - X$ 的实数图像

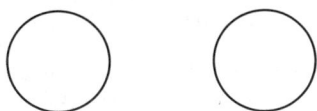

图 2　一条椭圆曲线的实数图像连同添加的一个无穷远点: 两个圈

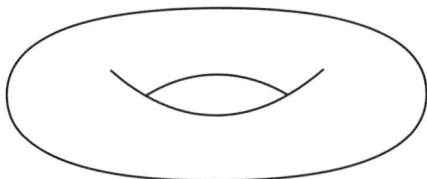

图 3　一条椭圆曲线的复数图像: 一个环面

一条椭圆曲线的一个很重要的不变量就是它的导子 N_E. N_E 的大小如下定义: 我们从等式 (4) 出发, 并选择一个任意的素数 p. 接下来我们将等式 (4) 模 p 考虑, 即:

$$Y^2 \equiv X^3 + \alpha X^2 + \beta X + \gamma \,(\mathrm{mod}\ p).$$

对于几乎所有的素数 p, 也就是除了有限多个, 等式右边的三次多项式的零点在模 p 的剩余类中两两不同. 现在 N_E 被定义为那些有限多的素数 p, 使得至少两个零点模 p 之后相等, 的乘积. 我们需要指出, 这里对于 N_E 的定义是不完整的, 但是我们在这里将不作更加深入的讨论.

例 椭圆曲线自然地解决了古老的同余数问题: 为此我们先选定一个正整数 F, 我们希望找到一个直角三角形, 使得其直角边长为有理数 a 和 b, 同时斜边长也是一个有理数 c, 使得这个三角形的面积正好为 F. 如果这样的直角三角形存在, 那我们称 F 为同余数. 为了解决这个问题, 我们考虑椭圆曲线:

$$E : Y^2 = X^3 - F^2 X = X(X - F)(X + F).$$

如果我们能够在这条曲线上找到一个有理点 $P = (x, y)$, 即存在一对有理数 (x, y) 满足性质:

$$y^2 = x^3 - F^2 x = x(x^2 - F^2), \tag{5}$$

并满足 $x > F, y > 0$, 那么我们可以将我们所寻找的三角形的三边设为

$$a = \frac{x^2 - F^2}{y}, \quad b = \frac{2Fx}{y}, \quad c = \frac{x^2 + F^2}{y}.$$

事实上我们可以马上验证

$$a^2 + b^2 = c^2$$

成立, 即它们构成了一个直角三角形; 根据等式 (5) 我们可以计算这个三角形的面积如下:

$$\frac{a \cdot b}{2} = \frac{x^2 - F^2}{y} \cdot \frac{Fx}{y} = \frac{x(x^2 - F^2)}{y^2} \cdot F = F.$$

通过将同余问题和椭圆曲线的理论联系起来, 我们可以得到, 例如说, 数字 $F = 1, 2, 3$ 不是同余数, 但是数字 $F = 5$ 和 $F = 6$ 确实是同余数; 在这两种情况下, 相对应的直角三角形的三边由以下三边给出:

$$a = \frac{3}{2}, b = \frac{20}{3}, c = \frac{41}{6};$$
$$a = 3, \ b = 4, \quad c = 5.$$

C. 模世界

这个世界包含着所谓的模曲线和模形式. 为了简单起见, 我们在这里只简单地描述模曲线. 模曲线是某些算术定义的曲面, 有向封闭, 并且可以通过正整数进行参数化. 对应于正整数 N 的模曲线将被记为 $X_0(N)$; 在这里 N 被称作模曲线 $X_0(N)$ 的水平 (level). 我们可以根据简单的有向闭曲面的分类理论将模曲线 $X_0(N)$ 想象成一个有 g_N 个把手的球, 或者是有 g_N 个洞的面包圈 (见图 4).

这个既定的整数 g_N 被称为这条模曲线 $X_0(N)$ 的**亏格**. 例如, 如果 $g_N = 0$, 那么这条模曲线是一个球面; 如果 $g_N = 1$, 那么我们看到的是一个环面. 基本上我们可以通过以下公式来计算亏格大小:

$$g_N = \left[\frac{N}{12} \right],$$

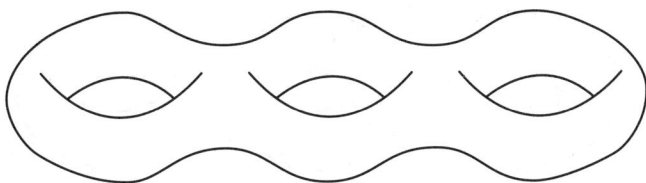

图 4 一条亏格 $g_N = 3$ 的模曲线 $X_0(N)$ 的图像

其中 $[N/12]$ 是不大于 $N/12$ 的最大的整数.

5 三个世界之间的桥梁

在这个小节中我们将先展示如何将反费马世界和椭圆世界联系在一起; 然后我们将要建立连接椭圆世界和模世界的桥梁.

A 与 B 之间的桥梁

这座桥梁的建立我们需要感谢弗雷在 20 世纪 80 年代中期将费马猜想重新拉回数论研究中心的天才想法. 为了描述反费马世界和椭圆世界的联系, 我们按照如下步骤去做: 在反费马世界, 我们找到一个素数 $l > 5$ 和两两互素的正整数 a, b, c, 使得等式

$$a^l + b^l = c^l$$

成立. 我们现在利用这些数据构造一条椭圆曲线, 简称为弗雷曲线, 其方程为

$$E_{a,b,c} : Y^2 = X(X - a^l)(X + b^l) = X^3 + (b^l - a^l)X^2 - (ab)^l X.$$

不难证明, 弗雷曲线 $E_{a,b,c}$ 的导子 $N_{a,b,c}$ 被所有整除 a, b, c 的素数 p 所整除. 因为整数 a, b, c 中的一个为偶数, 那么我们有以下公式:

$$N_{a,b,c} = 2 \cdot \prod_{\substack{p \text{ 素数} \\ p \mid abc, p \neq 2}} p.$$

如此我们就建立了连接反费马的世界和椭圆世界的桥梁.

B 与 C 之间的桥梁

椭圆世界和模世界之间的桥梁的建立是安德鲁·怀尔斯和理查德·泰勒的一项卓越的成就. 早在 20 世纪 50 年代末, 人们已经开始研究椭圆世界和模世界之间的联系了. 为了这个目的, 日本数学家志村五郎 (Goro Shimura) 和谷山丰 (Yutaka Taniyama) 给出了如下猜想: 假设 E 是一条 (定义在有理数 $\mathbb{Q}$ 上的) 椭圆曲线, 导子为 N_E, 那么 E 可以被一条水平 $N = N_E$ 的模曲线 $X_0(N)$ 覆盖, 即存在一个满射函数 f, 从模曲线 $X_0(N)$ 映到整条 E. 我们可以粗略地想象这个映射, 是从一个由 g_N 个洞的面包圈连续映到一个表现椭圆曲线的环面上 (见图 5).

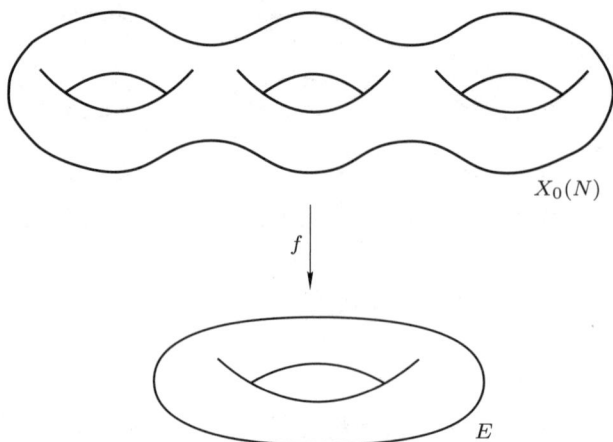

图 5 通过一条模曲线 $X_0(N)$ 覆盖椭圆曲线 E

我们需要立刻补充说明的是, 覆盖椭圆曲线 E 的模曲线的水平 $N = N_E$ 并不一定是最小的, 也就是说, 可能存在水平较小的模曲线能够覆盖给定的椭圆曲线 E. 通过从 N_E 中扔掉所有 "不必要" 的素因子, 我们就可以得到最小的水平.

安德鲁·怀尔斯和理查德·泰勒在《数学年鉴》上发表的工作 (见 Ann. Math. 141 (1995), 443–551 与 553–572) 的最主要的结果便是对于志村和谷山的猜想的证明. 于是椭圆世界和模世界之间的桥梁便被完全建立好了.

6 反费马的世界并不存在

在这篇文章的最后, 我们即将证明, 不存在任何素数 $l > 5$, 和一组正整数组 (a, b, c), 使得以下等式

$$a^l + b^l = c^l$$

成立; 于是我们便证明了, 反费马的世界是不存在的. 为了达到这个目的, 我们使用反证法, 即假设这个反费马的世界是存在的, 接下来我们推导出一个矛盾.

我们假设, 存在一个素数 $l > 5$ 和一组正整数组 (a, b, c), 它们满足等式:

$$a^l + b^l = c^l,$$

那么我们可以使用连接反费马的世界和椭圆世界的桥梁得到了弗雷曲线 $E_{a,b,c}$, 它的导子为

$$N_{a,b,c} = 2 \cdot \prod_{\substack{p\text{素数} \\ p \mid abc, p \neq 2}} p.$$

根据怀尔斯和泰勒的结果, 即连接椭圆世界和模世界的桥梁, 我们知道, 弗雷曲线 $E_{a,b,c}$ 可以被一条水平为 $N = N_{a,b,c}$ 的模曲线覆盖. 在他的一篇重要文章中, 伯克利 (加利福尼亚, 美国) 数学家肯尼斯·里贝 (Kenneth Ribet) 早在 20 世纪 80 年代末便证明了, 为了寻找覆盖一条弗雷曲线 $E_{a,b,c}$ 的水平最小的模曲线, 我们可以将原

始水平 $N = N_{a,b,c}$ 中的所有奇素数因子 p 都除去, 即弗雷曲线 $E_{a,b,c}$ 事实上将被水平为 2 的模曲线 $X_0(2)$ 覆盖. 但是根据对于模曲线 $X_0(2)$ 的亏格 g_2 的计算公式我们可以得到

$$g_2 = \left[\frac{2}{12}\right] = \left[\frac{1}{6}\right] = 0,$$

也就是说, 弗雷曲线可以被一个球面覆盖. 这就给出了我们所期待的矛盾, 因为出于拓扑原因, 不可能存在一个从球面到环面的覆盖映射. 直观上来看, 也就是为了得到一个环面, 我们必须在球面上凿出一个洞才可以.

我们想要将这篇文章结束于以上非常粗略的证明梗概. 如果你对此感兴趣, 我们向你推荐以下文献; 在这些文献中, 你可以找到详尽的关于费马猜想的历史和证明以及相关内容和研究的介绍. 希望你可以从中得到乐趣.

参考文献

[1] Harold M. Edwards: Fermat's Last Theorem. Graduate Texts in Math. 50. Springer-Verlag, New York-Heidelberg-Berlin, 1977.

[2] Jürg Kramer: Über die Fermat-Vermutung. El. Math. 50 (1995), 11–25& El. Math. 53 (1998), 45–60.

[3] Paulo Ribenboim: 13 Lectures on Fermat's Last Theorem. Springer-Verlag, New York-Heidelberg-Berlin, 1979.

[4] Simon Singh: Fermats letzter Satz-Die abenteuerliche Geschichte eines mathematischen Rätsels. Aus dem Englischen von Klaus Fritz. Carl Hanser Verlag, München-Wien, 1998.

III.2 $P = NP$

一百万美元, 为了你的信用卡的安全

第 24 章

Peter Gritzmann, Ehrhard Behrends

选自 *Aviso*, 巴伐利亚科学和艺术杂志 (巴伐利亚州科学艺术部), 第 1 册, 2004 年, 第 24–25 页.

对于信用卡, 你当然会小心使用, 不让任何其他人能够拿到它, 而且也不会将信用卡的四位数密码①写在一张纸上并放进钱包. 双重保险! 一旦有人想要在一家商店使用你的信用卡, 理论上他需要在所有一万种可能性中找到正确的那个. 他能够在第一次尝试就找到正确的那个的概率是 0.0001; 即使尝试三次, 概率也只是 0.0003, 而在三次的错误输入之后信用卡将会被锁定.

利用信用卡在取款机上进行操作或者在互联网上进行消费的时候, 一切咨询都会通过一个 "公开" 的渠道进行传输 —— 当然, 你的信用卡的 16 位卡号和 4 位密码这些数据在传输之前会先经过加密. 这真的安全吗? 不论如何总是和使用密码一样安全.

现代的密码学是建立在足够大的自然数的分解是很困难的基础上. 任意选择一个你最喜欢的整数或者其他任何一个, 我们称其为 n. 当然, n 可以被 1 和它本身整除, 我们称它们为显然因子, 但是是否还存在其他的因子呢? 如果是, 那么这些因子又是什么呢? 我们先来看一个简单的例子: 187. 经过简单的尝试, 我们可以发现: $187 = 11 \cdot 17$. 对于 758717 这个数字, 我们需要多花费一些精力. 最自然的判别一个数是素数还是合数, 并且找到合数的因子的方法便是系统地使用所有的可能的因子一个一个尝试, 即从 2 到 $n-1$ 的所有整数来除 n. 如果所有的都有余数的话, 那么我们就可以说 n 是一个素数. 否则我们至少可以找到两个因子. 如果我们选取的 n 是 100 位的数字, 那么在这种方法下我们需要进行大约

$$10000000000000000000000000000$$
$$00000000000000000000000000000$$
$$00000000000000000000000000$$
$$00000000000000000000000$$

次带余除法, 而且即使对于现在最好的计算机, 也无法在几亿年的时间内完成所有的检验. 当然, 我们可以将这种方法进行优化 (一个很显然的优化就是, 事实上我们只需要检验不大于 n 的平方根的数就够了, 而其中我们还可以继续舍弃一些 ⋯⋯)

---

① 德国的银行卡的密码为四位数. —— 译者注

但是我们至今还没有一个真正有效的分解整数的算法. 事实上, 一个给定的 174 位的整数的分解是一个悬赏一万美元的问题; 而如果你可以成功分解一个 617 位的数, 那么你将可以获得 RSA 安全公司提供的二十万美元的奖金. (顺便提一下, 目前整数分解的世界纪录是 155 位的数字; 它是在 292 台计算机的协作之下通过 7.4 个月才成功 "击破" 的.)

也许根本就不存在有效的算法? 如果你可以证明的话, 那么恭喜你, 一百万美元正在向你招手. 而你同时也解决了美国的 Clay 研究所提出的七个千禧年问题之一. 用 "典型的数学语言" 来说: $P \neq NP$. 在这个简短的表述背后的, 是科学中最有意思也是最让人兴奋的问题, 并且它们碰触到了我们的智力的原则上的底线.

在这里, 字母 P 代表的是一类可以 "在算法上有效" 判定的问题, 也就是说, 一些能够通过某个算法 "快速" 地找到 "是" 或者 "否" 的答案的问题. 为了可以足够精确地给出定义, 我们需要抽象地表述什么是一台计算机, 计算机可以做什么, 什么是一个问题, 计算机是如何处理一个具体的任务的, 还有什么叫做一个问题可以 "快速" 或者 "有效" 解决. 属于 P 的一个很简单的问题便是, 判定一个给定的整数是否被 2 整除. 我们都知道, 一个数能被 2 整除, 那么它的个位数一定能被 2 整除. 所以对于这个问题的算法就是: 当这个数字被输入之后, 这个算法便忽视所有除了个位以外的数字, 并且判定个位数是否为 0,2,4,6,8 中的一个. 算法结束.

而问题 "给定自然数 n, n 是否为合数" 的确是一个决定性问题, 我们将其记为合数问题. 我们并不非常清楚这个问题是否可以用一个算法有效地解决. 从另一个角度说, 我们很清楚地知道该如何说服你 758717 是一个合数, 只需要提供它的两个因子 761 和 997. 通过简单的乘法运算, 你可以很容易地确认我们所说的是事实: $758717 = 761 \cdot 997$. 一个问题的这种性质, 即拥有一个你一旦确认便可以很容易确认的解答, 就是这个类别 NP 的决定性的性质. 任何对于合数问题成立的, 对你的信用卡密码也同样成立. 当一个小偷偷走了你的信用卡并发现一张写着四个数字的纸条, 他可以很容易确认这些数字是不是相对应的密码 —— 他只需要找到一台取款机试试就可以了.

这个说法 "$P = NP$" 的意思是说, 如果我知道对于任意一个确定的问题和一个给定的可能的解答可以很容易地验证是否正确, 那么我一定可以很有效地计算这个问题的解答. 合数问题是一个 NP 问题, 因为对于给定的任意三个数字 n, q 和 r, 我们很容易验证 $n = q \cdot r$ 是否成立. 但是合数问题是否是一个 P 问题呢? 这个问题的答案是: "是", 合数问题可以很有效地解决, 但是这个答案在 2002 年才浮出水面. 那么, 我们的密码是不是会因此变得不安全呢? 这个答案也许会让你惊讶: 我们并不知道. 尽管现在我们可以有一个有效的方法判别一个给定的数字是素数还是合数, 但是分解一个合数, 也就是说找到一个合数的因子, 是一个完全不同的问题. 用正式的语言说, 我们现在面对的问题是: "给定一个合数 n, 请给出它的两个 '非平凡' 因子". 这个问题虽然不是一个决定性问题, 但通过一个小技巧, 我们可以将其归结到

一个 NP 问题上. 但是这个问题 —— 我们将它记作分解问题 —— 是否属于 P 却是一个没有人能解答的问题.

那么会发生什么呢? 假如有人可以证明 $P = NP$ 成立, 那么所有常见的密码系统将会被轻易击破. 而对我们的生活的影响则更加难以想象! 但也有可能有人可以证明分解问题并不属于 P. 那么在理论上, 我们总是可以构造更安全的密码, 并且永远保持比 "解密者" 们领先一步. 而当然, 如果你能给出这个问题的证明, 那么你将获得一百万美元, 并且非常值得这份奖励.

Dr. Ehrhard Behrends 教授, 柏林自由大学

Dr. Peter Gritzmann 教授, 慕尼黑工业大学

在所有 NP 问题中最困难的就是那些如果有有效算法的话就能推出 $P = NP$ 的问题. 这些问题成为 NP 完全问题. 我们并不知道分解问题是否属于 NP 完全问题. 旅行推销员问题, 即寻找给定数量的 "城市" 之间的最短路径, 确实是 NP 完全的, 还有扫雷游戏, 以及大量的在现实生活中, 例如在工业、商业、医学、考古学、生物学等领域中的应用.

$P = NP$?

第 25 章

Martin Grötschel

选自《数学元素》(Birkhäuser), 第 57 册, 2002 年, 第 96–102 页.

在这个对于外行们或多或少有些神秘的表达 $P = NP$? 背后的是现今在复杂度理论中最重要的问题. 这篇文章从这个理论的一些角度出发, 用非正式的方法阐述了 $P = NP$? 的意义. 它所涉及的不仅仅是数学和计算机理论中的算法, 还有我们的生活中的基本问题. 我们是不是有可能证明, 对于我们日常生活中很多问题不存在任何有效的解决方法呢?

玩笑解答

我们可以把 P 和 N 都看成变量, 那么 $P = NP$ 成立则意味着 $P = 0$ 或者 $N = 1$. 虽然如此, P (因此我们使用花体字母来表示) 并不是一个变量, 而是表示一类决定性问题, 这些问题可以在一台图灵机上使用一个算法在多项式时间内解决. 如果我们将定义中的多项式用非确定性多项式替代, 那么我们便得到了 NP 的定义. 通常, 被一篇文章的开头吓到的人马上就会停止阅读下去. 但是这不是一个明智的选择. 所以我们重新开始.

什么是一个快速的算法?

计算复杂性理论中的一个中心概念就是快速算法, 有时候也被称作好或者有效算法. 每个人都会在直觉上有自己对于 "快速" 的定义. 下面是我自己的一个例子. 如果我想要开车出行但不知道最佳路线, 那么我会使用一个设计路线的网站, 在其中输入起点和终点, 然后让它寻找最短或者最快的路线. 输入地址 (至少以我的速度) 会比计算路线花费更多的时间. 我将这个称为快速. 在我写这篇文章之前, 我必须从柏林的上加托 (Hohengatow) 开车到厄尔克纳尔 (Erkner). 从距离角度上来说, 最短路线通过柏林市区 (52 km, 根据路线设计软件, 所需时间为 1 小时 46 分钟); 在早上的上班时间这并不是一条很好的路线, 尤其如果你需要在约定的时间内赶到的话. 从时间角度上来说, 最快的路线走的是东北方向的高速环路 (99 km, 根据路线设计软件, 所需时间为 1 小时 28 分钟). 一个同事警告我这条路上可能会有堵车. 通过输入不同的中间点并重复运行这个软件, 我终于得到了一条对我来说看上去 "合理" 的路线.

这是数学一个很典型的应用. 一个问题并不能一次性的解决. 我们需要考虑一

些额外的情况, 重复多次应用解决方法, 然后通过考虑其他的方面在多种解答中选出一个 "可接受" 的方案. 为此, 我们多次使用一个算法 (在这个例子中就是计算最短路线的方法), 而且要这么做, 只有在计算机可以在几秒内给出答案的情况下才可以.

最短路线问题: 一个变形

为了得到一个从上加托到厄尔克纳尔的合理路线, 我在最短路线的程序中输入了希望经过的中间点 $Z_1, \cdots, Z_k$. 这个软件计算从上加托到地点 Z_1 的最短路线, 然后从 Z_1 到 Z_2 的最短路线, 等等. 也就是说, 在设计路线的过程中, 这些中间点的序列一定会被考虑到. 如果我想要出游并且参观在地点 $Z_1, \cdots, Z_k$ 的景点, 那么这些景点的顺序对我来说没有关系. 现在让人惊讶的部分来了. 没有人知道一个算法可以保证在几秒之内找到这个 "轻微变形" 的解答. 或者很不幸地, 计算路线所需的时间甚至会超过这段旅程的时间. 这是为什么呢? 这正好是这个问题 "$P = NP$?" 的核心.

一个算法的运行时间

为了解释 "$P = NP$?" 这个问题, 我们首先需要正式地解释一些复杂性理论中的基本概念. 为了能够讨论算法, 我们首先需要一个抽象计算模型. 在理论中, 我们需要一个所谓的图灵机. 在这篇文章的范围内, 考虑一台个人计算机就足够了. 一个算法是一个可以在计算机上运行的程序. 在实际应用中, 我们通过测量运行时间来衡量它的速度. 在理论上, 需要特别注意, 我们感兴趣的是程序的质量, 而不是计算机的质量. 因此, 运行时间的定义是依赖于计算机的. 我们将一个程序的运行分解成一些单个的步骤, 也就是所谓的基本计算步骤. 基本计算步骤可以是, 例如, 两个数相加, 或者在记忆体中写入一个符号. 一个算法的运行时间便是从这个角度得到的基本计算步骤的数量. 这是一个理论所需的计量单位, 在实际中 (例如如果我们知道一台计算机的周期时间的话) 也同样可以很好地复制.

显然, 一个算法的运行时间是依赖于输入的数据的. 为了计算从上加托到厄尔克纳尔的最短路线, 我们只需要柏林和勃兰登堡的街道的数据. 而从莫斯科到马德里的最佳路线的设计则需要更大的数据库和更长的计算时间. 对于数字的计算也是类似的情况. 我们可以直接心算一位数的乘法. 对此, 计算机所需的是一个基本计算步骤. 而对于两个拥有上百位的数字的乘法, 计算机必须 (正如我们一样) 进行大约一万次基本的一位数乘法和差不多数量的加法. 形式上来说, 两个 k 位数的乘法需要大约 k^2 次基本计算步骤.

为了准确定义一个算法的运行时间, 我们还需要做得更精确. 我们确定允许哪些输入和输入数据是如何编译的. 理论和实际中的常用方法是二进制编码, 也就是使用一个由 0 和 1 组成的序列来表示数字. 数字 –100 将会被表示成 –1100100, 所以包含负号需要八位的长度. 类似地, 我们可以应用在字母或者图中的点和边.

接下来我们定义: 一个算法 A 对于长度为 n 的输入的运行时间 $l_A(n)$ 是, 对于一个长度为 n 的输入, 运行算法 A 所需的基本计算步骤的最大数量. 显然, 我们并不能准确地计算 $l_A(n)$ 的值. 我们说这是一个多项式时间算法, 如果 $l_A(n)$ 可以被限制在关于 n 的一个多项式内. 例如

$$l_A(n) \leqslant an^2 + bn + c$$

对于所有可能的输入长度 n (其中 a, b 和 c 是常数) 都成立, 那么我们就说, 这个算法 A 是平方运行时间的.

单纯的素数测试, 即我们取数字 z 的平方根, 然后验证所有小于等于 $\sqrt{z}$ 的自然数是否是 z 的因子, 并不是一个多项式算法, 因为所需的除法的数量并不能被一个 $\lceil \log(z+1) \rceil + 1$ 的多项式所控制.

数学上快速的算法

也许你会觉得, 把多项式运行时间的算法称为快速是一个略轻率的决定, 尤其, 每个人都知道一个运行时间的量级为 n^{1000} 的算法是完全没有希望的. 但这只是一个很粗略的筛选: 一个运行时间为 n^{10} 的算法是不实用的, 但是毕竟, 对于所有的 $n \geqslant 10$, 这个算法总是会比运行时间为 n^n 的算法要快.

这看起来似乎令人惊讶, 但我们目前的知识的状态是, 对于理论和工业应用中的很多有趣的问题, 我们并不知道任何多项式时间的算法, 甚至连运行时间为 $n^{1000^{1000}}$ 的都没有.

类别 P

在这里我们对此做一些简化. 代替讨论一般的数学问题, 在这里, 我们只考虑判定性问题的情况. 这是一类问题, 对于这些问题我们必须要给出 "是" 或者 "否" 的答案. 下面是两个简单的例子:

- 一个给定的整数是否是两个数的平方和?
- 一个给定的图是否包含哈密尔顿路?

一条哈密尔顿路是一条任意起点和终点的道路, 使得它通过所有的顶点, 同时只使用图中已有的边. 尝试一下, 你能在图 1 中找到哈密尔顿路吗?

我们可以把运筹问题归类到判定性问题中. 代替直接寻找从上加托到厄尔克纳尔的最短路线, 我们提问, 例如, 是否存在一条不超过 53 km 长的路线.

根据类别 P 的形式定义, 它包含所有的判定性问题, 对于这些问题存在一个算法, 能够在多项式时间内给出 "是" 或者 "否" 的答案. 例如, 如下判定性问题便包含在类别 P 中:

- 在一个图中是否存在一条从 A 到 B 的长度不超过 c 的道路?

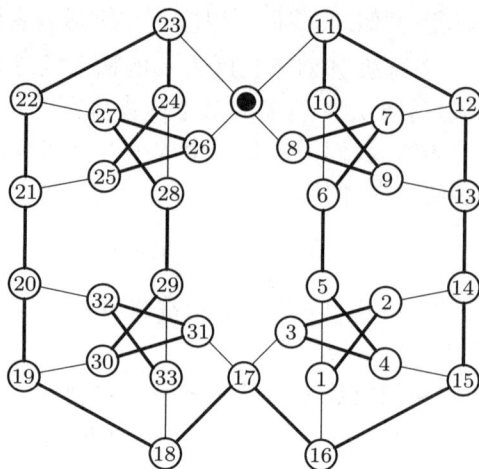

图 1

- 是不是所有的 $n \times n$ 矩阵都是可逆的?
- 是不是所有的图都是连通的?

类别 NP

对于哈密尔顿路问题和以下的判定性问题, 我们还不知道它们是否属于类别 P:

- 给定一幅图 G. 我们能不能将图 G 中所有顶点用不超过 k 种颜色染色, 使得任意两个相邻的顶点都有不同的颜色?

- 给定一个正整数 z. 这个数 z 是不是两个不同于 1 的整数的乘积, 即 z 是不是一个合数?

这些问题拥有一个特别的性质. 如果答案是肯定的, 那么我们就可以给出快速检验肯定答案的正确性的证明.

我们考虑图 1 中的图 G. 我们将图中的黑色顶点以及以它为顶点的所有边都从图中删去, 那么我们就得到了一幅包含哈密尔顿路的图 G'. 这是在图中加粗的道路, 从标注为 1 的顶点开始, 依次经过顶点 2, 顶点 3, $\cdots$, 顶点 33. 很容易验证这是一条哈密尔顿路. 类似地, 如果一幅图可以用不超过 k 种颜色染色, 那么我们可以给出一种染色方法, 并且可以直接验证是否所有的边都有不同颜色的顶点. 而如果一个数 z 是两个整数 z_1 和 z_2 的乘积, 那么我们可以通过乘法来检验 $z = z_1 \cdot z_2$ 是否成立.

现在我们来介绍类别 NP. 一个判定性问题属于类别 NP, 如果它满足如下性质:

(a) 对于给定的输入, 如果问题的答案是 "是", 那么还能给出一个证书来帮助验证答案的正确性.

(b) 存在一个算法 (称为检验算法), 这个算法以一般的输入序列和上一条中提到的证书作为输入数据, 运行时间为以一般的输入的长度为变量的多项式, 用以检验这个证书是否可以证明答案的正确性.

乍听上去非常复杂, 但事实上它比看上去容易理解. 对于哈密顿路问题, 一个一般的输入包含一个能够表达给定的图的二进制序列. 上面的例子中的证书就是一个二进制编码的顶点序列 $1, 2, 3, \cdots, 33$. 我们的检验算法首先读这幅图 (这定义了编码长度) 然后再是顶点序列. 接下来它检验这个顶点序列是否表示了一条哈密尔顿路. 这个检验的过程必须要在以这幅图的编码长度为变量的多项式时间内完成.

接下来是另一个例子. 为了证明整数 1090621093 是一个合数, 我们的检验算法不需要进行素因子分解. 如果将数字 4585 和 237969 作为证书给出, 那么只需要做乘法我们就能知道, 这并不是一个正确的证书. 如果包含的是 4583 和 237971, 那么它们的乘积为 1090621093. 所以我们证明了, 这个数并不是一个素数.

类别 co-NP

我们可以看到, 类别 NP 的定义中的一个特别之处便是对于答案 "是" 和 "否" 的不对称性. 问题 "一幅图 G 中是否包含一条哈密尔顿路" 就包含在 NP 中. 那么, 是不是问题 "图 G 中是否不包含任何哈密尔顿路" 也一定包含在 NP 中呢? 没有人知道该如何给出一个可以在多项式时间内检验的方法.

事实上, 这个不存在问题在某种程度上看上去更困难. 让我们回头再看看图 1 中的图 G, 试着能不能证明它不包含任何哈密尔顿路. 这绝对是非常困难的!

我们将这一类判定性问题, 它们的反面 (即交换 "是" 和 "否" 的答案) 是包含在 NP 的问题, 称为 co-NP 问题. 所以 "图 G 是否不包含任何哈密尔顿路" 这个问题就是一个 co-NP 问题. 同样, 问题 "整数 z 是否是一个素数" 也属于类别 co-NP. 使用数论的方法我们可以证明, 这个问题也是一个 NP 问题. 所以素数问题包含在 $NP \cup$ co-NP 中.

P 和 NP

所有属于 P 的问题当然也属于 NP 和 co-NP. 对于 P 中的问题, 存在一个在多项式时间内 (只有一般的输入而没有证书的) 给出 "是" 或 "否" 的结果的算法. 所以我们得到了以下结论:

类别 P 同时包含在 NP 和 co-NP 中. 尽管如此, 没有人能证明, 是否 $P = NP$, 或者 $P = NP \cup$ co-NP, 或者 $NP =$ co-NP. 其中最重要的问题 (在复杂度理论中其他众多的开放问题中) 则是

$$P = NP?$$

因为我们日常生活中的很多问题 (写成判定性问题的形式) 属于类别 NP.

NP-完全

在 NP 中存在一个非常有趣的子类. 我们称一个判定性问题 Π 为 NP-完全, 如果它属于 NP, 并且拥有以下性质:

- 如果对于 Π 存在一个多项式算法, 那么 $P = NP$.

只从定义上看, 我们很难相信真的存在 NP-完全问题; 但事实上, 有很多问题是 NP-完全的, 例如我们在前面提到的哈密尔顿路问题和顶点染色问题.

以能够设计一个 NP-完全问题的多项式时间的算法来证明 $P = NP$ 的想法给很多人提供了解决这个问题的希望. 大量错误的证明 (不仅仅来自于外行) 就是沿着这条道路: 许多的辛勤劳动, 但至今依然没有任何成功.

对角化

几乎所有工作于复杂度理论的人都坚信 $P \neq NP$ 成立. 为了证明, 我们必须, 例如找到一个判定性问题, 可以证明它不能在多项式时间内被解决. 然而, 我们对此却似乎缺少有效的证明技术. 其中人们还尝试了对角化的方法 (这个方法可以回溯到康托 (G. Cantor)). 这是一种方法, 通过这个方法人们证明了实数的数量比自然数多. 但是可以证明, 因此 $P \neq NP$ 是不可证的, 参见文献 [1]. 其他的技术也有类似的问题.

这个问题的解决方案的推论

我估计, 检验 $P \neq NP$ 会在很长一段时间内给数学家们提供工作. 我们每天都会面对 NP-完全问题. 离开了一般的解决方法, 我们必须针对每一个问题给出特定的解决方法. 这就是我们现在所使用的方法, 如此我们才可以在可接受的运行时间内以可接受的质量解决那些困难的工业问题.

从另一角度, $P = NP$ 这个问题可以通过非构造性的论据来证明. 例如可以说, 我们证明了对于一个 NP-完全问题存在一个多项式算法, 但并不需要具体给出一个多项式算法. 这样的一个结果将会解开大家的困惑.

如果能够给出 $P = NP$ 的一个构造性证明, 会对我们造成什么影响呢? 对于现在的密码学, 这将是灾难性的, 因为由此所有现有的密码系统将会有潜在的不安全性. 但是在工业上将会受益匪浅. 实践中的重要问题 (生产计划, 芯片设计, 交通, 电信, ……) 将会在短时间内找到最优解. 我个人相信, 在这种情况下, 复杂度理论则需要进行一些修改. 根据我的经验, 我知道解决最短路线问题比哈密尔顿路问题要简单得多. 如果 $P = NP$ 成立, 那么这个理论便太粗糙了, 所以需要进行一些优化, 以便容纳我们从计算试验和理论中观察到的差异. 这不是一个科学上的说法, 而是一个 "信条".

所以问题 "$P = NP$?" 可以独立于集合论的公理来解答, 它可以扮演类似连续统假设的角色. 但是在这里我们不会深入讨论这个问题.

非确定性?

我们所说的 NP 中的字母 N 来自于非确定性 (non-deterministic). 这是什么意思呢? 对于类别 NP, 存在不同的等价定义. 其中一些比我们出于易表达的原因而选择的定义更容易看出非确定性这个部分. 这里是一个解释. 对于一个判定性问题, 我们输入一个一般的输入序列. 一个确定性的算法马上就开始工作了. 而一个非确定性算法将会先根据所有可能的证书进行猜测. 在每一个猜测步骤中, 会对一般的输入序列和进行猜测的证书运行一个确定性的算法, 来验证这个证书是否能确定 "是" 这个答案. 我们称这样的一个算法为非确定性算法. 如果一个给定的输入序列得到的结果是肯定的, 并且只通过可能的证书在多项式时间内给出 "是" 的答案, 那么我们说, 这个非确定性算法是多项式时间的. 类别 NP 包含所有的可以通过一个多项式时间的非确定性算法得到解答的判定性问题. 对于类别 NP 这样的解释清楚地解答了为什么很少有人会期待 $P = NP$ 成立. 我们很难相信, 可以同时构造一个多项式时间的确定性算法 (类别 P), 还可以通过 (看上去非常有创造性的) 非确定性算法来得到解答. 对吗?

结束语

对于这个主题的好的参考书有文献 [3], [4] 和 [5]. 对于在这篇文章中粗略带过的部分, 可以在这些书中找到清晰透彻的解释. Stephen Cook [2] 给大家提供了一个非常好的全貌. 而让 Cook 出名的工作便是, 他率先证明了 NP-完全问题的存在性.

附加注释

正在这篇文章出版之前, 来自印度坎普尔的 M. Agrawal, N. Kayal 和 N. Saxena 对于素数问题构造了一个确定性算法. 他们的文章 *PRIMES is in P* 和更多的提示可以在网站 http://www.cse.iitk.ac.in 找到.

参考文献

[1] Baker, T.; Gill, J.; Solovay, R.: Relativizations of the $P = NP$? question. SIAM Journal on Computing 4(1975), 431-442.

[2] Cook, S.: The P versus NP Problem. http://www.claymath.org/prizeproblems/pvsnp.htm.

[3] Garey, M. R.; Johnson, D.S.: Computers and Intractibility, a Guide to the Theory of NP-Completeness. Freeman, San Francisco, 1979.

[4] Papadimitriou, Ch.: Computational Complexity. Addison-Wesley, Amsterdam, 1994.

[5] Sipser, M.: Introduction to the Theory of Computation. PWS, Boston, 1997.

III.3 ζ 函数

黎曼猜想

第 26 章

Jürg Kramer

选自《数学元素》(Birkhäuser), 第 57 册, 2002 年, 第 90–95 页.

1 简介

我们将要在这里介绍的千禧年问题针对的是一个最初成形于 19 世纪的数论问题, 而最近几年, 人们惊喜地发现, 这个问题和数学中的其他领域以及理论物理都有联系. 这个问题源自于关于自然数中素数的密度的问题. 我们由浅入深地来介绍这个问题. 我们用 $\mathbb{N}$ 来指代自然数的集合, 即

$$\mathbb{N} = \{0, 1, 2, 3, \cdots\}.$$

而 $\mathbb{P}$ 指代的则是素数的集合, 即一个包含所有大于 1, 并且只能被自己和 1 整除的自然数, 也就是说

$$\mathbb{P} = \{2, 3, 5, 7, 11, 13, \cdots, 229, \cdots\}.$$

接下来我们提醒大家两个也许大多数读者已经很熟悉的关于素数的事实.

第一个事实, 任意正整数 n 都能被写成素数次幂的乘积, 并且如果不考虑顺序的话, 这个写法是唯一的, 也就是说, 存在素数 $p_1, \cdots, p_r$ 和自然数 $\alpha_1, \cdots, \alpha_r$, 使得有如下等式成立:

$$n = p_1^{\alpha_1} \cdots p_r^{\alpha_r}.$$

这便是所谓的算术基本定理, 换言之, 它意味着素数是自然数的乘法建筑基石.

现在我们要提醒大家的是欧几里得的一个定理, 它告诉我们, 存在无穷多个素数. 关于这个问题我们可以从如下角度来看: 假设这个命题是错误的, 也就是说, 素数的数量是有限的, 将它们记为 $p_1, \cdots, p_N$. 那么我们来看下面这个 (非常巨大的) 数字:

$$m = p_1 \cdots p_N + 1.$$

从一个角度来说, 这个自然数 m 至少包含一个素因子 q, 因为它不是我们已知的素数中的任意一个; 从另一角度来说, 如果我们用任意一个素数 $p_1, \cdots, p_N$ 去除自然数 m, 得到的余数都是 1, 所以 q 不可能等于 $p_1, \cdots, p_N$ 中的任意一个. 于是我们得到了矛盾, 由此便证明了素数数量是无限的这个命题.

根据欧几里得定理我们知道, 存在任意大的素数. 这个现象在今天的密码学中扮演着很重要的角色. 至今我们所知的最大的素数形如 $p = 2^n - 1$, 也就是所谓的梅森素数, 这个数为

$$p = 2^{13466917} - 1,$$

这个数在十进制下有超过四百万位 (参见 [10]). 如果我们想要将这个数的所有数位都打印出来的话, 使用这篇文章的字体大小我们大约需要超过 1000 页 A4 的纸张.[①]

2　黎曼 ζ 函数

对于实数或者更一般的复数 $s = \sigma + it$, 我们观察以下级数:

$$\sum_{n=1}^{\infty} \frac{1}{n^s} = 1 + \frac{1}{2^s} + \frac{1}{3^s} + \frac{1}{4^s} + \frac{1}{5^s} + \cdots. \tag{1}$$

图 1　黎曼 (Bernhard Riemann)

当 $t = 0$ 和 $\sigma > 1$ 时, 使用分析学的基础课程中的方法我们知道, 这个级数是收敛的; 而当 $t = 0$ 和 $\sigma = 1$ 时, 我们得到了一个调和级数, 而分析学告诉我们, 调和级数是发散的, 虽然非常缓慢. 现在我们将级数 (1) 看做变量为 s 的一个函数, 那么我们用如下语言来表述: 当 $\mathrm{Re}\, s = \sigma > 1$ 时, 级数 (1) 绝对收敛, 并且在这个区域上定义了一个全纯函数. 我们将其称为黎曼 ζ 函数.

通过泊松求和公式 (Poisson summation formula) 的帮助, 我们可以进一步证明以下函数方程:

$$\pi^{-s/2}\Gamma(s/2)\zeta(s) = \pi^{-(1-s)/2}\Gamma((1-s)/2)\zeta(1-s); \tag{2}$$

在这里 $\Gamma(s)$ 是所谓的欧拉 Γ 函数. 利用函数方程 (2) 我们可以知道, 函数 $\zeta(s)$ 可以被延拓到整个复平面 $\mathbb{C}$ 上, 并且这个函数是一个亚纯函数, 点 $s = 1$ 是它的一个一阶极点, 留数为 1. 黎曼 ζ 函数的基础性质可以在例如 [2] 中找到详尽的解释.

我们可以通过以下两个由欧拉得到的结论来初步了解黎曼 ζ 函数对于算术的突出意义:

(i) 对于 $\mathrm{Re}\, s > 1$ 的情况, 黎曼 ζ 函数拥有一个所谓的欧拉积, 即

$$\zeta(s) = \prod_{p \in \mathbb{P}} (1 - p^{-s})^{-1}.$$

图 2　欧拉 (Leonhard Euler)

这个等式是很容易证明的: 将项 $(1 - p^{-s})^{-1}$ 用于几何级数 $\sum_{m=0}^{\infty} p^{-ms}$, 然后将乘积展开. 我们可以发现, 所有整数的 $-s$ 次幂都

[①] 人们对大素数的探索一直在继续, 截至 2014 年 2 月, 人们发现的最大的素数依然为一个梅森素数, 为 $2^{57885161}$, 这个数在十进制下的位数为 17425170. —— 译者注

出现在这个展开式中并且只出现一次 (在这里我们事实上应用了算术基本定理).

(ii) 欧几里得关于素数的无限性的定理事实上等价于 $\zeta(s)$ 在点 $s = 1$ 处有一个极点. 根据欧拉积, 我们得到, 当 $s \downarrow 1$ 时

$$\lim_{s \downarrow 1} \zeta(s) = \infty,$$

也就是说, 无限积

$$\prod_{p \in \mathbb{P}} \frac{1}{1 - p^{-1}}$$

是发散的, 由此我们可以知道, 集合 $\mathbb{P}$ 是一个无穷集.

3 素数函数

由于我们已经知道有无穷多个素数, 那么我们很自然地想要尝试寻找它们在自然数集中的分布. 为此, 对于任意正实数 x, 我们使用 $\pi(x)$ 来指代不大于 x 的素数的数量, 即

$$\pi(x) = \#\{p \in \mathbb{P} \mid p \leqslant x\}.$$

它定义了一个实值的函数, 我们称其为素数函数. 当 x 的值较小时, 我们看到 $\pi(x)$ 的图像类似于一个阶梯函数 (参见图 3); 而对于 x 的大的取值, $\pi(x)$ 的这个阶梯函数的性质却被隐藏了起来, 它看上去更接近于一个平滑的函数 (参见图 4). 这个现象基本上就是素数定理的内容: 当 $x \to \infty$ 时, 我们有

$$\pi(x) \sim \frac{x}{\log x};$$

并且通过对数积分

$$\mathrm{Li}(x) = \int_2^\infty \frac{\mathrm{d}t}{\log t}$$

我们可以将其进一步改进为

$$\pi(x) \sim \mathrm{Li}(x)$$

(参见图 3、图 4). 这个定理最早由高斯给出了初步猜想, 但是一直到 1896 年才由法国数学家阿达马 (J. Hadamard, 1865—1963) 和普桑 (C. de la Vallée Poussin, 1866—1962) 各自独立给出完整证明.

在 1949 年, 塞尔伯格 (A. Selberg) 和厄多斯 (P. Erdös, 1913—1996) 找到了对于素数定理的一个初等证明, 而在这个证明中应用了黎曼 ζ 函数和函数方程 (参见 [2] 第一章). 在 1997 年, 基于纽曼 (D.J. Newman) 的一个想法, D. Zagier 给出了一个非常简短的素数定理的证明, 他除了一些非常初等的算术事实之外基本上使用的就是柯西积分定理 (参见 [9]).

对于素数的分布, 我们还有

$$\pi(x) = \mathrm{Li}(x) + R(x),$$

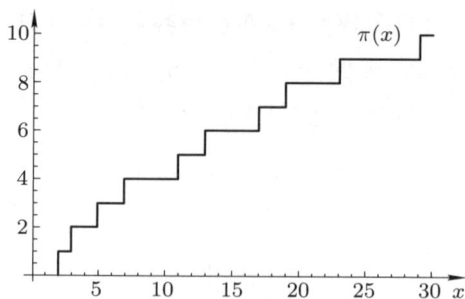

图 3　素数函数 $\pi(x)$

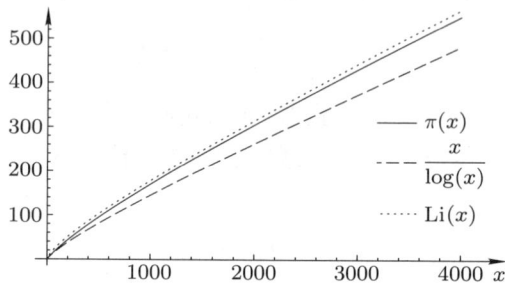

图 4　素数函数 $\pi(x)$

其中余项 $R(x)$ 满足

$$\frac{R(x)}{\mathrm{Li}(x)} \to 0, \ \text{当} \ x \to \infty.$$

一个很自然的有趣的问题就是研究余项 $R(x)$. 这个问题最后将我们引向了在这篇文章中我们想要介绍的千禧年问题.

黎曼猜想: 这个猜想是说, 在 $x \to \infty$ 时余项 $R(x)$ 大小约为

$$R(x) = O(\sqrt{x}\log x).$$

直至今日, 我们还没能证明这个猜想. 在 1922 年李特尔伍德 (E. Littlewood, 1885—1977) 给出了一个估计

$$R(x) = O(x \cdot e^{-C\sqrt{\log x \log\log x}}),$$

其中 C 是一个正常数 (参见 [2] 第三章). 但是很可惜, 这个估计依然不足以推导出黎曼猜想. 黎曼猜想的另一种写法则是关于 $\zeta(s)$ 的零点. 这种写法源于黎曼的表述.

黎曼猜想的等价表述: 除了所谓的 "平凡" 零点 $s = -2, -4, -6, -8, \cdots$, 黎曼 ζ 函数的所有零点都在临界线 $\{s \in \mathbb{C} \mid \mathrm{Re}\, s = 1/2\}$ 上.

我们可以在黎曼在《柏林月刊》的 1859 年 11 月期上的文章《关于某个给定大小以内的素数的数量 》(*Über die Anzahl der Primzahlen unter einer gegebenen Grösse*)

中找到这个原始的表述 (参见 [8], 180 页). 通过引入函数

$$\xi(t) = \pi^{-s(t)/2}\Gamma(s(t)/2)(s(t)-1)\zeta(s(t)),$$

其中 $s(t) = 1/2 + it$, 黎曼提到: "我们能找到很多实根, 而且很可能所有的根都是实的."

‖ 证明的路径

‖.1 经典的结果

首先我们可以通过经典方法来验证, $\zeta(s)$ 所有的非平凡零点都在临界带 $\{s \in \mathbb{C} \mid 0 \leqslant \operatorname{Re} s \leqslant 1\}$ 上. 现在我们使用 $N(T)$ 来指代在临界带上并满足 $0 \leqslant t \leqslant T$ 的零点的数量, 对此, 黎曼已经给出了估计

$$N(T) \sim \frac{T}{2\pi} \log\left(\frac{T}{2\pi}\right) \quad (T \to \infty),$$

他根据这个估计给出了猜想, 因为他实验性地在临界线 $\{s \in \mathbb{C} \mid \operatorname{Re} s = \frac{1}{2}\}$ 上找到了同样多的零点. 在 1922 年, 李特尔伍德对于零点在临界带中的限制做出了一个很重要的贡献; 即便如此, 我们距离证明黎曼猜想依然遥远. 借由计算机技术的不断发展, 人们进行了很多的数值实验. 在这里我们需要提到来自于奥德林克 (A. Odlyzko) 的一个令人印象非常深刻的结果: 目前已经计算出, 大小为 10^{22} 的 ζ 函数的零点都在临界线上 (参见 [7]).

‖.2 旧的和新的尝试

阿廷 (E. Artin, 1898—1962) 和韦伊 (A. Weil, 1906—1998) 将黎曼猜想类比得到了一个关于有限域上的代数簇上的局部 ζ 函数的猜想. 由哈瑟 (H. Hasse, 1898—1979) 在 20 世纪 30 年代的结果开始, 德利涅 (P. Deligne) 成功地在 20 世纪 70 年代给出了完整的证明, 而这也成为黎曼猜想可能为真的一个很重要的证据.

最新的研究发现, $\zeta(s)$ 的零点和 $\xi(t)$ 可以看做一个无穷维算子的特征值, 于是我们也许可以 (如同在局部 ζ 函数的情况下那样) 借助一些上同调的方法来证明黎曼猜想; 这些想法可以回溯到希尔伯特 (D. Hilbert, 1862—1943). 一个进一步并且很令人惊讶的发现来自于德宁格尔 (C. Deninger), 他将黎曼猜想和动力系统联系了起来 (参见 [5]). 最后我们还想提及与物理的联系, 确切地说, 是与混沌理论、量子物理的联系 (参见 [3]).

参考文献

[1] Bombieri, E.: Problems of the Millennium: The Riemann Hypothesis. pdf-file unter. http://www. claymath.org/prizeproblems/riemann.html.

[2] Chandrasekharan, K.: Arithmetical functions. Grundlehren der math. Wiss. 167. Springe
Verlag. Berlin, Heidelberg, New York 1970.

[3] Cipra, B.: A prime case of chaos. In: What's happening in the mathematical sciences. Vol.
AMS, 1999.

[4] Connes, A.: Trace formula in noncommutative geometry and the zeros of the Riemann zeta fun
tion. Selecta Math. 5 (1999), 29–106.

[5] Deninger, C.: Some analogies between number theory and dynamical systems on foliated space
Proc. Int. Congr. Math., Vol. I, 163–186. Berlin 1998.

[6] Edwards, H.M.: Riemann's zeta function. Academic Press. New York, London 1974.

[7] Odlyzko, A.: Tables of zeros of the Riemann zeta function.
http://www.dtc.umn.edu/~odlyzko/zeta_tables/index.html.

[8] Riemann, B.: Gesammelte mathematische Werke, wissenschaftlicher Nachlass und Nachträg
Collected Papers. Springer-Verlag/B.G. Teubner Verlagsgesellschaft. Berlin, Heidelberg/Leipzi
1990.

[9] Zagier, D.: Newman's short proof of the prime number theorem. Am. Math. Mon. 104 (1997
705–708.

[10] http://www.mersenne.org/prime.html.

III.4　数学中的奖牌

马德里的热浪

第 27 章

Günter M. Ziegler

选自《德国数学家协会通讯》，第 1 册，2007 年，第 40–47 页.

即使那位 "Rasputin" 没有出现，我还是会去西班牙吗? 当时正在德国南部的弟弟打电话给我，问了我这个问题.

　　我还是去了: 最初去了圣地亚哥 – 德孔波斯特拉，在那里我作为德国代表团的一员参加了国际数学协会的会议; 接下来去了马德里参加国际数学家大会，当然很开心能够亲眼见证新的菲尔兹奖得主的产生，还有见证了德国数学协会和国际数学联盟共同颁布的高斯奖的首发.

从德国的角度出发，我们不需要过分看重数学舞台上的政治影响. 一个可见的影响就是 Martin Grötschel 被选为国际数学协会新一任的秘书 —— 唯一的候选人，全票通过: 人们都给予他足够的信任. 他将继 Phillip Griffiths 之后成为普林斯顿高等研究院的院长. 国际数学协会新一任的主席将是匈牙利人 László Lovász，继 John Ball 爵士之后. Grötschel 和 Lovász 构成了一个完美的组合 —— 他们有很多合作，包括他们在 1988 年共同出版的关于运筹的几何方法的书.

同时，国际数学协会的办公室将从普林斯顿搬到柏林; 互联网的服务器 www.mathunion.org 也已经在柏林运行了一段时间，位于 Martin Grötschel 领导的 ZIB 中.

来自柏林的图标

在国际数学协会的会议上还展示了一个新的图标，并且在数学家大会的开幕式上，通过一个视频片段来为大家展示并解释了这个图标的意义: 这是一个优化的并且高度对称的波洛米环. 这是来自柏林工业大学和 MATHEON 的 John Sullivan 在国际数学协会的图标竞赛中的获奖作品.

发展中国家的抱怨

喜欢与否，将重心从美国转移到欧洲绝对不及对发展中国家的意义，联系和支持的问题的重要性. 关于这个问题，在圣地亚哥进行

国际数学协会的新图标

了很多的讨论 —— 而且在会议的最后, 在马德里的国际数学家大会的程序委员会的主席向国会提交了一份统计材料, 让一些问题浮出水面: 没有任何来自发展中国家的一小时报告, 很少的四十五分钟报告 —— 这也可以看成是对于组委会的一种反映, 其中没有任何发展中国家的代表, 没有印度人, 没有巴西人, 没有越南人.

这个情况部分由于统计的陷阱: 很多时候, 国家分配并不清晰, 而且 —— Grötschel 也同样认为 —— 唯一的 "良好定义" 的标准是当时的工作地点. 并且很多有天赋的人在某个时候搬到了美国或者欧洲······ 如果将出生地作为一个标准的话, 那么我们现在有了一个新的德国的菲尔兹奖得主 (和一个澳大利亚人, 两个俄罗斯人). 但是在统计上我们依然将其中两个奖项归到了美国.

无论如何, Martin Grötschel 承诺了一个对于发展中国家的重要性的更好的考量. 而且国际数学协会的会议的结尾也给出了一个清晰的信号: 2010 年的国际数学家大会将在印度举行. 这是第一次在发展中国家举办国际数学家大会, 如果不将 2002 年北京的数学家大会计算在内的话.

在会议中心前 Kenzo Ushio 正在雕刻一条大理石的莫比乌斯带 (图片来源: ICM)

像贝克汉姆一样做?

马德里会议中心是一栋由白色大理石构成的现代建筑, 坐落在机场和皇家马德里的训练场附近.

星期一晚上是颁奖典礼的预演, 位于会议中心的讲堂 A 中. 和代表们一起, 这个过程的细微之处被一一澄清. 人们期待国王的出现 (他为了国际数学家大会的开幕式中断了自己在马洛卡的假期). 国王主持了所有他参与的活动. 所以他很自然地坐在了讲台上, 并且在中间. 这个规则却和讲台上的座位数量产生了冲突.

颁奖的过程可以很简略地形容: 国王宣布了奖项并与获奖者一一握手. 其中一位菲尔兹奖获得者询问是否接下来回去自己的座位 —— 往回走? 不, 答案当然是不.

是否这意味着, 他应该开心地撕开衬衫 —— 就像足球明星一样, 他接下来轻声问. 我尝试着劝说他: "一个年轻、金发、有热情的数学家在国王在场的情况下开心地撕开衬衫", 这完全可以成为第二天报纸的头条, 也会改变公众心目中对于数学家的固有印象. 一个唯一的机会, 但可惜的是并没有发生.

年轻的与会者 (图片来源: ICM)

等待 Grisha

紧张和兴奋的情绪延续到了最后. 在颁奖典礼正要开始时, John Ball 爵士的手机响了: 皇宫打来电话确认一切顺利 —— 他们在报纸上看到 "Rasputin" 的消息, 所以想确认国王在颁奖典礼上知晓一切可能的情况.

安全起见, 事实上在讲堂 A 的第一排有四个标记着 "菲尔兹" 的座位, 而且还有四块雕刻完成的奖牌在旁候场. 在最后, 所有四个座位都坐满了 —— 三个菲尔兹奖得主, 和我 (我身为当时德国数学学会的主席, 必须颁发高斯奖, 所以我也站在讲台上).

保密

这次保密工作也非常成功 —— Perelman 和陶哲轩是菲尔兹奖 "确定" 的候选人, 但是另外两个候选人在颁奖典礼前大家却无从得知. (Andrei Okounkov 不止一次地告诉他的女儿们 —— 她们也来参加了典礼, 而且其中一个还在颁奖的过程中在座位上睡着了.)

　　同一天晚上在法国大使的住处的招待会上出现了一个有趣的情形: 入口处的保安在名单上没有找到 Andrei Okounkov 和 Jon Kleinberg 的名字. 于是穿着制服的保安接到了命令, 特别允许他们进入.

从左至右: Jon Kleinberg, 陶哲轩, 西班牙国王, Andrei Okounkov 和 Wendelin Werner

2006 年 9 月 14 日, 东京, John Ball 向伊藤清颁发高斯奖牌

颁奖

　　我们必须就开幕典礼给予西班牙人极大的褒奖: 雅致, 有吸引力, 视觉上的盛宴, 充满音乐: 一个成功的活动 —— 在它的中心自然是各个奖项的颁发.

　　菲尔兹奖的获奖者为 Andrei Okounkov, Grigori Perelman (拒绝奖项), 陶哲轩和 Wendelin Werner.

奈望林纳奖 (Nevanlinna prize), 一个颁给在信息科学的数学方面有主要贡献者的奖项, 获奖者为 Jon Kleinberg.

虽然公众的关注很多都在 Perelman 身上, 而且本届的菲尔兹奖获奖者之一 Wendelin Werner 出生在德国, 但从德国的角度出发, 中心事件绝对是为应用数学设定的高斯奖的首次颁发: 这个奖项是由德国数学学会和国际数学协会共同颁发的. 这个奖项获得者将会得到一块金质奖牌和一万欧元的奖金. 奖金资助来自于 1998 年在柏林的国际数学家大会的盈余.

由来自世界各地的数学家组成的评审委员会将 2006 年的奖项授予了伊藤清, 以表彰他对于随机分析的基础贡献 —— 在 "工程、商业和日常生活中" 的巨大影响, 正如高斯奖的章程所说.

高斯奖没有菲尔兹奖的四十岁以下的年龄限制, 因为数学的应用经常要在很久之后才能显现出来. 同样的情况也发生在伊藤积分上, 它在现实生活中应用最早, 在最近十年的金融数学的爆炸性发展中才逐渐清晰展现出来.

迄今已经 90 岁高龄的伊藤清出于健康原因没有能够参与在马德里的颁奖典礼 —— 他的女儿伊藤顺子代替他领取了奖项.

这个设计优雅的奖牌, 获得来自各方面的热情支持, 慎重选择了伊藤清作为第一个获奖者, 由国王亲自颁奖, 并且他的女儿带来了他的感谢: 这一切都成就了一场完美的高斯奖的首发仪式. 在这个完美的开始之后, 高斯奖和菲尔兹奖、奈望林纳奖站在了同一个舞台上.

一个小型的媒体奖项

我们将国际数学家大会的媒体奖项分为以下四个类别颁奖:

最美的报道的归属者是《镜报》上的一篇两页的文章: 一个非常有视觉效果的抬头, 一篇首次长篇介绍陶哲轩, 这位数学界的莫扎特, 的文章, 最后转向介绍 Perelman 和庞加莱猜想. 这一点让我们尤其开心, 因为对于 1998 年的国际数学家大会, 镜报当时给大众提供了两篇非常无聊的报道.

最美的标题来自于《南德国报》9 月 1 日期一篇关于 Karin Steinberger 的报道, 这篇报道几乎占据了整个第三版:《在数学家的世界中游览: "不要害怕解释你在做什么"》

英雄, 兔子和雪茄

他们被一个问题困扰数十年, 他们醉心于定理之美 —— 科学中穿透一切的起伏.

最无聊的报道这次来自于《图片报》: "没有洞的东西是球. 他由于这个理解得到了一百万美元."

《镜报》, 第 35 期, 2006 年 8 月 28 日

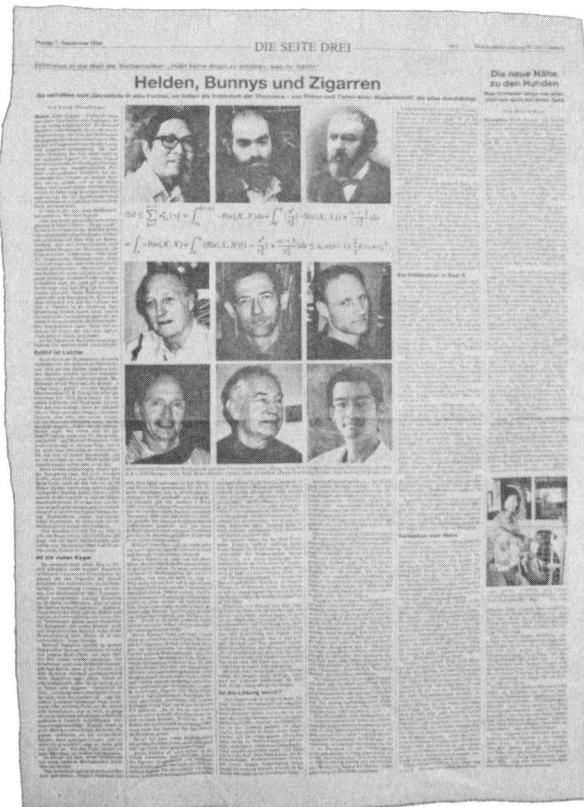

《南德国报》, 第 201 期, 第三版

最有争议的报道出现在《纽约客》上, 这篇报道在正式出版前便在数学家大会中引起了一番争议 —— 一个写得非常好, 但是同时也不是完全公平的报道, 出自于 Sylvia Nasar 之手 (*A beautiful mind*). 这篇报道是关于 Perelman, 庞加莱猜想和来自丘成桐的一篇关于这个问题的文章. 特别有问题的是, 同时刊登的一幅漫画, 内容为丘成桐想要偷走 Perelman 的菲尔兹奖牌. 因此丘成桐声明说要对这篇文章, 尤其是这幅漫画提起诉讼; 相关律师信可以在 http://www.doctoryau.com 上找到.

新闻发布会

国际数学家协会主席 John Ball 爵士到圣彼得堡拜访了 Perelman, 和他讨论了两天, 想要说服他接受这个奖项.

在颁奖典礼之后的新闻发布会上, 有人向他提问: "你担心他的心理健康吗?" —— John Ball 用一个很确定的 "不!" 和大笑回答了这个问题.

"那你觉得被冷落了吗? " —— 对于这个问题, John Ball 同样给出了否定的回答: "不! 我只是非常失望, 我非常希望他能够接受这个奖项, 但是这是他的权利, 我不能阻止他."

为什么他放弃这个奖项呢? —— 他觉得自己生活在 "数学圈子" 之外. 这是什么意思? 对此有很多的猜测, 但从未被证实.

庞加莱猜想

在马德里举办的这个具有历史意义的数学家大会可以看成是一个非常正式的确认, 庞加莱猜想已被完全解决 —— 经历了超过一个世纪以及很多基础贡献, 例如 Bill Thurston 关于几何化的贡献, Richard Hamilton 关于 Ricci 流的研究, 以及最近 Grigori Perelman的巨大的突破.

对此, Richard Hamilton 在他的一小时报告的最后惊讶地说: "我和所有人一样惊讶这个方法真的可以行得通! " 然后说: "我非常感谢 Grisha Perelman 最终解决这个问题."

同样, John Morgan 在他的公开报告中很开心地宣布 (通过在他的幻灯片中打出巨大的标题): "庞加莱猜想已经解决了!!!"

感兴趣的读者可以在《德国数学家协会通讯》2006 年第 4 期中找到 Bernhard Leeb 关于这其中的数学的解释.

乐透

整个西班牙都在流行乐透 —— 连同数学! 同时还在媒体上出现了一个创纪录的五千七百万的大奖.

菲尔兹奖得主们

Andrei Okounkov

国际媒体错过了这个会议最美的场景: 当颁奖之后 Andrei Okounkov 向后排走去亲吻他的太太的时候. 这个场景很可惜没有被附近的电视镜头捕捉到.

Andrei Okounkov 获奖的原因是将概率论、表示论和代数几何相结合的工作. 他的工作在数学的不同领域之间建立了很深刻的新的联系, 并且对于一些物理问题提供了全新的视角.

Andrei Okounkov 在 1969 年出生于莫斯科, 并且在 1995 年在莫斯科州立大学获得博士学位. 接下来他在加利福尼亚大学伯克利分校担任助理教授职位; 从 2002 年开始, 他成为普林斯顿大学的教授. (英国广播公司, 以及很多引用英国广播公司的国际媒体都将他的单位写成了 "伯克利", 这让他在普林斯顿的主管非常生气.)

Grigori Perelman

Grigori Perelman 被大家认可的贡献是对于几何和他在 Ricci 流的分析和集合结构上具有革命性的视角. 他在 2002—2003 年间在 arXiv 上发表的三篇文章包含了基本的对于进化等式和它的奇异点 —— 并且最后关于庞加莱猜想和源自 Thurston 的几何化猜想的新理解.

Grigori Perelman 在 1966 年出生于当时的苏联, 在 1982 年的国际数学奥林匹克竞赛中获得了满分并且为此得到了一块金牌. 他在圣彼得堡的国立大学完成了他的博士学习. 接下来他在美国生活了一段时间, 作为加州大学伯克利分校的 Miller 研究员. 他在圣彼得堡 Steklov 研究所的职位是在 2006 年初期媒体的广泛报道之后才获得的.

陶哲轩

Charles Fefferman 将他描述为也许是这个时代最好的数学家, "数学界的莫扎特", 从他的手下流出了美丽的数学乐章.

陶哲轩获奖的原因是他对于偏微分方程、组合学、调和分析和解析数论的贡献.

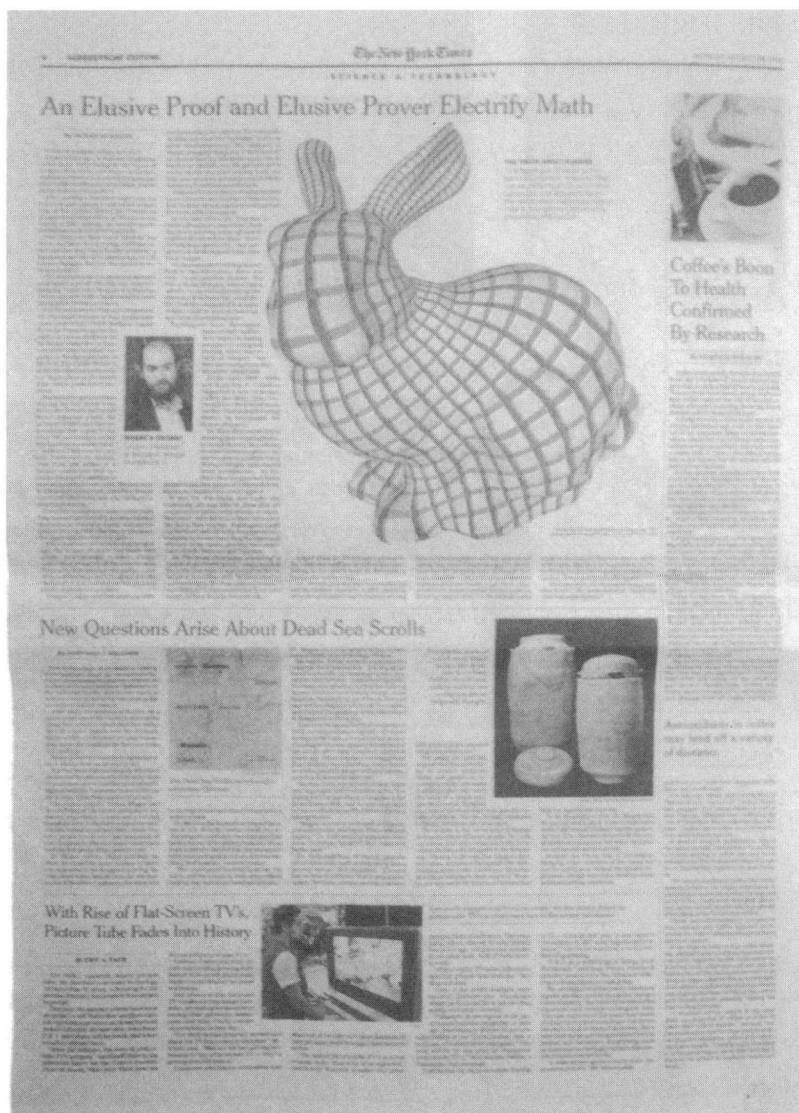

《纽约时报国际版周刊》，2006 年 8 月 28 日

陶哲轩出色的工作在数学中许多不同的领域都产生了深远的影响. 和 Ben Green 一起, 他们证明了存在任意长度的由素数组成的等差数列.

　　陶哲轩 1975 年出生于澳大利亚的阿德莱德, 父母皆为中国移民. 这位 "神童" 早在 8 岁便参加了 SAT 的数学考试[1]. 他在 1986 年参加了国际数学奥林匹克竞赛并是当时最年轻的参与者, 并且在 1988 年, 13 岁的他成为至今最年轻的金牌获得者. 在 1996 年, 也就是 21 岁这一年, 他在普林斯顿博士毕业. 从那时起, 他便开始在加

----

[1] SAT 等同于高考. —— 译者注

州大学洛杉矶分校担任教授一职.

他在研究上的可观的成果量在近几年达到高峰, 尤其体现在最近出版的三本书上 —— 其中包含与 Van Vū 合著的《加性组合学》(剑桥大学出版社). 在这里, 我们 (经由许可) 引用他在《解决数学问题. 一个个人看法》(牛津大学出版社, 2006 年) 的前言中所写:

> 数学是一个很多面的学科, 而我们对数学的理解和赞赏会随着时间和我们自身的经验改变. 身为一个小学生, 数学对于我的吸引力主要在于抽象之美和反复通过简单的规则来获得非平凡的结果的出色的能力; 身为一个高中生, 参加数学竞赛, 我对于数学的感觉更类似于一项运动, 面对设计好的谜题 (例如在这本书中我们所展示的) 并且寻找正确的技巧来攻破各个困难; 身为一个本科生, 我见识到了拥有自己的研究课题的骄傲和创造一个原创的论据来解决开放问题的满足感. 直至开始身为一个数学研究者的职业生涯, 我才开始看到现代数学中很多理论和问题背后的直觉和动机, 并且开心地意识到甚至于某些非常复杂和有深度的问题经常在本质上来源于非常简单, 甚至于很常识性的原则. 这种 "Aha!" 的感觉, 来自于抓住这样的原则和突然看到它如何点亮数学中的一个很大的领域, 真的是一种非凡的感觉. 在数学中依然有很多方面期待着人们的发现; 仅仅在最近, 我才觉得自己获得了足够多的数学知识来开始获得对于现代数学作为一个统一的领域的感觉, 以及它如何与科学和其他领域联系.

Wendelin Werner

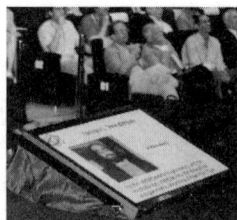

Wendelin Werner 在 1968 年出生于科隆. 他对于统计学做出了卓越的贡献 —— 尤其是对于随机 Loewner 进化的发展、二维布朗运动的几何和共形场论的研究. Werner 的研究 (其中重要的工作是和 Gregory Lawler 和 Oded Schramm 共同进行的) 对于临界现象, 尤其是二维物理系统的分析提出了一个全新的概念性框架.

Wendelin Werner 在 1993 年在巴黎第六大学获得了博士学位. 从 1997 年开始, 他在巴黎第十一大学担任数学教授.

Andrei Okounkov   陶哲轩   Wendelin Werner   Grigori Perelman

奈望林纳奖

Jon Kleinberg

现在很多人都知道, 搜索引擎的核心是很多的数学, 并且谷歌上的页码和大量的运算紧密相关. 并没有那么广为人知的是, Kleinberg 在 1998 年设计的 HITS 算法比原有算法先进得多, 并且启发了所谓的谷歌算法.

诚然, 当他在记者会上只被问到关于谷歌的问题时, Kleinberg 觉得非常困扰: 他在很多领域上有出色的工作, 从网络分析和路由到数据挖掘、基因排序和蛋白质结构分析. 除了这些基础贡献之外, Kleinberg 还对于技术在社会、生态和政治领域中的影响进行了深刻的思考.

Kleinberg 在 1972 年出生于波士顿. 他在 1996 年博士毕业于麻省理工学院, 现在是康奈尔大学计算机教授.

Jon Kleinberg

卡尔·弗里德里希·高斯应用数学奖

伊藤清

虽然伊藤清由于数学的应用获得了荣誉, 但是他视自己为一位理论数学家. 当伊藤清在 1998 年获得京都基础科学奖时, 他在感谢函中对于他的工作的影响做出了如下的描述:

伊藤清

> 在精确构建的数学结构中, 数学家们可以找到其他人在音乐或者在建筑中找到的同样的美. 即便如此, 在数学之美和其他的艺术之美之间存在一个很大的差异. 例如说, 甚至很多不了解音乐理论的人都能欣赏莫扎特的音乐; 科隆大教堂感动了很多游客, 甚至某些对基督教一无所知的游客. 但是数学结构中的美, 不可能在不理解某些基本逻辑理论的公式的情况下被欣赏. 只有数学家才能够阅读那些包含很多公式的 "乐符", 并且在他们心中弹奏数学的 "音乐". 于是, 我一度相信, 离开了公式, 我甚至无法和我心中的那些旋律沟通. 随机微分方程, 称为 "伊藤公式", 现在被广泛用于描述随机现象随着时间的变化. 但是. 当我第一次进行关于随机微分方程的研究时, 我的文章并没有引起注意. 直至我的文章发表的十年后, 其他数学家们才开始可以读懂我的 "乐符" 并且用他们自己的 "乐器" 演奏我的 "音乐". 通过将我的 "原创乐符" 发展成更加精美的 "音乐", 这些研究者们对于 "伊藤公式" 的发展做出了很大的贡献.

为了在马德里的 "高斯奖讲座" (由 Hans Föllmer), 伊藤清的女儿代表他出席, 并且带来了伊藤清的信:

我非常荣幸能够获得国际数学家联盟和德国数学协会共同颁发的第一届卡尔·弗里德里希·高斯奖, 作为对于我在随机分析中的工作的认可.

很难用语言来描述我在得知即将获得这个以对我们所有人都有深刻影响的伟大数学家来命名的奖项之时的愉悦.

由于我本身对于随机分析的研究是完全理论性的, 所以我的工作被授予高斯应用数学奖的事实完全出乎我的意料, 给了我一个很大的惊喜.

因此, 我希望和我的家人、老师、学生, 以及所有将我在随机分析中的工作拓展到一些我完全无法想象的领域的数学工作者们一同分享这份无上的荣耀.

Hans Föllmer 教授,

Martin Grötschel 教授和高斯奖委员会,

德国数学协会主席 Günter Ziegler,

Manuel de Leòn 教授和 2006 年国际数学家大会组委会,

国际数学家协会主席 John Ball 爵士,

以及所有的 2006 年国际数学家大会的与会者,

—— 请允许我再次表达我衷心的感谢, 感谢大家给予我的荣誉.

伊藤清, 2006 年 8 月, 京都, 日本

伊藤清将他的奖金捐献给了 "国际数学家协会年轻数学家基金".

IV 热门话题

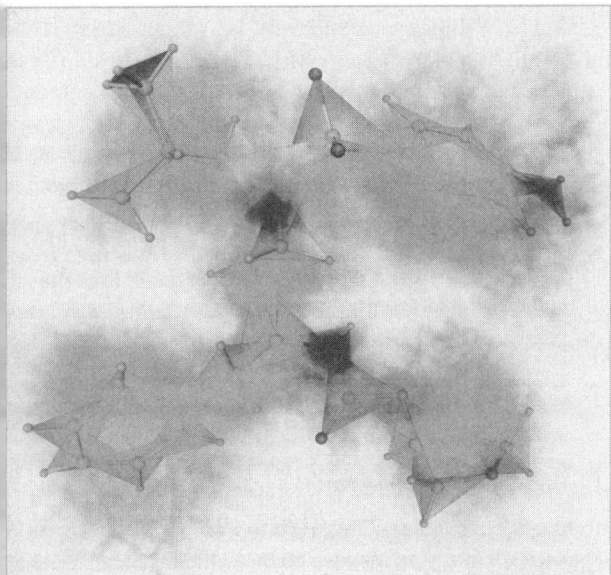

数学是很有用的, 但除了有用之外, 在大部分人心目中是一项没有盈利的艺术. 你想要成为百万富翁吗? 正如谷歌这个例子所展示的, 数学在这里功不可没. 本书的第四部分将覆盖五个新鲜火热的课题, 而谷歌只是其中一个. 我们将要面对的其他问题为: 金融数学, 密码学, 博弈论, 以及离散优化.

不, 离散数学并不是非离散的数学的对立面; 这个领域主要关注的是有限或者可数的结构. 确切地说, 我们应该如何安排扫雪设备, 使得在冬天可以尽快地将街道清扫干净呢? 我们应该如何安排手机频率, 来确保手机服务不会出现问题呢? 网络上的信息应该如何运转, 从而避免信息堵塞呢? 这仅仅是离散优化处理的问题中的一小部分. 本部分的第一章介绍了这个领域的一个 "经典之作" —— 旅行货郎问题. 这篇文章从一个 15 岁的女孩 Ruth, 她的朋友 Jan, 和一个新式计算机程序 Vim 之间的对话出发, 从而引出了关于旅行路线规划的讨论和思考.

如何能够做到时间最短并不仅仅是谷歌和其他的互联网公司所关注的问题. 这个问题同样也出现在了金融数学的世界中. 另一个处于同样重量级的问题便是在一次交易中的风险控制. 当然, 数学家们无法预言将来. 总是存在一些无法计算的事件. 但是金融数学可以开发出用于处理风险分析中极罕见的事件的工具. 金融数学中另一个 "家常便饭" 则是关于设定最合适的价格的问题. 在这里的关键词便是 "无套利", 也就是说不存在无风险的 "必胜策略". 令人惊讶的是, 这个概念在正确的数学工具的帮助下发展, 并且因此获得了一枚诺贝尔经济学奖牌. (是的, 事实上并没有诺贝尔数学奖.)

早在恺撒的年代, 他便创建了一套方法来传递秘密的信息. 很简单的方法, 但却拥有深远的意义. 更著名的是 Enigma, 第二次世界大战中德军的加密机器. 它的传奇故事甚至被好莱坞演绎成了一部动作电影 —— 阿兰·图灵 (Alan Turing), 一个数学家, 被刻画成了好莱坞英雄![①] 可以想象, 人们最初会把密码学想象成充满秘密的一个领域; 但事实上, 加密这个活动在我们日常发送私人信息的过程中已然扮演了一个角色. 其中包含了, 例如说, 你在超市或者商城使用银行卡结账时, 卡号和密码将会被传送到银行或者信用机构中 —— 当然, 这些信息会借由加密来保证不会被其他人看到. 想象一下, 如果你在网上购物时输入的所有信息都必须 "公开" —— 也就是说, 不经加密 —— 地进行传输, 会是怎样的情形呢? 我们应该如何简单但同时又安全地加密 (并且同时也希望可以重新正确解密), 不需要给每个人配备一个单独的密码呢? 令人惊讶的是, 秘密在公开密钥的系统下得到了很好的保护, 当然是在大素数的帮助下.

最后一章被用于向博弈论致敬. 这并不仅仅是如何在西洋跳棋或者国际象棋中取胜的问题. 更重要的是, 它关注的还有 —— 并且从中生成了一系列诺贝尔经济学奖牌 —— 在商业领域对于理性投资的分析. 尤其, 当一个决策的结果并不仅仅取决

---

① 关于 Enigma 的故事, 非常值得推荐的是 2011 年的电视剧《解密者》(Codebreaker) 和 2014 年著名的电影《模仿游戏》(The Imitation Game). —— 译者注

于这个决策本身, 同时还取决于 "对方" 的决策的时候, 一个很重要的问题便是, 在任何情况下, 对方的决策总是会尽可能保证自己的获益. 我们不能因此责怪对方. 但是这说明了, 会出现一些很奇怪的现象; 囚徒困境便是一个很好的例子. 在这里, 处于中心位置的概念便是纳什均衡点, 这个概念以约翰 · 纳什 (John Nash) 命名 —— 他在博士论文中提出了这个理论并且在四十五年后获得了诺贝尔奖. 美丽心灵这部电影应该让你如雷贯耳.

IV.1　离散优化

组合爆发和旅行货郎问题　　　　第 28 章

Peter Gritzmann, René Brandenberg

选自《最短路径的秘密 —— 一次数学上的探险》(Springer, 第 3 版, 2005 年), 第 42–48 页, 第 286–294 页, 以及第 346–355 页.

一场不危险的爆炸

晚上, Ruth 和他的父母一起坐在电视前. 他们没有说一句关于她的计算机的话. Ruth 并不想谈及这个话题, 而且她的父母看上去也完全缺乏兴趣. 正常情况下, 他们总是想要清楚地知道所有细节. 在上个秋游之后, 爸爸妈妈已经开始对她感到非常困扰, 而且现在他们不知道该怎么处理计算机的问题. 不论如何, 这是一件好事, 因为 Ruth 自己也不知道该怎么做. 至今, 除了读了几封电子邮件, 她并没有比 Vim 知道得更多. 对于 Ruth 来说, 父母的缺乏兴趣看上去是很奇怪的. 也许对于 Jan 来说要简单一些. 他们似乎想知道关于他的一切. 而 Ruth 告诉她父母所有事情, 嗯, 所有你想要告诉父母的事情.

接下来 Ruth 去了厕所. 已经很晚了. 明天早上闹钟会无情地将她从美梦中惊醒. 但是想要再看一眼 Vim 的诱惑是这么大. 经过一刻钟之后, 她忍不住开口自言自语.

"嗯, 你, 现在不是去睡觉的时间吗?"

"什么意思, 你听上去就像我的爸妈."

"不会再这样了. 我只是担心你的爸妈如果发现在这个时间点你还在电视前的话会收走我的这个权利."

"不用担心, 他们不会知道的."

"现在你真的想要在睡前再看看数学吗?"

"路程规划! 你想要给我解释怎么找到最短路径."

"这个我们今天没有时间解释了, 但是我们也许还可以解释这个方法的基本思路是怎么来的."

"这是显然的! 我们需要计算最短路径. 这有什么好解释的?!"

"你马上就会知道了. 但是我想要先说一点. 我会试着用简单的小例子来给你解释. 在这些例子中, 大部分时候你可以测试所有的可能的路径并且找到其中最短的那条. 但是在实际问题中, 我们可能会面对成百上千, 甚至是几万个节点, 在这种情况下, 因为可能的路径的数量太多了, 导致即使是世界上最快的计算机也没有办法测试所有的可能性."

"为什么呢? 一台计算机可以在一秒钟进行几千次的运算呀."

"好吧, 假设有下面这幅图, 我们想要找到其中最短的路径."

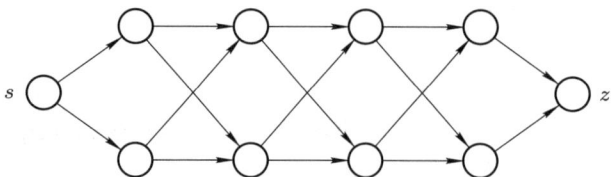

"这幅图并不是很大啊."

"它也不是很复杂, 而且当我们知道每条路确切的长度的时候, 要找到最短的路径并不是很难. 但是用这幅图已经足够来理解路径数量的问题出在哪里了. 设想我们想要从起点 (就是图上标记为 s 的点) 走到终点 (就是图上标记为 z 的点). 有多少不同的 s-z 路径, 也就是从 s 到 z 的路径呢?"

"啊, 有一些呢. 如果我想要数出所有不同的路径, 肯定会犯一些小错误的."

"不用担心, 这个问题实际上并不是那么困难. 我特意选择这幅图是有原因的. 事实上你只需要很系统地跟随我的指示, 这样就可以轻松数出不同的路径的数量. 将所有节点分为一层一层来考虑有助于你解答问题. 首先, 从 s 出发有多少种可能性呢?"

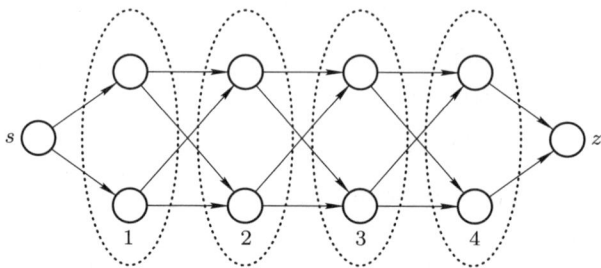

"2 种."

"然后你有多少种可能性, 从层数为 1 的点, 也就是你现在所在的点继续前进呢?"

"嗯, 现在我了解你是什么意思了. 从起点 s 出发有 2 种可能性, 要么向上走, 要么向下走; 同样, 不论走到哪个节点, 我们依然有 2 种不同的选择继续向前进, 沿着同样的方向或者走去另外一个方向."

"…… 直到我们到达终点 z 之前的节点为止. 从那里, 我们只有一个选择, 就是走向 z. 所以现在我们一共有多少种可能路径呢?"

"从起点 s 出发到第一层的点有 2 种方法, 接下来我们又有 2 种方法; 也就是说,有 4 种不同的方法到达第二层的点 ······"

"······ 接下来每个点上又有 2 种不同方法前进, 也就是说有 8 种方法可以走到第三层的点, 16 种方法走到第四层的点, 接下来我们就达到了终点 z. 所以我们一共有 16 条不同的路径."

"你不是想告诉我, 计算机对于数这样的路径的数量有困难吧!"

"当然不是. 但是我们再假设, 将上面的这个图增加两个节点. 那么现在存在多少条路径呢?"

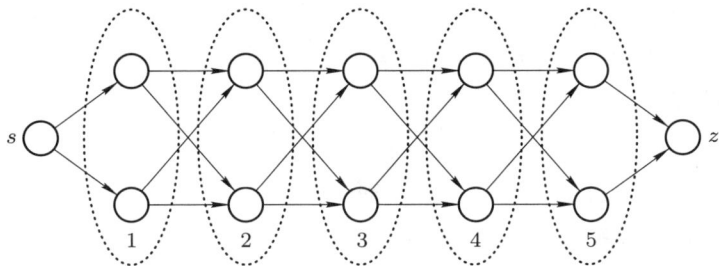

"当然就是原来的路径的两倍: 32."

"很好. 你知道用幂次 2^5 吗?"

"当然, $2^5 = 2 \cdot 2 \cdot 2 \cdot 2 \cdot 2 = 32$."

"那么如果你只想要知道起点和终点之间的层数, 那是多少呢?"

"5. 所以意思是说路径的数量是 2 的层数的幂次?"

"对, 而且节点的数量是 2 (这是指起点 s 和终点 z) 加上 2 倍的层数."

"对了, 在第一种情况是 $2 + 2 \cdot 4 = 10$, 第二种情况是 $2 + 2 \cdot 5 = 12$, 但是路径的数量分别是 $2^4 = 16$ 和 $2^5 = 32$. 现在我知道为什么你想要写成 2 的幂次了."

"你可以发现, 对于任何整数 n, 有 n 层意味着存在 2^n 条不同的路径, 但是却只有 $2 + 2 \cdot n$ 个节点."

"所以呢?"

"如果我们的图现在有 50 层, 也就是说总共有 102 个节点, 你当然不想把这幅巨大的图给画出来然后逐个数吧?"

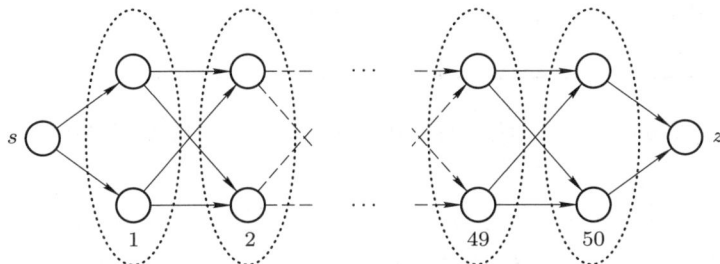

"如果是你曾经说可能会有上千个点的图, 当然不想."

"但是在这种情况下根据我们的公式:

$$2^{50} = 1125899906842624,$$

也就是说这已经有一千多万亿条路线了!"

"天啊! 这也太惊人了! 但是对于我的新计算机来说应该是没问题的, 对吧?"

"现在让我们从另一个角度来看. 假设你的计算机可以在一秒钟计算一百万条路线, 那么它就需要至少十亿秒. 六十秒是一分钟, 六十分钟是一小时, 二十四小时是一天. 也就是说, 每天有 $60 \cdot 60 \cdot 24 = 86400$ 秒, 所以一年有 $86400 \cdot 365 = 31536000$ 秒. 这样的话你的计算机大约需要

$$\frac{1125899906842624}{31536000} \text{ 年},$$

也就是说差不多 36 年才能检查完所有的路径."

"这也太久了吧!"

"如果我们的图里再增加几层, 所需的时间会更加惊人. 在这里我给你列了一个表格, 其中你可以看到对于不同的层数, 相应的节点数, 路径数以及所需要的时间长度."

层数	节点数	s-z 路径数	计算时间
5	12	32	0.000032 秒
10	22	1024	0.001024 秒
20	42	一百万	1 秒
30	62	十一亿	18 分钟
40	82	一兆	13 天
50	102	一千兆	36 年
60	122	一百京	3700 年
70	142	十万京	三千七百万年
80	162	一亿京	2.6 Au
90	182	一千亿京	两千六百 Au
100	202	一百兆京	两百七十万 Au
260	522	1.9 Aau	*

"哇! 这么大的数字已经让我看晕了. 在这个表格里的 'Au', 'Aau' 和星星是什么意思呢?"

"'Au' 是我自己创造的符号, 它表示的是十五亿年. 这差不多是我们的宇宙现在的年龄. 一个 'Aau' 表示的是整个宇宙中所包含的原子的数量. 假设我们的计算机

中可以找到地球上的每一个原子, 那么这台计算机大约需要六万五千 Au 才能检查完一幅 260 层的图中的所有路径. 单独的一台计算机大约需要 $6 \cdot 10^{64}$ 年来完成这个过程 —— 当然这个数字太大了, 所以在表格中我就用星星符号来表示它.”

“啊, 这样. 超过 50 层的图需要的时间会长一些. 但是如果我现在有一台好得多的计算机, 例如说一秒钟可以检查一千兆路径, 那么对于一幅 50 层的图我们只需要一秒钟就可以了.”

“对的. 但是即使这样的一台超级计算机也需要 38 年来计算一幅 80 层的图, 对于一幅 100 层的图则需要四千万年的时间. 我甚至不想提及 260 层的图.”

“而且事实上这些图并不是那么大.”

“在数学中我们称这种情形为组合爆发, 因为只需要增加少数的点就能造成路径数量激增.”

“真的! 所以事实上我们需要的是一个更好的方法来检查这些路径! ”

“对了, 但是现在你真的需要去睡觉了. 哦, 我现在又变成 ‘家长’ 了!”

“没事, 这是你的权利. 但是你可以最后简短地告诉我, 地球上或者宇宙中原子的数量大约是多少吗?”

“这个你可以上网看, 网址是:

www.harri-deutsch.de/verlag/hades/clp/kap09/cd236b.htm.”

“好吧, 那么, 明天见!”

“好梦!”

Ruth 感到震惊. 仅仅添加几个新的节点就能够导致可能的道路的数量的巨大变化. 当然, 我们需要找到一个聪明的方法来试遍所有的解答. 但是这个方法到底是什么呢? Ruth 想着想着, 慢慢进入了梦乡.

一个业务员的紧急情况

第二天早上, 当 Ruth 从楼梯上下来的时候, 她的妈妈已经醒了. 她看上去有一些紧张. 当 Ruth 询问的时候, 她告诉了女儿昨天和 Ruth 的爸爸的通话内容, 他说大约还需要额外的两天时间在外出差. 一些额外的日程安排把他的行程搞乱了. 于是现在 Ruth 的妈妈开始担心已经计划好的假期. 如果真的要延长出差时间的话, 那么她和 Ruth 将要在星期六单独出发前往法国. Ruth 的妈妈也不是那么喜欢自己开车, 但是现在看起来她需要全程自己一个人坐在方向盘前.

假期! 最近几天 Ruth 完全忘记了这件事情, 她和父母将要在普罗旺斯度假三个星期. 在爸爸预订度假屋的时候, 她当时非常兴奋, 但现在似乎热情有些消退了. 让事情变得更糟的是, 妈妈坚持度假的时候爸爸不能带手机或计算机, 因为他需要完全的放松. 这个 “信息拦截” 的规定也同样适用于 Ruth.

在第一个课间休息的时间, 她告诉了 Jan 她们家的旅行计划. Jan 也不是很开心,因为这样他们会有几个星期不能见面而且也不能互相发邮件. 但是他想要试试能不能说服家人去拜访他们的一个亲戚, 这样在假期的后半段时间他们就可以一起度过了.

Martina 走向他们两个并且问他们是否有兴趣晚上一起玩一个她在生日时收到的新游戏. 刚开始 Ruth 并没有兴趣加入, 但是 Jan 觉得这是一个好主意, 总好过两个人 "愁眉相对".

下课后开始了暑假排队的第一次组织会议. 在最初的兴奋之后, Ruth 开始对此有些不确定. 当然, 如果要策划一些真的很有创新的活动, 现在已经太晚了. 无所谓了, 只要和 Jan 在一起, 准备工作一定会很有趣的.

在准备会议之后 Jan 必须先回家. 他的妈妈请他帮忙采购一些东西. 当他和 Ruth 会合的时候, 距离和 Martina 的约定还有一些时间.

"你好 Vim. 昨天你想要给我们解释一些关于 '知足' 的问题."

"哦, 今天你们的时间有些紧张. 我可以给你们介绍一个新问题吗?"

"当然, 只要这个问题足够有趣!"

"假定一个保险业务员希望拜访一些客户. 下面的图表示的是这些客户的住所, 以及各自住所之间的距离."

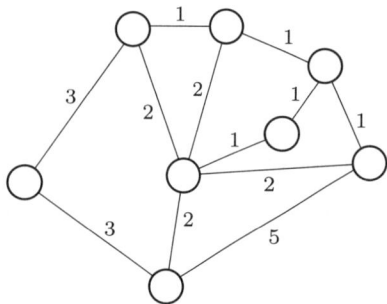

"为了节约时间和费用, 这位业务员想要尽量好好安排他的日程, 使得他只需要走最短的路就能拜访所有的客户."

"对啊. 我们想要将路线最短化. 这一次我们想要寻找的最短路线是一条经过所有节点的路径, 而不是通过所有的边 —— 这是不同于中国邮递员问题之处."

"看, Jan! 那个骑士巡逻问题只是一个预热而已. 事实上 Vim 真的会给我们一个很实用的运筹问题!"

"也就是说, 我们想要找到最短的哈密尔顿圈?"

"部分正确. 首先我们并不禁止这个业务员多次经过同一个村子, 所以他不一定需要依照一个哈密尔顿圈旅行. 看, 这幅图里有两个哈密尔顿圈, 而且两个圈的长度皆为 17. 但是最下面那个图里展示的路线的长度只有 14, 即使在这条路径中, 我们重复走过了右边的边, 所以经过右上角的节点两次."

"啊哈! 但是这样的话, 我们的解答就不是一个哈密尔顿圈了. 为什么你回答说 '部分正确' 呢?"

"我们可以将这个图拓展为完全图, 正如我们在解决中国邮递员问题时所做的那样. 接下来我们只要将额外添加的边的权重定为在原图中它的两个顶点之间的最短路线的长度即可. 例如在这个例子中, 我可以像下图一样添加四条 '新' 的边 (粗线). 但是右下角的那条边的长度产生了变化. 在最终得到的图中, 在这两个点之间存在的是一条长度为 4 的边."

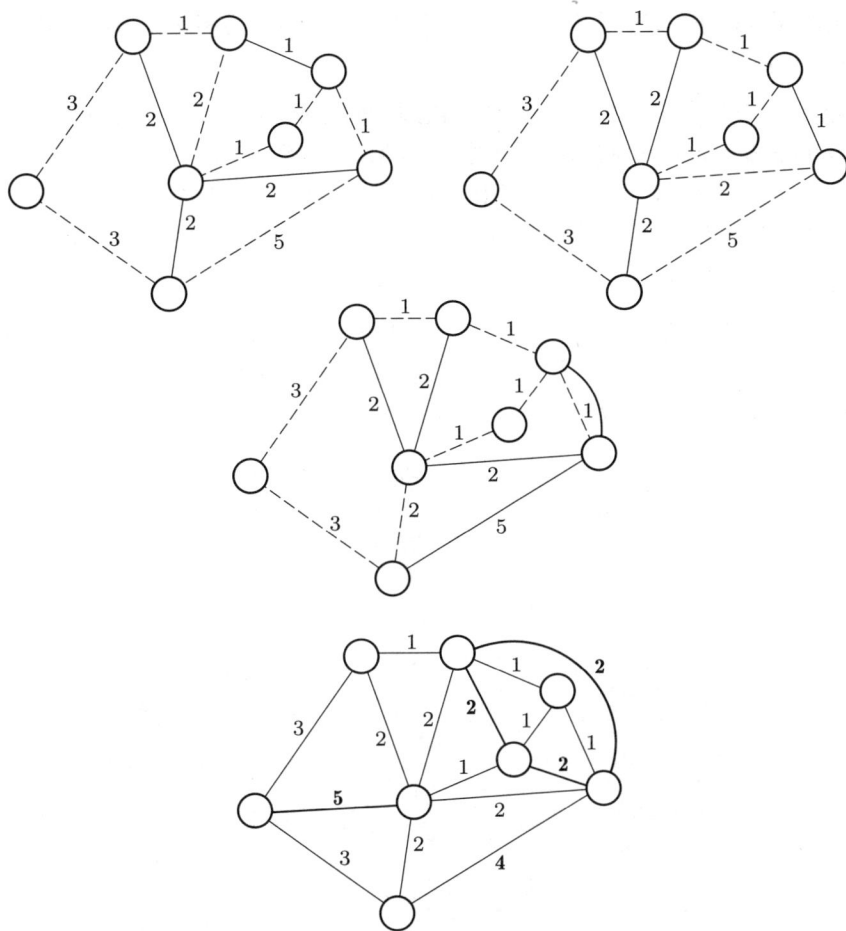

"明白了. 最短的距离是那位业务员在这些地点之间运动的距离. 但是他不能随意行走, 也不能自己创造道路. 所以我们现在需要确定任意两个点之间的最短距离. 我从来没有想过我们真的这么经常需要面对这样的问题."

"在一个完全图中一定存在一个对于业务员而言最佳的哈密尔顿圈. 在这里就是那条长度为 14 的路径. 这条路线包含了我们额外添加的一条边."

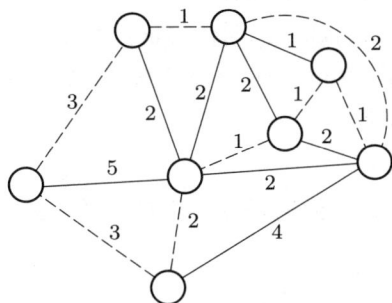

"明白了,我们这里所有的边的长度都是两点之间的最短距离,所以这个距离不可能比这个更小."

"这个在一幅图中寻找最短哈密尔顿圈的问题被称作"旅行货郎问题"(英语中为 Travelling Salesman Problem), 或被缩写为 TSP 问题. 它可以被称作图论所有问题中最著名的问题. 很多至今仍在使用的算法最早便源于对 TSP 问题的研究. 将图中的节点对应于城市,那么这个问题就是要寻找一条经过所有城市的最短的旅途."

"于是我们要为保险公司的业务员们寻找一条最好的路线 …… "

"…… 或者公司的出差线路也一样. 在 www-m9.ma.tum.de/dm/java-applets/tsp-afrika-spiel/ 中你可以试着自己找一条经过 96 个非洲城市的最短路线. 当然我们从一个城市飞到下一个,所以这里我们展示的是各个城市之间的飞行路线."

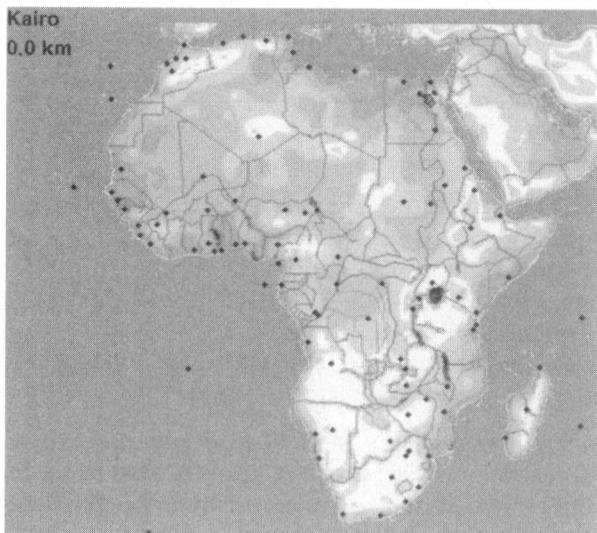

"太好了! 我们现在就来试试!"

"你先来! 我现在去厨房烧壶开水. 接下来再轮到我. 我们来看看,究竟谁能找到比较短的路线."

"那就让 Vim 做裁判,保证没有人作弊."

说到做到. 当 Ruth 在厨房烧水的时候, Jan 选择了自己环游非洲的路线; 长度为 60352 km. 经过漫长的等待, Ruth 的水终于沸腾了,她带回了开水和两个杯子. 现在轮到她来选择路线了: 60009 km!

"看, Vim, 我完胜了 Jan."

"不要得意忘形了! 我只能说这是一个很接近的结果. 而且你的路线肯定也不是最优的."

"但是不可能短太多了,是吗, Vim?"

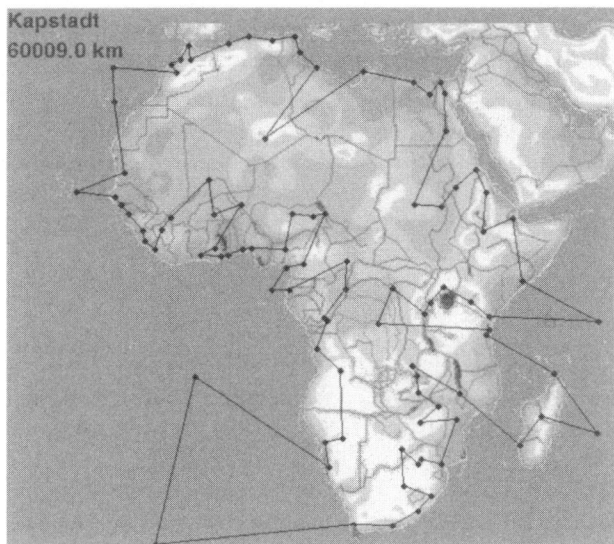

"最优的路线长度是 55209 km, 也就是说短了将近 5 km."

"哦, 也就是说我们还可以再省下来一些时间和费用. 看起来你作为一个旅程规划者的前景不是那么好哦, Ruth."

"是说你吧, 你的路线比我的还长呢. 但是我觉得找到最短路线不是一件特别困难的事情."

"好啊. 谁先找到的话, 另一个人给他/她买冰激凌吃. 但是 Vim, 你之前提到过, 人们发展了很多针对 TSP 中困难的问题的理论和方法. 但是真的有那么多像我们的例子一样复杂的差旅吗?"

"想要找一个需要经过所有城市的最短的出差路线的问题是对于 TSP 一个很好的演绎, 这样我们可以比较容易介绍这个问题的背景设定. 但是这个问题当然还有很多其他的重要的应用, 例如我们的电视、计算机、洗衣机里的集成电路的制造."

"这和规划路线又有什么关系呢?"

"我们需要在一块长方形的金属板上面用机器在设计好的位置打上洞, 使得之后可以在这些位置放上电子元件. 这些洞看上去差不多是这样的:"

"这类工作现在几乎都是由机器人来完成. 不管怎么说都是很快可以完成的."

"但是机器人必须先知道它应该以什么顺序来打洞. 下面是两种不同的顺序的可能性. 图中黑色的线表示的是打洞器移动的路线. 你们有没有发现这两幅图的不同呢?"

"当然了! 第一幅图中机器移动的距离比较长, 显然这幅图比第二幅看上去要复杂得多."

"不论如何, 第一幅图中的那个大写的 "N" 并不是一个好兆头. 路线的长度和机

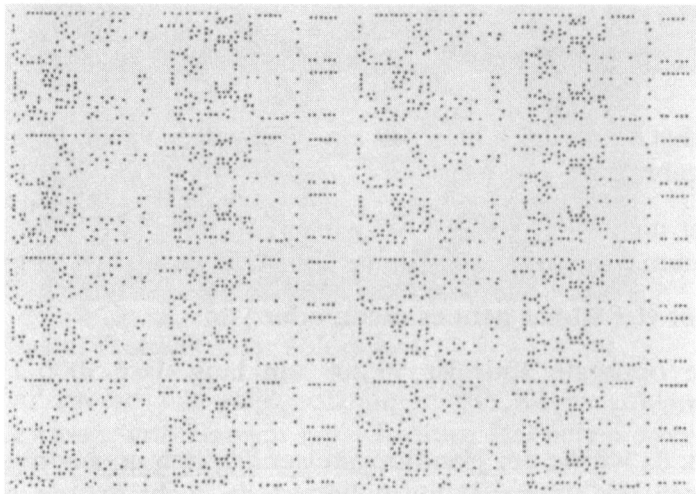

(图片来源: M. Grötschel, M. Padberg-Die optimierte Odyssee, Spektrum der Wissenschaft, Digest 2/1999, S.32–41)

器人的速度有关系吗?"

"在第二幅图中黑线的长度几乎是第一幅图中的一半. 让我们简单地计算一下 假设打洞器需要打很多洞, 它用第一种方法打一块板需要 5 个单位时间. 其中机器 人需要 3 个单位时间来打洞, 另外 2 个单位时间是洞与洞之间的移动所花费的."

"那么使用第二种方法它只需要 4 个单位时间 —— 3 个单位时间用来打洞, 只 需要 1 个单位时间用来移动."

"正确. 这样每天机器人可以比原来多打 20% 的集成电路板."

"也对, 这个和机器人的快慢是没有关系的."

"而确定一个最佳的顺序无非就是我们的旅行推销员问题的解答 ……"

"…… 如果我们把打洞器看成是推销员的话. 通过你的解释, 我觉得我知道这 幅图是什么样子的了. 这些洞就是节点, 任意两个节点之间都存在边, 因为打洞器可 以在任意两个洞之间移动. 边的长度就是打洞器从一个顶点移到另一个所需要的时 间."

差旅的成功

"告诉我们, 是谁最早的想法, 用 '奶酪切片' 来解决旅行推销员问题. 一定是个 瑞士人, 对吗?"

"在 20 世纪 40 年代末, 旅行推销员问题是一个非常流行的问题. 当然, 这些 '好 听的名字' 也对此有一些贡献. 但是真正起决定性作用的应该是它和一些实际问题 的紧密联系, 例如物流问题或者交通问题, 这些问题在当时已经得到了很多成果, 而

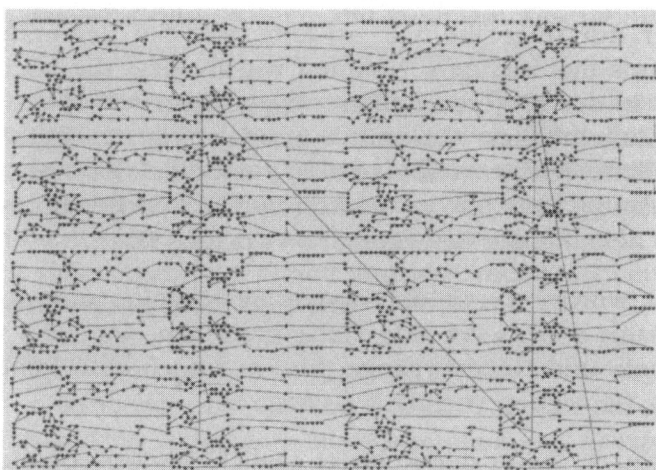

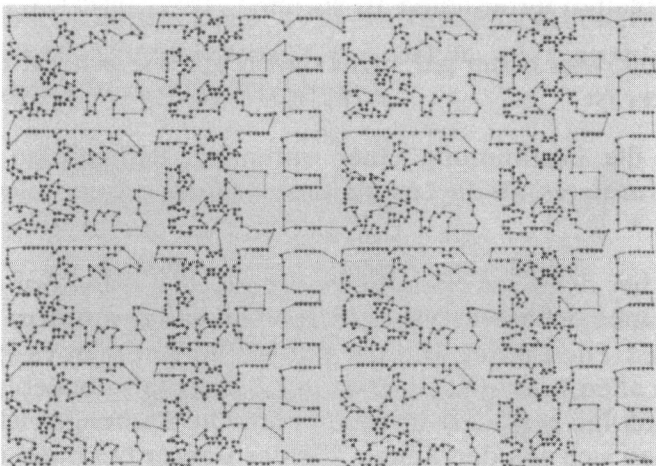

(图片来源: M. Grötschel, M. Padberg-Die optimierte Odyssee, a.a.o.)

不像 TSP, 显然是一个很困难的问题."

"果然如此!"

"对于 TSP 问题研究开始于一个数学中的新领域的诞生: 组合运筹学. 在 1954 年, George Dantzig, Ray Fulkerson 和 Selmer Johnson 解决了有 49 个城市的环游问题. 在 www.math.princeton.edu/tsp/history.html 中我们可以找到下面这幅图."

"环游美国之旅?"

"对, 确切地说, 是经过当时美国 48 个州的 48 个大城市, 以及华盛顿. 说说看, 为此他们发展了什么方法?"

"不知道. 我觉得应该是你之前跟我们解释过的某种方法吧."

"对. 在这里他们就是使用了 '奶酪切片' 来得到分支限定法的下界. Dantzig 还

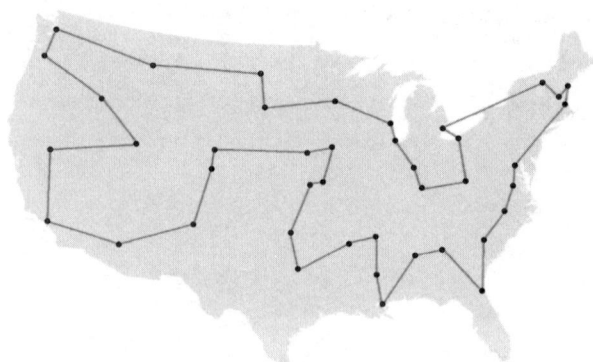

在 1947 年找到了一种最快的方法来确定所谓的奶酪多面体的最优角. 在他的主页 www.stanford.edu/dept/eesor/people/faculty/dantzig/ 中我们可以找到他的一张照片.

Dantzig

"所以说他也是一个奶酪爱好者?"

"不知道. 不论如何他的个性应该是很有意思的. 你们想要听一个关于他的轶事吗?"

"当然!"

"在 George Dantzig 上学时他曾经上过一门课, 在这门课上教授的习惯是在刚开始上课的时候在黑板上先写上下次上课前需要解决的作业题. 有一次他上课迟到了, 但是幸运的是老师写的那几个题目还留在黑板上. 回家之后他就开始准备做作业. 但是他发现这次的作业比原来的要困难一些, 但是最后他还是成功地解决了问题."

"恩, 那么这个故事的意思是什么?"

"事实上, 这次教授在黑板上写的并不是作业题, 而是写了两个在当时让很多数学家咬牙切齿的未解决的问题."

"哈哈. 也许如果他事先就知道这些问题是未解决的难题的话, 他根本就不会试着解决它们!"

"也许吧. 幸好他当时并不知道而且马上得到了博士学位. 回到 TSP 问题: 直到 1962 年的时候, 旅行推销员问题一直是非常流行的, 美国一个很大的公司, 名为 'Procter and Gamble', 举办了一个 TSP 竞赛. 当时的海报是这样的."

"一等奖的奖金是一万美元 —— 很不赖啊! 要是我也能参加就好了, 我们三个一定可以找到最佳路线的!"

"49 个城市真的不是很多. 你的打洞机的游戏比这个问题的节点要多得多."

"对. 肯定需要一些时间才能真的解决现实生活中的大问题. 在 1977 年, Martin Grötschel 创造了 120 个节点的新的世界纪录, 并且在 1987 年, 他和 Olaf Holland 一

起确定了一个最佳的拥有 666 个节点的 '环游世界之旅'. 在 1990 年还将这个问题
印在了 T 恤上."

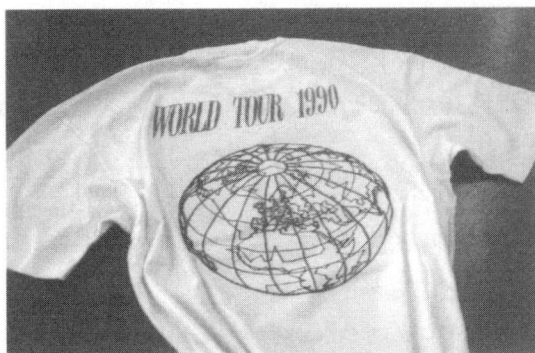

"啊哈, 80 天环游世界!"

"应该说是 666 站环游世界. 我们的非洲谜题就是这个环游世界问题的其中一
部分."

"现在的计算机比那时候的可是快了超级多啊!"

"即使是现在最好的计算机也没办法简单地尝试所有的可能性来解决 Dantzig,

Fulkerson 和 Johnson 解决的那个 49 个城市的问题. 事实上在这段时间内, 正如计算机技术一样, 数学也同样有了巨大的进步. 仅仅在四年之后, David Applegate, Rober Bixby, Vasek Chvátal 和 William Cook 找到了一个有 3038 个节点的最佳环游世界之旅."

"于是这个时候我们已经可以解决所有的只有一两千个节点的环游问题."

"小心. 在 1991 年的关于 3038 个节点的纪录只是意味着一个特定的问题被解决了. 例如还有一个只有 225 个城市的问题, 直到 1995 年才被击破. 在 www.cs.rutgers edu/~chvatal/ts225.html 中你们可以看到这个问题."

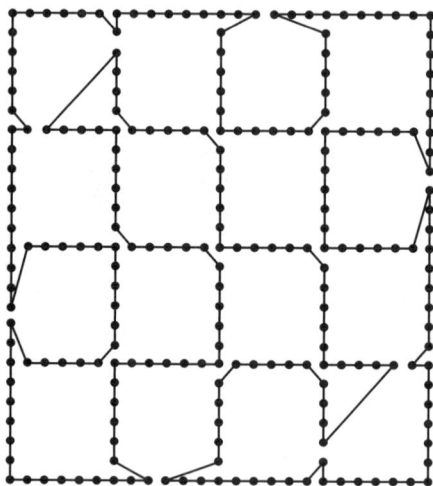

"这样看上去这个问题非常简单呀."

"呵呵, 事实上对称性也许让这个问题变得更加困难了. 因为所有东西看着都差不多, 只会让我们更难选择切掉的分支."

"那么世界纪录是 ⋯⋯"

"⋯⋯ 在不久之前还是这个."

"这不正是环德国之旅?!"

"⋯⋯ 经过所有 15112 个城市."

"太奇怪了! 怎么可能在莱茵兰 – 普法尔茨州的城市数和在北莱茵 – 威斯特法伦州的城市数是一样的呢?"

"好问题. 在莱茵兰 – 普法尔茨州的居民数没有其他州那么多, 但是这里的城市要小得多. 在鲁尔区当然有很多大城市, 但是并不意味这个地区的城市就比较多."

"不久之前?"

"从 2004 年 5 月开始有了一个新的世界纪录: 一个经过 24978 个瑞典的地点的环游."

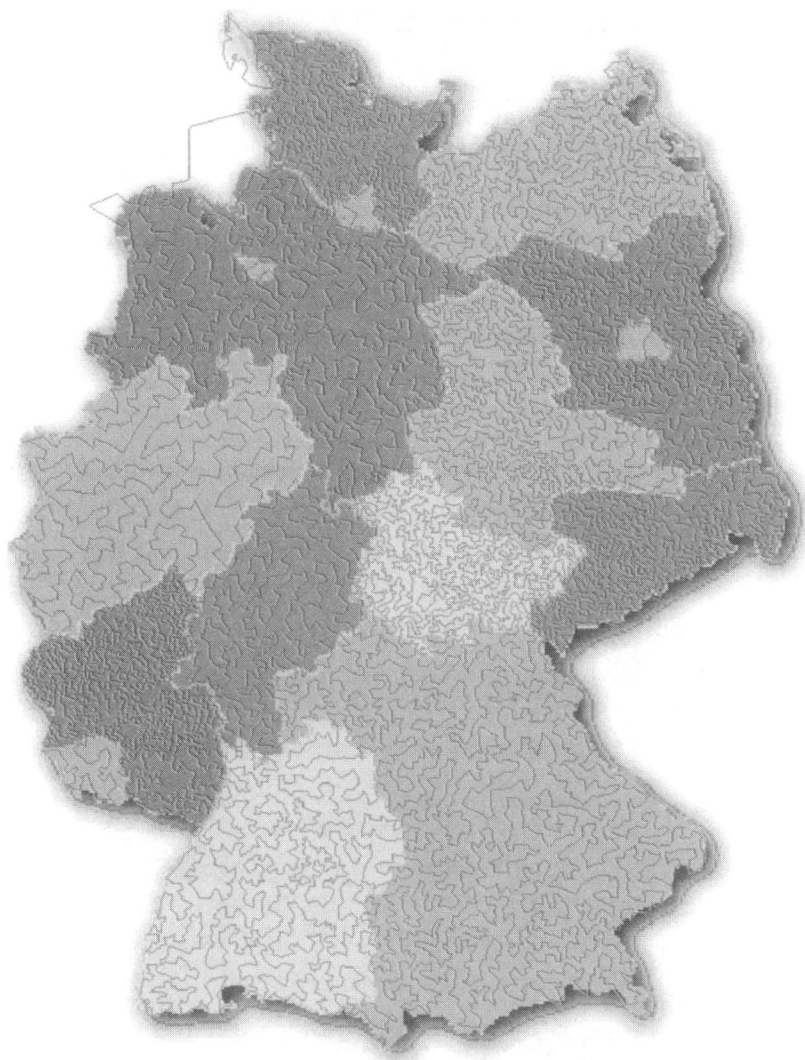

(图片来源: Applegate, Bixby, Chvátal, Cook 2001, www.math.princeton.edu/tsp/history.html)

"24978 个瑞典的地点? 瑞典的人口数也不过几百万而已."

"只要居住人数超过三个人的地方都可以被称作地点."

"相比之下那个 49 个城市的问题就像是小孩子的游戏一样."

"从 1954 年以来, 组合运筹学有了很长足的发展, 但是即便如此, 四位世界纪录保持者 Applegate, Bixby, Chvátal 和 Cook 说: '······ 我们的计算机程序依据的是由 George Dantzig, Ray Fulkerson 和 Selmer Johnson 设计的框架······'."

"所以不是小孩子的游戏. 在 1954 年的这个工作真的非常重要!"

"对. 从那时候开始, 各种技巧一直在被简化, 而且很多新的方法也不断出现. 现在依然有很多未解决问题; 关于这个问题的研究还在不断前进."

　　"如果我想要制造一个需要打那么多洞的集成电路, 最好的数学家也没有办法找到最优的结论, 那么能怎么办呢?"

　　"通过上界和下界的帮助, 我们经常已经可以保证找到一个几乎最优的选择. 没有任何一个公司会花上几个星期甚至几个月的时间来尝试找到一个最佳方案, 如果他们知道只需要短短的时间就能找到一个和最佳方案只相差百分之几的方案."

　　"所以对于世界纪录的追求在这方面来说是完全没有意义的."

　　"与对于游泳或者驾驶速度的世界纪录的追求一样. 我们可以将这个理解为一项运动, 不断尝试新的技术和突破."

　　"明白了, 一级方程式赛车也是一项高科技运动."

　　"更重要的是, 在这个过程中得到的经验和发展的方法可以在现实生活中帮助解决大的有意义的问题. 上面提到的那个环瑞典的旅行只是至今最大的已经找到最优方案的问题. 在 www.math.princeton.edu/tsp/world/countries.html 中你们还可以找到其他的国家的环游, 有一些已经有了最优方案, 有一些只是列出了至今找到的最好的解答. 例如, 经过坦桑尼亚的 6117 个地点的最佳方案还是未知的. 特别值得注意的是, 在 www.math.princeton.edu/tsp/world/index.html 中提出的经过 1904711 个地点的环游世界之旅的最优方案的寻找."

　　"将近两百万个城市; 在这种旅程之后我们几乎没有没看到的地方了."

"为了追踪这样的一个旅程, 我们必须考虑一系列局部的放大. 这样找到的旅程很有可能并不是最好的, 但是我们总是可以证明, 它和最优方案的差距不会超过 0.068%."

"哇, 简直无法想象在一个有这么多城市的问题中, 我们可以和最优方案距离这么近……"

"…… 而且我们可以证明!"

"Ruth, 你不觉得我们应该结束了吗? 你还需要打包, 而且明天我们想要尽早出发."

"你说得对."

"好吧, 那么我现在也该回家了. 我明天需要几点来接你? 大约 9 点?"

"很好! 我很开心!"

施坦贝尔湖的旅行真的非常快乐. 很多阳光, 一趟航海旅行, 有音乐的野餐; 一切都是那么美好.

MSI 弗雷莱辛

大概在中午的时候, 又出现了一些悲伤的情绪. 他们已经三个星期没有见到面. Ruth 已经开始想念 Jan 了. Vim 也缺少了他们两个人的陪伴, 但这完全是另外一回事.

IV.2　谷歌

利用数学成为百万富翁

第 29 章

Ehrhard Behrends

选自《五分钟数学 ——〈世界报〉上数学专栏中的一百篇文章》(Vieweg, 2006 年),第 100 章,第 247–249 页.

不久之前谷歌进行了首次公开募股 (即 IPO),于是它的创始人 Sergej Brin 和 Lawrence Page 从此成为世界上最富有的人之一.

如果你想要成为他们那样的人,那么首先要做的就是买一台足够快的计算机,然后给全球所有网站设立一个 "产品目录":大约有两百亿个.[①] 对于每一个网站,当然需要给出符合它的关键词. 这当然是一件非常花费时间的工作,但是对于一个由富有天赋的程序员所组成的队伍来说,这并不是一件不可驾驭的工作. 然后我们才可以将搜索的任务交付给计算机来完成.

假想一下,这些任务已经圆满地完成了. 但是由此我们依然不能保证拥有一个有吸引力的搜索引擎. 原因是互联网的巨大. 因为如果搜索引擎收到的指令是非常确切的 (例如搜索所有包含 "美国" 和 "飓风" 的网站),那么这当然不是一个大问题,计算机只需要将关键词中同时包含这两个词的网站寻找出来就可以了. 但是问题在于,我们如何将这些网站罗列出来. 有时候会有几千甚至几百万个满足条件的网站. 没有人有耐心看完所有的结果,大多数人希望能够在第一条就能看到最 "重要" 的网站. 如果你经常使用谷歌的话,你就会知道,谷歌很好地解决了这个问题,因为在大多数情况下人们总是可以在前几条结果中找到他们想要的答案.

这个秘密便在于对于 "重要" 的正确定义. 对于谷歌而言,最基本的想法便是,要衡量一个网站的重要性,就要看有多少个重要的网站指向它. 如果当一个网站指向另一个网站时,我们便在它们之间画上一个箭头,那么我们最后可以得到一个拥有两百亿个点,不可计数的箭头的图标. 例如右图所示的其中一小片.

那些很多箭头指向的网站就是所谓的 "重要" 的网站,尤其是那些从重要的网站出发的箭头的重点. 如果我们将所有网站用 $1, 2, \cdots$ 来计数,并且将相应每一个网站的重

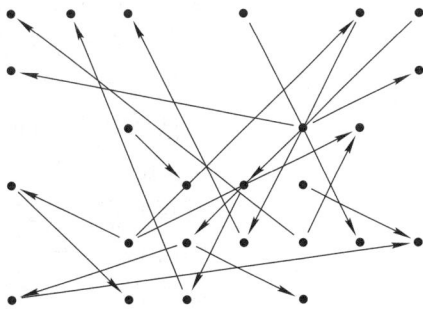

我们可以这样表示网站间的指向

---

① 为了得到一个对于这个大小的大致概念,我们可以如此想象:两百亿大约是从北极到南极沿地球表面的距离,单位为 mm.

要性用 $W_1, W_2, \cdots$ 来标记的话, 那么在这些数字之间一定存在着一些相关性.

假设 5 号网站连向了 2 号网站, 而 5 号网站一共连向三个网站, 那么这时候, 2 号网站 "继承" 了 5 号网站的重要性的三分之一. 也许 7 号网站也同时连向了 2 号网站, 那么这部分 (如果 7 号网站同时连向了 10 个网站) 的重要性为 "W_7 除以 10". 假设这便是所有的指向 2 号网站的站点: 没有任何其他网站指向 2 号网站. 那么我们便得到了以下等式:

$$W_2 = W_5/3 + W_7/10.$$

对于大部分网站而言, 这些条件要复杂得多, 所以我们同时有了一个拥有两百亿个变量 $W_1, W_2 \cdots$ 和两百亿个方程的方程组.

我们在中学学到的解二元二次方程组的方法在这里并不能起到很大的作用. 即使对于职业数学家而言, 这个问题中的数字太巨大了, 即使是面对 —— 正如某些运筹问题中的 —— 一个拥有几十万或者几百万个变量的方程组.

另一种可以让我们走到重点的路的关键词便是 "随机过程". 我们开始一次互联网的浏览, 例如说, www.mathematik.de/startet. 在这个网站上我们随机寻找任意一个链接, 并且点击它去往相应的网站. 在那里, 我们依然如此, 随机地选择一个链接并且点击, 继续我们的旅程. 用这种方法, 我们在互联网的世界里漫游, 理论上那些 "重要" 的网站应该会比其他网站出现得更加频繁. 值得注意的是, 访问的相对频率满足上面所给出的等式. 简而言之, 一个网站的重要性可以通过在我们这个设计之下到达这个网站的时间来衡量.

但是一个具体的解决方案看上去却不比之前的问题的解答简单得多. 如果你想得到确切的答案, 这是对的; 但是一个近似的解答 (根据重要性直至 —— 例如说 —— 五位数的精确性) 可以在几个小时的计算时间内达到.

这样搜索引擎就完全可以工作了, 因为如果你知道了重要性, 一切都简单了: 搜索所有的包含 "美国" 和 "飓风" 的网站, 然后根据重要性来排列结果给出的顺序.

这只是实际方法的简单介绍, 实际使用的优化算法是很复杂的, 而且和可口可乐的配方一样是绝对保密的. 作为一个必须优化的例子, 我们需要指出, 这个随机方法将会出现问题, 一旦我们到达一个不能向前进的网站. 为了避免这种情况的发生, 我们会建议, 对于浏览的每一步, 都有一个既定的概率 p, 我们会忽略面前的链接而直接前进到一个随机选择的网站. (当然这个方法对于我们来说是很难实现的, 但是对于一个所有可能网站的目录而言这完全是可实现的.) 据说谷歌使用的概率为 $p = 15\%$: 这看上去是保证成功的一个概率值. 同时谷歌还致力于处理所谓的 "谷歌爆炸效应". 这是一项策略, 通过人工添加链接的网站来升级它自身的页面.

当然, 谷歌的竞争者们也不笨. 很多人都致力于对于网站重要性的问题寻找新的途径和计算方法. 对于不同的用户和不同的搜索结果的组合, "重要" 这个词可以拥有完全不同的意义. 所以, 其中一个关键的问题便是是否能够像谷歌一样在几分之一秒的时间内就能检验并给出结果.

IV.3　金融数学

金融市场上数学的角色

第 30 章

Walter Schachermayer

选自《一切皆为数学 —— 从毕达哥拉斯到 CD 播放器》(Vieweg, 第 2 版, 2002 年), 第 131–143 页.

在过去几年中, 金融市场不仅经历了一场迅速的发展, 而且也改变了对于投资的品质和风险的评估方法: 在大约 30 年前, 对于一个成功的投资者而言, 所需的工具除了法律和商业知识外, 基本上只是 "正确的嗅觉", 但是今天, 投资者们的工具变成了大量的定量方法. 一个很重要的角色便由所谓的 "套利" 和用以衡量各个选项的 "Black-Scholes 公式" 所扮演; 这个公式的深刻意义帮助发明者 R. Merton 和 M. Scholes 在 1997 年获得了诺贝尔经济学奖, 同样这也是在 1995 年逝世的 F. Black 的荣耀 (诺贝尔奖不授予已逝世的科学家).

在这篇短文里我将要尝试用一种容易理解的方法来给出对于随机金融数学 —— 即这些方法背后的理论 —— 的简要介绍. 特别地, 我想要展示给大家对于金融市场的模型的优点和缺点.

我们用金融数学的姐姐, 传统的精算数学, 来开始. 从 1693 年开始, 牛顿的学生和朋友, Edmond Halley 爵士 —— 众所周知的那颗彗星便是由他命名的 —— 发布了一份 "生命表", 精算学家们可以据此来计算保险产品的费用和风险, 即所谓的 "分摊风险原则".

我们想要用一个非常简单的例子来展示这个问题.

假设有一个 40 岁的女性签订了一份一年期的风险保险: 如果她在这一年中去世, 那么她的家属在这一年结束时将会得到保险金 S, 例如说 $S = 100000$ 欧元; 否则他们将不会得到任何钱. 那么保险公司将如何计算对于这样的一份保险合同需要收取的费用呢?

在这里相关的, 简而言之, 是关于这份计划的概率: 这位女性的死亡或者生存的可能性将会被模型化为一个随机事件, 类似于抛掷一枚硬币. 即便如此, 我们并不会将机会简单定义为 $50 : 50$, 而是去调查 40 岁的女性会在下一年死亡的概率, 我们将其记为 q_{40}. 生命表不是其他, 正是一个列出了所有的 q_y 和 q_x 的表格, 其中 y 和 x 分别指代对于女性和男性可能的年龄 (例如 $0, 1, 2, \cdots, 110$).

在这种情况下, 这份保险合同的费用无非就是保险公司由这份合同带来的支出的期望值, 在我们的例子里就是

$$\text{保险费用} = q_{40} \cdot \text{保险总额}. \tag{1}$$

如果继续假设我们已经知道 $q_{40} = 0.0012$ (这个数值来自于一份近期的生命表), 那么我们有

$$\text{保险费用} = 0.0012 \cdot 100000 \text{ 欧元} = 120 \text{ 欧元}. \tag{2}$$

在这里我们还有一个小问题需要注意: 保险费用会在年初支付, 而保险赔付只会在年末实现, 于是我们在这里必须将投资利息列入考量范围. 也就是说, 如果我们确定了一个投资利率 (例如 $i = 4\%$), 那么我们需要将利息从保险费用中除去, 即

$$\text{保险费用} = \frac{120}{1.04} \text{ 欧元} \approx 115.38 \text{ 欧元}. \tag{3}$$

这个方法看上去极为简单. 概括地说, 几个世纪以来精算师们所做的工作就是: 计算除去利息的保险赔付额的期望值作为保险费用.

现在你也许在想, 保险公司也会有一些支出 (例如, 员工的工资、管理费用等), 这些当然也需要考虑在内. 这是完全正确的, 而且这些费用需要通过相应的附加费用在保险费用中体现出来.

但是如果我们单纯地不考虑那些额外的费用, 什么才是使用期望值来计算费用的数学核心所在呢? 原因在于所谓的大数原理. 它是这么表述的: 假设我们所选择的概率 q_{40} 确实是 40 岁的女性的死亡概率, 那么在有 "很多" 互相独立的个体参与的情况下, 这个保险公司将不会盈利也不会亏损. 在这里的 "很多" 的意义可以通过极限定理给出数学上的定量描述.

现在回到金融数学, 确切地说是随机金融数学, 它 —— 至少乍看之下 —— 从根本上和精算数学是完全不同的. 我们在这里需要用套利的概念来代替大数原理.

为了说明这个概念的动机, 我们再次考虑一个很简单的例子: 如果在法兰克福美元和欧元的汇率为 1.05 美元兑换 1 欧元, 那么同时在纽约也应该以 (几乎) 相同的汇率来处理: 假设在纽约的汇率为 1.0499 美元兑换 1 欧元, 那么套利者们马上会订下计划, 在纽约用欧元兑换美元, 并同时在法兰克福用美元兑换欧元, 由此从中获得差价作为利润. 如果反过来在纽约的汇率为 1.0501 美元兑换 1 欧元, 那么他们将会以反方向进行操作, 同样获得差价盈利. 在兑换总额为, 例如, 一千万欧元 (这是一个在现代交易市场上相较而言适度的额度, 这个金额可以在几秒之内完成交易), 通过我们所说的方法, 套利的获利大约为 950 欧元.

国际金融市场这种完全通畅的效果是好是坏则是另一个问题; 我们在这里不想分析这个问题: 如果按照 1981 年诺贝尔经济学奖得主 J. Tobin 所建议的那样, 对于金融市场上的现货外汇交易征收全球统一的税额 (税率约为一个千分比的几分之一), 他希望通过这个举措能够减少这样的投机性买卖.

现在我们回到套利的概念: 你也许会觉得, 一个鞋商, 用 60 欧元的价格卖出了成本为 30 欧元的鞋子, 这个过程也和套利一样; 但是两者之间的区别在于, 鞋

商的工作包括找到顾客、联系供货商、储存鞋子等. 相较之下, 期货市场的构造就决定了, 价格对于市场上所有成员都是透明的, 而且可以通过极低的费用完成大额交易. 在我们的例子中, 并不是全部的 950 欧元都成了利润, 但是对于那些 "大户", 那些费用相对而言几乎是可以忽略不计的.

现在我们可以定义这个理论中的一块基石; 它由 F. Black, M. Scholes 和 R. Merton 在他们 1973 年的重要工作中给出: 在对金融市场构造数学模型的过程中, 作者们忽略了交易费用并且设定了 "套利均衡原则": 在一个金融市场的数学模型中, 应该不存在套利的机会. 这个论据是可以想象的: 一旦市场中存在套利的机会, 那么正如前面的例子所示, 套利者们会尽可能地利用套利的机会来盈利, 并且这些行为会最终抹去期间的差距. 在流通的金融市场中, 例如外汇市场, 还有大的股票市场, 现实情况往往与这个数学上的条件非常接近.

我们想要通过一个相较以上的例子而言不那么简单的例子来解释套利均衡原理, 亦即基于货币的期货行情: 今天我可以完成一个期货合同, 在这其中我有权利和义务, 在既定的时间点, 例如一年, 将一个既定的金额, 例如一万欧元, 用今天规定好的行情换成美元.

为了可以完成这个合同, 另一个市场成员必须有一个另一方向的合同, 也就是说有权利和义务在一年之内将相应额度的美元以双方认可的汇率换成欧元.

对于美元的期货行情是指当金融市场中的成员们准备完成合同的价格.

现在你可以得到一些关于期货行情的说法吗, 它不仅仅说明, 这是一个根据短期市场上的供需关系所确定的价格? 答案是肯定的, 而且出奇地简单.

让我们只考虑简单的那一面, 假设现在一年期 "无风险" 的评估 (也就是一年期的政府贷款的利率) 对于美元和欧元是一样的. 我可以断言, 那么欧元对美元的期货行情必须和欧元对美元的短期行情相等. 因为假设例如欧元的期货行情高于短期行情, 例如 1.06 相较于 1.05 美元. 那么一个套利者在这种情况下将会在一年中借来美元用以换欧元, 并用换得的欧元进行投资, 同时利用获得利息的欧元重新兑换美元以完成这份期货合同. 我们对于美元和欧元的利率相等的假设, 意味着, 只要短期行情和期货行情相等, 那么这样的交易的结果必须为零. 如果期货行情高于短期行情, 那么这之间的差异将会成为套利者的盈利! 值得注意的是, 这种套利盈利并没有使用任何的货币, 而且是无风险的: 这种盈利独立于在下一年欧元对美元的期货行情上升、下降或者维持原样. 套利的核心在于它是一系列交易的组合, 其中每一个都有各自不同的风险 —— 甚至有一些有很高的风险 —— 并通过适当的组合来尽可能抵消风险.

仔细的读者也许会抗议, 我们对于借贷 (美元) 和存款 (欧元) 设定了同样的利率; 否则, 我们都知道, 如果借贷的利率较高, 那么通过无风险存款即可获利 (如果是反过来的情况, 套利者们显然可以通过类似的方法获利). 通过以上论述, 现在我们可以看到这个情况和金融交易费用的情况是很类似的: 对于小投资者们而言, 这个差别是很小的; 对于 "大玩家" 们而言, 这便是决定他们状态为 "长" 或者 "短" —— 在我们的例子中, 在这一年中存款或者借贷 —— 的因素.

下一步, 我们将要删去这个简化问题的假设, 即假设美元和欧元一年期无风险存款的利息是相等的; 例如我们假设, 美元利息为 4%, 同时相应的欧元利息为 3%. 如果我们再次回顾上面的论据, 可以发现, 这些论据完全适用于这个情形: 唯一的不同在于, 现在欧元对美元的远期合同和短期合同的关系不再是 1:1, 而应该是 1.04:1.03.

在这种情况下, 我们建议有疑惑的读者们拿起手边一份报纸的金融部分, 并且检验以上这些讨论并不仅仅是纸上谈兵. 读者们将可以通过两种货币之间的远期合同事实上和相应货币的利率通过以上简述的方法的关系来说服自己. 而这并不是因为有一个监察机构在调控或者类似情况 (如同在我们上面的地点套利的例子中), 而是因为全世界的市场成员都会立即充分利用所有可能的套利机会, 而且同理, 这些机会转瞬即逝 (或者更确切地说, 降低到一个足够低的程度, 使得对于套利者而言, 即使相对低的交易费用都会让他们无法盈利). 这点对于货币总是成立的, 其中现货市场和期货市场都显示了相应的流动性 (也就是说, 高交易量和低交易费用). 对于这个问题, 欧元对美元是一个非常典型的例子.

至此, 我们关于套利这个主题的讨论只进行了一些非常简单的数学上的讨论. 这个情况将马上发生改变, 一旦我们转向处理期货交易的问题: 期权 (更确切地说, 欧洲买方期权) 确定了将标的股票 (例如外国货币、股票等) 在一个确定的时间以确定的价格将确定的数量卖出的权利, 但这并不是义务. 为了更清楚地解释这样一份合同的经济意义: 在前面的例子中, 对于投资者而言有很好的理由来保护自己能够在一年时间中以一个确定的价格使用欧元换取美元的权利, 以对抗可能的美元汇率的上升, 但是他们不希望自己必须要完成这个合同, 尤其在美元汇率降低的情况下他们将必须承担相应的损失.

当然, 获得这样的一个期权不可能 —— 如同在远期合同中一样 —— 是免费的, 而是买家必须对于获得期权付出一定的代价.

现在再次出现了一个问题, 即关于这个价格我们能否给出一些聪明的论断, 或者我们是否最终必须参考市场力量. 同样, 这次这个问题的答案依然是 "是"; 但是现在, 这个情况不再如前面我们考虑的远期合同的情况一样简单.

在这里, 考虑所谓的 "买入 – 持有策略" 就足够了: 如果我们可以将我们的论据拓展来确定一个唯一的无套利的远期价格, 于是我们看到, 只有四种交易 (借贷, 存款, 短期和远期货币兑换) 是必需的. 为了达到套利获利 (如果远期价格没有达到理论所要求的高度的话), 套利者可以在今天完成这四个交易, 然后等待一年以完成合同所要求的权利和义务, 从而达成一个无风险的盈利 (即 "买入 – 持有").

如果要在期权的情况下检测套利的机会, 这些基本的策略不再行得通. 我们可以相对简单地讨论 (并且通过数学证明), 基于 "买入 – 持有" 的套利论据, 我们无法得到关于期权的价格的非平凡的论断.

　　但是市场允许的不仅仅是 "买入 – 持有"，也就是说静态策略，人们也可以在市场上施展动态策略，在数学模型中我们称之为 "在连续的时间内"; 我们称一个交易策略为 "动态"，如果这个策略在原则上允许在任何时间买入或卖出，当然在这里所谓的任何时间指的是任何可能交易的时间. 在数学中，虽然主要发展于对于自然科学的应用，随机过程的理论成了用以对一个 "动态策略" 的概念建模的绝佳工具.

　　在金融市场上进行交易的可能性越大，便存在越多的可能性来平衡风险，也有更多的无套利论据被用以作为评鉴标准.

　　为了对标的股票的期权可能的价格发展进行数学建模，我们必须对价格进程 $(S_t)_{0 \leqslant t \leqslant T}$ 进行假设: 对于任意在区间 $[0, T]$ 中的 t，我们用 S_t 来指代股票在时间点 t 的价格. 这里 T 的大小指代的是这个期权可以实施的时间段 (例如，一年)，并且我们用 0 来指代今天，即开始的时间. 今天的价格 S_0 对于我们而言是已知的; 但是因为我们不可能预知未来，我们将变量 S_t，对于 $0 \leqslant t \leqslant T$，设为随机大小. 为了确定这个过程 $(S_t)_{0 \leqslant t \leqslant T}$，我们现在必须关于随机变量 S_t 的概率分布进行一些假设.

　　这个主题并不是新的，反过来，早在 1900 年 L. Bachelier 已经在著名数学家庞加莱 (H. Poincaré) 的一篇论文中建议了一个对于股票的价格进程 $(S_t)_{0 \leqslant t \leqslant T}$ 的模型，在这里他的动机已经是为了得到一个衡量期权的公式. 他将股票的价格建模为一个随机过程 (stochastic process). 对应于我们的股票的价格明天会涨还是会跌这个问题的概念可以通过和投掷一枚硬币或者进行转盘游戏类似的方法来描述. L. Bachelier 有一个很奇妙的想法，他觉得 "概率法则" 将会决定期货市场的交易动作.

　　作为一个具体的模型，他建议的是我们今天称为 "布朗运动" 的过程 $(S_t)_{0 \leqslant t \leqslant T}$: 假设在两个时间点 $u < t$ 之间的价格变化 $S_t - S_u$ 满足正态分布 (这就是著名的 "高斯钟形曲线")，其中中间值为 0 并且变化根据区间 $[u, t]$ 的大小按比例缩放. 除此之外，在不相交的时间区间上的变化应该彼此独立.

　　对于一个固定的随机变量 ω，也就是说对于在相应的概率空间 $(\Omega, \mathcal{F}, P)$ 中的 ω，我们都有一条路径 $(S_t(\omega))_{0 \leqslant t \leqslant T}$; 图 1 展示的便是一个典型的模拟路径.

　　这是金融数学的骄傲和荣耀，L. Bachelier 是第一个构建出 "布朗运动" 的数学模型的人. 他于是比爱因斯坦 (A. Einstein) 和 M. Smoluchowski 还早了五年，后两者在 1905 年将这个模型介绍到了物理中，用以描述气体分子的运动. 这个名字 "布朗运动" 来自于植物学家布朗 (R. Brown)，他在 1826 年通过显微镜观察分子运动时发现了一种完全不规则的行为 —— 和图 1 中模拟的路径类似 (显然他甚至没有尝试将这个他仅仅使用语言来描述的行为通过一个数学结构来模型化).

　　在构造这些模型之后，Bachelier 便可以逐渐接近他的工作的基本目标，即衡量一个股价变动可以通过布朗运动 $(S_t)_{0 \leqslant t \leqslant T}$ 来建模的股票的期权的价值. 如果我们固定行使时间点 T 和价格 K，那么很容易得到在时间点 T 的期权价值 C_T: C_T 就是数 0 和 $S_T - K$ 中较大的那个.

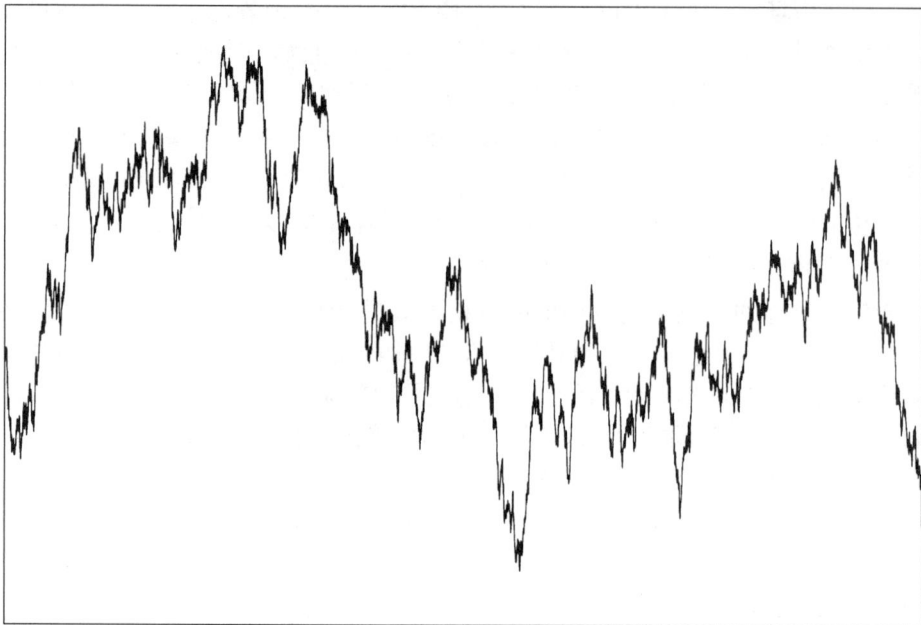

图 1　一个布朗运动的路径

　　事实上, 如果标的股票的价格 S_T 高于 K, 那么期权的价值便是 $S_T - K$ 的差, 因为期权的拥有者可以将股票以价格 K 购买并马上以价格 S_T 卖出. 但是如果 S_T 小于 K, 那么这个期权便是没有价值的了.

　　由此看到, 我们可以将在时间点 T 期权的价值 C_T 写成一个随机变量 S_T 的简单函数. 当然我们会在时间点 $t = T$ 知道实际价值 S_T, 但是今天 (即 $t = 0$) 依然未知, 我们知道的只是 S_T 的概率分布. 下面我们再次通过一个简单的例子来展示这其中的区别: 当投掷一个骰子的时候, 我事先并不知道投掷的结果, 但是我可以如此假定 —— 并且对于一个正确制造的骰子我有很好的理由这么做 —— 这个结果的概率分布, 使得所有 6 个数字的出现概率都是相等的 (即概率都是 $\frac{1}{6}$). 用类似的方法, 虽然在今天我并不知道股票的价值 S_T, 但是我可以假定知道 S_T 的概率分布.

　　那么, 我们可以如何计算期权目前的价值 C_0 呢? Bachelier 的做法和精算师们一直以来的方法是一样的: 他取值为 C_T 的价值的期望值:

$$C_0 = E[C_T]. \tag{4}$$

　　这是一个很容易明确计算的表达, 即用一个 "公式" 来表达, 因为我们 —— 根据对于模型的假设 —— 已经知道 S_T 的分布, 也就是说中间值为 S_0, 长度为 T 的正态分布.

　　你也许会抗议说 L. Bachelier 忽略了我们在死亡保险的情况下必须考虑的利率的影响. 但是这个抗议并不是那么严重: Bachelier 忽略了利率的影响, 因为他感兴趣的是在相对较短的时间的期权的价值, 而且当时的利息较低. 当然, 如果你想要将利率影响纳入考量范围的话, 在公式中加入一个利率因子完全不是问题, 假设我们用 r 来指代无风险利息, 那么

$$C_0 = e^{-rT} E[C_T]. \tag{5}$$

但是关键点却是另一个: 使用期望值的动机是大数原理, 这比起无套利论断而言在经济上缺乏说服力. 在 L. Bachelier 的工作中, 我们没有找到这两种方法之间的联系.

可惜的是, Bachelier 的工作在当时没有得到应有的注意: 在经济的方面这个工作完全被忽略了, 并且最早在 65 年后才由著名的经济学家 P. Samuelson (1970 年诺贝尔经济学奖得主) 将其带回大家的视野. 但是数学家们也没有对其付出很多的注意力. 当然, 他的工作在科学社区中并没有被完全忘记; 例如, 在 1932 年出版的由 A. Kolmogoroff 所著的关于概率论的基础教材中便引用了这个工作.

但是在期权估价的问题上真正的突破最早出现在 1973 年发表的 F. Black, M. Scholes 和 R. Merton 共同的工作中. 他们将股票价格的模型设定为对于 L. Bachelier 的模型的稍稍变形: 假设 —— 正如 Samuelson 在他们之前已经做得那样 —— 股票价格的进程 S_t 的对数 $\ln(S_t)$ 是一个移动后的布朗运动, 即

$$\ln(S_t) = \ln(S_0) + \sigma W_t + \mu t, \tag{6}$$

其中 $\mu \in \mathbb{R}, \sigma > 0$ 为相应的标准化常数, 同时 W_t 为布朗运动, 如同 L. Bachelier 的定义.

向对数的过渡是完全无害的一步, 而且对应的是一些连续复合, 即在这个过程中经营性资产的发展遵循一条指数曲线, 以及在不考虑复利影响下的线性的利息之间的差异. 我们已知的是, 这两种方法 (在短期内) 的区别并不是很大. 类似地, Bachelier 的布朗运动的模型和我们在 (6) 式中所展示的被称作 "几何布朗运动" 的模型 (这个模型在今天经常被称作 " Black-Scholes 模型") 之间的差异也如此.

但是在下一步中, Black, Scholes 和 Merton 则进入了一个新世界, 在其中他们在使用动态交易策略的情况下使用了无套利论据. 核心的论据为: 假设事实上存在一个函数 $f(t, S)$, 给出在任意一个时间点 $0 \leqslant t \leqslant T$ 的期权的价值和标的物 —— 这是对于期权所相关的物体的专业术语 —— 在相应时间点 t 的价格 S 的关联. 那么我们可以将这个函数 $f(t, S)$ 根据 S 进行微分. 对于给定的 t 和 S, 我们 —— 用实用的语言 —— 将 $\frac{\partial}{\partial S} f(t, S)$ 的大小记为期权在时间点 t 对于即时的期货价格 S 的 "Δ".

为了便于阐述, 我们假设, 例如, 对于给定的 t 和 S, "Δ" 的取值为 $\frac{1}{2}$. 这意味着, 通过将标的物的价值 S 改变 1 欧元 (同时保持 t 不变), 期货的价值将有大约 50 欧分的变化. 这里的 "大约" 需要通过微分计算的意义来理解, 即这个标的物的价值变化和期权价值变化的 2:1 这个比例在变化越小时越接近精确值, 并且在 "极限时" 达到精确值.

这个关系在经济学上有一个很重要的结果: 如果我们 —— 在总是固定 t 和 S 的前提下 —— 进行一个投资组合, 其中我们对于标的物进行一个单位的买入, 同时对于期权进行两个单位的卖出, 那么这样的投资组合应该在标的物的 (细微) 价格变动下是无风险的: 在标的物上的价格获利将由在期权上的亏损补偿, 反之亦然.

这样的投资组合的无风险性只是 "局部" 成立的, 也就是说, 只在 t 和 S 存在轻微的变化的时候. 但是我们的动态交易策略的想法却允许这个投资组合的构造根据当时的 "Δ" 来进行调整.

现在无套利论据出现了: 如此构造的一个无风险的投资组合必须如同一个无风险评估一般达到盈利. 如果不是这样的话, 我们可以基于以上的讨论找到一个存在套利盈利的交易策略.

这样, 我们便得到了一个关于投资组合的表现和无风险盈利之间的关系, 这个关系可以使用数学方法来表示: 基于模型假设 (6) 式, 我们得到了一个偏微分方程, 我们可以给出这个方程确切的解. 这个解答可以用公式的形式来展示, 即通过著名的 Black-Scholes 公式:

$$f(t, S) = SN(d_1) - Ke^{-r(T-t)}N(d_2), \tag{7}$$

其中

$$d_1 = \frac{\ln(S/K) + (r + \frac{\sigma^2}{2})(T-t)}{\sigma\sqrt{T-t}}, \tag{8}$$

$$d_2 = \frac{\ln(S/K) - (r - \frac{\sigma^2}{2})(T-t)}{\sigma\sqrt{T-t}}. \tag{9}$$

在这里 N 指代的是正态分布的分布方程, S 指代的是时间点 t 上的标的物价值, K 和 T 是买方期权的行使价格和行使时间点, r 是无风险利率, $\sigma > 0$ 代表的是 "波动性", 也就是说在模型 (6) 式中随机布朗运动 W 的影响的参数.

确切的公式对于我们来说并不那么必要; 我在这里给出它们的原因, 是为了让读者能够清楚看到这个公式真的可以计算出确切的数值.

更必要的是, 我们将买方期权现在的价值 $f(0, S_0)$ 看成是仅有的无套利价格. 那么, 这个公式非常确切地给出了一个可以获得套利盈利的动态交易策略, 如果期权的市场价格不同于理论价格.

最后还有一个令人惊奇的结论: 价格 $f(0, S_0)$ 也可以通过 Bachelier 公式 (5) 给出:

$$f(0, S_0) = e^{-rT}E_Q[C_T], \tag{10}$$

其中我们当然不再将期望值的构造基于起始的概率 P, 而是根据一个修正的、所谓的 "风险中立" 的概率 Q. 这个说法 "风险中立" 来自于, 通过基于这个修正的概率分布, 期货的价格变化平均上等于无风险利率的平均值.

限于篇幅, 我们将跳过关于无套利论点和金融数学中的等价原则之间的关系的具体原因. 这是所谓的 "资本估价基本定理" 所涵盖的范围. 这个定理在 1980 年左右出现在 M. Harrison, D. Kreps 和 S. Pliska 的工作中, 并且在之后由众多数学家们进行了拓展. 本基本定理在一般情况下的精确数学描述最早由 F. Delbaen 和本文作者在 1994 年给出.

这里, 我们只希望发展一个完全直观的方法从原来的 "真实" 概率 P 过渡到修正的 "风险中立" 概率 Q. 让我们再次回到上面提到的非常简单的对一个 40 岁女性的一年期的风险保险. 也许你在前面已经有些怀疑保险公司利用其为那个值来计算费用的方法; 因为这意味着, 平均上这个保险公司从中无法盈利. 这些怀疑当然是有道理的, 因为保险业当然是一个有盈利的行业.

这个谜题的解答在于, 在这里我们有两种不同的概率分布: 一边是 "真实的" 一个 40 岁的女性在接下来的一年中死亡的概率 q_{40}, 这个 "真实的" 概率可以基于对于过去的死亡率的观测有保障地得到. 但是对于费用的计算却会通过另一个 —— 慎重选取的 —— 概率来计算得到, 这里我们记为 q_{40}^{mod}. 这个保险的死亡率的获利在这里则源自这两个值之间的差值.

现在很明显, 金融数学的基本便是区别 "真实" 值 P 和 "修正" 值 Q.

在这些一般的讨论之后, 现在出现了这样的问题, Black-Scholes 公式和由此推导出的对冲策略在现实中的实施效果如何. 这个问题的本质在于这个几何布朗运动的模型 (6) 是否正确描述现实情况.

现在让我们看看金融市场的真正的数据. 图 2 展示的是奥地利股票市场指数的对数回归, 即 $\ln(S_{t+1}/S_t)$, 其中 t 的范围是 1995 年 4 月到 1998 年 6 月. 如果 Black-Scholes 模型的前提条件符合, 那么这个随机大小必须满足正态分布, 也就是说经验直方图必须拥有一个类似于虚线显示的形状.

我们看到这个吻合情况并不是那么好: 经验直方图在中值附近取值过大 (相较于理论上的正态分布而言), 同时在中间区域还有一些数值过小. 但是在现实使用中最严重的问题没有那么明显, 并且包含在分布的 "末端": 正态分布严重低估了极端情形; 并且这些有巨大价格变动的情形显然在现实中占有很重要的地位.

我们在这个例子中观察到的这个 "风格化的现实" (即相较于正态分布, 中间和在分布的两端的概率值过大, 另一方面在中间区域却太小) 在这样的一个时间序列中一再出现.

用正态分布来代替逼近, 图 3 给出了通过一个一般的概率分布逼近同样的经验直方图的过程, 我们称之为双曲线分布. 显然它们的相符程度有了很大的提高, 并且 —— 尽管在这个例子中裸眼并不能明显看出 —— 在众多的经验研究中我们得知, 通过如此更一般的分布的模型在巨大价格变动下相较正态分布而言与现实更相符.

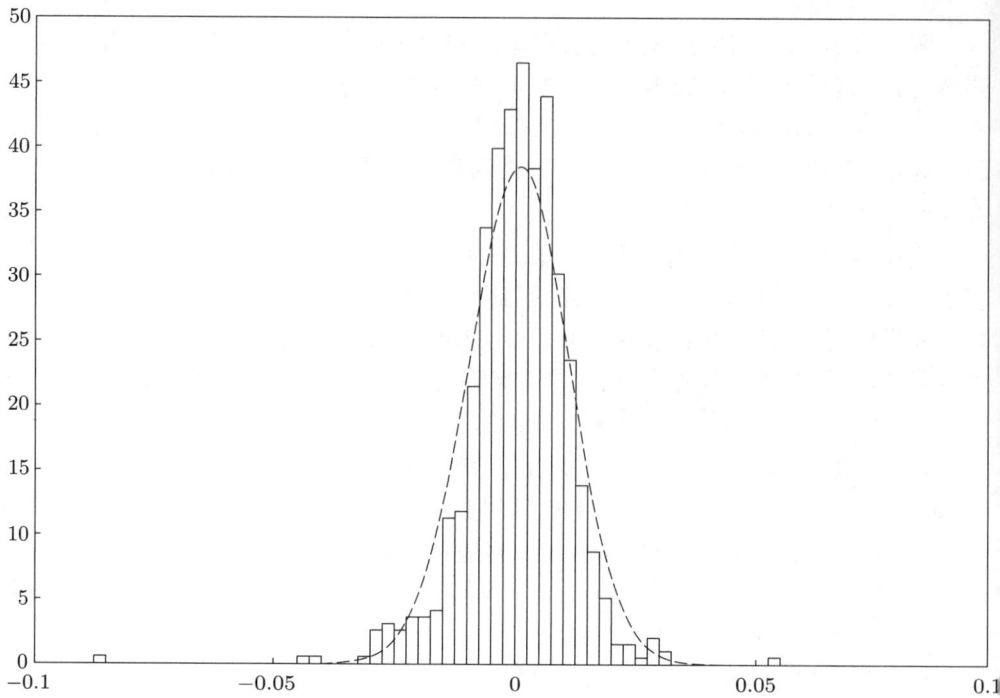

图 2   ATX 对数回归 (1995 年 4 月 —1998 年 6 月): 相较于正态分布

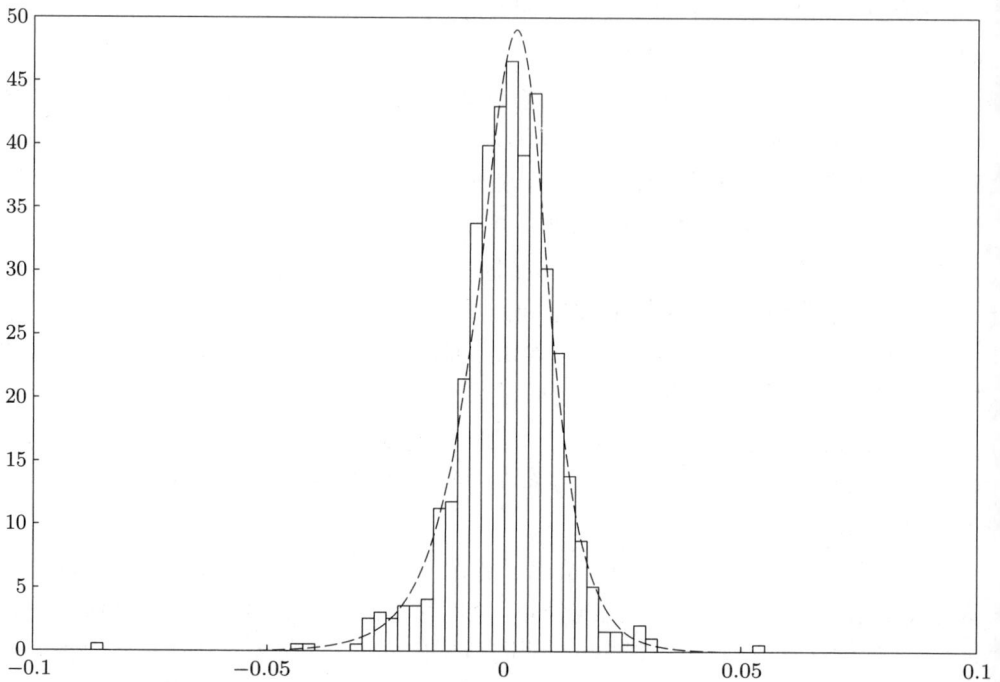

图 3   ATX 对数回归 (1995 年 4 月 —1998 年 6 月): 相较于双曲线分布

如此我们便诱发了一个问题, 为什么不使用一个更一般同时能更好地描述现实的模型来代替 Black-Scholes 模型呢? 在研究中 —— 并且在现实中一定程度上 —— 人们就是这么做的, 并且还在快速发展中. 虽然如此, 这个情形马上变得复杂得多, 如果我们离开 Black-Scholes 模型的话, 因为如此我们不再能够基于单纯的无套利论据得到唯一的价格和相应的交易策略. 出于这个原因, 对于实践而言, Black-Scholes 模型扮演着一个基本的角色, 但是其中的研究结果需要很快地应用在实际中.

在这个介绍性的文章中我们无法详尽介绍 Black-Scholes 模型的推广, 而只能介绍一些相应的参考文献. 但是我希望可以给读者们提供如下的信息: 对于这个理论的实际应用, 彻底理解所选择的数学模型和它的前提条件是非常关键的; 尤其必需的是, 对于这个数学模型能够有足够的理解, 以知道模型的前提条件从哪些角度以一种可以接受的途径描述着事实, 而从哪些角度没有. 这些理解可以给我们提供一个概念, 在哪些情况下这个理论推导出有价值的结果而在哪些情况下我们需要格外小心.

参考文献

[1] J. C. Hull: Options, Futures and Other Derivatives. Prentice-Hall International, 1997.

[2] A. Irle: Finanzmathematik. Teubner, 1988.

[3] D. Lamberton, B. Lapeyre: Stochastic Calculus Applied to Finance. Chapman & Hall, 1996.

[4] M. Baxter, A. Rennie: Financial Calculus. Cambridge University Press, 1998.

[5] T. Björk: Arbitrage Theory in Continuous Time. Oxford University Press, 1999.

[6] M. Musiela, M. Rutkowski: Martingale Methods in Financial Mathematics. Applications of Mathematics, Stochastic Modelling and Applied Probability 36. Springer, 1997.

IV.4 密码学

RSA-算法 第 31 章

Albrecht Beutelspacher, Heike B. Neumann, Thomas Schwarzpaul

选自《密码学: 理论和应用》(Vieweg, 2005 年), 第 10 章, 第 117–132 页 (除练习题).

在公钥加密方法中最著名的例子一定是所谓的 RSA- 算法 (这个名字来自于它的三个发明者: Rivest, Shamir 和 Adleman, 他们三人在 1977 年发明了这种加密方法, [RSA78]). 这个方法的安全性建立在整数分解的难度上. 我们首先给大家一个关于这个算法的概述, 接下来将介绍一些理解这个算法所需要的数学基础. 最后一节将被用以分析 RSA 的安全性.

1 概述

正如已经提到的, RSA-算法的安全性建立在整数分解的难度上. 在这里我们使用的基本想法是, 整数相乘是很简单的, 但是迄今我们依然没有找到一个有效的算法, 用以高效地给出任意一个整数的素数分解. 换言之, 我们完全可以将整数相乘设想成一个单向函数.

为了生成一组加密密钥, 一个网络中的任意参与者首先需要分别选取两个很大的素数 p 和 q, 并由此得到它们的乘积 $n = pq$. 这个乘积 n 是公开密钥的一部分. 这两个素数则由这个参与者秘密保管.

接下来他还需要计算 $\phi(n) = (p-1)(q-1)$ —— 这是不大于 n 且与其互素的所有正整数的数量. 在这里, ϕ 是所谓的欧拉 ϕ 函数. 最后他选择两个数, e 和 d, 使得它们满足以下性质: $ed \equiv 1 \,(\mathrm{mod}\,\phi(n))$. 这个数 e (来自于英语单词加密 "enciphering") 将成为公开密钥的第二部分, 同时数 d (来自于英语单词解密 "deciphering") 则是它的私密密钥.

为了加密一个信息 m, 发送者按照以下的方法来进行: 他取得信息接收者的公开密钥 (n, e), 然后计算:

$$c := m^e \bmod n.$$

然后这个加密后的信息 c 将发送给接收者.

当接收者收到这个信息之后, 他可以通过私密密钥来获取原始的信息:

$$c^d \bmod n = m.$$

欧拉定理保证了这个解密方法的可行性, 即接收者通过这种方法得到的恰好是发送者想要发送的那条信息. 因为欧拉定理说的是, 对于两个数 e 和 d, 如果它们满足 $ed \equiv 1 \,(\mathrm{mod}\, \phi(n))$, 那么一定有 $m^{ed} \bmod n = m$ 成立.

我们选择	两个大素数 p 和 q
计算	$n = p \cdot q$
计算	$\phi(n) = (p-1)(q-1)$
选择 e	使得 e 与 $\phi(n)$ 互素
并确定 d	使得 $ed \bmod \phi(n) = 1$

密钥生成过程中的加密参数: $p, q, \phi(n)$
私钥: d
公钥: e, n

图 1   RSA-算法中的加密密钥生成过程

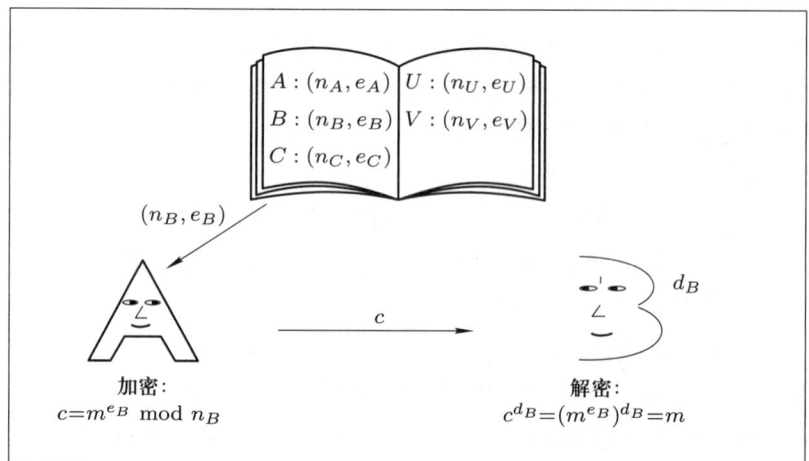

图 2   RSA-算法中的加密和解密

RSA-算法不仅可以作为一种非对称的加密方法使用, 也可以用以进行数字签名. 参与者们使用和生成加密密钥相同的方法来生成一个签名密钥.

如果一个参与者想要对一条信息 m 进行签名, 那么他可以将私密密钥使用在信息上: $sig := m^d \bmod n$.

接收者可以借由这个参与者的公开密钥 (n, e) 来对这条信息进行检验, 方法是直接将公开密钥应用于签名上. 也就是说, 如果 $sig^e \bmod n = m$ 成立, 那么这个签名是真的; 如果这个等式不成立, 那么这个签名便是假的.

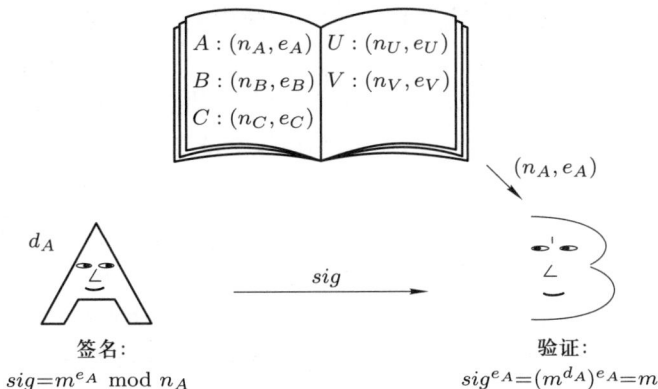

图 3   使用 RSA-算法进行数字签名

签名：
$$sig = m^{e_A} \bmod n_A$$

验证：
$$sig^{e_A} = (m^{d_A})^{e_A} = m$$

2   加密密钥生成

这个方法中的第一步便是, 选择两个素数, 使得它们的乘积的分解是很困难的. 尤其, 这意味着这两个素数需要足够大, 使得通过遍历尝试比 n 小的所有素数来检验其是否为 n 的素因子的方法在实践中是不可行的. 在这里我们面对着以下几个不同的问题：

(1) 是否确实存在足够多的我们所期待的大小的素数呢?

(2) 我们怎么能够找到素数?

(3) 是否存在一个特别的条件, 使得我们必须使用素数才能够保证这个乘积特别难以进行分解?

关于第一个问题：现在我们一般选择的是一个大小至少为 512 位的素数, 也就是说这个数的大小应该大约为 2^{512}. 这样的话, 这个模块 n 的大小大约为 1024 位.

类似大小的素数大约为 2^{500} 个 (如果写成十进制, 这个数大约有 150 位). 根据素数定理, 我们可以得到一个小于 x 的素数数量的估计：$x/\ln(x)$. 如果我们用 $\pi(x)$ 来表示小于 x 的素数的数量, 那么可以估计 512 位的素数的数量大约为

$$\pi(2^{512}) - \pi(2^{511}) \approx \frac{2^{512}}{\ln(2^{512})} - \frac{2^{511}}{\ln(2^{511})} = \frac{2^{512}}{512 \cdot \ln(2)} - \frac{2^{511}}{511 \cdot \ln(2)}$$

$$\approx \frac{2^{511}}{512 \cdot \ln(2)} \approx 2^{502}.$$

关于第二个问题：我们怎么能够找到素数? 可惜的是, 并不存在一个可以直接计算来得到素数的公式. 事实上人们的做法是, 随机选取一个符合我们想要的大小的整数, 然后检验这个数是否为素数. 人们可以使用所谓的素性测试来确定一个数是否为素数, 例如 Miller-Rabin 检验 [Mi76, Ra80], 或者 Agarwal-Saxena-Kayal 检验 [ASK02]. 素数定理告诉我们, 事实上我们并不需要检验太多的数便能得到一个素数.

作为一个例子, 我们来考虑长度为 512 位的素数. 根据以上的估计, 在 2^{511} 个数字中大约有 2^{502} 个为素数. 我们可以由此来计算一个随机选取的整数为素数的概率, 大约为 2^{-9}. 进一步地, 如果我们排除所有的偶数, 那么可以将这个概率改良至 2^{-8}. 于是, 通过这种方法, 我们平均大约通过 250 次尝试便能找到一个我们所期待的大小的素数.

对于第三个, 也就是最后一个问题: 是否存在一个特别的条件, 使得我们必须使用素数才能够保证这个乘积特别难以进行分解? 接下来我们只列出一些最重要的事实. 基本上, 对于大素数而言, 它们的乘积总是特别难分解的. 对此最好的分解算法有 Pollard 的 ρ- 算法 [Pol75], 二次筛选法 [Pom84], 数域筛选法 [Pol93] 等. 这些方法给了我们一些关于如何选取这些素数的提示:

(1) 这两个素数 p 和 q 不应该有很大的差别, 否则数域筛选法可以高效地进行分解;

(2) 这两个素数也不应该过于临近, 否则通过费马分解法 [Pom82], 我们可以高效地进行分解;

(3) $(p+1)$ 和 $(p-1)$ 应该有尽量少的 "小" 的素因子, 否则 Pollard 的 $(p+1)$ 或者 $(p-1)$-算法会非常高效.

在某些应用中, 我们不仅需要 p 和 q 为素数, 同时还需要要求 $(p-1)/2$ 和 $(q-1)/2$ 也为素数. 满足这个性质的素数在文献中经常被称作强素数.

在素数的选择之后, 我们还需要确定指数 e 和 d. 公开的指数 e 可以任意进行选取; 它只需要和 $\phi(n)$ 互素即可. 通常人们选取的数字为那些可以特别快速进行计算的数字. 为了可以确定对于哪些指数我们可以尤其快速地计算, 我们考虑所谓的平方 – 相乘算法, 这是一个快速进行乘方的算法.

平方 – 相乘算法   在一个群 G 中, 我们想要计算一个元素 $g \in G$ 的 k 次方, 其中 $k \in \mathbb{N}$ 为一个自然数, 并且满足 $k < |G|$. 直观地, 我们可以直接通过以下方法来计算:

$$g^k = \underbrace{g \cdot g \cdot g \cdots g}_{k \text{ 个 } g}.$$

这意味着, 我们一共需要进行 $(k-1)$ 次乘法运算. 特别地, 在群 $\mathbb{Z}_n^*$ [①] 中这个计算的运算时间为

$$k \cdot O((\log(n))^2) = O(k \cdot (\log(n))^2) = O(n(\log(n))^2).$$

平方 – 相乘算法是这样做的: 将指数 k 分解成它的二进制表示:

---

① 在这里 $\mathbb{Z}_n$ 所指的是剩余类环 $\mathbb{Z}/n\mathbb{Z}$, 而 $\mathbb{Z}_n^*$ 指的是其中的所有非零因子. 例如 $n=6$ 时, 我们有 $\mathbb{Z}_n^* = \{\bar{1}, \bar{5}\}$. 具体参见下一节. 需要注意的是, 在数论中, 尤其是代数数论中, 这个符号有其他的含义. —— 译者注

$$k = \sum_{i=0}^{l} b_i 2^i,$$

其中 $b_i \in \{0, 1\}$, 并且 $l = \lceil \log(k) \rceil$. (在这里 $\lceil \log(k) \rceil$ 表示的是不小于 $\log(k)$ 的最小的整数.)

我们接下来计算

$$g, \quad g^2, \quad g^4 = (g^2)^2, \quad g^8 = (g^4)^2, \quad \cdots.$$

最后我们将对应于不等于零的 b_i 的那些结果相乘.

于是, 我们在这种情况下进行了 $l = \lceil \log(k) \rceil$ 次平方运算 (等于乘法运算) 和最多 l 次乘法运算. 总共地, 我们有大约 $2l$ 次乘法运算. 因此, 在 $\mathbb{Z}_n^*$ 中, 我们的运算时间大约为

$$2l \cdot O((\log(n))^2) = O(\log(k))O((\log(n))^2) = O((\log(n))^3).$$

我们可以看到, 这个算法显然相较于前面的方法是一个很大的进步, 尤其当我们将在 RSA-算法中所处理的数字的大小列入考量范围之后 —— 信息 m 和指数 e 都大约有 1024 位. 通过直观算法, 我们需要将一个在十进制大小约有 300 位的数 $10^{300} (\approx 2^{1024})$ 和它自己相乘; 而通过平方 – 相乘算法, 相对地, 我们只需要进行 $10^9 (\approx 2^{30})$ 次乘法.

例 1 计算 $3^{17} \bmod 23$. 为此我们将指数写成二进制表示: $17 = 2^4 + 1$. 接下来计算:

$$3 \bmod 23 = 3, \qquad 3^2 = 9 \,(\bmod 23),$$
$$3^4 = 81 \equiv 12 \,(\bmod 23), \quad 3^8 = (3^4)^2 \equiv 12^2 \equiv 6 \,(\bmod 23),$$
$$3^{16} \equiv 6^2 \equiv 13 \,(\bmod 23).$$

因此我们有: $3^{17} = 3^{16} \cdot 3 \equiv 13 \cdot 3 = 39 \equiv 16 \,(\bmod 23)$.

从上面的例子中我们可以看到, 当基数很小, 并且指数的二进制表示中 1 很少的时候, 这个平方 – 相乘算法尤其地迅速. 需要被加密的基数, 也就是我们想要传输的信息, 我们是没有办法影响的. 但是对于公开的指数的选择, 我们有一定的自由度. 所以, 作为公开的指数, 人们经常选择 $e = 3$ 或者 $e = 2^{16} + 1 = 65537$; 写成二进制, 这两个数分别为 11 和 10000000000000001. 除此之外, 这两个数都是素数, 所以有很大的概率, 它们和 $\phi(n)$ 是互素的.

为了计算相应的私密密钥 d, 即满足 $e \cdot d \equiv 1 \,(\bmod \phi(n))$ 的 d, 我们使用了所谓的扩展欧几里得算法. 我们将其应用在 e 和 $\phi(n)$ 上, 来得到整数 d 的一个 "线性和表示".

> **定义 1** 令 a 和 b 为两个整数. 最大的同时整除 a 和 b 的整数称作 a 和 b 的**最大公约数**, 记作 $gcd(a,b)$.[①]

欧几里得算法[②]计算的是两个自然数的最大公约数. 令 $a_0, a_1 \in \mathbb{N}$. 不影响一般性, 我们可以假设 $a_0 \geqslant a_1$. 那么存在一系列唯一的整数 $a_2 > a_3 > a_4 > \cdots > a_m > a_{m+1} = 0$, 以及 $q_1, q_2, \cdots, q_m \in \mathbb{N}$, 使得以下等式和不等式成立:

$$
\begin{aligned}
a_0 &= q_1 a_1 + a_2, & 0 < a_2 < a_1, \\
a_1 &= q_2 a_2 + a_3, & 0 < a_3 < a_2, \\
&\cdots\cdots\cdots \\
a_{m-2} &= q_{m-1} a_{m-1} + a_m, & 0 < a_m < a_{m-1}, \\
a_{m-1} &= q_m a_m + a_{m+1}, & 0 = a_{m+1}.
\end{aligned}
$$

这个过程会在有限步之后终结, 并且我们由此可以得到

$$
gcd(a_0, a_1) = a_m.
$$

因为根据第一个等式, 我们有 $gcd(a_0, a_1) = gcd(a_1, a_2)$, 而由第二个等式, 有 $gcd(a_1, a_2) = gcd(a_2, a_3)$, 依此类推, 并且最后一个等式告诉我们 $gcd(a_{m-1}, a_m) = gcd(a_m, a_{m+1}) = a_m$.

> **引理 1 (Bézout 引理)** 对于 $a_0, a_1 \in \mathbb{N}$, 存在整数 u 和 v, 满足 $gcd(a_0, a_1) = u \cdot a_0 + v \cdot a_1$.

这个将最大公约数写成两个整数的和的形式被称作**线性和表示**. 以上引理是欧几里得算法的一个推论. 我们可以通过欧几里得算法的辗转相除来得到整数 u 和 v (参见习题 5). 欧几里得算法和线性和表示一起被称作**扩展欧几里得算法**.

为了生成 RSA-算法的密钥, 我们对 $\phi(n)$ 和 e 应用扩展欧几里得算法. 因为这两个数是互素的, 我们得到两个整数 d 和 k, 使得 $ed + k\phi(n) = 1$ 成立, 而这个等式成立当且仅当 $ed \equiv 1 \pmod{\phi(n)}$. 这个整数 d 就是我们想要寻找的秘密的指数.

[①] 这个符号来自于最大公约数的英文 "greatest common divisor" 的缩写. 在德语中常用记号则为 $ggT(a,b)$, 同样来自于缩写. ——译者注

[②] 有时也被称作辗转相除法. ——译者注

例 2　素数为 3 和 5, 也就是说, 我们的模块为 15. 那么 $\phi(15) = 2 \cdot 4 = 8$. 作为公开的指数, 在这里我们选取的是整数 $e = 3$, 因为显然的, 这个 e 和 $\phi(15)$ 互素. 将欧几里得算法应用于整数 8 和 3, 我们得到:

$$8 = 2 \cdot 3 + 2,$$
$$3 = 1 \cdot 2 + 1,$$
$$2 = 2 \cdot 1 + 0.$$

由此可知, 最大公约数, 正如我们所期待的那样, 是 1, 并且通过这些等式我们可以得到它的线性和表示:

$$1 = 3 - 1 \cdot 2 = 3 - (8 - 2 \cdot 3) = 3 \cdot 3 - 1 \cdot 8.$$

所以我们有 $1 = 3 \cdot 3 - 1 \cdot 8 \equiv 3 \cdot 3 \pmod{8}$. 于是有 $3 \cdot 3 \equiv 1 \pmod 8$, 也就是说我们的私密密钥为 $d = 3$.

3　加密和解密

正如已经提到的, 保证 RSA-算法的正确性的最重要的数学基础就是**欧拉定理**.

RSA-算法的所有计算都发生在剩余类环 $\mathbb{Z}_n$ 中. 原则上而言, 我们仅仅需要考虑介于 0 和 $n - 1$ 之间的整数. 加法和乘法都需要进行模 n 处理. 扮演着特别的角色的是这个剩余类环中的一个子结构, 即包含了所有对于乘法而言可逆的整数的集合. 而这些整数恰好是在 $\mathbb{Z}_n$ 中与 n 互素的所有整数. 这个子集被记为:

$$\mathbb{Z}_n^* = \{a \in \mathbb{Z}_n \mid gcd(n, a) = 1\}.$$

我们可以验证, $\mathbb{Z}_n^*$, 随同模 n 乘法, 构成一个群. 通过扩展欧几里得算法, 我们可以非常高效地计算得到其中任意一个元素的逆元:

令 $a \in \mathbb{Z}_n^*$. 也就是说, 满足 $gcd(a, n) = 1$.

第一步: 对于 n 和 a 应用欧几里得算法;

第二步: 计算整数 u 和 v, 使得 $u \cdot a + v \cdot n = 1$.

于是我们可以说

$$u \equiv a^{-1} \pmod n,$$

也就是说, u 模 n 是在以上乘法定义下的 a 的逆元.

在 RSA-算法中扮演着重要的角色的不仅是这个集合 $\mathbb{Z}_n^*$, 还有它的秩, 即它的元素的数量. 这个集合的秩正是比 n 小且与其互素的正整数的数量, 也就是说, 以

下等式成立 $|\mathbb{Z}_n^*| = \phi(n)$, 其中 ϕ 为**欧拉** ϕ **函数**. 特别地, 对于素数 p 而言, $\phi(p)$ 很容易计算: 如果 p 是一个素数, 那么 $\phi(p) = p - 1$.

除此之外, 我们还有: 对于一个素数 p 和一个自然数 $\alpha \geqslant 1$, 我们都有 $\phi(p^\alpha) = (p-1)p^{\alpha-1}$ (参见习题 8).

对于一个合数 n, 如果已知它的素因子分解, 那么我们可以很轻松地确定 ϕ 的值: 如果 $n = p_1^{\alpha_1} \cdot p_2^{\alpha_2} \cdots p_r^{\alpha_r}$ 为其素因子分解, 其中这些素数 p_i 两两不同, 那么以下等式成立:

$$\phi(n) = \phi(p_1^{\alpha_1})\phi(p_2^{\alpha_2}) \cdots \phi(p_r^{\alpha_r}).$$

经过以上的准备工作, 我们现在可以给出欧拉定理并证明它.

定理 1 (欧拉定理)   令 $a \in \mathbb{Z}, n \in \mathbb{N}$. 那么以下说法成立: 如果 a 与 n 互素, 也就是说, $gcd(a, n) = 1$ 成立, 那么我们有

$$a^{\phi(n)} \equiv 1 \,(\mathrm{mod}\, n).$$

■ **证明.**   我们令 $\mathbb{Z}_n^* = \{j_1, j_2, \cdots, j_{\phi(n)}\}$. 因为 a 与 n 互素, 可知, 对于所有的 $i \in \{1, \cdots, \phi(n)\}$, 有 $a \cdot j_i \in \mathbb{Z}_n^*$.

除此之外, 对于 $i \neq k$, 还有 $a \cdot j_i (\mathrm{mod}\ n) \neq a \cdot j_k (\mathrm{mod}\, n)$. 因为否则, n 便是 $a \cdot (j_i - j_k)$ 的一个因子. 由于 a 和 n 互素, n 必须整除 $j_i - j_k$, 但是如果如此, 那么必须有 $j_i - j_k = 0$, 因为根据定义, j_i 和 j_k 都小于 n, 所以它们的差也必须小于 n.

由此我们可以得到以下等式:

$$\prod_{i=0}^{\phi(n)} a \cdot j_i \equiv \prod_{i=0}^{\phi(n)} j_i \,(\mathrm{mod}\, n).$$

这个等价关系可以变形成以下形式:

$$\prod_{i=0}^{\phi(n)} a \cdot j_i \equiv \prod_{i=0}^{\phi(n)} j_i \,(\mathrm{mod}\, n)$$
$$\Leftrightarrow a^{\phi(n)} \cdot \prod_{i=0}^{\phi(n)} j_i \equiv \prod_{i=0}^{\phi(n)} j_i \,(\mathrm{mod}\, n)$$
$$\Leftrightarrow a^{\phi(n)} \equiv 1 \,(\mathrm{mod}\, n),$$

于是定理得证.

接下来是欧拉定理的两个重要推论.

> **推论 1 (费马小定理)**　令 p 为一个素数, 并且 $a \in \mathbb{Z}$ 是一个与 p 互素的整数. 那么以下等式成立:
> $$a^{p-1} \equiv 1 \,(\mathrm{mod}\, p).$$

这个说法我们可以直接通过在欧拉定理中将整数 n 用 p 来代替, 并且注意到 $\phi(p) = p - 1$ 来得到. 我们可以看到, 费马小定理 "只是" 欧拉定理的一种特殊情况.

第二个推论直接和 RSA- 算法是相关的.

> **推论 2**　令 p 与 q 为两个不同的素数, 并且 $n = pq$. 那么对于所有的 $a \in \mathbb{Z}$ 和 $k \in \mathbb{Z}$, 都有
> $$a^{k\phi(n)+1} \equiv a \,(\mathrm{mod}\, n).$$

我们看到, 在这里并不要求满足前两个定理的条件: 整数 a 并不一定要和 n 互素.

■ **证明.**　第一种情况: 如果 a 与 n 互素, 那么这个推论直接可以根据欧拉定理得到.

第二种情况: 假设 a 与 n 有一个大于 1 的公约数. 那么存在两种可能性: a 是 n 的倍数, 或者 a 恰好拥有 n 的两个素因子中的一个作为其因子.

(a) $n \mid a$, 那么 $a \equiv 0 \,(\mathrm{mod}\, n)$, 所以

$$a^{k\phi(n)+1} \equiv 0^{k\phi(n)+1} \equiv 0 \equiv a \,(\mathrm{mod}\, n);$$

(b) 不失一般性, 我们假设 $p \mid a$, 且 $q \nmid a$, 那么 $a \equiv 0 \,(\mathrm{mod}\, p)$, 所以有

$$a^{k\phi(n)+1} \equiv 0^{k\phi(n)+1} \equiv 0 \equiv a \,(\mathrm{mod}\, p) \quad \text{和}$$
$$a^{k\phi(n)+1} \equiv a^{k(q-1)(p-1)+1} \equiv (a^{q-1})^{k(p-1)} \cdot a \equiv 1^{k(p-1)} \cdot a \equiv a \,(\mathrm{mod}\, q),$$

其中第二个等式由推论 1 得到. 将这两个等式结合起来, 我们得到: $a^{k\phi(n)+1} \equiv a \,(\mathrm{mod}\, a)$.

通过了解以上这些数学基础, 我们现在可以很轻松地检验 RSA-算法唯一的解密方法: 从根本上而言, 这个算法作用在 $\mathbb{Z}_n$ 上. 所以, 我们可以对于数字大小介于 0 和 $n - 1$ 之间的信息进行加密. 当 n 的二进制表示的长度为 1024 时, 它的大小为 128 个字节 (也就是说大约这么多个字母). 如果一个信息过长, 那么我们可以简单地将这个信息切割成合适大小的段落并分别进行加密.

加密: 令 (n, e) 为接收者的公开密钥. 发送者计算: $c = m^e \,\mathrm{mod}\, n$. 从而得到加密后的信息 c.

解密: 接收者计算: $c^d \equiv m^{ed} = m^{k\phi(n)+1}$, 对于一个特定的 $k \in \mathbb{Z}$. 欧拉定理的第二个推论告诉我们:

$$m^{k\phi(n)+1} \equiv m \,(\mathrm{mod}\ n)$$

对于所有信息 m 都成立.

由于接收者事先已经知道 n 的素因子 p 和 q, 可以通过以下方法进行解密: 分别计算 $c^d \bmod p$ 和 $c^d \bmod q$, 然后通过这两个数字计算得到 $c^d \bmod n$. 在这里他使用的方法名为如下的**中国剩余定理**.

定理 2 令 n_1 和 n_2 为互素的自然数, 并且 a_1 和 a_2 为任意整数. 那么满足

$$x \equiv a_1 \,(\mathrm{mod}\ n_1),$$
$$x \equiv a_2 \,(\mathrm{mod}\ n_2)$$

的所有整数 x 所构成的集合恰好是模 $n_1 \cdot n_2$ 的一个剩余类. 换言之, 我们有

$$\mathbb{Z}_{n_1 n_2} \cong \mathbb{Z}_{n_1} \times \mathbb{Z}_{n_2}.$$

特别地, 如果 $1 = u \cdot n_1 + v \cdot n_2$ 是 n_1 和 n_2 的线性和表示, 那么这个剩余类的代表元可以由

$$x_0 = u \cdot n_1 \cdot a_2 + v \cdot n_2 \cdot a_1$$

给出.

■ **证明.** 参见习题 9.

由于素数显然比模块小, 这个方法相较于直接计算 $c^d \bmod n$ 有显著的进步.

签名: 生成一个 RSA-签名的方法类似于加密方法: 这个签名相对应于解密的过程, 也就是说, 用私密密钥作为指数来进行计算. 而对于这个签名的检验则通过将其进行公开密钥的幂次运算, 也就是说, 相对应于加密的过程.

4 RSA-伪随机生成器

RSA-算法不仅可以用作加密和签名方法, 也可以用来作为一个伪随机生成器.

为此我们选取两个素数 p 和 q, 使得它们的乘积 $n = pq$ 非常难以分解. 更进一步地, 我们选择一个与 n 互素的起始值 x_0.

接下来的值可以按照以下方法计算:

$$x_{i+1} = x_i^e \,(\mathrm{mod}\ n).$$

知道 n 的分解的人可以计算 x_{i+1}, 因为它可以确定满足 $ed \equiv 1 \,(\mathrm{mod}\ \phi(n))$ 的 d 的

值, 并通过 $x_i^d \bmod n$ 直接计算 x_{i+1}. 对于所有的 i 而言, 这个生成器的第 i 个输出正是我们得到的 x_i 的最后一位.

相较于移位寄存器而言, RSA-伪随机生成器的一个缺点在于, 它显然没有那么高效.

它的优点则在于, 它的安全性可以通过数学方法来证明: 我们可以证明, 这个生成器的一个停顿, 即对于下一步的输出预测准确度超过 1/2, 意味着, 这个分解并不是一个很困难的问题, 否则必须存在一个高效的分解合数的算法 [ACGS88].

5 RSA-算法的安全性

直至现在, 我们这篇文章着重关注于这个算法的正确性和可实施性. 在这一小节中, 我们将要转向考虑其安全性.

第一个与安全性相关的问题就是, RSA-算法是否具备公钥的性质. 也就是说, 在实际中, 不可能通过一个参与者的公钥计算得到他的密钥.

接下来的两个定理展示的是 "RSA-算法的安全性基于大整数的分解的困难性". 它们指出, 由公钥计算密钥等价于整数分解. 于是, 如果不存在整数分解的高效算法, 那么也就不存在计算密钥的高效算法.

> **定理 3** 给定两个不同素数的乘积 n. 那么对于任何高效的攻击者甲, 以下两项等价:
> (i) 甲可以通过 n 的输入计算得到它的两个素因子 p 和 q;
> (ii) 甲可以通过 n 的输入计算得到 $\phi(n)$ 的数值.

■ **证明.** (i) ⇒ (ii). 假设甲可以通过给定 n 确定它的素因子 p 和 q. 那么他可以通过以下公式计算 $\phi(n)$:

$$\phi(n) = (p-1)(q-1).$$

(ii) ⇒ (i). 假设甲可以通过给定 n 来确定 $\phi(n)$ 的值. 我们想要证明, 他也可以计算 p 和 q 的值. 这个攻击者现在有两个与 p 和 q 相关的方程:

$$n = pq \quad 和 \quad \phi(n) = (p-1)(q-1).$$

于是有:

$$\begin{aligned}
n - \phi(n) - 1 &= pq - (p-1)(q-1) - 1 \\
&= pq - (pq - p - q + 1) - 1 \\
&= p + q - 2 \\
&= \phi(p) + \phi(q).
\end{aligned}$$

于是我们有了以下等式:

$$n - \phi(n) - 1 = \phi(p) + \phi(q). \tag{*}$$

另一方面, 我们还有 ①

$$\begin{aligned}
\phi(p) - \phi(q) &= \sqrt{(\phi(p) - \phi(q))^2} \\
&= \sqrt{(\phi(p) + \phi(q))^2 - 4\phi(p)\phi(q)} \\
&= \sqrt{(n - \phi(n) - 1)^2 - 4\phi(n)},
\end{aligned}$$

于是

$$\phi(p) - \phi(q) = \sqrt{(n - \phi(n) - 1)^2 - 4\phi(n)} \tag{**}$$

将等式 (∗) 和 (∗∗) 相加, 于是我们便得到了:

$$2 \cdot \phi(p) = n - \phi(n) - 1 + \sqrt{(n - \phi(n) - 1)^2 - 4\phi(n)}.$$

因为攻击者已知 n 和 $\phi(n)$, 所以通过以上等式便可以确定 $\phi(p)$. 由于 $\phi(p) = p - 1$, 他便可以知道 p 本身, 并由此通过 $n = pq$ 来计算得到 q.

> **定理 4** 给定两个不同素数的乘积 n. 那么对于任何高效的攻击者甲, 以下两项等价:
>
> (i) 甲可以通过 n 的输入计算得到它的两个素因子 p 和 q;
>
> (ii) 甲可以通过 n 和一个与 $\phi(n)$ 互素的整数 e 的输入计算得到一个整数 d 满足 $ed \equiv 1 \,(\mathrm{mod}\,\phi(n))$.

■ **证明.** (i) ⇒ (ii). 正如 RSA-算法的密钥生成一样, 这一点基于扩展欧几里得算法.

(ii) ⇒ (i). 假设这个算法可以通过 n 和一个与 $\phi(n)$ 互素的整数 e 的输入计算得到一个 d 满足 $ed \equiv 1 \,(\mathrm{mod}\,\phi(n))$. 我们可以将等式 $ed \equiv 1 \,(\mathrm{mod}\,\phi(n))$ 等价描述为存在一个 $k \in \mathbb{Z}$, 使得等式 $ed - 1 = k\phi(n)$ 成立.

假设攻击者可以找到满足以下性质的一个整数 $a \in \mathbb{Z}_n^*$ 和一个自然数 s:

$$a^{2s} \equiv 1 \,(\mathrm{mod}\,n), \tag{*}$$
$$a^s \not\equiv \pm 1 \,(\mathrm{mod}\,n). \tag{**}$$

那么我们可以根据 (∗) 得到下面的结论:

$$n \mid (a^{2s} - 1),$$

---

① 不失一般性, 我们可以假设 $p > q$. —— 译者注

于是

$$n \mid (a^s - 1)(a^s + 1).$$

但是由 (∗∗) 可以得到, n 不可能整除 $(a^s - 1)$ 或者 $(a^s + 1)$. 但是因为无论如何, n 必须整除它们的乘积, 所以这两个因子恰好包含 n 的两个素因子中的一个. 由于 n 仅仅包含两个素因子, 于是当我们计算 n 和 $a^s - 1$ 的最大公约数时, 我们就得到了 n 的其中一个素因子. 另一个可以通过简单的除法来得到.

我们可以证明, 在题设情况下, 存在一个概率性的算法来有效率地找到这样的 s 和 a —— 所以在这种情况下我们也许会需要多次尝试. 在这里我们不想给出关于这个算法的具体细节. 细节可以在其他参考书中找到, 例如 [Ko].

通过以上两个定理我们可以证明, 没有任何攻击者可以通过公钥来计算得到相应的密钥. 这两个定理的一个结论便是, 任何参与者不仅需要选取他自己的公开指数, 还需要选择自己的模块.

定理 3 和 4 证明了 RSA-算法拥有公钥性质. 但是这并不等同于 RSA-算法的成功. 因为攻击者感兴趣的也许并不是知道密钥, 而是知道加密信息的内容. 也许存在一种算法, 使得在不知道密钥的情况下依然能够解密加密信息.

但是至今我们依然无法证明, 人们必须要知道密钥才能解密. 这个不存在由加密信息得到相应的原生信息的高效算法的条件在密码学中如此重要, 使得它甚至拥有了自己的名称: RSA-**条件**.

条件 1 (RSA-条件)　假设 n 为两个不同的素数 p 和 q 的乘积, 其中这两个素数的二进制表示的长度均至少有 k 位. 更进一步地, 给定 e 为一个与 $\phi(n)$ 互素的整数. 那么以下说法成立: 对于任意一个概率性的多项式算法 A, 通过输入 k, n, e, y 和 $x^e \bmod n$ 能够计算得到整数 x 的概率是可忽略不计的. 也就是说, 对于任意 A, 存在一个可忽略不计的函数 μ 和一个自然数 k_0, 使得对于任意的 $k \geqslant k_0$ 满足:

$$P[A(k, n, e, x^e \bmod n) = x \mid x \in_R \mathbb{Z}_n^*] < \mu(k).$$

换言之, 我们假设, RSA-函数是一个活盖单向函数. 一个知道公钥 (n, e) 和加密信息 $y = x^e$ 的攻击者理论上没有任何机会找到原像 x. 但是存在一个额外的信息可以找到这个函数的逆函数, 即 n 以及密钥 d 的素因子分解.

对于个别协议的安全性而言, 我们有时需要的不仅是 RSA-条件, 还有一个更强的条件: 即使一个攻击者自己选择一个密文, 他依然无法确定原像.

条件 2 (强 RSA-条件) 假设 n 为两个不同的素数 p 和 q 的乘积, 其中这两个素数的二进制表示的长度均至少有 k 位. 那么以下说法成立: 对于任意一个概率性的多项式算法 A, 通过输入 k, n 和一个随机数 $y \in \mathbb{Z}_n^*$ 能够计算得到两个整数 x 和 e 满足 $y = x^e \bmod n$ 的概率是可忽略不计的. 也就是说, 对于任意 A, 存在一个可忽略不计的函数 μ 和一个自然数 k_0, 使得对于所有的 $k \geqslant k_0$ 满足:

$$P[A(k, n, y) = (x, e), \text{ 其中 } x^e \bmod n = y \mid y \in_R \mathbb{Z}_n^*] < \mu(k).$$

6 RSA-函数的同态

RSA-加密有一个特殊的性质, 即在数学上, RSA-加密是一个同态. 这个说法的意思是, 两个加密信息的乘积正好是原信息的乘积加密之后的结果. 更确切地说, 两个加密信息的乘积对应于两个信息内容的乘积的加密.

定理 5 给定一个 RSA-公钥 (n, e). 那么映射

$$RSA : \mathbb{Z}_n^* \to \mathbb{Z}_n^*,$$
$$x \mapsto x^e$$

是一个双射群同态. 于是特别地, 这是群 $\mathbb{Z}_n^*$ 的一个排列.

■ 证明. 双射. 我们只需要证明单射性, 因为 $\mathbb{Z}_n^*$ 是一个有限集. 令 d 为相应于 (n, e) 的密钥. 给定一个 $y \in \mathbb{Z}_n^*$. 假设存在一对 $x_1, x_2 \in \mathbb{Z}_n^*$, 使得

$$RSA(x_1) = x_1^e = y,$$
$$RSA(x_2) = x_2^e = y,$$

那么根据欧拉定理, 我们有

$$x_1 = x_1^{ed} = y^d = x_2^{ed} = x_2.$$

同态. 给定 $x_1, x_2 \in \mathbb{Z}_n^*$, 那么

$$RSA(x_1) \cdot RSA(x_2) = x_1^e \cdot x_2^e = (x_1 \cdot x_2)^e = RSA(x_1 \cdot x_2).$$

这个 RSA-函数的同态性质是矛盾的: 一方面, 它在很多应用中是很有用的, 因为它可以推导出协议中很多我们期待的性质; 另一方面, 它又经常成为一个协议被攻破的原因.

7　具体的实现

不论 RSA-算法是否被研究透彻, 或者它在一般情况下是否安全, 具体的实现总是需要被谨慎地验证. 从下面的例子我们可以清楚地看到, 即使是一个确认安全的算法依然可以被不安全地应用.

假设出于效率原因, 我们建议所有的参与者都选取公钥 $e = 3$. 假设有三个参与者 A, B 和 C, 他们的公钥分别为 $(n_A, 3)$, $(n_B, 3)$ 和 $(n_C, 3)$. 我们可以进一步假设这三个模块 n_A, n_B 和 n_C 是两两互素的 (否则已经有其中两个可被分解). 假设三个参与者都得到了同样的信息 m, 这个信息用公钥 $e = 3$ 进行了加密:

$$c_A = m^3 \pmod{n_A},$$
$$c_B = m^3 \pmod{n_B},$$
$$c_C = m^3 \pmod{n_C}.$$

一个攻击者得到了这三个密文. 他并不知道原信息 m, 但是他知道这三个加密的信息的内容完全相同. 他现在可以根据中国剩余定理来计算一个 m', 满足 $0 < m' < n_A \cdot n_B$, 并且 $m' \equiv c_X \pmod{n_X}$, 对于所有的 $X \in \{A, B, C\}$.

如果 $0 \leqslant m < \min\{n_A, n_B, n_C\}$, 那么显然, $m^3 < n_A \cdot n_B \cdot n_C$, 并且由此 $m' = m^3$ (在 $\mathbb{Z}$ 中). 而在 $\mathbb{Z}$ 中计算立方根是很容易的.

在今天的实际应用中, 我们经常选择 $e = 2^{16} + 1$ 作为公开指数.

显然, 这种攻击只在某些非常特别的情况下才可以奏效. 但是它并不是完全不实际的. 在电子通信系统中, 信息经常会被自动发送给多位接收者, 并且提供给了攻击者他所期待的情形. 当然, 相对而言, 这个攻击是很弱的, 因为攻击者只能解密一个特定的信息. 参与者的密钥并没有受到攻击.

在这样的攻击下, 直接受到攻击的并不是 RSA-算法本身, 而是一个实际应用的情景.

习题

1. 在现今的实际应用中, 很普遍的是选择 RSA-模块 n 为 1024 位. 由此可知, 素数 p 和 q 分别需要有多少位和多少十进制位?

2. 证明以下命题:

   (a) $f \in \mathbb{Z}[X]$, 并且 $a \equiv b \pmod{n} \Rightarrow f(a) \equiv f(b) \pmod{n}$.

   (b) $c \in \mathbb{Z} \backslash \{0\}$, 并且 $ac \equiv bc \pmod{nc} \Rightarrow a \equiv b \pmod{n}$.

3. 一个 1024 位的素数大约有多少十进制位? 那么一个 2048 位的素数呢?

4. 计算 $5^{23} \bmod 29$.

5. 证明引理 1.

6. 计算 217 和 431 的线性和表示.

7. 证明对于任意 $n \in \mathbb{N}$, 集合 $\mathbb{Z}_n^*$ 对于乘法构成一个群.

8. 证明欧拉 ϕ 函数的以下性质:

   (a) 令 p 为素数且 $a \geqslant 1$. 证明: $\phi(p^\alpha) = (p-1)p^{\alpha-1}$.

   (b) 令 a 与 b 为两个互素的整数. 证明: $\phi(a \cdot b) = \phi(a) \cdot \phi(b)$.

9. 证明中国剩余定理.

10. 假设 $m \in \mathbb{Z}_n^*$ 和 $e \in \mathbb{Z}_{\phi(n)}$, 其中 n 有 1024 位. 计算并且比较是否使用中国剩余定理计算 $m^e \bmod n$ 的运行时间.

11. 根据欧拉定理的第一个推论, 对于任意素数 p 和与 p 互素的整数 a, 有 $a^{p-1} \equiv 1 \,(\mathrm{mod}\, p)$ 成立. 但是这个定理的逆命题不成立:

   • 一个满足 $a^{n-1} \equiv 1 \,(\mathrm{mod}\, n)$ 的奇合数 n 被称为基为 a 的**费马伪素数**. 证明: 341, 561 和 645 是基为 2 的费马伪素数.

   • 一个对于所有与其互素的整数 a 都满足 $a^{n-1} \equiv 1 \,(\mathrm{mod}\, n)$ 的奇合数 n 被称为 Carmichael **数**. 证明: 561 是一个 Carmichael 数.

12. 在 RSA-算法中是否存在一个所谓的 "弱密钥", 即一个指数 e 使得

$$m^e \equiv m \,(\mathrm{mod}\, n)?$$

IV.5　博弈论

关于纳什均衡点的一个小故事

第 32 章

Karl Sigmund

选自《一切皆为数学 —— 从毕达哥拉斯到 CD 播放器》(Vieweg, 第 2 版, 2002 年), 第 213–225 页.

有很多经济理论问题在数学上是困难的, 但是却没有很基础的: 找到一条在欧洲所有主要城市之间飞行的最短的路线, 或者选择最划算的保险包. 在这两个问题中, 我们可以很容易设定什么叫做最佳方案. 但是当这个决定取决于多方面的时候就不同了: 在这里 "最佳" 意味着什么呢? 我们假设有两个连锁百货公司对一个地点同时感兴趣. 如果两个公司同时在这里开分公司, 那么两者都会遭受损失. 最好的是两者中的一个退出竞争; 更好的说法是, 另一方退出 —— 但是谁退出呢? 我们可以从这样一个问题的解答获得什么呢?

在战间期, 维也纳经济学家奥斯卡·莫根施特恩 (Oskar Morgenstern) 一再指出这类问题. 在所谓的方法论的个人主义中, 经济生活需要被解释为个人决定的结果. 但是这些决定是彼此独立的. 莫根施特恩由此推导出经济预报原则上的不可能性. 他的论据是: 一个可信的预测当然必须考虑到商业社会的反应; 这反过来会对这个预测的任何修正产生反应, 而预测又必须依次进行修正, 等等. 这样看上去, 莫根施特恩 —— 顺便说一下, 他本身是一个经济研究所的所长 —— 不可挽回地陷入了一个恶性循环. 莫根施特恩由此看到了一个深层的、本质上的不可能性, 这个不可能性的意义正如他的维也纳的朋友 Kurt Gödel 的不完备定理 —— 他证明了, 数学上的相容性在本质上是不可能被证明的 —— 或者如同 Werner Heisenberg 的不确定性原理一般.

夏洛克·福尔摩斯 (Sherlok Holmes) 有机会吗?

莫根施特恩总是提及的例子来自于 Conan Doyle 的一个侦探故事. 夏洛克·福尔摩斯是他的宿敌莫里亚蒂 (Moriarty) 教授的搜索目标. 这位侦探手无寸铁地坐在开往多富尔的火车上, 并且知道, 一旦他在多富尔下车, 莫里亚蒂就会杀死他. 福尔摩斯唯一的逃脱机会就是在坎特伯雷离开火车; 但是, 如果莫里亚蒂已经预测到他会这么做并在坎特伯雷设下了埋伏呢? 所以真的到多富尔? 无论如何, 如果这是更好的解答, 那么莫里亚蒂将会已经设计好, 如此往复.

我们现在将这个问题描述得更加确切一些. 福尔摩斯已经看到莫里亚蒂在火车离开伦敦的最后的一瞬间跳上火车, 并且莫里亚蒂知道福尔摩斯看到了他. 但是在

车厢之间没有通道. 坎特伯雷是通向多富尔的路上的唯一一个中间站. 很确定的是,
莫里亚蒂在这里一定会特别注意福尔摩斯是否下车. 但是他只能够注意到火车某一
侧的车门. 如果福尔摩斯从另一侧的车门下车, 那么他将会逃脱, 而莫里亚蒂将会随
着火车继续前进. 也就是说, 活下来的概率为 $\frac{1}{2}$. 如果福尔摩斯不这么做, 而是选择
在多富尔下车, 那么莫里亚蒂同样也会下车, 所以福尔摩斯活下来的概率将会是零.
所以他应该冒险在坎特伯雷下车. 但是莫里亚蒂完全可以预测到这一点, 并且无论
如何在坎特伯雷下车. 那么一旦火车离开车站, 他将会看到福尔摩斯.

		莫里亚蒂	
		多富尔	坎特伯雷
福尔摩斯	多富尔	0	1
	坎特伯雷	$\frac{1}{2}$	0

莫根施特恩在众多书籍和讲座中使用了这个例子, 其中包括维亚纳数学学术讨
论会. 但是很偶然, 同时在场的有一个来自布尔诺的数学家, 名为 Eduard Cech, 他引
起了莫根施特恩对于一个看似完全无关的定理的注意, 这个定理来自于当时已经非
常著名的约翰·冯·诺伊曼 (John von Neumann).

吹牛的艺术

早在 1929 年, 约翰·冯·诺伊曼已经证明了一个博弈论的基本结果. 正如赌博推
动了概率论的发展, 传统的桌上游戏, 比如国际象棋、桥牌等, 也成了形式化的策略
冲突和几个参与者的决策之间互相影响的最早的例子.   由此形成的理
论 —— "博弈论" 没有能够帮助任何人成为一个更好的国际象棋棋手或者桥牌玩
家, 但是它却让人们可以分析关键的因素 —— 通常在高度简化的模型的帮助下.

约翰·冯·诺伊曼是一个很有激情 —— 但并不成功 —— 的桥牌玩家. 有很多
比他玩得更好的人. 但是约翰·冯·诺伊曼是第一个可以证明在桥牌中存在一个更
好的策略的人. 他当然不知道这个策略到底是什么. 但是在高度简化的模型中他可
以计算这个策略.

我们假设牌桌上只有两个玩家, 我们称他们为约翰和奥斯卡, 并且只有两种
牌, "国王" 和 "王后". 在这个奇怪的扑克游戏中, 规则尤其简单. 首先两个玩家中的
每个人都先付一美元的赌注. 然后约翰抽取两张牌中的一张. 他现在有两种可能性.
要么他放弃, 那么奥斯卡便可以卷走这些赌注. 或者约翰可以提高赌注为两美元. 接
下来轮到奥斯卡, 他当然不知道约翰拿到的是什么牌. 奥斯卡可以要么放弃, 于是便
输掉在赌桌上的一美元, 要么跟注多押一美元. 接下来约翰必须展示他选择的是哪
张牌, 如果是 "王后", 那么他就赢了; 如果是 "国王", 那么他就输了.

每个玩家都有两种选择. 约翰可以在游戏前便决定他将要怎么做, 也就是说在
他看到他的牌之前. 因为如果是 "王后", 那么他当然要提高赌注. 于是, 约翰可以或

者 "吹牛" (也就是说, 无论拿到的是什么牌, 他都提高赌注), 或者不 —— 也就是说他只在自己拿到王后的时候才提高赌注. 同时奥斯卡只需要在约翰提高赌注的时候做一个决定, 同样, 他也可以提前做出决定, 如果约翰提高赌注, 他要怎么做: 也就是说跟注或者放弃.

这个游戏的结果是不确定的, 因为这取决于约翰拿到的牌. 但是我们可以简单地计算约翰的期望值. 如果他决定不要吹牛而奥斯卡跟注, 那么由此约翰的获利为半美元: 有 $\frac{1}{2}$ 的概率他拿到的是王后, 接下来提高赌注, 并且赢得两美元; 还有 $\frac{1}{2}$ 的概率他拿到的是国王, 然后放弃, 并且输掉一美元. 类似地, 我们可以对于所有可能的情形和策略计算约翰的期望值, 并且得到以下表格:

		奥斯卡	
		跟注	放弃
约翰	吹牛	0	1
	不吹牛	$\frac{1}{2}$	0

你想到什么了吗? 对, 这个表格和我们在上一小节看到的表格中的数字是完全一样的. 约翰和奥斯卡之间的游戏也许看上去要单纯一些, 但是却与福尔摩斯和莫里亚蒂之间的生死游戏有着同样的结构. 如果约翰从不吹牛, 那么奥斯卡就永远不应该跟注. 但是如果约翰判断奥斯卡不会跟注并且相信自己的判断, 那么他当然应该对他的牌面吹牛. 一旦奥斯卡注意到了这个情况, 他则不应该跟注而是要求约翰展示他的牌. 但是如此约翰将不会再吹牛, 如此往复. 我们在这里得到的是与前面的福尔摩斯和莫里亚蒂之间猫捉老鼠的游戏完全相同的循环. 并且此外还可以看到, 一个如此简单的游戏便足以展示跟注和放弃之间的乐趣, 以及扑克游戏带来的刺激.

所有的扑克玩家当然都知道, 这些游戏是不可计算的. 所以他们并不总是吹牛, 而是有时如此 —— 概率或高或低. 令 x 为约翰吹牛的概率. 如果奥斯卡跟注, 那么约翰的获利为

$$x \cdot 0 + (1-x) \cdot \frac{1}{2} = \frac{1-x}{2}.$$

如果奥斯卡放弃, 那么便为

$$x \cdot 1 + (1-x) \cdot 0 = x.$$

同样, 如果奥斯卡有 y 的概率要求看牌, 那么约翰的获利为

$$y\left(\frac{1-x}{2}\right) + (1-y)x = x + \frac{y}{2} - \frac{3}{2}xy.$$

假设约翰吹牛的概率 $x > \frac{1}{3}$. 那么对于他而言最坏的情况便是奥斯卡从来不跟注而一直要求看牌 (即 $y = 1$). 于是约翰的获利为 $\frac{1-x}{2}$, 而这个显然小于 $\frac{1}{3}$.

反过来, 如果约翰选择吹牛的概率小于 $\frac{1}{3}$, 那么对于他而言最坏的情况则是奥斯卡总是跟注 (即 $y = 0$). 在这种情况下约翰的获利为 x, 也就是小于 $\frac{1}{3}$. 但是如果约翰吹牛的概率正好为 $\frac{1}{3}$, 那么对他而言, 不论奥斯卡跟注的概率 y 为多少是没有差别的 —— 他的获利总是 $\frac{1}{3}$.

由此约翰发现他如何将他的最低获利 —— 也就是说他在最坏的情况下的获利 —— 最大化. 奥斯卡也可以这么做: 如果他以 $y = \frac{2}{3}$ 的概率要求看牌, 那么他可以保证约翰在平均下赢得的不会超过 $\frac{1}{3}$ 美元. 任何其他的 y 的值将会允许约翰获得更好的机会. 这个策略 $x = \frac{1}{3}$ (对于约翰而言) 和 $y = \frac{2}{3}$ (对于奥斯卡而言) 是最大化策略 —— 他们保证了玩家无论如何可以得到最佳的最低获利, 也就是说在最坏的情况下的最好选择.

为什么我们总是要假设最坏的情况呢? 为此我们重新回头看. 我们先假设已经为福尔摩斯找到了最佳的解决方案. 如果他以 $\frac{1}{3}$ 的概率到多富尔才下车, 那么他活下来的机会为 33%. 这并不多, 但是如果他选择的是另一个概率, 那么他将有风险降低他的存活的机会, 一旦莫里亚蒂看透了他的想法. 如果福尔摩斯真的决定以 $\frac{1}{3}$ 的概率继续前进, 那么莫里亚蒂, 如果他了解了这个策略, 便无法降低福尔摩斯的存活概率. 但是反过来说, 他也没有理由改变以 $\frac{2}{3}$ 的概率到多富尔下车的策略. 因为否则福尔摩斯便可以利用这个决定提高他的存活概率.

于是莫根施特恩的这个著名的例子是有解答的! 只要两个玩家都知道对方的策略, 那么他们都没有理由改变自己的策略. 任何改变都不能改善他们的机会. 将他的命运交付给硬币的投掷, 福尔摩斯当然不那么甘心, 当然他也不可能真的猜中聪明的对手的策略.

约翰·冯·诺伊曼并不只是解决了这个简单的扑克游戏的例子. 他证明了, 在他的经济游戏中总是存在一个策略可以最大化平均的最低获利: 这便是最佳方案. 为此人们必须有时信任随机的决定, 也就是说, 通过一个确定的概率选择一个或是另一个方案.

最佳方案

当约翰·冯·诺伊曼在普林斯顿见到逃离纳粹的奥斯卡·莫根施特恩时, 他不费力地说服他经济预测是可能的, 并且是一致的 —— 所以并不会导致与预测不相符的决策. 他们两个人合作写了一本很厚并且引起轰动的关于博弈论的书, 声明博弈论是用来处理经济学问题的正确工具. 其他的经济学家依然对此存疑 —— 并不是没有理由的, 正如以后所发生的那样.

在允许在最小支出的情况下获得最大收益的最佳方案背后, 有两个让人悲观的假设: 第一, 可以被对手看穿; 第二, 任何决策都期待造成最大的伤害. 第一个假设假定的是对手要足够聪明. 因为我们不希望有任何不好的决策. 在世界大战期间, 美国总参谋部的决策和计划总是给予所谓的 "最坏情形", 也就是说预期对手的最坏的回复, 同时, 德国总参谋部是基于对手 "最有可能的" 回复. 美国人赢得战争也许还有其他的原因, 但是他们的参谋在任何情况下都避免了很多低估对手的可能.

还存在第二个, 更加重要的对最佳方案的异议. 预设对方的兴趣是完全对立的 —— 玩家尽可能地伤害对手. 这是一个零和博弈, 事实上约翰·冯·诺伊曼和奥斯卡·莫根施特恩将其限制到了下面这个情况: 一方的盈利必然是另一方所亏损的. 很多经济博弈问题都是零和博弈. 但是大部分的社会和经济互动都不是: 即使不同方面的兴趣会有冲突, 但并不完全是对立的. 于是, 一个想要将自己的获利最大化的玩家并不需要绝对地使得对手的获利最少. 在这一点上, 年轻的约翰·纳什进入了这个舞台.

让我们考虑一个名为 "胆小鬼博弈" 的游戏[①], 这个游戏在 20 世纪 50 年代初通过 James Dean 的一场电影为大家所知. 两个偷车贼在一条很狭窄的道路上开着偷来的车向对方驱车而行. 先退缩的人必须付给另一个人一百美元 (另外, 他也会很丢脸并且在他的朋友中也会被看成是懦夫 —— 也就是说 "小鸡").

这个游戏并不是一个零和博弈, 因为这两个玩家并没有完全对立的兴趣, 两个人都想避免相撞, 因为一旦相撞两个人都得付出高额的医药费. 不同之处仅在于, 他们都希望对手先退缩. 如果我们假设两个玩家都可以在最后一瞬间做出决策, 退缩还是继续, 那么我们得到了一个获利矩阵, 本质上并没有不同于两个竞争同一个地点的商场连锁店的矩阵. 从约翰的角度而言, 这个游戏的获利可以由以下表格来展示:

		奥斯卡	
		继续	退缩
约翰	继续	−1000	100
	退缩	−100	0

通过 "退缩", 约翰可以将他的最小获利最大化. 对于奥斯卡而言也是如此: 他可以将他的最小获利最大化. 但是我们是否应该假设双方都退缩呢? 这当然是不一致的. 因为当其中一个得出另一个将会退缩的结论时, 他将会继续. 如果双方都这么做, 那么结果对于双方而言都是不好的.

如果我们用 x 和 y 分别指代约翰或者奥斯卡继续的概率, 那么约翰的期望获利为 $-1000xy + 100x - 100y$, 而奥斯卡的期望获利也可以由同样的方法计算而得. 如果奥斯卡继续的概率 $y > \frac{1}{10}$, 那么约翰应该退缩; 相对地, 如果奥斯卡继续的概率较小, 那么约翰则应该继续. 但是如果约翰和奥斯卡继续的概率都是 $\frac{1}{10}$, 那么便出现了一个均衡的情形: 没有人有理由改变自己的策略.

---

① 这个游戏的英文名原意为 "小鸡". —— 译者注

纳什均衡点

年轻的约翰·纳什证明了, 在所有有利益冲突的情形下都存在一个均衡点 —— 即为所有人都提供最佳回答的策略. 没有任何一个玩家可以通过单方面的改变来将自己的获利优化. 约翰·冯·诺伊曼的最佳方案展示的无非是在两个玩家的零和博弈这个子领域中的一个特殊情况. 纳什均衡点是一个更为一般的概念. 并且在很少几个假设之下, 总是存在的. 年轻的纳什为此给出了三个证明, 直至今日, 我们依然无法超越它们的简化程度.

公众对于纳什理论的接触引发了许多问题, 而某些问题至今依然是博弈论学者讨论的内容. 其中一个是关于玩家的理性度. 为了均衡点的解答, 我们假定: 约翰考虑奥斯卡会怎么做, 并且基于此寻找自己的最佳方案, 另一方面, 奥斯卡也如此做. 也就是说, "我觉得, 他觉得, 我觉得……" 这是一个双向的猜谜游戏, 重要的是, 在这个猜谜过程中我们假设了对方是理性的.

但是事实上, 理性显然是有限的, 因为否则对于国际象棋玩家而言一定存在一个最佳策略, 或者更确切地说, 是一个最佳方案. 但是这是不存在的 —— 我们只知道存在一个这样的最佳方案. 于是我们可以在简化的游戏中不取决于对手的理性程度. 我们再次回头考虑 "胆小鬼博弈" 游戏. 纳什的解答给出了一个退缩的确定的概率 —— 即 90%. 但是如果奥斯卡并不完全理性, 并且他有一个较低的退缩概率, 那么约翰无论如何应该退缩. 他也应该如此做, 如果他假设奥斯卡觉得约翰会有更大的退缩概率 —— 或者他假设奥斯卡有理由怀疑约翰觉得奥斯卡退缩的概率较低…… 简而言之, 这个纳什解答是不稳定的. 如果对手并不完全依据此策略而行, 那么它是毫无价值的. 对手在决策上的轻微变动将会迫使玩家进行变动, 从而导致对手以进行更大的变动作为回应. 特别对于有多个玩家的复杂游戏而言, 经常通过游戏过程中的前几步我们便可以知道对手是不理性的. 所以我们也没有理由继续根据纳什均衡点行动, 即使你知道它.

来自进化论的想法

为了克服均衡点的不稳定性带来的悖论, 最早的突破在纳什的工作发表的 25 年之后才出现, 并且 —— 完全出乎意料地 —— 在生物学中. 进化论学家 John Maynard Smith 将行为学研究应用在这个 20 世纪 70 年代的博弈论讨论中. 为此, 他修正了两个最重要的概念 —— 策略和获利. "获利" 在行为学中简单地就是在生存的斗争中的成功繁殖 —— 后代的平均数. 一个 "策略" 并不是一个推断链条的结果, 而是一个先天或后天的行为. Maynard Smith 注意到, 同一种类的动物之间的冲突 (例如鹿之间对于领土的争斗) 有着和 "胆小鬼博弈" 游戏同样的结构. 有关的是这个冲突是否会升级, 并且如果对方这么做, 那么这不会导致升级, 因为受伤的风险会变得太高.

但是总是避免冲突并不是成功的途径. 重要的是以正确的概率升级. 这直接对

应于纳什的解答, 并且现在在整个群体中是稳定的. 它事实上是这么做的: 因为如果已经有太多急躁的人, 那么他们便会大量减少, 而另外一些将会有更多后代并且他们的策略将会因此出现得更加频繁; 反之亦然. 于是整个群体中自然地调节到纳什均衡点. 所以这可以很好地解释为什么仪式 (也就是非升级的) 冲突尤其盛行于强大的动物中 —— 这是一个曾经使动物行为学家头疼的观察结果.

Maynard Smith 对于群体的动态的观点影响的不仅是生物学, 还对经济学也造成了影响. 并且这里出现了一个不可思议的转化: 正好在纳什获得诺贝尔奖之前, 一个名为 Robert Leonard 的博弈论的历史学家费力地在普林斯顿的学校图书馆中挖掘出了约翰 · 纳什未发表的论文. 在那里说明了, 年轻的纳什已经考虑到了生物学的方法并且将其均衡点的概念回溯到了所谓的 "质量作用": 在大量玩家的情况下, 过程的适应可以导致策略的经验频率平衡.

什么是过程的适应? 在这里大量的学习和模仿的过程进入了考量的范围. 你可以考虑一个玩家不时地改变他的策略, 而这个改变取决于不同策略的物种中当时的分布, 然后从中选择一个 "最好的结果" —— 也就是说一个使得在随机选择对手的情况下他的获利可以达到最大化的策略. 通过这样的过程适应, 改变了这个策略在物种中的分布, 并且可能会由此得到另一个最好的策略. 这个适应过程事先假定了一个高级的认知能力 —— 那个玩家必须处于能够获知策略的分布并且分析游戏的情形中. 在一个要求不那么高的适应过程中, 这个玩家随机地选取一位, 将自己的获利与他的进行比较, 并且, 如果自己的获利较少, 便使用这个 "原像" 的策略. 在另一个变形中, 玩家不再总是可以得到一个成功的原像的策略, 而是只在某种概率下使用这个策略 —— 这个概率与获利的差等有关.

这个所谓的进化博弈论 —— 其中没有假设理性的玩家, 而是由尝试与错误, 通过模仿、学习或者其他来进行适应的过程 —— 在最近几年得到了广泛的传播, 正如莫根施特恩和冯 · 诺伊曼所期望的那样. 均衡点的概念在其中依然处于中心的位置. 在本质上, 如果适应过程引导至一个稳定的人口组成, 这个便对应于一个纳什均衡点. 当然, 存在很多纳什均衡点不能由这样的方法得到. 并且更坏的是, 正如维也纳博弈学家 Josef Hofbauer 可以证明的, 存在一些游戏, 其中不可能到达纳什均衡点. 策略在物种中的分布会定期或不定期地上升或下降.

囚徒困境

无论如何, 对于一个冲突的博弈论分析中的第一步总是找到纳什均衡点. 当然, 这也取决于问题本身. 其中一个问题便是所谓的囚徒困境. 这个问题描述的是两个被控诉协同作案的囚犯. 公诉律师给他们提供了一个建议. 先供认的人将会成为关键证人并且被释放, 同时另一个囚犯将会被判刑十年. 如果双方都供认, 当然不需要任何证人并且两个人都会被判刑五年. 但是如果两个人都否认控诉, 那么两个人都会被判刑一年.

在公诉律师向双方都阐述过这个建议之后, 两个囚徒会被带去分开的牢房中并且在其中思考是否接受. 他们很快发现供认是更好的选择 —— 无论如何, 无论另一个囚徒如何做决定. 所以两个人都应该供认. 但是如果这样, 那么双方都会在监牢里度过五年的时光 —— 如果他们都否认的话, 那么他们在一年之后便可以享受自由了.

这样的冲突经常发生, 如果合作 (在这里意味着: 供认) 是好的, 但是单方面地剥削对方获益会更多. 这个可以在一些实验性的游戏中调整. 游戏裁判在两个玩家 —— 约翰和奥斯卡 —— 面前展示接下来的问题. 他们可以决定是否在一个联合账户里面放入 25 欧元. 这个账户里的余额将会被乘以 $\frac{8}{5}$ 并且同时返还给约翰和奥斯卡. 如果双方合作 —— 也就是付钱 —— 那么每个人将会额外得到 15 欧元. 如果双方拒绝合作, 他们将什么都得不到. 但是如果奥斯卡选择合作而约翰不合作, 那么约翰便如此剥削了奥斯卡: 因为奥斯卡付了 25 欧元并且只获得 20 欧元返还, 同时约翰, 虽然他没有付钱, 也会获得 20 欧元. 约翰应该怎么做? 不付钱的情况带给他的更多, 同样在奥斯卡不付钱的情况下也一样. 奥斯卡也处于同样的境况, 他也将选择不合作. 这就是对于囚徒困境的纳什均衡点. 没有人可以单方面地改变并同时减少自己的获利. 当然双方都知道, 合作是更好的选择. 当然, 双方需要同时离开纳什均衡点, 而接下来每个人都会面对通过单方面地改变扩大他的利益的诱惑. 从约翰的角度出发, 我们可以得到以下表格:

		奥斯卡	
		合作	不合作
约翰	合作	15	–5
	不合作	20	0

这个简单的游戏在众多的书籍和文章中被引用和分析. 看上去似乎没有比囚徒困境更典型的可以代表自私与无私的基本例子. 从纯粹利己的角度而言, 不合作当然是比较好的选择. 纳什均衡点则基于双方均会注意自己个人的利益. 这被修饰为所谓的 "方法论的个人主义", 这在纳什之前便早已用于解释社会和经济决策.

纳什均衡点并没有给出任何精神上的指导: 它只是提供了一个帮助分析的元素 —— 正如在思考实验中, 如果利益不同的玩家都尽可能追求个人利益的时候会发生的情况. 不在纳什均衡点中的策略是不一致的 —— 总是有至少一个玩家可以通过改变自己的策略得到什么, 正如如果囚徒困境真的发生在一个实验中 —— 玩家经常不一定维持在纳什均衡点撒谎. 但是如果这个事情发生, 那么我们需要一些解释. 纳什均衡点是一种工具, 目的并不是为了做出正确的决定, 而是找到正确的问题.

以彼之道, 还施彼身

为什么在囚徒困境中很多玩家都选择合作呢? 也许是因为他们假设他们将会经常和同样的人更多合作. 因为否则当他们再度见面时会被报复. 我们假设有 $\frac{5}{6}$ 的概率会存在下一轮 —— 也就是说平均来说存在六轮如此的囚徒困境, 即使我们并不确定是否能够到达最后一轮. 进一步假设, 玩家只有两个策略可供选择: 以牙还牙 —— 即在第一轮合作, 然后接下来根据同伴在上一轮的选择进行决策; 或者从不合作. 那么获利的表格如下:

	如果另一人	
	以牙还牙	不合作
以牙还牙	90	−5
不合作	20	0

在这里我们发现, 存在多个纳什均衡点. 如果双方都选择以牙还牙, 那么没有人需要做出改变, 因为他将会在下一轮接受惩罚; 如果双方都选择不合作, 同样他们也不需要改变, 因为这仅仅意味着在第一轮被剥削而已. (存在第三个纳什均衡点, 即实行以牙还牙策略的概率恰好为 $\frac{1}{15}$.)

这里我们又面临了另一个问题. 很多时候都会出现存在多于一个纳什均衡点的情况. 那么玩家现在应该选择哪一个呢? 对于零和博弈而言是无所谓的, 要么获利, 要么不获利. 两个在狭窄的街道上相向而行的司机可以都向左边或者右边转弯; 这显然是两个纳什均衡点, 因为单方面的退缩并不会带来更多收益. 但是司机应该选择这两个策略中的哪一个呢? 在这个例子中存在一个自然的社会规范, 即行为规则 (当然在英国这个规范与欧洲大陆不同), 但是这就是为什么我们发展如此的规范吗?

如同我们提到的囚徒困境, 这里处理的是合作博弈. 这样的几个玩家该如何确定一个均衡点呢? 如果这不成功, 那么对于双方而言都是很坏的情况. 他们当然可以讨论并且在某些问题上达成共识. 但是如果他们不能和对方进行讨论呢? 或者如果他们觉得并不需要遵守这个约定呢? 是否存在一种方法来得到 "正确" 的平衡呢?

在这方面 Selten 和 Harsanyi —— 在 1996 年与纳什分享诺贝尔奖的经济学家 —— 进行了很深刻的研究. 我们停留在这个简单的例子. 这看上去非常简单. 在一个均衡点上, 两个玩家都将得到 90 欧元, 而另一个上则什么都没有. 很明显地, 你会在这里期待以牙还牙的策略. 但是如果存在 $\frac{10}{25}$ 的概率会有下一轮的话, 情况又会如何呢? 那么获利的表格如下:

	如果另一人	
	以牙还牙	不合作
以牙还牙	25	−5
不合作	20	0

同样我们在这里有了一个合作博弈,并且再一次地,如果他们足够聪明,就应该决定以牙还牙. 但是如果另一方不聪明并且进行了错误的选择呢? 以牙还牙的玩家便会损失 5 欧元,并且对面的笨蛋却会得到 20 欧元 —— 对于他而言绝对不是坏事. 显然以牙还牙的策略得到的更多,但是这也是冒险的. 以下是一个更加极端的例子:

	右	左
右	3	−1000
左	2	1

这又是一个合作博弈,并且当双方同时选择 "右" 时同时会得到更多. 但是这个策略是冒险的 —— 如果另一方选择了 "左",那么将面临 1000 欧元的惩罚. 另一个均衡点 (即双方都选择 "左") 则没有那么大风险 —— 我们说,这是风险主导的,这意味着,如果另一方以同样的概率确定自己的选择,那么 "左" 对应于一个更高的胜率.

为了研究规范的进化,人们研究了这些例子. 规范应该就是均衡点. 在所有人都坚持这个选择的情况下,一个规范可以比另一个好,但是如果它的风险太大,那么它也许就不能成功. 事实上 —— 至少在一些如同我们提到的简单的例子中 —— 我们可以看到,在暴露在足够长的随机变化下之后,适应过程会引导至一个风险主导的规范,而非最大化盈利的规范.

自私与无私

公共福利这个概念是众多博弈论研究的对象. 最近越来越多的实验是关于所谓的 "公共福利". 这样的 "公共福利" 是对于社区定义的元素 —— 在人类历史中,温饱、住房和抵御外敌入侵的努力一直是人类社区很重要的主题. 现今社会中我们关注的则是保险、气候变化、公共交通或者公共安全. 另外在这里,总是存在被某些黑骑士击败的危险. 为此存在一些非常美妙的实验,例如以下形式:

六位参与者每人获得 20 欧元. 他们可以向社区基金捐献任何他们想要捐献的金额. 他们的组长将基金的总额乘以 3 并且平均分给所有参与者. 这里最好的单方策略是什么呢? 当然是不捐钱,因为捐献 1 欧元最多只能获得 0.5 欧元 (组长将金额乘以 3,每个人得到的是这里面的 1/6). 零捐献在这里给出了唯一的纳什均衡点. 结果是: 如果没有人捐献,那么每个人都保有自己起始的资本. 如果所有人都把所有钱捐出去,那么每个人将会赢得 40 欧元! 显然这里出现了一个类似于囚徒困境的矛盾. 还有,如果我们真的进行这个实验,大多数的参与者都会捐献出可观的一部分,不管纳什均衡点到底在哪里.

当然,如果我们将这个实验重复几轮,那么会发现,捐献的金额不可避免地降低了; 在五至十轮之后,几乎没有人会再继续捐钱. 原因是这样的: 捐得多的人感觉被那些捐得较少的人占了便宜,所以想要惩罚他们. 要达到这个目的,他只需要在下一轮中减少金额. 当然,这个情况和所有人都相关,尤其是那些捐献了很多的人.

博弈论学家将其解释为适应过程: 参与者 "通过困难的方法" 学习纳什均衡点的位置, 即不捐献. 但是这个不能被解释清楚. 因为如果人们在几轮之后将一个参与者放置到一个新的组中, 并重复这个实验, 那么他依然会由高额捐献开始! 很显然, 很多玩家不仅仅会考虑最大化自己的获利, 还会考虑其他因素 —— 比如公平或者平均等.

非常明显的是, 如果在实验的每一轮 "公共福利" 之后容许参与者们特别地惩罚某人. 这个罚金将会直接交由研究者, 于是这并不会让实施惩罚的玩家得到任何好处 —— 反之, 这个玩家也必须付出一些. (因为一般而言进行惩罚也是需要付出一些的 —— 这需要一些努力, 甚至经常伴随着风险.) 即使如此, 游戏中经常出现惩罚的情况 —— 是的, 很多人甚至带着无法掩饰的喜悦! 这个情况再一次和纳什均衡点完全矛盾, 据其任何玩家都不应该为 "公共福利" 或者惩罚付费 —— 出于成本的考虑. 但是事实上的结果却让人惊讶: 远不同于一轮轮地减少对于公共福利的投入, 玩家们的投入却是越来越多. 很快便没有任何惩罚的理由了, 因为所有人都选择合作.

长期而言, 基于一个人自身的利益, 想要惩罚不劳而获的人是很自然的想法 —— 仅仅几轮之后他们便 "改变" 了, 并且所有人都由合作而得利. 但是依然存在两个问题. 第一, 为什么我们不依靠其他玩家来实施惩罚呢? 这就是某种程度上的二度的 "不劳而获" —— 我们通过 "公共福利" 来合作, 但是却依靠他人来给那些想通过别人的投入不劳而获的人上一课. 从另一个角度而言, 当然, 我们可以通过惩罚这样的做法来回应这样的做法. 当然, 这将会有些尴尬.

第二个问题则更加严重. Fehr 和 Gächter 进行了一些实验, 在这些实验的每一轮中, 玩家都被重新分组. 玩家们知道, 他们永远不会再次遇见同样的对手. 在这种情况下, 惩罚在长期来看却没有成效, 因为一个最终被 "改变" 的剥削者会和其他人合作. 即便如此, 很多玩家依然想要实施惩罚! 此外, 这显然预料到了潜在的寄生虫们, 并且因此在每一轮依次为最终的公共福利做贡献.

一个类似的悖论的结果是所谓的 "最后通牒赛局". 在这里, 研究者给两个参与者 100 欧元, 前提是他们必须达成如何分配这笔钱的共识. 这个游戏的规则为, 首先通过投掷硬币来决定这两位中的哪一位成为 "投标者". 这个投标者可以向另一位提出分配的建议. 如果另一位接受这个建议, 那么他们将以这种方法来分配这 100 欧元, 游戏结束. 但是如果另一位拒绝了, 那么研究者将拿回这 100 欧元, 游戏也结束. 没有再次协商的机会.

从第二个玩家的立场而言, 他应该接受建议, 即使分配极为不均, 因为聊胜于无. 相应地, 投标者应该给另一位尽可能低的建议 —— 也就是说给第二位 1 欧元然后自己留下 99 欧元. 事实上很少人真的会这么玩: 2/3 的建议为介于 40 和 50 欧元之间, 而只有 4% 的玩家提出的建议少于 20 欧元. 提出这么低的分配方案是很危险的, 因为超过半数的参与者会拒绝这种提议! 这个 "最后通牒赛局" 已经被试验了上百组参与者, 并且在多种不同的文化中进行. 这些结果出人意料地相似.

为什么会有这么多人拒绝低的建议呢? 也许因为他们觉得很难理解这个游戏的情形的匿名性. 这是非自然的. 我们的前辈们生活在小生活圈中, 每个人都互相认识. 如果一个人接受了比较少的分配, 那么其他人将会利用他并且总是给他较少的分配额. 这和 "公共福利" 的游戏是非常类似的. 一旦知道另一个人害怕实施惩罚, 那么尽可能剥削的诱惑是巨大的. 在两种情况中, 数学模型都将名誉的影响计入考量范围, 用以对实际观测到的行为模式进行解释. 我们假设, 在这个游戏中投标者只有两个选择 —— 其中一个是较高的建议, 45 欧元, 另一个是较低的建议, 15 欧元 —— 也就是这个相应的 "迷你游戏" 中存在两种有纳什均衡点的策略: (1) 提供较高的建议, 并且只接受较高的建议; (2) 提供较低的建议, 并且只接受较低的建议. 在一个人群中, (1) 或者 (2) 被定义为规则, 单方面改变是不值得的. 但是较高的建议是风险主导的 (只要它是少于一半的), 并且会在长期的适应过程中成为主要选项.

也许这能解释这个奇怪的实验结果. 注意到, 我们在这里并没有要求玩家对于他所处的情形进行理性的分析. 显然, 很多人在这种情况下都被情感所主导. 但是这些情感是适应的产物 —— 也许通过教育会得到调整, 也许出于天生 —— 而且可以最终形成一个比完全理性地计算个人所得更受青睐的集体社会行为. 因此, 博弈论 —— 原先作为一种分析理性行为的工具 —— 趋向一种理性的相对性.

纳什均衡点展示了方法论的个人主义的核心. 但是这个概念并不能给出对于人类行为的可靠的预估, 并且这也不是它的目的. 这只是一个概念性的辅助方法, 一个理解社会行为的出发点 —— 某种程度上, 是所有社会学的要点.

V 数学无边界

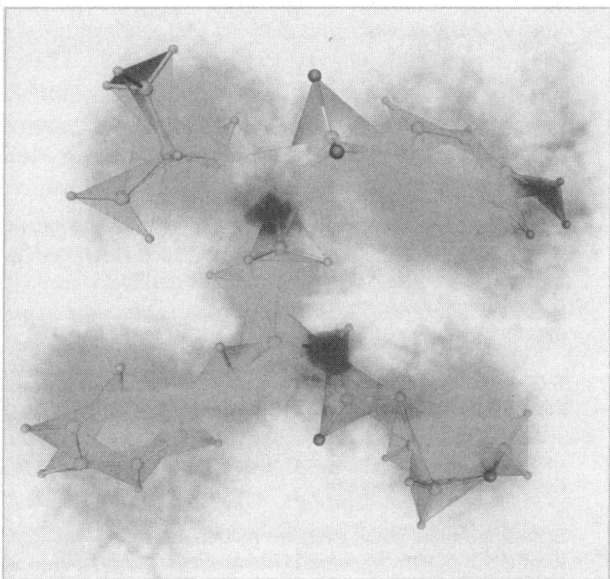

数学 "是一种由对于图形的研究和数字的计算组成的科学. 对于数学, 我们无法给出最一般的定义; 时至今日, 数学更被认可为一种用以对于自创的抽象结构的性质和特征研究的学科". 维基百科上的数学这个词条中如此阐述. 这些话听上去是不是有一些过于抽象而且枯燥无味呢? 完全为了人类构造? 这并不完全错误, 但是这并不是全貌. 是的, 数学模型是 "自创的抽象结构", 但是绝对不是天马行空的想法的结果. 否则, 数学绝对无法解决我们的生活中的任何 "热点问题". 无论如何, 数学总是扮演着一个角色; 它的复杂度基于将简单的规则反复应用在简单的对象而得到. 第五部分包含了来自众多不同领域的例子; 你也许事先并没有对所有的内容有充分的了解: 艺术、建筑、音乐、投票和医学. 的确, 数学可以如此令你感到惊艳! 到处都有结构 —— 即使在混沌中 —— 都蕴含着数学!

V.1　音乐

从半音到十二次根

第 33 章

Ehrhard Behrends

选自《五分钟数学 ——〈世界报〉上数学专栏中的一百篇文章》(Vieweg, 2006 年), 第 26 章, 第 70–71 页.

数学家们对音乐有一种特殊的领悟, 是一种非常常见的成见. 只要在一个数学所进行一个简单的调查便可以知道这个看法是错误的 —— 这也许和其他职业, 例如医生、律师之类, 并没有本质上的区别. 即便如此, 这其中包含了一个正确的观点: 这两个领域的确有着一些非常值得注意的联系.

早在几乎 2500 年前, 毕达哥拉斯便注意到, 两个频率满足一个简单的数学关系的音级听上去尤其和谐[①]: 例如说, 半音在一个八度音中的频率比为 $1:2$, 而在一个五度音中的频率比则为 $2:3$. 毕达哥拉斯学派根据这个想法构造出了整个音阶, 但是简单的数学关系和听觉享受之间的关系始终是一个未解之谜.

可惜在毕达哥拉斯音阶及其引用中存在一个不可回避的缺点: 如果有意地将其中某一个音级作为新的基本音级, 那么得到的新的音阶并不能百分之百地与原有的音阶相符.

因此诞生了一种观点, 将八度音真正地基于十二个等距分配的半音分配. 于是, 从一个半音到下一个, 频率的增长为 2 的一个十二次根, 也就是说频率比为 1.059463094. 在 300 年前诞生了半音音阶[②][③], 约翰·塞巴斯蒂安·巴赫在他的《平均律键盘曲集》中展示了通过半音音阶人们可以创造出多么美好的音乐.

因此, 这个关系远远没有竭尽. 泽纳基斯, 以及众多其他的古典作曲家在他们的作品中应用了数学的方法, 当然, 我们也可以在数学概念的帮助下描述众多现代音乐的结构.

在以上众多对数学的褒奖中, 我们必须说, 从一首舒伯特的小夜曲或者我们最中意的流行歌曲回溯到数学几乎是永远不可能的.

[①] 在中国, 关于这个问题的研究最早起源于春秋中期的《管子·地员篇》. —— 译者注
[②] 这个说法在音乐中不是唯一的. 有时候也会被称为 "十二平均律".
[③] 在中国古代也有对十二平均律的研究, 在司马迁的《史记》中便有记载. 中国的十二平均律则由明代音乐家朱载堉发明. —— 译者注

毕达哥拉斯与半音

为什么在这里突然出现了十二次根呢? 我们暂时假设, 八度音需要分成 n 部分, 其中 n 为任意一个整数. 那么, 一个吉他制造师必须计划从琴颈至琴弦中部分配 n 个音品, 其中最后一个应该恰好位于琴弦正中位置. 如果所有的间隔都是相等的, 那么第一个音和空弦的频率比必须与第二个音和第一个音的频率比相同, 也等于第三个音和第二个音的频率比, 以此类推. 为了便于计算, 我们将这个频率比记为 x. 假设我们同时生成两个音级①, 并且其中间隔 k 个半音, 那么它们的频率比则为 x^k. 特别地, 第 n 个音应该与八度音吻合, 由此我们得到了关系 $x^n = 2$. 例如, 在半音音阶中 $n = 12$, 因此等式 $x^{12} = 2$ 便起了非常重要的作用. 而这个等式的解为 $x = 1.0594\cdots$.

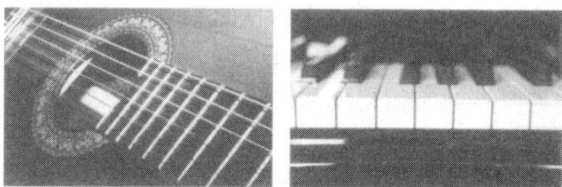

半音音阶的乐器

于是, 从升 C 到 C 的频率比等于 1.059, 同样的频率比出现在升 C 到 D 之间, 等等. 由此, 我们可以计算, 例如, D 和 C 之间的频率比:

D:C=(D: 升 C) · (升 C:D)=1.0594 · 1.0594=1.1225$\cdots$.

下面的表格给出的是毕达哥拉斯音阶和半音音阶中八度音的频率比:

	毕达哥拉斯音阶	半音音阶
C	1	1
D	1.12500	1.12246
E	1.26563	1.25992
F	1.33333	1.33484
G	1.50000	1.49831
A	1.68750	1.68179
H	1.89844	1.88775
C	2	2

我们可以看到, 频率比非常接近, 在没有经过训练的情况下, 我们很难听出它们之间的差别. 在流行音乐中使用的几乎都是半音音阶, 而在经典音乐中却相反, 作曲家们尝试写出在那个时代乐曲的样子.

---

① 当然, 我们需要在两台完全相同的吉他上演奏才能实现.

V.2　选举

多数决定, 真的吗?

第 **34** 章

Wolfgang Leininger

选自 *Aviso*. 巴伐利亚科学和艺术杂志 (巴伐利亚州科学艺术部), 第 1 册, 2004 年, 第 18–23 页.

如果乔治·W·布什没有在 2000 年的总统选举中战胜阿尔伯特·A·戈尔, 伊拉克战争还会爆发吗? 很多人会讨论 "如果不是那样" 这个假设. 如果没有关于伊拉克问题的争议, 格哈德·施罗德总理会在 2002 年的联邦选举中获胜吗? 同样, 也有很多人讨论 "如果不是那样" 的假设. 让我来提醒你: 戈尔在选举中比小布什多赢得了超过五十万的选票! 但是这些选票在各个联邦州的分配并不合理, 因此导致了他得到的选举人数少于小布什. 由每个联邦州派出的选举人投票, 小布什成为美利坚合众国的第 43 任总统. 所以, 归功于德国红绿联合政府的设立, 最终发现了美国的选举制度中一个诡异的 "漏洞" ?

同样在德国选举系统中也会出现这种奇怪的现象: 一个政党有可能在赢得更多选票的情况下落败! 假设, 例如说德国社会民主党 (简称 SPD) 在最近一次大选中在汉堡多获得了两万张选票, 但是这并不能影响他们所赢得的汉堡在联邦议会中的议席数量, 而在莱茵兰 – 普法尔兹, 他们却在 Hare-Niemeyer 方法的分配下输了一个议席. 于是, 较多的选票却导致了较少的选举人数. 在 1994 年的议会选举中便发生了这种情况, 社会民主党在不来梅多赢得的两千张选票由于这个原因却导致了他们的失利. 所以说, 在德国的选举系统中也并不是不存在这样奇怪的 "漏洞" 的.

这些例子证明了, 显然可以赋予这个选举方法一个客观 —— 但无意并且民主上不认可 —— 的意义. 当然, 无论是美国还是德国的选举规则的设定都是有足够的依据. 但是, 这些有足够依据的规则依然存在一些令人意外的副作用, 这些副作用是不合理且需要纠正的. 对于选举方法的改进是民主政治中一个长期的议题. 但是这样的一个不再有我们不想要的副作用的修正真的存在吗? 换言之, 并且将这个问题更深层的意义表达出来: 究竟是否存在一种唯一确定的 "选举意愿" 用以代表所有单独的选举人的想法?

这个问题是社会选择理论的关注范围. 一个社会选择 —— 从与个人选择的不同点出发 —— 是一个群组或者公司中所有成员必须共同承担后果的决策. 比较容易证明的是, 对于一个个体而言, 屈从于这样的决策或是社会权利, 是理性的选择, 因为否则将会陷入一种无政府的状态. 也就是说, 在一个公司中达成社会选择应该是有很好的理由的, 并且是从所有公司成员的个体利益出发的. 那么现在问题来了, 这样的决策该如何达成呢? 依据常见的对于民主的理解, 我们需要一个政府来对民众的意愿负责, 这个政府是通过选举来确定的. 但是选举有一些潜在的性质, 这个早在 18 世纪便由两个法国贵族发现了.

马奎斯·孔多塞侯爵 (Marquis de Condorcet) 早在 1785 年便提出了一个多数选择的恼人的性质, 这个性质有时也被称为 "投票悖论" : 假设一个聘任委员会对于某个职位有三位候选人甲, 乙和丙. 通过面试以及咨询之后发现, 这三位候选人分别获得了一位委员会成员的支持. 于是主席便尝试通过将这三个候选人两两配对分别进行投票. 结果是, 候选人甲赢了候选人乙, 而候选人乙赢了候选人丙. 现在我们会觉得, 委员会的意愿倾向排名顺序为甲, 乙, 最后是丙; 但是事实上在甲与丙之间的投票中, 丙胜出! (这个故事并不是虚构的, 事实上发生在奥地利一所大学经济学院中) 这怎么可能呢? 只需要我们的委员会成员满足一个孔多塞发现的模型就可以了. 如下所示:

委员会成员的排名顺序:

成员一　　　甲 > 乙 > 丙

成员二　　　乙 > 丙 > 甲

成员三　　　丙 > 甲 > 乙

这个对于三个程度几乎相同的候选人生成的序列集组成了一个圈, 使得甲能够获得比乙更多的投票 (6:3), 乙赢过丙 (6:3), 同时丙赢过甲 (6:3).

仅仅在几年之前的 1781 年, 让 – 查尔斯·波达 (Jean-Charles de Borda) 已经指出, 对于有超过两个候选人的选举, 简单的多数选举可以造成错误的结果. 他所引用的一个历史上的例子和我们上面的例子直接相关. 假设委员会成员对于三个候选人的排序如下:

甲 > 乙 > 丙　　1 名成员

乙 > 丙 > 甲　　6 名成员

甲 > 丙 > 乙　　7 名成员

丙 > 甲 > 乙　　1 名成员

乙 > 甲 > 丙　　1 名成员

丙 > 乙 > 甲　　5 名成员

通过一轮简单的投票, 那么甲将获得 8 张选票, 乙获得 7 张选票, 而丙获得了 6 张选票. 对于这个情况, 波达称, 候选人甲获胜, 不论另外两个候选人, 乙和丙, 他们之中谁将会获得 13:8 的优势. 更坏的是, 如果将甲与其他两人任意一人进行一对的投票, 那么他总是将以 9: 12 的支持率失败! 因此, 他建议了另外一种 —— 今天被称为波达方法并且被广泛应用 —— 方法来分析社会选择. 这个方法的理念是, 将每个个体的排序以某种加权的方法来计数; 例如, 第一名的权重为 3, 第二名的权重为 2, 最后第三名的权重为 1, 社会选择的结果将基于每个候选人所得总分的排序来决定. 由此我们可以得到, 候选人甲的得分为 39 分, 候选人乙的得分为 41 分, 而候选人丙的得分为 46 分. 我们通过简单的多数选择得到的顺序恰好是相反的!

显然, 波达方法同时也照顾到了每个选举人对于各位候选人的偏好排序. 法兰西学术院对于这个方法表现了全力的支持. 在 1784 年波达关于他的方法的讲座之后, 法兰西学术院便依据他的方法选出了一个新的成员. (在 1800 年这名成员由于被一名新成员猛烈攻击而被开除. 这名新成员的名字为拿破仑.)

上面这两个先驱展示的在有多位候选人的情况下用一种合理的方法得到整体决策的困难不仅仅局限于选举中, 还以更一般的形式出现. 这个可以在 20 世纪 50 年代看到. 根据著名的阿罗 (Arrow) 不可能性定理 (1951), 没有办法得到一个无懈可击的社会选择. 他以公理的方式给出了任意民主的社会选择需要满足的最低条件, 并且证明这些最低条件之间是不相容的. 所以任意选举或者决策方法都至少会违反其中一条.

有帮助的是, 将一个决策规则考虑成一个分配规则, 对于一个事先给定的候选人集合分配一个新的偏好顺序, 可以在输出的集合中表示为社会偏好.

阿罗希望, 第一, 这样的一个分配规则对于所有可以想象的个体偏好的集合都适用并且能够给出一个结论. 第二, 这样的结论应该总是保持一贯性. 第三, 一个决策规则应该保持单选的结果; 换言之, 如果选民需要在候选人中的两位, 称为甲和乙, 中投出一票, 那么选出的结果应该和这两位在结论中的偏好顺序一致. 第四, 决策规则不可以是独裁的; 换言之, 一个给定的组员集合的偏好分配不应该是自动决定的, 并且应该独立于其他人的偏好. 第五, 两个候选人的偏好序列应该独立于其他候选人的存在性.

由于这五个条件不可能同时成立, 任意满足其中四个条件的分配规则必然违反第五条. 在这里我们将用一种很聪明的方法说明, 我们需要谨慎使用这个公理化的方法, 虽然看上去所需满足的要求是很显然的. 但是, 要预测每个个体所考虑的和合理的公理所意味的是不可能的. 因此, 条件一、二、三和五描述了一次独裁决策, 因为这些条件不应该导向独裁, 那么这便产生了冲突. 事实上, 我们可以将这四个条件理解为对于独裁的社会决策的公理化描述: 从独裁者的角度出发, 它们却显然是一致的!

在孔多塞的例子中, 多数决定的方法显然与第二个条件冲突. 而波达的方法在他自己的例子中与第五个条件冲突: 如果委员会中有 6 个成员的偏好排序从 "乙 > 丙 > 甲" 换成了 "乙 > 甲 > 丙", 那么在他们的偏好中, 乙和丙的相对位置没有发生改变; 在两种情况下, 乙都排在丙之前. 但这样的变化却改变了乙和丙在社会偏好排序中的位置: 乙的得分依然为 41 分, 但是丙的得分却变成了 40 分 (原先的情况下他的得分为 46 分). 更糟糕的是, 一旦得分最高的丙放弃了这个位置 (例如他决定接受另一份工作等), 那么波达方法 (现在只有两名竞争者, 于是第一名的权重为 2, 第二名的权重为 1) 得到的甲和乙的得分排序将会翻转过来: 现在甲的得分为 36 分, 而乙的得分为 27 分 (即使我们并没有改变甲和乙在各人偏好序列中的位置) !

阿罗于是证明了, 从多个个人偏好出发, 不可能存在一个客观的社会意愿. 人民的意愿不能作为一个独立的度量存在, 一个保持一贯性的算法既不存在也在理论上是不可构造的. 政治研究所、宪法规章、个体的日程和投票过程的结构可以像从个体偏好出发一样决定社会选择. 这很自然地打开了操作可能性的大门. 政治, 作为经典的社会决策的多米诺骨牌, 于是被称为 Heresthetik, 操作的艺术! 值得注意的是, 在这里我们关注的是不一般的操作. 所以, 阿罗的深刻认识在某种程度上恢复了政治的特殊性, 那些由政客们忽视 "常理" 做决定带来的偏见. 在孔多塞的例子中, 例如说, 每个候选人可以通过一个合适的序列成为冠军: 没有出现在第一次投票中的候选人将在第二次投票中赢过第一次排列中的冠军. (当然, 我们提到的奥地利那所大学的经济学院的委员会成员们当然知道这个事实!)

这些理论事实上真的与实际应用有关联吗? 最终, 人类生活的民主统治的部分显然适应了所有这些阿罗不可能的社会决策的过程. 或者这只是出于统治者们演说的艺术? 孔多塞三方并不罕见. 它总是出现在对于两个候选人无法达成共识 —— 在政治上这经常是在讨论维持现状或是进行 (大) 变化 —— 时引入第三方来作为一种妥协政策. 于是, "保守" 一方将维持现状排在妥协政策之前, 最后才是进行大变化. 而 "改革" 派则是将妥协政策排在进行大变化之前, 然后是维持现状. 如果 "改革" 派注意到了妥协政策的威胁, 如同在前面的例子中一般, 那么他们应该将进行大变化放在第一位, 第二位是维持现状, 第三位才是妥协政策. 于是在这种情况下, 每一个可能性都正好获得了一次第一: 也就是形成了一个孔多塞三方. 所以, 在三足鼎立的情况下, 社会决策的无法确定则是不可避免的. 例如, 这种情况便发生在了 1974 年, 德国联邦政府对于宪法 218 章的改革上.

在现实中社会选择并不被看做从根本上有问题, 但却应该主要基于一个事实, 即得到结论的方法的可能影响是无法被确定的. 在这里, 我们缺乏对于个体偏好的必需的了解 (当然, 这个问题被掩盖了). 但是事情并不总是这样的. 在近代德国历史上一个非常重要的社会选择, 并且同时对此我们也可以几乎确定地说, 决策方法的选择是有决定性的影响的事件便是在 1991 年 6 月 20 日将柏林选择为德意志联邦共和国的首都.

德国议会需要在三个候选方案中做出选择: 波恩 (联邦政府的方案), 柏林 (德国统一的标志), 以及一个妥协方案 (共识柏林/波恩, 即议会位于柏林, 政府所在地为波恩). 不同寻常地, 所有议员对于这些方案的个体偏好被很好地记录下来. 每位议员都在发言时明确地表达了自己的意愿, 其中 99 名在辩论中发言, 107 名也将自己预备的辩论发言添加到了会议记录中. 除此之外, 出于日程安排, 德国议会需要进行三轮记名投票才能最终从三个备选方案中选出一个. 这份记录最后也给我们提供了重新恢复参与这个投票的所有 659 名议员每个人的个体偏好的可能性.

在这里使用的多数投票的一种变形的结果是柏林以 328 票对 320 票 (其他为弃权票) 险胜. 但是假如在同样的这 659 名议员的投票中采取波达方法的话, 那么波恩将会以很大的优势获胜. 原因在于, 波恩相较于柏林获得多得多的第一名顺位, 而柏林在第三位的情况相比稍少, 并且在很多人的偏好序列中, 柏林的排名至少为第二位. 波恩的支持者会坚决地支持波恩, 而柏林的支持者们也会如此支持柏林. 这样的情况下适用的应该是波达方法, 而非多数投票的方法. 而柏林获胜这个情况, 原因为大多数的妥协方案的支持者将柏林放在了第二顺位上, 于是在妥协方案被排除之后转投给了柏林. 如果我们使用的是在美国常用的投票方法, 其中每个选民可以给自己认可的方案都投一票, 那么对于同样的投票群体, 妥协方案将会是最后的获胜方案, 并且获胜的优势将会相当明显. 坚定的波恩支持者将只会给波恩投票, 但是大多数的柏林支持者觉得妥协方案也可以接受, 于是将会同时投票给柏林和妥协方案. 与妥协方案的支持者一起, 他们构成了绝对的多数. 也就是说, 这三种方案都可能代表人民的意愿! 而对于阿罗而言, 这三种不同的投票方法都同样好也同样差 (每一个都满足五条公理中的四条).

当然, 身为读者的你已经可以想到, 阿罗发现的关于有意义的决策方法的不可能性的问题不仅和政治有关, 还有其他领域的有关多个对象的排名. 足球队的世界排名, 奥运会或者洲际运动会的奖牌榜, 年度最佳运动员的选举, 大学的排名等 —— 所有这些排名方法都是一种偏好排序. 对于讨论班的参与者中的最佳的选取, 基于几次考试或者其他行为的结果 (报告, 家庭作业, 参与度, 考试) 来决定的方法等同于一种偏好排序: 每次考试或者其他行为都提供了参与者的一个排名, 这些排名的综合得到了最后的结果. 显然这和通过运动会上的奖牌榜来给国家排序是等价的. 在这里, 参与世界大赛或者奥运会的国家将会依据冠军 (金牌) 数量来进行排序, 在冠军数相同的情况下根据亚军 (银牌) 的数量来排序, 而在再一次相等的情况下再考虑季军 (铜牌) 的数量. 我们现在可以将每一个单项考虑为一个选民, 他对于国家的个人偏好排序便是在这个单项中这个国家的代表队所获得的名次顺序. 那么, 奖牌榜不是别的, 而是一个简单的多数投票的结果 (在多个候选人得到同样多的票数的时候进行最多两轮投票).

在 2002 年位于盐湖城的冬季奥运会上, 挪威长期以一枚金牌的优势力压德国位于奖牌榜的第一位. 但是同时, 德国的银牌数量几乎为挪威的两倍, 而铜牌数量甚至为三倍之多.《图片报》觉得这完全不合理, 特地介绍了一个 "正确的奖牌榜", 并且每天根据赛况更新. 我们是否应该觉得出乎意料呢? 因为这个依据波达方法进行排列的奖牌榜上, 德国以明显的优势占据榜首.《图片报》出错了吗? 有趣的是,《图片报》不经意地批评了只考虑金牌数量的多数投票是不合理的.

一个德国大学的校长号称接受任何排名, 只要将他的大学排在前三位. 这种说法是否并不是那么厚颜无耻, 而从阿罗理论的角度出发是完全合理的呢? 并不完全如此, 因为对于同样的对象的不同决策方法 —— 由于阿罗给出的必要性 —— 显然会给出不同的结果. 丘吉尔所说的完全正确: "民主是政府最坏的形式; 但这依然胜过我们所尝试的其他所有形式. " 所以, 接下来的选举政策的改变已经确定了!

V.3 医药

画家, 罪犯, 数学家

第 35 章

Peter Deuflhard

选自《德国数学家协会通讯》, 第 4 册, 2003 年, 第 16–21 页.

这篇文章简要阐述了一个关于绘制人体内部图像的故事. 它照亮了每个情感背景以及背后的人体图. 在时代的变化下, 主要的参与者为: 画家, 罪犯 (确切地说, 被处决者, 换言之, 小偷、不守妇道的女人, 等等), 数学家和计算机学家 (后者也可以被认为是数学家的一种).

在基督教文化中, 直至文艺复兴时期, 绘制人体内部的视图一直伴随着风险. 所谓的 "你不应该绘制肖像" 的规章只对上帝的表达有效; 但教会早已将这个禁令延伸到了天使以及其他众多日常所见的生物. 为了保证自己身处安全的一侧, 人们由逝去的圣人的具有讽刺意味的表示开始, 例如在虚无派的作品中.

在伊斯兰文化中, 至少在很大部分中, 同样有对于 "神创造的生物" 的外表的肖像绘制 —— 在阿拉伯文化中很长一段时间内, 只能将他们丰富的幻想世界通过几何图形来表示, 正如我们今天在清真寺、壁画或者壁毯中所能看到的那样.

从文艺复兴以来, 即使在几乎无所不能的教会的禁令下, 对于解剖学充满兴趣的画家们开始了自己的反抗, 半夜爬进墓地, 解剖被处以绞刑的尸体 —— 当然在没有教会的允许的情况下. 里昂纳多·达·芬奇 (Leonardo da Vinci, 1452—1519), 这个领域最著名的先驱, 在他的日记中如此写道:

> 如果你对这些东西有兴趣, 那么也许你应该抛下恶心的感觉; 如果你无法抛弃这些, 那么也许你应该抛下对于半夜面对那些被剥皮或者支离破碎的死者的恐惧; 如果你无法抛弃这些, 那么也许你无法满足成为素描大师的基本要求······ (Zöllner, 400 页)

显然他做到了自己所写下的条款, 成了一位名副其实的大师 (图 1).

同样, 即使最终这些部门在学术界找到了被认可的位置, 首先那些被处刑者的尸体将被解剖. 在荷兰画派中, 解剖画作甚至发展成了一个独立的流派.

身体内部 (1656): 罪犯 Joris Fonteijn

在我看来, 对于这个情形最具有代表性的作品是伦勃朗 (Rembrandt) 在 1656 年的作品 "Deyman 博士的解剖" (与他在 1632 年的作品 "Tulp 博士的解剖" 不同). 当

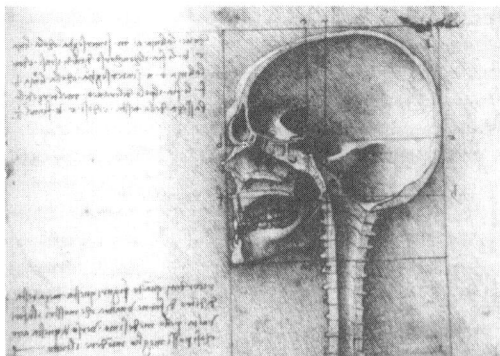

图 1　里昂纳多·达·芬奇 (1849), 对于一个头骨的解剖学研究 (比较图 4)

时的政府部门却对此讳莫如深; 他们不想要面对一个罪犯的尸体几乎在所有出版物上被描绘为一个 "光彩" 的居民的耻辱. 但是, 没有任何 "贵族" 会被判死刑, 他们的尸体会被直接交由外科行会 (当时外科行会尚未被分成病理学和解剖学). 由于缺乏合适的冷冻方法, 这些部门自然必须在行刑后马上行动.

在这幅很具有伦勃朗特色的棕色调的油画 (图 2) 中, 展示的是罪孽深重的 Joris Fonteijn, 同时也被称作 "黑杰克" 的尸体, 他于 1656 年 1 月 17 日在一个绞刑架上死去. 这幅画出现在同年的晚些时候, 可惜在一场大火中被大幅损坏了. 尸体的下部是分离的, 内脏已经被取出. 他的脸, 组成了 (原有未损坏的) 画的中心部分, 直接盯着这幅画的欣赏者. 解剖者 Deyman 博士 (只出现了半身) 手中拿着他的脑硬膜, 大脑从打开的头盖骨中清晰可见.

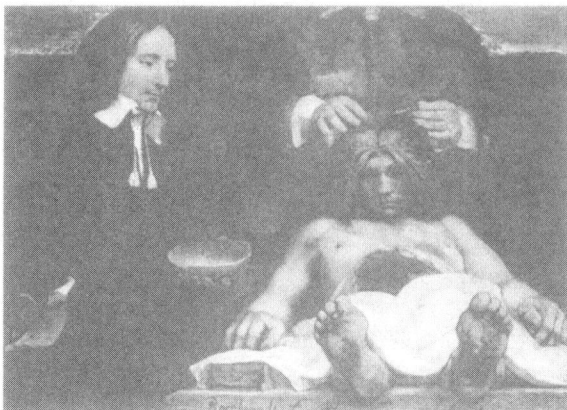

图 2　伦勃朗 (1656), Deyman 博士的解剖

时年 50 岁的伦勃朗在这幅画作中展现的充满同情的视角也适用于人类本身 —— 他的脆弱, 他的易逝.

在我们的时代中, 一代代的医学院学生依然解剖那些在生前自愿将遗体捐献出来的人的尸体. 现今, 我们对于解剖的态度很少公开讨论或者甚至规范; 在公众的关注中, 它在医学上的好处掩盖了任何潜在的问题. 无论如何, 现在几乎所有的医学院学生都必须能够面对在前面的历史文献中提到的那种感觉 —— 著名的入门仪式.

在 19 世纪末的伦琴射线的发现改变了整个图像的世界: 第一次, 人们可以直接研究生者的身体内部 (当然在某种剂量限值之内). 即便如此, 伦琴射线的图像给出的只是剪影 —— 这离我们的期望还有一定距离.

数学的出现

在这里, 奥地利数学家 Radon (1887—1956) 扮演了重要的角色. 他在完全抽象的情况下研究了以下问题: 是否可能通过使用穿过物体的不同的可度量强度的射线来得到这个物体内部的密度分布?

当时, 他完全没有考虑到伦琴射线. 为了解决这个抽象问题, 他引入了一种今天以他命名的变换. 在 1917 年, 他成功地得到了一个反演公式, 而这恰好解决了上面的问题. 他对于这个公式的证明如此优雅, 以致直至今日它依然是经典之作. 可惜的是, 经典的 Radon 公式在实际应用中是没有直接用处的: 即使是测量数据中小小的错误便可以让期待的图像变得模糊. 用数学的语言来说便是: 这个问题的提法是不当的, 但这是可以修正的. 自那时开始, 大量的数学家, 尤其在俄罗斯、德国、荷兰和美国的数学家, 将这个领域的研究不断向前推进 —— 这个领域被命名为计算机断层成像, 简称 CT (为英文名称 Computerized Tomography 的缩写). 从实际应用的角度看, 例如在医学中, 很快地, 这个问题便指向了寻找高效的算法 (顾名思义, 即计算的方法). 对感兴趣的外行而言, 下面是一个简短的介绍:

计算机断层成像的算法: 假设我们需要得到一幅像素 (即电子图像的点) 为 $N \times N$ 的图像, 也就是说我们需要解决一个有 N^2 个未知数的方程组; 在实际应用 ($N = 1024$) 中, 大约为一百万个未知数. 常用的方法 —— 这个方法可以回溯到高斯 —— 将需要大约 $N^6 \approx 10^{18}$ 个计算步骤; 它们没能够使用这个问题的特殊结构, 于是对于我们而言, 这是一个太慢的方法.

在不知道 Radon 的工作的情况下, 英国工程师 Hounsfield 在 1968 年建议了一种仅需要大约 $50N^4$ 个步骤的算法, 这绝对是当时一个巨大的突破, 并且在 1973 年造出了第一台商用的 CT 机器. 和物理学家 Cormack—— Cormack 早在 1963/1964 年在 CT 这个问题上做出了具有开创性的贡献 —— 一起, 他在 1979 年获得了诺贝尔医学奖. 基于对于 Radon 的工作的了解, 数学家 Shepp 和 Logan 在 1974 年发表了一个只需要大约 $N^3 \approx 10^9$ 个步骤的算法 (当然没有因此获得诺贝尔奖). 时至今日, 他们的方法依然被使用在 CT 机器中. 在经典的 CT 问题中, 计算一百万个未知数在一台市场上常见的个人计算机上只需要不超过5 秒钟; 但对于同样的问题, Hounsfield 的方法在同样的计算机上则需要70 个小时的计算时间, 所以在实际应用上是没用的.

这类问题不仅出现在 CT 中, 还出现在磁共振成像 (MRT)、正电子发射计算机断层扫描 (PET) 或超声波中; 在所有这些情况下, 我们可以求助于快速的 CT 算法, 或者它现在更高效的继任们. "医学图像处理" 在临床上占有一席之地 (图 3). 而我们对于人体内部的好奇和探究依然被人体所能承受的射线强度 (在 CT 或 PET 中) 和有限的解析度所限制.

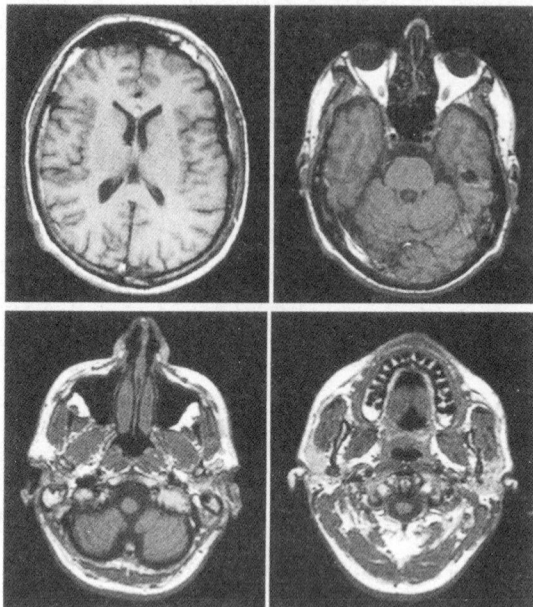

图 3 MRT 图像: 头部的横截面图像

时至今日, 人们不需要死亡来获得人体内部 "真实的" 图像. 对于 "最低侵入性" 的概念是无法忽视的. 即便如此, 被处决者依然没有退出这个舞台, 正如下面的例子所示一般.

身体内部 (1993) : 罪犯 Joseph Jernigan

在 1993 年 8 月 5 日, Joseph Paul Jernigan 在得克萨斯州的亨茨维尔 (Huntsville) 被处以注射死刑. 他在 12 年前的一次入室盗窃中杀死了一位老人. Jernigan 在遗嘱中将自己的遗体捐献给了得克萨斯州的解剖学委员会. 使他在全世界闻名的是, 他成了史上第一个可视男性. 解剖学家 Vic Spitzer, 可视人项目的两位首席学者之一, 对选择 Jernigan 的尸体如此解释, 正如 Wadman 引用的一般:

> 我们很难找到一个完好无创伤也无病状的尸体. 我无意支持死刑判决. 但同时我也不希望浪费可用的资源.

事实上, 这具尸体并不满足所有的条件: 他实在是太肥胖了 (这位罪犯的尸体实在是太庞大了, 以至于几乎不能被塞进扫描仪中); 另外, 他还缺少了睾丸的一部分, 盲肠以及一颗牙齿. 即便如此, 他依然是可视人计划中最好的候选人.

解剖学委员会直接从处决人手中得到了依然留有体温的尸体. 人们首先将他带到了一个葬礼公司, 在那里他的尸体被包裹在蓝色的冻胶中. 接下来一架货运飞机将他带到了丹佛, 在那里, 这具尸体被移交给了科罗拉多医学研究中心. 差不多在行刑的八个小时之后, 这具尸体贡献了它的第一批医学图像: 全身的 MRT 扫描图像和 CT 扫描图像; 为了能够成功应用这些技术, 尸体不能死亡 "太久". 接下来, 他被冷冻并且被锯成了大约 1800 片厚度为 1 mm 的切片. 所有切片都被分别拍照并数字化, 所有数据都被缜密地电子化储存.

这件事引发了很长的伦理上的讨论. 当然在当时, Jernigan 并不清楚他的身体将会经历的一切, 他不知道他的身体将会被电子化, 更不知道这些数据将会 (从 1994 年 11 月起) 在互联网上完全公开 —— 虽然提及了他的名字和贡献. 即便如此, 他在与监狱官和律师的谈话中毫无疑问地表达了能够 "为了他所获得的一切做出一些回馈" 的意愿.

在同一月中, 一位来自马里兰州的匿名的 59 岁家庭妇女成了第一位可视女性. 她死于心跳停止导致的自然死亡, 并且将她的遗体捐赠给解剖研究 —— 这次是在了解了可视人项目的情况下.

今天, 人们可以在互联网上免费获取可视男性的数据 (15 GB) 和可视女性的数据 (40 GB): 获取美国国家医学博物馆的许可后, 并在正确使用数据的条件下, 这些数据可以被自由下载. 不来梅的数学家 Heinz-Otto Peitgen 使用小波技术将这两个可视人数据库进行了压缩, 使得两张 CD-ROM 便足以保存这些数据. 同时, 可视人项目的更多的倡导如同波浪一般席卷全球: 包括韩国、中国、日本和德国. 更多的数据波浪还在向我们袭来.

虚拟人体一: 形体

如 CT 和磁共振之类的方法只能提供给我们二维的图像, 最好的情况是, 堆砌起来便得到如图 3 一般; 通过可视人项目, 我们可以得到更多的信息, 但是依然是二维的. 但是, 大多数人是三维的形体 —— 我们可以在 Marcuse 的描述中找到重要的例外.

仅仅在最近几年中, 信息学和数学提供了足够快并且可靠的方法来由二维图像堆生成正确的三维几何模型: 如此便诞生了虚拟人体, 今天, 我们可以通过佩戴三维眼镜来以常见的方式观察并且通过 "空间鼠标" 漫步其中.

图 4 展示的是一位参与了二维项目的病人的切片得到的三维表示的一个纵截面. 这幅图仅在以下意义下是 "真实的": 它直接基于某一个特定个体的度量数据, 并且通过可靠的数学方法进行计算, 尽管这并不能从数学上避免错误的发生. 比较之下, 我们发现, 图 1 所示的大约五百多年前的达·芬奇笔记中的图像惊人地准确.

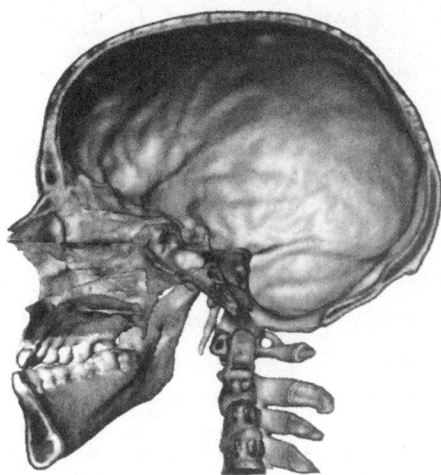

图 4 虚拟病患: 三维头颅的一个切面 (比较图 1)

计算机中的三维表示让我们可以, 在进行适当的编程的情况下, 轻松选取单个的图形 "对象", 或者换言之, 身体的任意一个切面, 而不需要依赖于真实的尸体! 在这方面工作的科学家们并没有体会到伴随而来的情感冲击 (由于这是职业上常见的变换), 但从那些第一次面对这些技术的旁观者的角度而言并不如此 (通常还伴随着嘲笑). 很显然, 在未来, 医学院学生的实习将越来越多地依赖于三维虚拟解剖图册.[1]

这个发展的高峰在于, 德国数学家协会中公认的 "虚拟数学家协会会员": 图 5 展示了一个 (也许并不很典型的) 片段, 它来自于一个真实的数学家协会会员勇敢的自我实验. 值得强调的是, 它基于的是一个数学家, 而不是一个罪犯; 否则, 这些数据当然是匿名的. [2]

通过人体在计算机中容易处理的可视化表示, 现在看上去正如歌德笔下的 Mephisto 可以继续嘲讽: "如此, 你有了手的部分, 但可惜还缺少灵魂."

虚拟人体二: 机能

然而, 歌德的嘲讽并不是完全合理的. 物理学家、工程师和数学家在继续前进: 他们尝试在计算机中尽可能详尽地将人体各部分的机能模型化并进行模拟. 这是很困难的: 仅仅对于肾脏的功能, 我们便非常缺乏了解, 使得今日我们依然无法建立可用的数学模型. 尽管如此, 对于医学技术而言, 尤其是治疗和手术方案, 已经打开了一些全新的视角; 作者的工作小组提供了一些关于低温癌症治疗或者口腔和颌面外科的例子.

---

[1] Voxelman 数据见于: http://www.uke.uni-hamburg.de/institute/imdm/idv/gallery/index.en.html.
[2] 所谓的显然的怀疑对象是错误的: 它并不是作者.

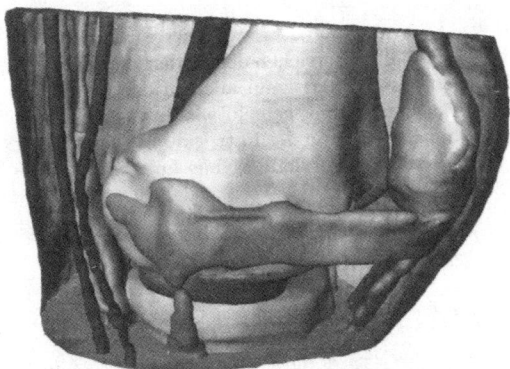

图 5　虚拟膝盖: 膝关节与肌肉,韧带和血管的三维表示

　　这条路的终点耸立的是对于构造一个机能化的人体模型的梦想 —— 在这个模型中, 关注的不仅是人体本身, 同时还有各个部分的系统机能; 事实上, 这个名称 "虚体人体" 最早所指代的便是形体和机能的结合. 除了这个交叉学科的任务极大的复杂度, 作者早在 1985 年 (当时在海德堡大学) 开始了一项名为 "Homunculus" 的项目, 可惜当时并没有在学术界得到足够的重视. 同时, 时机也尚未成熟. 从 1993 年开始, 奥克兰的生物工程师 Hunter 组建了自己的工作小组并开始尝试实现一个名为 "Physiome" 的项目. 这类项目在数学模型和有效模拟上扮演着重要的角色.

一窥图像背后

　　正如在现代自然科学和工程学的几乎所有领域中, 甚至对于我们的理解的描述 —— 作为一种缘由和情感 —— 也无法跟上技术发展的步伐. 所以在这里, 我们必须暂停一会儿.

　　在这些人体内部的图像背后到底是怎样的人像呢? 我们可以期待哪些呢? 人真的可以被理解为各个部分的堆砌吗? 比起我们手的各个 "部件", 我们多的又是什么呢?

　　为了可以看到人体的内部, 我们使用不损伤物体的检验方法. 这个方法将身体的图像看做一些 "素材的集合". 同样, 面对对象的三维表示也将人体与各个部分的结合关联起来. 尽管如此, 众多科学家早已开始研究这些简单的图像: 他们已经关注了人体部分的机能的模型化以及它们之间的合作和影响. 虚拟人体, 如同所描述的一般, 显然是一个 de La Mettrie[①] 所描述的人体机器 (l'homme machine) 的具体实现. 可惜的是, 众多与他同时代的人将这个想法看得过于简化, 无法体会其中的深意. 相比之下的是这个领域中活跃但谦逊的研究者们: 虚拟人体的构造展示了极度的复杂并需要我们几乎一无所知的程度的交叉协作. 沿着这条发展线, 我们当然可以更多

---

　　① Julien Offray de La Mettrie, 在弗里德里希二世的指令下自 1748 年起成为普鲁士科学院的成员.

地期待 "部分", 而非 "精神联系" 了.

目前, 物理学家和工程师们正在开发新一代的图像生成方法. 一旦完成, 任何个体, 只要他希望, 并且愿意收集数据, 都能获得他的三维数据; 而这个过程所需的花费自然会由于庞大的需求而下降. 今天, 足够富的人们已经将他们的切片信息保存在了巴黎左岸. 在未来, 他们将拥有保存着个人三维数据的芯片卡, 并且可以很容易地按照个人意愿进行传递. 我们也将构造这样的虚拟人像, 甚至也许以一种任何人都能负担的价格.

现在这会是一个很不错的 "图书馆的终结" (Dürrenmatt). 同样的思维方式还出现在更严肃的内容中: 移植医学这个概念进入了我们的视野. 同样, 在那里存在着将人想象为他的身体部分的综合, 或者作为一个机械系统来考虑的危险. 但是, 细胞的死亡是不可抑制的, 而个体死亡是由脑死亡来定义的, 也就是医生所说的 "写下一条零线". 在与 Baureithel 合著的关于这个领域的书中, Bergmann 写道:

> 由于脑死亡这个概念是基于一幅身体图像, 器官从它们的整体联系中被剥离出来了…… 于是移植治疗也基于同样的碎片化原理…… 这个 "新" 器官如同 "旧" 器官一样将依赖于一个可交换的机械化原理, 但这个原理在器官上却缺乏它自己的历史渊源.

在这个现代医学的领域中, 所谓人体的 "精神联系" 通过一些很明确的信息显现出来:

- 为了让移植的器官顺利被接受, 必须通过药物抑制接受移植者免疫系统强烈的排异反应 (免疫抑制).
- 很大一部分接受移植者以及他们的家属面临着很大的心理压力, 由此引发了移植精神病学的诞生. 在自己身体中出现的外来物导致了精神问题, 对所谓的 "奇迹般的记忆延续" 的不满.
- 某些科学家基于不确凿的观察引入了 "物质层面上" 有争议的概念, 例如器官记忆或者身体记忆, 似乎捐赠者的器官在某种程度上继承了其身体的记忆一般. 同样, 最近, 关于肠神经系统 (有时被通俗地称为 "腹部大脑") —— 可以被看成是大脑这个 "中心计算机" 的一个 "分布" —— 的存在性的研究在这个画面中相当和谐.

最后, 我们希望大家不要忽视显而易见的事实: 为了看到人体的内部, 我们今天不再需要将死者肢解. 受刑者的尸体理论上已经退出了这个舞台, 他们现在可以像那些 "荣耀" 的死者一般安息. 显然, 数学家们在其中也起到了一定的作用, 从这个角度而言, 死刑已经逐渐过时.

显然, 随着时间和技术的发展, 人体图像的碎片化和几何三维图像的肢解的关系将愈发紧密.

参考文献

[1] U. Baureithel und A. Bergmann: Herzloser Tod. Das Dilemma der Organspende. Klett-Cotta, Stuttgart (1999).

[2] Chinese Visible Human Project: http:// www.chinesevisiblehuman.com/index-e.asp.

[3] P. Deuflhard: Therapieplanung an virtuellen Krebspatienten. In: M. Aigner, E. Behrends (eds.): Alles Mathematik. Von Pythagoras zum CD-Player. Vieweg Verlag, 22–30 (2000).

[4] Human Rights Watch/Asia. Vol. 6, no. 9, S. 2. New York, 1994.

[5] P. J. Hunter and T.K. Borg: Integration from proteins to organs: the Physiome Project. Nature Rev., Molecular Cell Biology, Vol. 4, 237–243 (2003).

[6] H. Marcuse: Der eindimensionale Mensch. München, 1998.

[7] F. Natterer: The Mathematics of Computerized Tomography. New York/Stuttgart, 1986.

[8] Visible Korean Human: http://vkh3.kordic.re.kr.

[9] M. Wadman: Ethics worries over execution twist to Internet's "visible man". Nature 382, S. 657, 1996.

[10] F. Zöllner: Leonardo da Vinci. Sämtliche Gemälde und Zeichnungen. Taschen Verlag, 2003.

V.4　魔术

魔幻数学 —— 数字　　　　　　　　　　　　　　　第 36 章

Ehrhard Behrends

选自《五分钟数学 ——〈世界报〉上数学专栏中的一百篇文章》(Vieweg, 2006 年), 第 2 章, 第 4–5 页.

我想要介绍一种简单的抽奖游戏. 你任意选择一个三位数并且将其在纸上连续写两次. 也就是说, 如果你选择的数字是 761, 那么在纸上写下的数字应该是 761761. 接下来游戏开始: 你需要将这个六位数除以 7, 得到的余数就是你的幸运数字. 这将会是 0, 1, 2, 3, 4, 5, 6 这七个数字中的一个. 接下来将你的数字和这个幸运数字写在明信片上并寄到《世界报》. 你将收到和你的幸运数字一样多的张数的 100 欧元钞票. 例如, 在我们的例子中, 761761 被 7 整除, 所以我们得到的幸运数字为 0, 也就是说对于这个数字, 我们只能得到 0 张 100 欧元钞票, 也就是说没有任何收益.

$$
\begin{array}{r}
761761 : 7 \\
\underline{7} \\
06 \\
\underline{0} \\
61 \\
\underline{56} \\
57 \\
\underline{56} \\
16 \\
\underline{14} \\
21 \\
\underline{21} \\
0
\end{array}
$$

会不会不论选择什么数字, 得到的幸运数字总是 0 呢? 如果是这样的话, 那么你就不是孤独的, 所有参与者都会遭受一样的待遇 (否则的话,《世界报》的编辑当然不会让这篇文章通过).

这个现象的原因是一个被很好地掩饰的数论性质. 这个将一个三位数依次写两次得到的数字事实上等于将这个三位数乘以 1001, 并且因为 1001 被 7 整除, 这个六位数一定会被 7 整除.

我们当然可以将这个想法包装成一个有趣的小魔术, 作为一个变形, 我们可以用对于余数的预言来代替 100 欧元的馈赠.

事实上, 在魔术中利用一些数学原理并不是很稀奇的事情. 人们只需要找到与一般想法不同的结果, 并且为此找到某些深层次的理论依据.

还有一个建议: 魔术和香水一样, 包装和内容物一样重要. 没有人想要在开始时将一个数乘以 1001; 取而代之的是, 将一个三位数连续写两次. 但是重点是, 要找到安全的替代方法. 如果你想要找到 7 的替代, 那么可以使用 11 或者 13, 因为 1001 也被它们整除. 自然地, 这会增加一些对于余数的计算难度.

进一步的变形: 10001, 100001, ⋯

为什么我们必须要写下三位数呢? 两位数或者四位数也能这样做吗?

假设我们现在考虑一个两位数 n, 将其写为 xy, 其中 x 和 y 分别指代 n 的十位数字和个位数字. 将这个数连续写两次, 那么我们得到的数字是 $xyxy$, 也就是说得

到的数字为 xy 乘以 101. 但是 101 这个数字是一个素数, 因此 $xyxy$ 的因子是 xy 的因子和 101. 因为在这个小魔术中我们不知道任何关于 xy 的信息, 我们只能预言这个数字被 101 除时没有余数. 但是在这个情况下, 这个技巧很容易被看透, 并且将一个数字除以 101 对于某些参与者而言也许略显苛求. 简而言之, 在这种方法中两位数是不够的.

对于四位数而言, 这个游戏中得到的则是与 10001 相乘. 幸运地, 这并不是一个素数, 它的素因子分解为 $10001 = 73 \cdot 137$, 其中 73 和 137 都是素数. 如果将一个四位数连续写两次从而得到一个八位数, 那么我们可以确定的是, 这个八位数一定会被数字 73 和 137 整除. 但是, 谁会乐意将一个数除以 73 呢?

因为数字 100001 的素因子为 11 和 9091, 而这两个数字出于同样的原因对于我们而言并不适用, 所以五位数也不是最佳选择. 继续下去, 最早出现小的素因子的数字为 1000000001 (这个数字被 7 整除). 但是你真的希望这样开始你的小魔术: "随便选择一个九位数, 将它在纸上连续写两次"? 我的建议是: 还是使用原来的选择!

下面的表格给出了最初的几个形如 $10 \cdots 01$ 的数字的完整的素因子分解:

数字	素因子分解
101	101
1001	$7 \cdot 11 \cdot 13$
10001	$73 \cdot 137$
100001	$11 \cdot 9091$
1000001	$101 \cdot 9901$
10000001	$11 \cdot 909091$
100000001	$17 \cdot 5882353$
1000000001	$7 \cdot 11 \cdot 13 \cdot 19 \cdot 52579$
10000000001	$101 \cdot 3541 \cdot 27961$
100000000001	$11 \cdot 11 \cdot 23 \cdot 8779 \cdot 4093$
1000000000001	$73 \cdot 137 \cdot 99990001$

如果你想要了解更多的关于数学和魔术的联系, 可以参考由 Martin Gardner 所著的书《数学魔术》(由 Dumont 文学艺术出版社出版, 2004 年 9 月).

魔幻数学 —— 混沌中的秩序　　　　　　　　　　　　　第 37 章

Ehrhard Behrends

选自《五分钟数学 ——〈世界报〉上数学专栏中的一百篇文章》(Vieweg, 2006 年), 第 24 章, 第 64–66 页.

混沌中的秩序, 这可以成为我想要在这篇文章中介绍的数学魔术小技巧的概括. 你所需要的, 是一副拥有同样多的红色和黑色牌的扑克牌堆 —— 一副常见的扑克牌便足以满足我们的需求. 在准备过程中, 你将这些牌按照交替颜色的顺序排列.

现在这堆扑克牌将要进行三次随机变化. 第一次, 由某人将这个牌堆在差不多中间的地方分成两堆; 第二次, 另一个人将这两堆牌尽可能地对切洗牌 —— 这是电影中常见的洗牌方法. 最后, 第三个人将以扇形展示的牌堆分开, 要求是将两张同样颜色的牌分开.

图 1　扑克牌可以如此排列

图 2　分牌、洗牌然后再一次分牌

将这两个牌堆重叠起来然后递给你. 直觉上来看, 通过这三个步骤, 这个牌堆已经被完全打乱了, 所以我们无法对此进行任何预言. 第一眼看上去的确如此, 但是存在一个值得注意的现象: 第一对牌, 第二对牌, 等等, 一定包含着一张红色的牌和一张黑色的牌. 一个魔术师可以利用这个现象, 将这堆牌在一块布下变不见, 专注地念咒语或者做其他任何你能想到的动作, 然后奇迹般地变出很多颜色不同的牌对 —— 事实上你做的仅仅是将牌从上到下两两取出来而已.

图 3　⋯ 然后出现一对一对的结果

这里的数学背景是很有趣的: 在三次随机变化之后, 可以通过组合方法进行证明, 两张牌停留在一起的机会是, 用数学的语言来说, 一个 "不变量". 魔术师 Gilbreath 在 20 世纪初发明了这个魔术; 虽然他很有可能是通过不断的尝试和改进才发明了这个技巧.

这个技巧的一个变形

对于所有想要展示这个技巧的人而言, 以下给出的是这个技巧的另一种展示方法. 原型沿用的是以下方案:

- 准备扑克牌 (总数为偶数张, 颜色交替排列);
- 分牌, 然后通过对切来将两个牌堆混合;
- 这个牌堆在某个两张同样颜色的牌在一起的地方分开, 两个牌堆重叠在一起.

接下来我们发现每一个牌对 (即第一张和第二张, 第三张和第四张, 等等) 都有两种不同的颜色.

在这个变形中, 我们可以用同样的方法来进行准备, 并且在这一步中将其进行一次分牌. 需要注意的是, 你必须通过某种方法确定, 两个牌堆最底下的牌的颜色是否相同. 这个可以通过把牌递给 "洗牌者" 的过程做到.

下一步也是相同的: 两个牌堆将被洗到一起. 并且现在你的魔术已经可以开始了, 并不需要再一次分牌.

相较于第一种形式的优势在于, 没有人可以看到以扇形展示的牌堆, 并且将其从两张同色的牌之处分开. 于是没有人可以注意到, 红色和黑色的牌是很规律地分布的, 感觉上这个游戏中的牌是完全随机打乱的.

情形一: 牌堆底部的两张牌的颜色不同. 那么你不需要做任何事, 一定会发现按顺序得到的牌对颜色不同;

情形二: 牌堆底部的两张牌的颜色相同. 这个情况会有一些复杂. 在念咒语的时候, 你需要设法将最上面的一张牌移到最底下. 接下来所有的牌对将会包含一张红牌和一张黑牌. 当然你也可以不做这个步骤. 那么你第一次抽出的牌对则应该是最上面的牌和最下面的牌, 然后再按顺序展示牌堆. 好运!

数学在哪里呢? 在这里, 数学保证你不会出洋相. 我们可以证明, 以上的描述是正确的. 但是由于篇幅和深度的原因, 我们不得不放弃对这个魔术的数学原理的解释.

V.5 艺术

肩上的埃舍尔 —— 一封邀请函　　　　　　　　第 **38** 章

Ehrhard Behrends

　　著名的荷兰插画家埃舍尔 (Maurits Cornelis Escher) 在数学家中享有很高的声誉, 由于他的作品中至少有三个因素是和数学有很大关系的. 首先是用图案填充画面: 埃舍尔在构建出可以用同样的形状没有缝隙地填满整个空间的鱼、壁虎或者植物等方面极具天赋; 另外, 他通过不同的方法来尝试表示; 第三, 你应该考虑他的那些 "不可能" 的画, 在其中, 例如说, 水流看上去像是向上流. 同样, 为了描述 "局部" (在小区域内这幅图看上去是完全合理的) 和 "整体" (但是从整体上看, 这是不可能的) 的关系已经通过数学中某些理论得到了证明, 但是我们在这篇文章中将不会提及这方面的内容.

　　作为第一个主题的例子, 我们可以看埃舍尔的图① "对称图 E46".

　　我们将要专注于埃舍尔的作品的这个方面, 其中展示了一些艺术和几何中的经典结论的有趣的联系. 我们将会解释一些最重要的概念和事实, 并且在最后, 我们希望能够成功地鼓励尽可能多的读者自己动手尝试一下: 包装纸、书的封面、海报 —— 有太多的机会可以展示你的创造力.

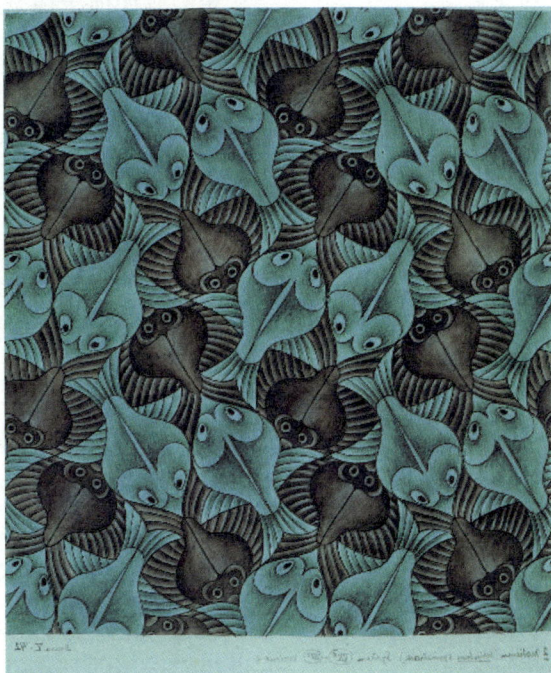

通过对称性数学家们知道了什么

对称性: 单纯的看法

　　在常用的说法中, "对称" 这个词可能会有不同的意义: 也许一张脸会是对称的, 但是同时国际象棋中的位置也可能是这样. 在这里我们只想要考虑图画中的对称性. 在这里, "对称" 的含义是什么呢?

　　为了回答这个问题, 我们首先考虑可以怎么处理一幅图. 我们将这幅图印制在一张透明薄膜上, 并且将其放置在一张 —— 为了便于定位 —— 画好了坐标系的白纸上. 为了不让事情变得太复杂, 我们的 "图" 仅仅包含一个字母 "F". 如下所示:

我们要如何生成新的图呢? 以下是几种可能性:

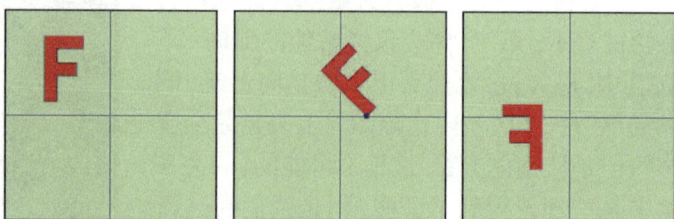

- 可以将这幅图沿着某个方向平移到另一个位置;
- 或者可以按照某个角度进行旋转;
- 或者可以进行镜面反射^①并且平移.

　　如果想要的话, 当然可以将不同的可能性进行组合: 先平移, 再旋转; 或者先平移, 再翻转, 接下来旋转; 或者······

　　但是这已经是所有的可能性了, 我们不可能再找到其他方式.

　　还需要注意的是, 也许有些图在我们的某些变化下得到的结果和原来是一样的. 假设我们选用的是字母 "E" 而不是 "F", 并且将这幅图按照下图所标识的浅蓝色的水平轴进行翻转, 那么我们得到的新图与原来的一模一样. 在这样的情况下, 我们称之为 "对称".

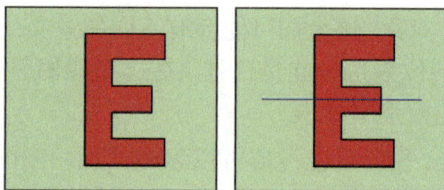

---

　　① 要小心的是, 有一些不同的可能性: 如果反射的轴是竖直的话, 那么图的左右交换; 如果轴是水平的话, 那么图的上下交换.

变换

现在是时候将这些说法用更确切的语言来表述了. 将我们所说的 "将图印制在一张透明薄膜上并且将其 —— 进行旋转或平移后 —— 放置在一张纸上" 用数学语言来表述即为:

假设给定平面的一个子集 B (这对应着我们的 "图"). 一个变换是指从这个平面到本身的一个映射 T; 意为任意一个点 x 都对应着一个点 Tx. 我们还额外要求这个映射保持距离: 对于任意的 x 和 y, 像 Tx 和 Ty 之间的距离与 x 和 y 之间的距离相等.

"B 在 T 之下的像" 指的是包含所有 Tx 的像, 其中 x 走遍 B 中所有的点.

当然我们并没有排除 T 将某些点映到它本身的可能性. 如果 $Tx = x$ 对于所有的 x 都成立, 那么我们称 T 为不动变换.①

这听上去似乎很复杂, 但是事实上这只是对我们在前面所阐述的对于这块薄膜可以进行的作用的翻译而已. 这个说法的一部分是很显然的: 所有的作用 (平移, 旋转, 镜面反射) 在我们以上的定义下都属于变换. 反之亦然, 因为所有的变换都可以通过以上作用来实现. 为了后面的描述方便, 我们用更确切的语言来描述这些作用:

假设 T 为一个变换, 那么 T 一定为以下几种形式之一:

- T 是一个沿某个向量 v 进行的平移; 在这里我们并不排除 $v = 0$ 的情况, 虽然在这种情况下什么变化都没有发生.
- T 是一个围绕某个点 P 进行某个角度 α 的旋转. (这个旋转的方向定为逆时针方向, 并且我们允许 $\alpha = 0$.)
- T 是沿着某一直线的镜面反射.
- T 是一个所谓的滑动反射: 首先沿一个向量 v 滑动, 然后沿着一个和 v 平行的直线进行镜面反射.

(在这里我们基本上可以忽略镜面反射, 因为这些现象实际上就是 —— $v = 0$ 时 —— 特殊的滑动反射.) 上面我们已经看到如果选择字母 "F" 作为图 B 在不同的变换 T 之下会发生什么情况. 这里给出的是更多的例子, 即平移向量、旋转和镜面反射:

①对于初学者而言也许很难理解: 一个不进行任何改变的变换.但是这个情况正如零 (在加法下没有改变) 或者空集 (它与任何集合的并得到的都是那个集合本身) 一般.

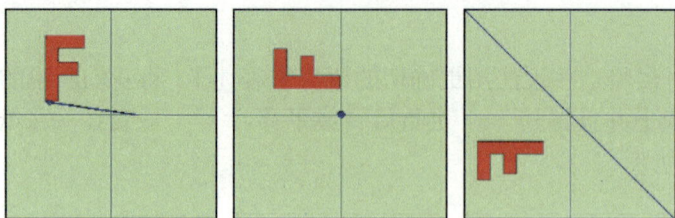

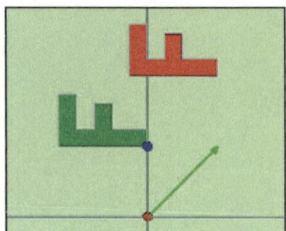

这个结果当然不是完整的, 我们在这里并不想给出较为冗长的证明. 对此还有一个很有意思的推论: 因为变换的组合 (例如, 先平移, 再围绕某个点旋转) 依然是一个变换, 这四个基本类型的组合必须是这些基本类型中的一种. 在某些情况下这是显然的, 例如两个平移的结合依然是一个平移. 但是很多时候我们依然需要更进一步的考量. 例如围绕一个点 P 旋转角度 α, 接下来沿向量 v 平移, 等同于围绕另一个合适的点的旋转. 这里是一个例子: 将起始的 "F" 围绕红色的点旋转 90° (得到的结果标记为绿色的 "F"), 接下来沿着绿色的向量进行平移 (得到的结果标记为红色的 "F"); 事实上我们还可以通过围绕蓝色的点旋转 90° 来得到红色的 "F".

一幅图的对称群

为了说明这个即将定义的概念, 我们选择一幅图 B, 例如 "E". 我们说一个变换 T 是对于 B 而言的一个对称变换 (或者简称为 B 的一个对称), 如果 B 的图在变换 T 下得到的图和 B 是完全相符的, 也就是说变换 T 对于 B 的应用是没有效果的.

不论 B 看上去如何, 总是存在至少一个对称变换, 即不动变换. 我们的 "E" 提供更多的内容, 因为在这里, 我们可以增加关于那条蓝色直线的镜面反射.[①] 但这已经是所有的了, 对于 "E" 而言不存在任何其他的对称.

现在我们可以说, 一幅图越对称, 那么它有越多的对称变换. 当然我们的图可以看上去非常不同, 下面是几个例子:

- 我们的 "F": 在这里它的对称变换只有不动变换. (因此我们将其选择为第一个例子, 因为一个有 "非平凡" 的对称的图不能完全展示某些变换的效果.)
- 字母 "O": 它可以被水平反射或者竖直反射. 如果这甚至是一个圆心 "O", 那么额外地, 任意的围绕圆心的旋转都是对称变换.
- 一条直线 G: 它有无穷多个对称, 因为任意一个沿着直线方向的平移都是对称变换. 另外, G 在沿着自己或者与其垂直的直线的镜面反射下也是不动的.
- 假设 B 是整个平面, 那么任意变换都是一个不动变换. 这显然是一个很造作的例子, 因为将整个平面作为一幅 "图" 当然没那么有意思. (空集 —— 这也是一个无趣的 "图" —— 也有所有可能的对称.)

---

① 这种情况我们在前面已经讨论过了.

在日常生活中, 我们会遇见的对称的情况数不胜数: (大多数的) 脸是镜面对称的, 交通标志和鲜花是旋转对称的. 同样还有家具、乐器、建筑, 以及在生活的几乎所有其他方面.

现在我们考虑包含某个图 B 的所有对称变换的集合. 下面的一些事实是显然的:

- 不动变换是 B 的一个对称变换.
- 假设 T 和 S 是 B 的对称变换, 那么通过组合 S 和 T 得到的变换也是一个对称变换.
- 假设 T 是一个对称变换, 那么将 T 反转的变换 S 也是对称变换.[①]
  原因是: 根据定义, 我们有 $T(B) = B$, 在等式两边同时作用 S, 于是有 $S(T(B)) = S(B)$. 此时根据 S 的定义, 我们有 $S(T(B)) = B$, 也就是说 $S(B) = B$.

一个拥有这些性质的包含变换的集合被称为一个群. 因此 B 的所有对称变换所组成的集合称为 B 的对称群.

十七个晶体学平面群

在这里, 我们感兴趣的并不是海星、交通灯或者鲜花的对称. 更进一步的研究的重点在于覆盖整个平面的图的对称. 一个典型的例子 —— 虽然有些无聊 —— 是用正方形覆盖整个平面. 此时, 这个平面看上去像是一个没有边界的国际象棋棋盘的形状. 显然, 这样的东西是不存在的, 并且我们也无法将其真的画出来. 利用一些想象, 我们可以想象成一个被正方形覆盖的长方形的 "无限" 延伸.

这样的一个棋盘的对称群包含:

- 向左/右/上/下的平移; 平移向量的长度必须是一个空格的边长的倍数.
- 围绕某个空格的中心进行 90° 的倍数的旋转.
- 围绕某个空格的角进行 180° 的倍数的旋转.
- 沿经过一个空格的中心的水平直线的镜面反射.
- ......

在这个棋盘的情况中, 很典型的是, 一旦我们看到了这个平面的一部分, 在原则上我们便可以了解整个平面的覆盖. 为了填满整个平面, 我们接下来必须使用不同方向的变换. 这导出了以下重要的定义:

令 B 为平面上的一幅图 (正式说法为: 一个子集), 我们利用 G_B 来指代其对称群. 称 G_B 为一个离散对称群, 如果可以找到两个向量 v_1 和 v_2, 使得任何属于 G_B 的变换一定是沿 v_1 的一个 (整数) 倍数进行平移加上一个沿 v_2 的一个 (整数) 倍数进行平移. 除此之外, v_1 和 v_2 不能指向同一个方向.

---

① 我们称 S 为 T 的一个逆变换, 记为 T^{-1}. 这是对于数的计算的一种类比: 乘以 $5^{-1}(= \frac{1}{5})$ 反转了乘以 5 的作用.

这其中的第一个条件, 说明的是可以利用这幅图的一部分重建整幅图 (始终沿 $\pm v_1$ 或 $\pm v_2$ 平移). 而第二个条件保证的则是一个有界的部分图就足够了. 例如假设允许 $v_1 = v_2$, 那么我们必须知道一整条无限的长条通过 v_1-v_2 平移来生成整幅图.

有的时候我们用 "晶体学平面群" 来指代这里所提到的这些群. 这个名称可以提醒人们它所对应的在三维空间中的问题, 即使用一个既定的形状来填满整个空间, 正如一个晶体一般. 这才是 "正确的" 晶体群, 而它们已经在很久之前被分类了解了.

在英语中我们有时候也将其称为 "wallpaper groups", 意即 "壁纸群". 这个说法似乎更加适合我们的情况, 并且事实上我们也真的使用以上描述的方法来创造壁纸上的花纹.

比棋盘更有趣的是我们可以在日常生活或者旅行中遇见的问题, 如果你用心去发现的话: 地板、装饰品、非洲摩尔艺术家的图, 等等. 下面是一些例子 (当然我们应该将这些例子想象成向所有方向无限延伸):

摄于西班牙格兰纳达的阿兰布拉宫和一家皮包店. 你能够很快找到不改变图案的二次或者三次旋转和平移吗?

值得注意的是, 我们可以精确地描述拥有离散对称群的图的所有可能性. 在这一小节我们关注于这些离散对称群, 而下一节我们将会给出生成这样的一个群的 "构建方案". 在这个问题上有一个著名的主定理, 它说明了, 恰好存在 17 种不同的这样的群的类型.[①] 早在 20 世纪, 人们便已经 —— 通过尝试和纠错的方法 —— 找到了这 17 个群. 例如在阿兰布拉宫的装饰品中, 我们发现了所有这些群作为其图案的对称群, 并且在埃舍尔的作品中它们也得到了呈现. 更值得注意的是, 事实上我们可以证明这已经是所有的可能性了. 1900 年前后是这个问题的收获的季节, 多位学者独立发现了这个结论. (德国数学家克莱因 (Felix Klein) 便是其中一位.)

我们不得不舍弃详细的证明, 因为即使在今天, 这个结论的详细证明依然需要花费半本书的篇幅. 在推导过程中起着很大作用的是以下令人吃惊的结论:

① 在三维的情况下会更复杂一些, 一共有 230 种情况.

晶体局限定理: 令 G 为一个离散对称群, T 为 G 中的一个旋转, 那么对应于 T 的旋转角度 α 只有以下四种可能性:

$\alpha = 180°$, 或者 α 是 $120°$ 的倍数 (三次旋转), 或者 α 是 $90°$ 的倍数 (四次旋转), 或者 α 是 $60°$ 的倍数 (六次旋转).

这个定理在很大程度上限制了离散群的可能性, 到最后只剩下了 17 种.

主要的结果如下所示.

平面离散群的主定理: 令 G 为一个平面离散群, 那么它必然是以下 17 种情况之一: [①]

1. G 只包含两种不同方向的平移: 存在两个不平行的向量 v_1 和 v_2, 使得 G 中的所有元素都可以被表示为沿 $n_1 v_1 + n_2 v_2$ 的平移, 其中 n_1 和 n_2 为整数.

图中所示的绿色向量则为 v_1 和 v_2 的一种可能选择.

这个群的正式名称为 W_1.

在这里, 这两个平移向量并不是唯一确定的. 例如我们完全可以用 v_1 和 $v_1 + v_2$ 来代替 v_1 和 v_2.

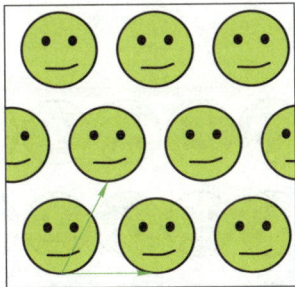

2. G 包含平移和镜面反射, 且反射轴不平行于平移向量.

图中所示为两个平移向量 (绿色) 和一条反射轴 (红色).

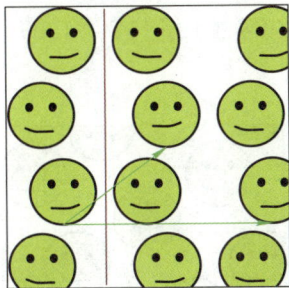

---

① 这只是一个概述. 当然我们并不建议读者现在就尝试系统地理解所有情况. 类似的是在下一节中我们将会展示的 28 种 Heesch 构造法, 这只是为了给读者一个大致的概念, 而不是由此进行系统地研究和学习.

这个群的正式名称为 W_1^1.

3. G 包含平移和镜面反射, 且反射轴平行于其中一个平移向量.

图中所示为两个平移向量 (绿色) 和一条反射轴 (红色).

这个群的正式名称为 W_1^2.

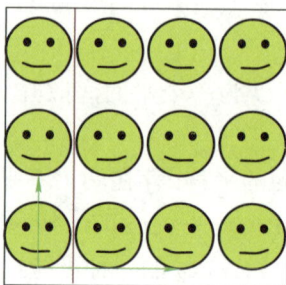

4. G 包含平移和滑动反射.

图中所示为两个平移向量 (绿色) 和一条滑动反射轴 (蓝色). 滑动反射的平移向量的长度为笑脸的宽度.

这个群的正式名称为 W_1^3.

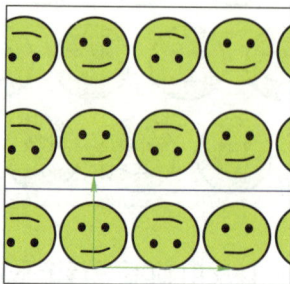

5. G 包含平移和 180° 旋转.

图中所示为两个平移向量 (绿色) 和一个旋转的中心 (红色).

这个群的正式名称为 W_2.

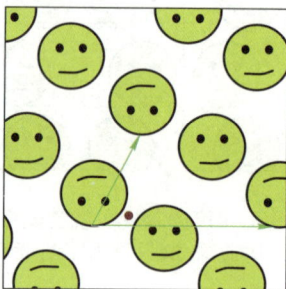

6. G 包含平移, 180° 旋转和镜面反射, 且反射轴不和其中任何一个平移向量平行.

图中所示为两个平移向量 (绿色), 一个旋转中心 (红色) 和一条反射轴 (红色).

这个群的正式名称为 W_2^1.

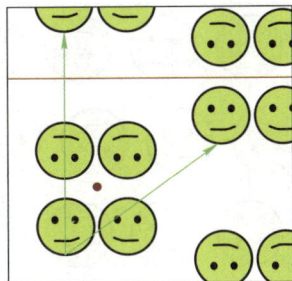

7. G 包含平移, 180° 旋转和镜面反射, 且反射轴平行于平移向量. 并不是所有反射轴都经过旋转中心.

图中所示为两个平移向量 (绿色), 一个旋转中心 (红色) 和一条反射轴 (红色).

这个群的正式名称为 W_2^2.

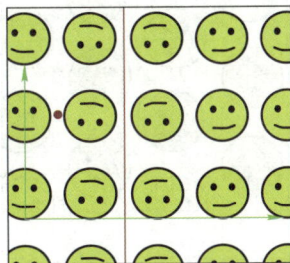

8. G 包含平移, 180° 旋转和镜面反射, 且反射轴平行于平移向量. 任意一条反射轴都经过旋转中心.

图中所示为两个平移向量 (绿色), 一个旋转中心 (红色) 和一条反射轴 (红色).

这个群的正式名称为 W_2^3.

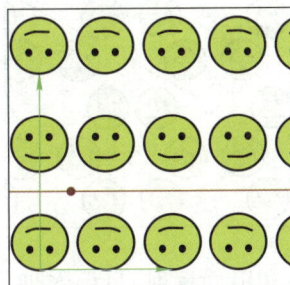

9. G 包含平移, 180° 旋转和滑动反射.

图中所示为两个平移向量 (绿色), 一个旋转中心 (红色) 和一条滑动反射轴 (蓝色). 滑动反射的平移向量的长度为笑脸的宽度.

这个群的正式名称为 W_2^4.

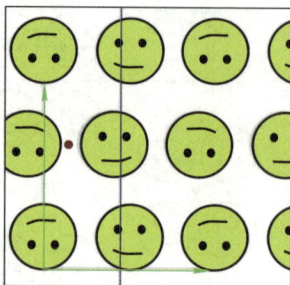

10. G 包含平移和 120° 旋转 (三次旋转).

图中所示为两个平移向量 (绿色) 和一个三次旋转的中心 (绿色).

这个群的正式名称为 W_3.

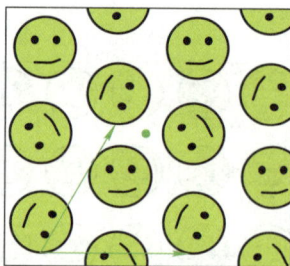

11. G 包含平移, 三次旋转和镜面反射, 且反射轴经过旋转中心.

图中所示为两个平移向量 (绿色), 一条反射轴 (红色) 和一个三次旋转的中心 (绿色).

这个群的正式名称为 W_3^1.

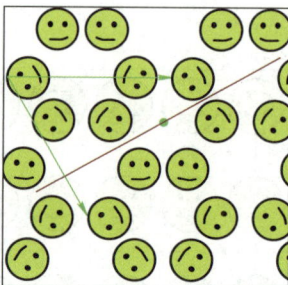

12. G 包含平移, 三次旋转和镜面反射, 且反射轴不经过所有的旋转中心.

图中所示为两个平移向量 (绿色), 一条反射轴 (红色) 和一个三次旋转的中心 (绿色).

这个群的正式名称为 W_3^2.

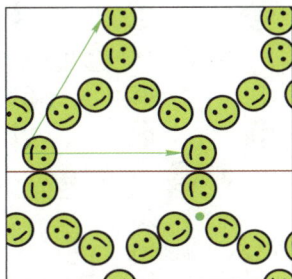

13. G 包含平移和 90° 旋转 (四次旋转).

图中所示为两个平移向量 (绿色) 和一个四次旋转的中心 (深绿色).

这个群的正式名称为 W_4.

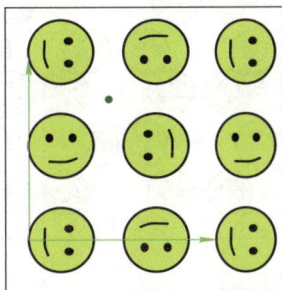

14. G 包含平移, 四次旋转和镜面反射, 且反射轴经过旋转中心.

图中所示为两个平移向量 (绿色), 一条反射轴 (红色) 和一个四次旋转的中心 (深绿色).

这个群的正式名称为 W_4^1.

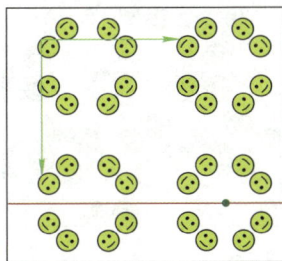

15. G 包含平移, 四次旋转和镜面反射, 且反射轴不经过所有的旋转中心.

图中所示为两个平移向量 (绿色), 一条反射轴 (红色) 和一个四次旋转的中心 (深绿色).

这个群的正式名称为 W_4^2.

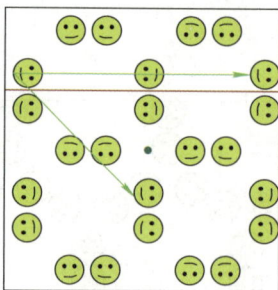

16. G 包含平移和 60° 旋转 (六次旋转).

图中所示为两个平移向量 (绿色) 和一个六次旋转的中心 (蓝色). (注意, 在这幅图中的旋转中心只是一个三次旋转的中心.)

这个群的正式名称为 W_6.

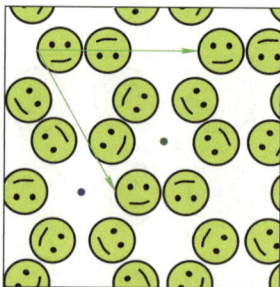

17. G 包含平移, 六次旋转和镜面反射.

图中所示为两个平移向量 (绿色), 一条反射轴 (红色) 和一个六次旋转的中心 (蓝色).

这个群的正式名称为 W_6^1.

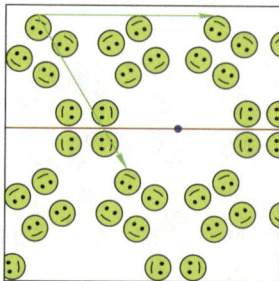

构建说明

通过上一小节给出的定理, 我们得到了一个关于 "合适" 的对称群的完整列表. (这里 "合适" 意为离散对称群.) 通过以上笑脸的展示, 我们将这个问题进行了极大的简化: 选择一个群 G 和一幅图 (我们这里的是: 一张笑脸), 并且将群中所有的变换作用于这幅图. 于是我们得到的图的对称群便是 G, 但是这样并不能得到整个平面的填充.

我们先给出一个符号: 令 G 为这 17 个群中的一个, 且 B 为平面的一个子集, 称 B 为 G 的一个基本域, 如果 G 中所有变换作用之后填充了整个平面, 并且得到的这些 B 的变换最多只相交于边界.

这里是一个简单的例子, 其中群 G 包含的是向左、向右、向上、向下的所有整数平移. 于是在这里的基本域是一个与坐标轴平行的边长为 1 的正方形. 当然还有很多其他的候选者, 下面是两个例子:

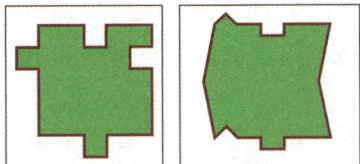

事实上对于这些群中的任意一个, 都有车载斗量的可能的基本域, 在这里一个主要的问题便是找到一些可以得到有趣的图案的基本域. 我们应该如何构造基本域呢? 又如何确定我们已经覆盖了所有可能性呢?

这是一个很困难的问题, 在 20 世纪中期关于晶体学平面群的这个问题由数学家 Heinrich Heesch (1905—1995) 解决. Heesch 给出了一个包含所有可能的基本域的构造原理的列表, 并且我们可以应用一些规则生成可以覆盖平面的图案.

一共存在 28 种不同的方法 —— 这些方法会在接下来给出具体描述. 确切地说, 这只是对于事实的第一步的近似. 只有我们在一些特别的附加条件下构造所谓的 Heesch 图案时, 得到的才是真正的完整的列表. (于是简单的镜面反射是不够的, 只有滑动反射. 在对称群中的镜面反射只在选择镜面反射对称图案时才被考虑进去.)

自由线和 C-线

我们首先需要两个新词. 令 x 和 y 为平面上的两个点, 那么
- x 与 y 之间的一条自由线即为一条连接了 x 和 y 并且与自己不相交的道路;
- x 与 y 之间的一条 C-线为一条自由线, 并且满足一个额外的性质, 即当它围绕中点旋转 $180°$ 之后与它本身重合. 在这里字母 C 指的是 "中心" (center) 的意思.

这里是连接两个点 (灰色) 的自由线 (左图) 和 C- 线 (右图) 的一些小例子; 另外对于 C- 线, 我们还用红色标注了它们的旋转中心.

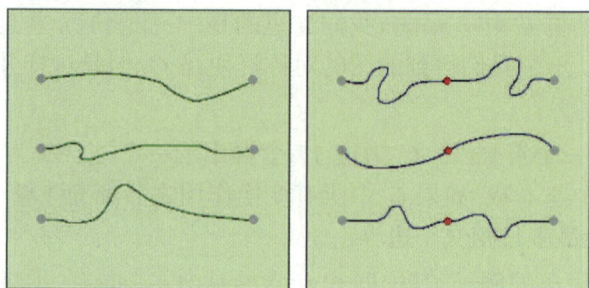

Heesch-构造: 一个具体的例子

我们将通过以下方法来说明 Heesch-构造:

- 首先将描述我们如何通过给定数量的自由线和 C- 线构造基本域 F. 我们将称这些 F 为基本网格.

- 接下来我们将一些变换作用于 F 之上: 旋转, 滑动反射, 等等. 目标是得到平面的一个子集, 使得我们只需要将其向两个方向平移便可填满整个平面. 这些子集被称为平移网格.

  这对于具体构造而言是非常实用的, 因为这样我们便不再需要考虑复杂的变换.

- 对于平移网格而言, 我们现在只需要两个平移向量 v_1 和 v_2. 这个网格将沿着 $mv_1 + nv_2$ 这个向量平移, 其中 m 和 n 皆为整数, 直至得到的图案覆盖整个平面.

例如我们考虑第三种 Heesch-构造. 在这里选定平面上的任意三个点, 记为 A, B 和 C, 并将它们两两用 C-线连接起来: 于是在这里我们便满足了三个条件[①].

这便是我们的基本网格 (左图). 它将在某一边上围绕旋转中心旋转 (180°). 得到的网格和原有的基本网格构成了一个平移网格 (中图). 接下来这个平移网格将沿着标识的向量平移, 直至它们形成了平面上一个足够大的区域. 如何填满整个平面便是很显然的了.

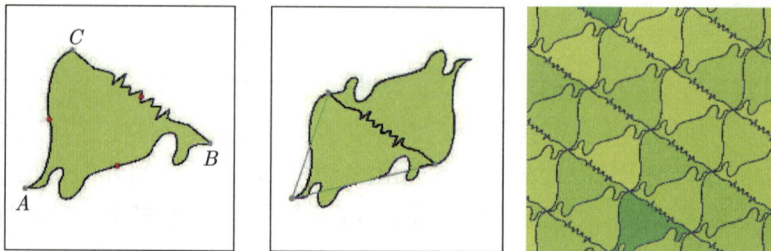

---

① 具体的条件是, 在最后我们确实定义了一个区域; 这些线只在点 A, B 或 C 处相交, 并且不能自相交.

另外, 在图中我们将这些变换后的基本域进行了一些上色, 使得整体看上去更有趣一些. 但是这和几何背景是没有关系的.

28 种 Heesch-构造

- Heesch01 ·················· 名称: $TTTT$
  线: 两条自由线.
  平移网格中的基本网格的数量: 1.
  构造描述:　任意选择两个点 A 和 B, 任意构造一条这两点之间的自由线. 将其沿着任意一个平移向量进行平移得到一条 C 与 D 之间的线. 再选择一条 A 与 C 之间的自由线, 将其平移得到连接 B 与 D 的线. 由此我们便得到了一个基本网格.

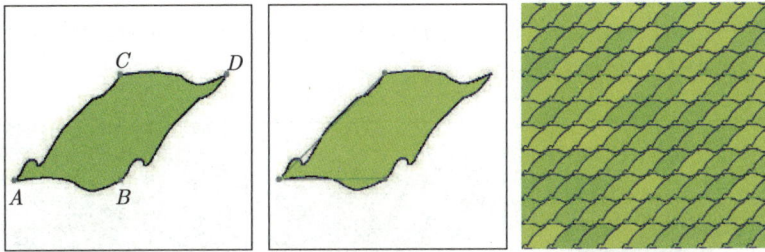

- Heesch02 ·············· 名称: $TTTTTT$
  线: 三条自由线.
  平移网格中的基本网格的数量: 1.
  构造描述:　任意选择两个点 A 和 B, 任意构造一条这两点之间的自由线. 将其沿着任意一个平移向量进行平移得到一条 C 与 D 之间的线. 接下来选择一条 A 与 C 之间的自由线, 选择其上任意一点 E, 平移 A 与 E 之间的部分得到连接 D 与另一个点 F 的线 (在这里 E 平移至点 D, A 平移至点 F). 现在再平移 E 与 C 之间的线得到连接 B 与 F 的线. 由此我们便得到了一个基本网格.

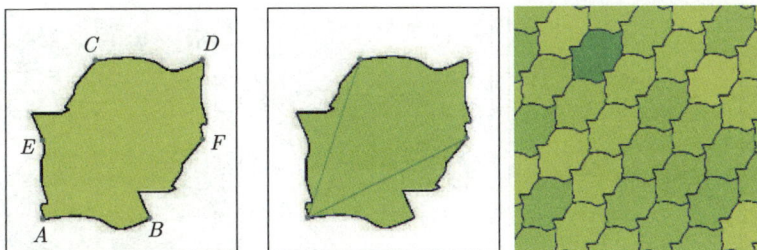

- Heesch03 ·················· 名称: CCC
  线: 三条 C-线.
  平移网格中的基本网格的数量: 2.

构造描述: 任意选择三个点 A, B 和 C, 并且将这三个点两两用 C-线连接.

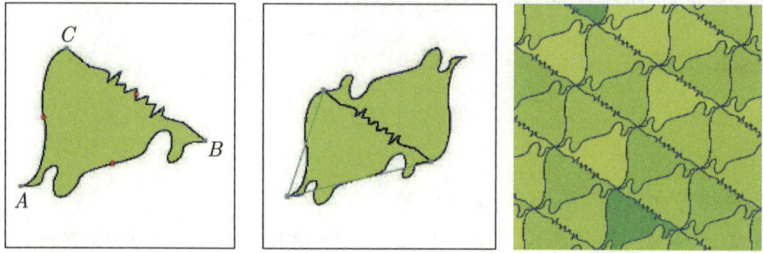

- Heesch04 ················· 名称: $CCCC$
  线: 四条 C-线.
  平移网格中的基本网格的数量: 4.
  构造描述: 任意选择四个点 A, B, C 和 D, 并且将 A 与 B, B 与 C, C 与 D, D 与 A 分别用 C-线连接.

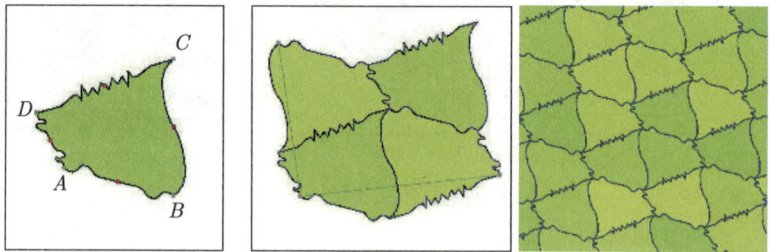

- Heesch05 ················· 名称: $TCTC$
  线: 两条自由线, 两条 C-线.
  平移网格中的基本网格的数量: 4.
  构造描述: 开始如 $TTTT$, 用一条自由线连接 A 与 B, 并将其平移为连接 C 与 D 的线. 接下来将 A 与 D, B 与 D 分别用 C-线连接.

- Heesch06 ················· 名称: $TCTCC$
  线: 两条自由线, 三条 C-线.
  平移网格中的基本网格的数量: 2.

构造描述: 构造一条连接 A 与 B 的自由线并将其平移至连接 C 与 D 的线. 任意选择一个点 E 并且将 A 与 C, B 与 E, E 与 D 分别用 C-线连接.

- Heesch07 · · · · · · · · · · · · · · · · · · · 名称: $TCCTCC$

  线: 两条自由线, 四条 C-线.

  平移网格中的基本网格的数量: 2.

  构造描述: 构造一条连接 A 与 B 的自由线并将其平移至连接 C 与 D 的线. 任意选择两个点 E, F, 并且将 A 与 C, B 与 E, E 与 D 分别用 C-线连接.

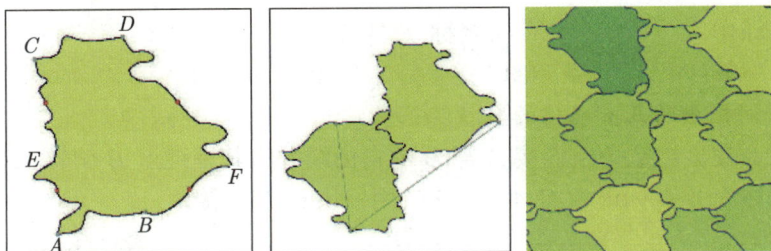

- Heesch08 · · · · · · · · · · · · · · · · · · 名称: $C_3C_3C_3$

  线: 两条自由线.

  平移网格中的基本网格的数量: 3.

  构造描述: 构造一条连接 A 与 B 的自由线并将其围绕点 B 旋转 120°; 旋转后的另一个顶点标记为 C. 将 B 沿直线 AC 进行镜面反射, 得到的点记为 D. 接下来构造一条连接 A 与 D 的自由线并将其围绕 D 旋转 120°, 由此便连接了 D 与 C.

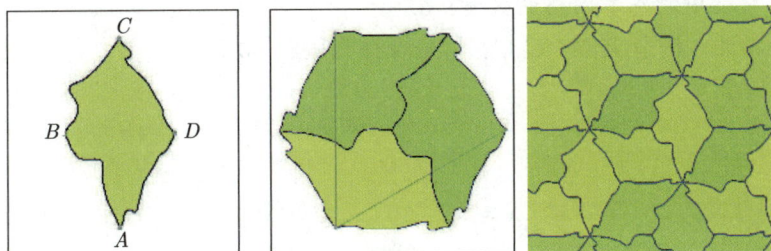

- Heesch09 ················· 名称: $C_3C_3C_3C_3C_3C_3$

  线: 三条自由线.

  平移网格中的基本网格的数量: 3.

  构造描述: 构造一条连接 A 与 B 的自由线并将其围绕点 A 旋转 $120°$; 旋转后的另一个顶点标记为 C. 任意选择一个点 D 并构造一条连接 C 与 D 的自由线, 将其围绕 D 旋转 $120°$ 得到一个新的点 E. 找到点 F 使得 ADF 构成一个等边三角形. 接下来只需要再构造一条连接 E 与 F 的自由线并将其围绕 F 旋转 $120°$, 由此便连接了 F 与 B.

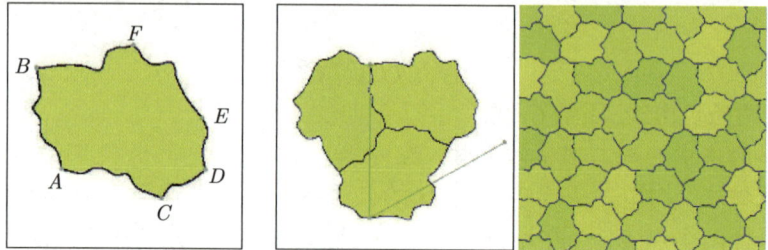

- Heesch10 ················· 名称: CC_3C_3

  线: 一条自由线, 一条 C-线.

  平移网格中的基本网格的数量: 6.

  构造描述: 构造一条连接 A 与 B 的自由线并将其围绕点 B 旋转 $120°$; 旋转后的另一个顶点标记为 C. 将 A 与 C 用一条 C-线连接.

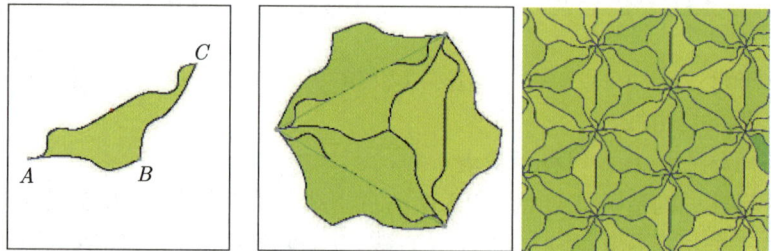

- Heesch11 ················· 名称: CC_6C_6

  线: 一条自由线, 一条 C-线.

  平移网格中的基本网格的数量: 6.

  构造描述: 构造类似 CC_3C_3, 只是现在只旋转 $60°$.

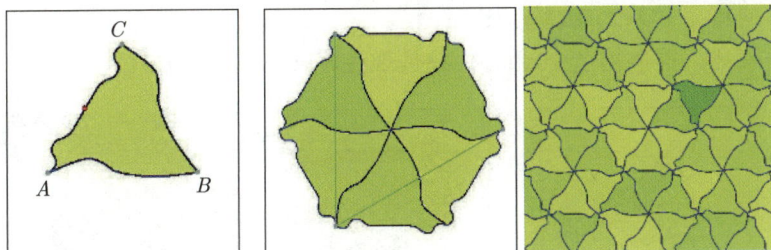

- Heesch12 · · · · · · · · · · · · · · · · · · 名称: $C_3C_3C_6C_6$

   线: 两条自由线.

   平移网格中的基本网格的数量: 6.

   构造描述: 构造一条连接 A 与 D 的自由线并将其围绕点 D 旋转 $120°$; 旋转后的另一个顶点标记为 C. 选择点 B 使得 ABC 构成等边三角形. 接下来构造一条连接 A 与 B 的自由线并将其围绕 B 旋转 $60°$, 由此便连接了 B 与 C.

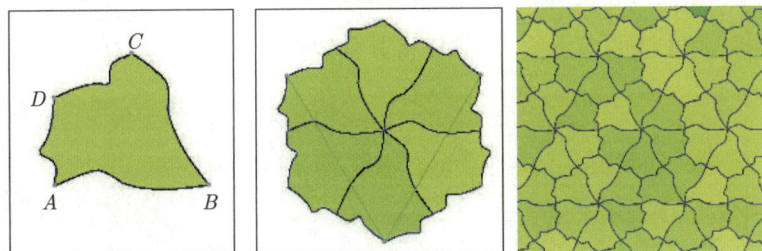

- Heesch13 · · · · · · · · · · · · · · · · · · 名称: $CC_3C_3C_3C_6C_6$

   线: 两条自由线, 一条 C-线.

   平移网格中的基本网格的数量: 6.

   构造描述: 构造一条连接 A 与 B 的自由线并将其围绕点 A 旋转 $120°$; 旋转后的另一个顶点标记为 C. 任意选择一个点 D 并构造一条连接 B 与 D 的自由线, 将其围绕 D 旋转 $60°$ 得到一个新的点 E. 最后将 E 与 C 通过一条 C-线连接.

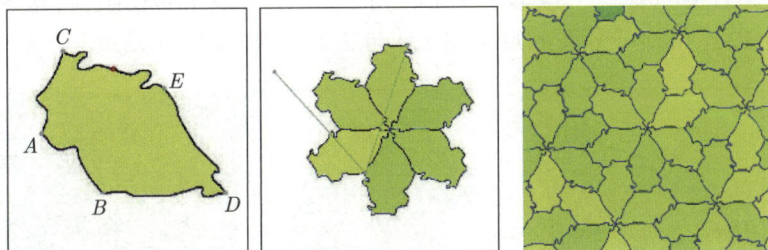

- Heesch14 · · · · · · · · · · · · · · · · · · 名称: CC_4C_4

   线: 一条自由线, 一条 C-线.

平移网格中的基本网格的数量: 4.

构造描述: 类似构造 10 和 11, 只是现在旋转角度为 90°.

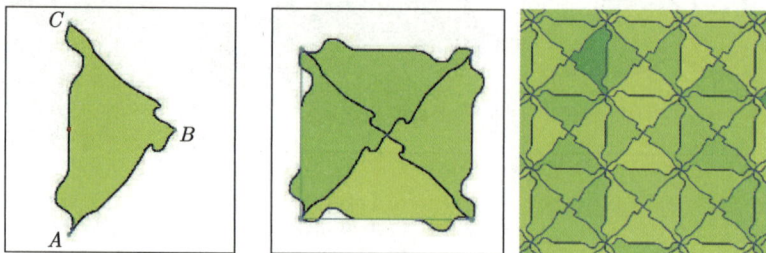

- Heesch15 ················· 名称: $C_4C_4C_4C_4$

  线: 两条自由线.

  平移网格中的基本网格的数量: 4.

  构造描述: 选择点 A, B, C 和 D, 使得它们是一个正方形的四个顶点, 线条构造如下: 构造一条连接 A 与 B 的自由线并将其围绕点 B 旋转至点 D; 构造一条连接 A 与 C 的自由线, 并同样将其围绕点 C 旋转至点 D.

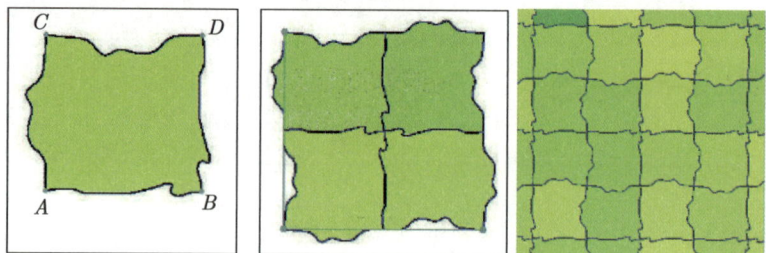

- Heesch16 ················· 名称: $CC_4C_4C_4C_4$

  线: 两条自由线, 一条 C-线.

  平移网格中的基本网格的数量: 4.

  构造描述: 构造一条连接 A 与 B 的自由线并将其围绕点 B 旋转 90° 至点 C. 接下来任意选择一个点 D 并构造一条连接 A 与 D 的自由线, 将这条线围绕 D 旋转 120° 得到一个新的点 E. 将 D 与 E 用一条 C-线连接.

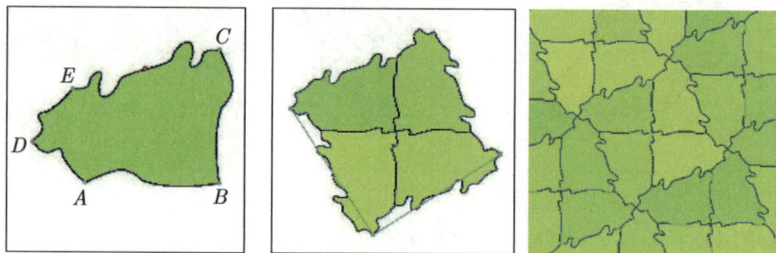

- Heesch17 · · · · · · · · · · · · · · · · · 名称: $G_1 G_1 G_2 G_2$

  线: 两条自由线.

  平移网格中的基本网格的数量: 2.

  构造描述: 现在我们要开始利用滑动反射了. 构造一条连接 A 与 B 的自由线并对其进行滑动反射. 反射轴 G 必须与 A, B 等距. 经过滑动反射后 A 与 C 相连.

  选择点 D, 使得线段 AD 与 G 垂直, 并且构造一条连接 B 与 D 的自由线, 将其 (沿着一条与 G 平行的反射轴) 进行滑动反射, 使得 D 与 C 连接.

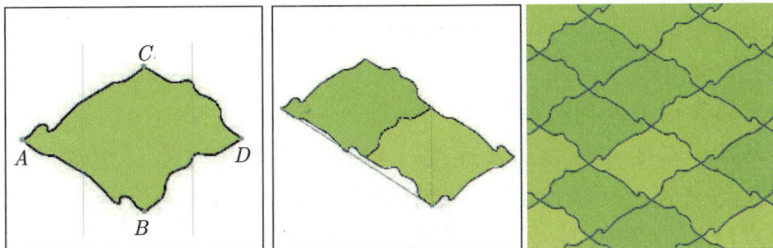

- Heesch18 · · · · · · · · · · · · · · · · · 名称: $TG_1 G_1 TG_2 G_2$

  线: 三条自由线.

  平移网格中的基本网格的数量: 2.

  构造描述: 构造一条连接 B 与 D 的自由线并将其平移至连接 C 与 E 的线. 在线段 BC 的垂直平分线上选择点 A, 并且构造连接 A 与 B 的自由线. 经过一次滑动反射得到了一条连接 A 与 C 的线.

  在右边重复以上动作: 在线段 DE 的垂直平分线上选择点 F, 与 B 用一条自由线连接并通过滑动反射完成这个形状.

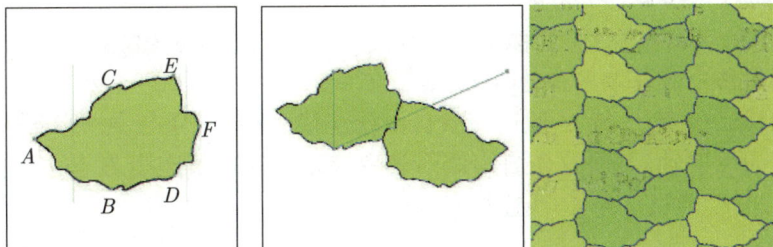

- Heesch19 · · · · · · · · · · · · · · · · · 名称: $TGTG$

  线: 两条自由线.

  平移网格中的基本网格的数量: 2.

  构造描述: 起始步骤与以上构造相同: 构造一条连接 A 与 B 的自由线并将其平移至连接 C 与 D 的线. 现在将 A 与 C 通过一条自由线连接, 并将这条自由线通过滑动反射得到一条连接 B 与 D 的线. 为此我们必须要求反射轴与 A, D

等距.

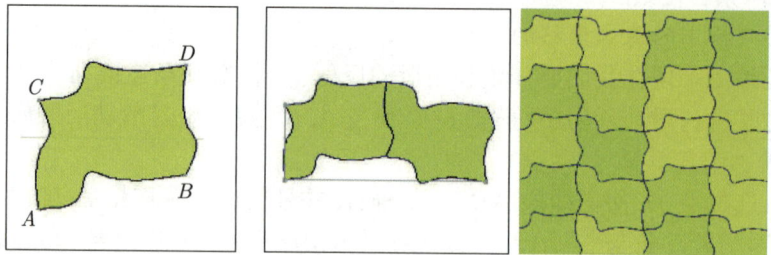

- Heesch20 ·················· 名称: $TG_1G_2TG_1G_2$
  线: 三条自由线.
  平移网格中的基本网格的数量: 2.
  构造描述: 连接 A 与 B 以及连接 C 与 D 的线如上构造. 任意选择一个点 E 并且将其与 A 通过一条自由线 L 连接. 现在将 L 通过滑动反射移动, 使得它的一个顶点位于 B 的位置; 另一个顶点记为 F. 反射轴应该与线段 AC 垂直, 并且与 E, B 等距.

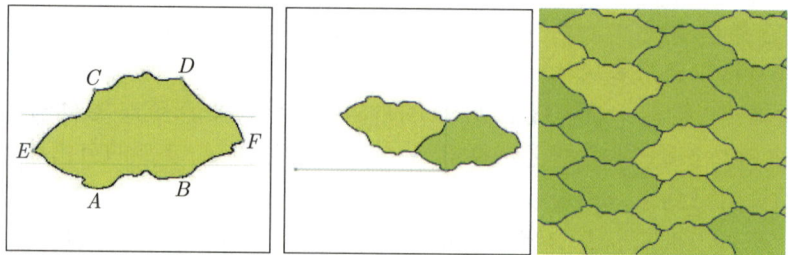

- Heesch21 ·················· 名称: CGG
  线: 一条自由线, 一条 C-线.
  平移网格中的基本网格的数量: 4.
  构造描述: 点 A 与 B 通过一条自由线连接. 任意一条与 A, B 等距的直线将被作为反射轴, 并将这条自由线沿其变换以得到一条连接 B 与 C 的线. 最后, 将 A 与 C 通过一条 C-线连接.

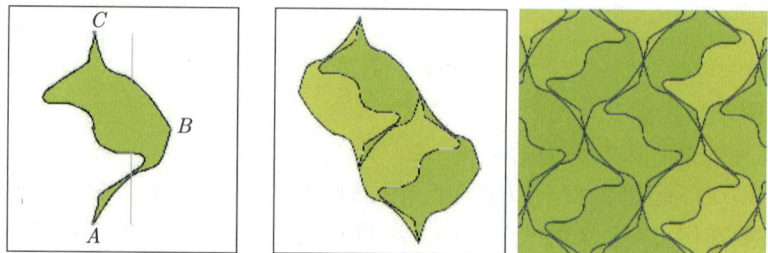

- Heesch22 · · · · · · · · · · · · · · · · 名称: $CCGG$

  线: 一条自由线, 一条 C-线.

  平移网格中的基本网格的数量: 4.

  构造描述: 点 A 与 B 通过一条自由线连接. 任意一条与 A, B 等距的直线将被作为反射轴, 并将这条自由线沿其变换以得到一条连接 B 与 C 的线. 最后, 将 A 与 C 通过一条 C-线连接.

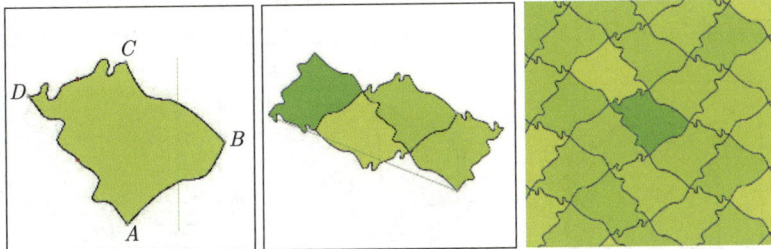

- Heesch23 · · · · · · · · · · · · · · · · 名称: $TCTGG$

  线: 两条自由线, 一条 C-线.

  平移网格中的基本网格的数量: 4.

  构造描述: 如前面很多构造一般, 将点 A 与 B 通过一条自由线连接, 并将其平移成为连接 C 与 D 的一条线. 在线段 BD 的垂直平分线上选取一个点 E, 并先将其与 B 通过一条自由线连接, 然后通过滑动反射得到一条连接 E 与 D 的线. 最后, 将 A 与 C 通过一条 C-线连接.

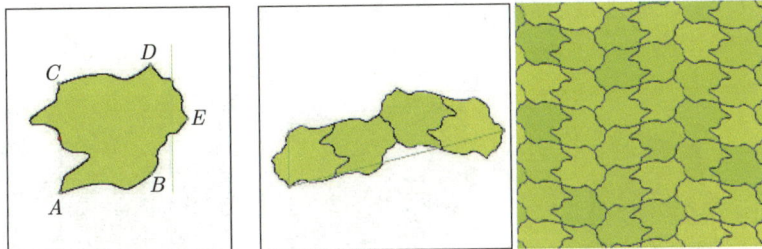

- Heesch24 · · · · · · · · · · · · · · · · 名称: $TCCTGG$

  线: 两条自由线, 两条 C-线.

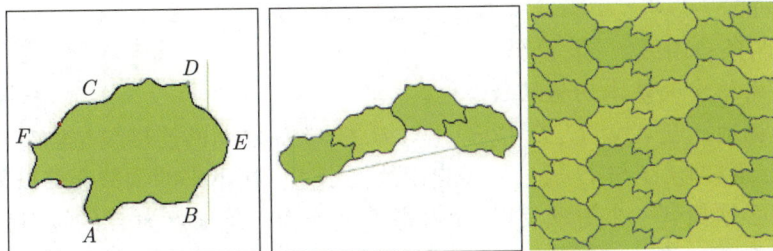

平移网格中的基本网格的数量: 4.

构造描述: 前面的步骤 —— 直至将 A 与 C 连接 —— 都与上一个构造相同. 现在选择另一个点 F, 并且将 A 与 F, F 与 C 分别通过 C-线连接即可.

- Heesch25 · · · · · · · · · · · · · · · · · 名称: $CGCG$

  线: 一条自由线, 两条 C-线.

  平移网格中的基本网格的数量: 4.

  构造描述: 连接点 A 与 B 的自由线将通过滑动反射得到一条连接 C 与 D 的线. 反射轴与 A, D 等距. 最后, 将 A 与 C, B 与 D 分别通过 C-线连接.

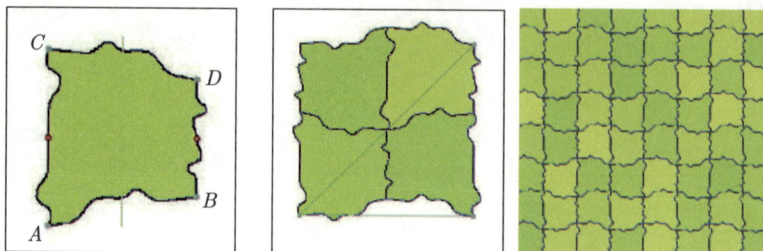

- Heesch26 · · · · · · · · · · · · · · · · · 名称: $G_1 G_2 G_1 G_2$

  线: 两条自由线.

  平移网格中的基本网格的数量: 4.

  构造描述: 选取一个长方形的四个顶点 A, B, C 和 D. 一条自由线连接 A 与 B, 并且通过滑动反射连接 C 与 D. 另一条连接 A 与 C 的自由线经由滑动反射给出了 B 与 D 的连接. 这两个滑动发射的反射轴互相垂直并且均平行于长方形的边.

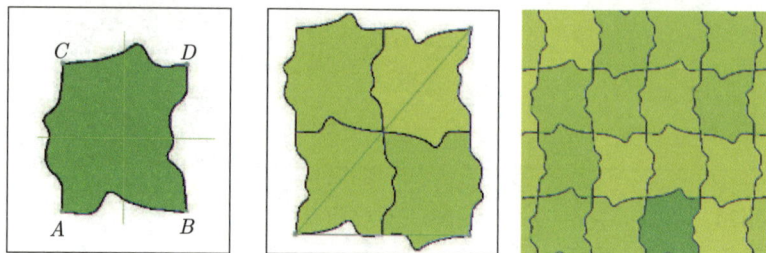

- Heesch27 · · · · · · · · · · · · · · · · · 名称: $CG_1 G_2 G_1 G_2$

  线: 两条自由线, 一条 C-线.

  平移网格中的基本网格的数量: 4.

  构造描述: 点 A, B, C, D, 以及 A 与 B, C 与 D 之间的连接线与构造 $CGCG$ 中相同. 现在将 B 与 D 通过一条自由线 L 连接. 接下来的构造会略微复杂一些: 我们必须找到一个滑动反射, 使得将 L 变换为一条顶点为 A 的线 (将另一个顶点记为 E). 为此, 反射轴必须垂直于第一步中的反射轴.

最后, 将 E 与 C 通过一条 C-线连接.

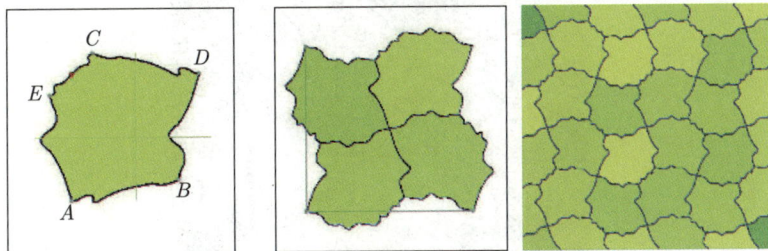

- Heesch28 ················· 名称: $CG_1G_2CG_1G_2$

线: 两条自由线, 两条 C-线.

平移网格中的基本网格的数量: 4.

构造描述: 开始部分与构造 $CGCG$ 相同: 点 C 与 D 之间的连接线来自于一条连接 A 与 B 的自由线的滑动反射 (我们称这条反射轴为 G). 现在选择一条连接 B 与 D 的自由线并将其变换为一条连接 E 与 F 的线. 这次的滑动反射的反射轴需要垂直于 G.

最后, 将 A 与 E, F 与 C 分别通过 C-线连接.

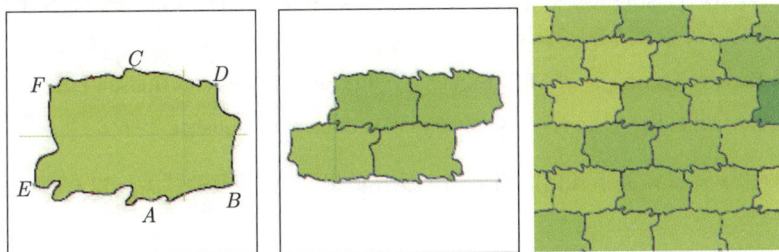

这便是全部了. 以上这些说明有没有让你有足够的兴趣, 自己动手来创造一幅对称图呢?

为了有一个完美的结尾, 我们再度给出埃舍尔的画作: 这次我们看到的是名为 "对称图 E72" 的图①. 你可以将其归类吗?

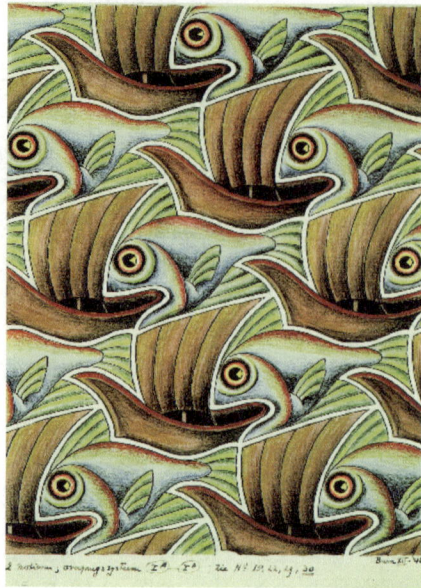

参考文献

关于埃舍尔的作品的书籍如恒河沙数, 其中很多都包含我们在这里提到的关于构造平面的覆盖的原理. 以下只是两个例子:

[1]   M.C. Escher: The magic of M.C. Escher. J.L. Locher. Thames und Hudson Ltd., London, 2000.

[2]   D. Schattschneider: Visions of Symmetry. W.H. Freeman Publisher, 1992.

这里的数学背景在关于几何的教科书中反复被提及, 有兴趣的读者可以参考一些经典的教科书.

V.6　建筑

协同合作 —— 数学和建筑 第 39 章

Jürgen Richter-Gebert, Ulrich Kortenkamp

选自 *Aviso*. 巴伐利亚科学和艺术杂志 (巴伐利亚州科学艺术部), 第 1 册, 2004 年, 第 26–33 页.

数学与建筑的关系是一种非常有趣的灵感与解放, 必要和设计的自由性, 形状的多样性和基本需求的相互作用. 虽然在数学中存在将结构与材料限制分离的可能性, 这种情况在建筑学上却是不被允许的. 为此, 数学在建筑学中扮演着一个双面的角色. 一方面, 数学经常是结构分析、材料物理和空间设计的必要的基石. 为此时至今日, 人们发展了新的数学方法, 尤其是通过计算机绘图实现崭新的建筑理念. 而另一方面, 数学同时也是结构和建筑, 城市或空间设计的灵感来源. 这种相互作用可以追溯到几个世纪甚至几千年前. 建筑大师们的设计往往是那个时代的一面镜子, 反射出当时建筑的作用和意义、当时的文化, 以及人类活动. 鉴于数学通常也是 "时代精神" 的一种体现, 我们必须辩证地看待数学和建筑的关系.

"避开直角", "避开平面", "避开重复", 这些都是新一代建筑师中并不少见的口号. 但同时我们需要谨记, 放弃某些结构并不意味着数学不再是建筑学的基础和灵感来源. 最重要的是其他结构的内部法则. 无定形的结构和直角一样严格遵循着某些数学法则; 差异只是它们遵循的法则不同而已!

一个对于数学家和建筑师们都特别有意思的情况则是当以上描述的数学的两种功能, 即作为能否实现的验证方法和作为灵感的源泉, 互相完善和关联的时候. 这个情况出现在, 例如说, 首先选定一个数学结构的时候. 这种情况的一个例子则是由 Buckminster Fuller 设计的 "球形屋顶", 而这个概念则是通过使用了数学上关于最小表面的原理来实现的.

一个进一步的关于建筑和数学之间的联系则是通过建筑中的某些部分来记录和展示那个时代的某些数学知识. 所以, 当你在著名的格兰纳达的阿兰布拉宫 (建于 1300 年左右) 中看到所有 17 个晶体学平面群, 也就是说数学上所有可能的平面装饰时, 你当然不应该感到意外. 另一个同样有趣的例子则是由 Paolo Uccello 设计的威尼斯圣马可广场入口区域的 1445 块地砖中的一块: 在那里, 我们可以找到一个 Kepler-Poinsot 星形多面体的投影 —— 惊人的是, Kepler, 这个我们今天以其名字命名这类几何体的数学家, 最早在这块地砖出现的 100 多年后才开始对它们进行研究!

由 Buckminster Fuller 为蒙特利尔 1967 年
世界博览会设计的球形屋顶

威尼斯圣马可广场上的地砖

维也纳城堡美泉宫中的凉亭 (1775). 这是整个城堡以及花园环境的镜面对称的一部分

关系: 有秩序的世界

当我们说到数学和建筑的关系, 不应该忽略的一点则是关于长度关系的分析.
从视觉角度而言, 保持一个和谐并且有效的建筑比例是古往今来的建筑师们经常要
面对的基本课题. 因此, 对于经典建筑的分析的第一步, 往往便是考虑并寻找其中各
种基本长度之间的关系. 但是在这里需要注意的是, 有时候, 我们肆意添加的辅助线
似乎将原有的设计有意推向了某种关系, 不论这是否是设计师的本意. 换言之, 我们
有时候给它们赋予了一些原本并不具备的额外的结构.

可证实的是, 古时候的建筑师们便已经对于长度的关系有了一些概念, *De archi-
tectura libri decem* (Vitruvius, 公元前 30 年) 是一本关于不同的建筑设计的论著, 其
中建议建筑的主厅的边长的比例应该设定为 3 : 2 或 5 : 3. 除了整数比例, 最晚从
文艺复兴开始, 黄金分割率也在其中扮演了重要的角色. 黄金分割率指的是在一个

正五边形中对角线和边长的比例, 大约为 $\Phi \approx 1.62803399$. 帕特农神庙就是一个很好的例子 —— 我们现在用以表示黄金分割率的这个数学符号 Φ (在希腊语中对应于 Phi) 便来源于它的设计师 Phidias. 即便如此, 我们尚不清楚这个分析是否正确, 以及黄金分割率是否对建筑的和谐外观做出贡献, 或者事实上整数比例 $3:2 = 1.5$ 和 $5:3 \approx 1.6666$ 便基于黄金分割率.

帕特农神庙: 他的设计依据的是黄金分割吗?

比这些猜测更有趣的是, 我们可以在自然界中找到很多黄金分割, 例如说我们可以在很多动物或者植物身上观察到黄金分割.

但是这样的一个结构成形, 数学上的必要性和灵感的相互作用究竟是如何工作的呢? 在这里, 我们想要通过一些简单的例子来向大家展示这个过程 —— 一个从古至今一直都在进行的过程.

对称和装饰: 权利和艺术可以同时被创造

数学上的对称这个概念是与重复和平移的概念紧密联系在一起的. 数学家们口中的对称物体是可以通过某些作用恰好将自己覆盖的物体. 例如, 与镜面对称对应的是我们可以将某个物体进行对折. 在某种程度上, 一个正方形比一个等边三角形 "更对称": 后者有三个旋转对称, 分别为 $0°$, $120°$ 和 $240°$, 和三个镜面对称, 而前者则有四个旋转对称和四个镜面对称.

而在建筑学上, 我们将对称这个概念使用在了 (至少) 两个层面上: 整体意义上的对称, 即关于一栋建筑或者一个城市的整体规划, 和细节意义上的对称, 即关于例如一栋建筑的装饰等.

为了得到整体意义上的对称, 我们必须在同一栋建筑中的不同位置使用基本相同的构造. 从现今的角度来说, 这似乎是显然的. 但在过去, 创造整体意义上对称的建筑物是和消耗大量人力和物力联系在一起的. 所以, 对称, 作为一种修饰的元素, 在 19 世纪是一种权力的象征. 这种趋势延续到了现代, 并且将对称的规模愈发扩大. 这种趋势在吉隆

吉隆坡的双子塔

坡 1966 年的双子塔落成时达到顶峰.

对称也是尤其脆弱的. 这样的一种伤害的形式意义是巨大的. 也许, 从对称的角度而言, 在 2001 年 9 月 11 日对于世贸中心和五角大楼的恐怖袭击对于美国力量的影响并不是偶然.

假如我们说, 将对称应用在大范围上是对于权力的一种体现, 那么将其应用在装饰物上则可以被考虑为是同时在体力以及智力上的一种艺术体现. 细微处的结构给我们提供了更多空间来体现精细的数学结构; 这是一种我们在不同的文化中都能发现的艺术形式. 在这个方面尤其出色的则是伊斯兰的装饰品. 而在哥特式建筑中的花饰文化和青春艺术风格中充满寓意的装饰品也是非常重要的代表.

装饰艺术和数学之间的关系是多面并且深入的, 我们甚至可以用整本书的篇幅来讨论这种关系; 在这里我们只能管中窥豹. 在装饰艺术中, 数学对于其可实现性起了至关重要的作用. 例如, 我们可以使用正方形、正三角形或者正六边形将一个平面无缝覆盖, 但是正五边形却不能做到 (你可以亲自尝试一下). 我们可以通过数学工具系统地分析可以覆盖一个平面的形状所需要满足的条件, 于是我们便得到了前面所提到的十七种晶体学平面群 —— 也就证明了正五边形是不可能覆盖平面的. 阿拉布兰宫中的装饰品实现了所有十七种不同的形式.

在不同文化中, 装饰艺术都拥有自己的黄金时代, 在可能与不可能之间游走. "看这里, 我们知道这是不可能的, 但是我们依然想要牵着你的鼻子走!" —— 这似乎解释了很多装饰背后的逻辑. 一个很好的例子便是在一些伊斯兰装饰品中我们会看到正五边形, 虽然我们已经知道不可能得到一个整体的五边形的对称.

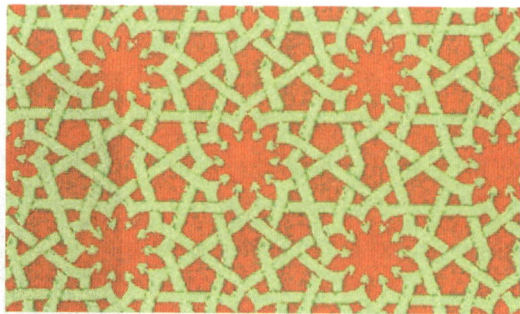

伊斯兰装饰, 其中使用了很多正五边形和十角星

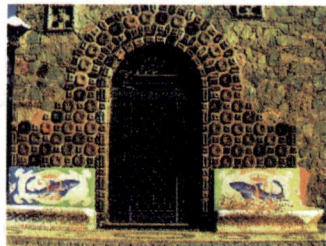

Gaudi 所设计的拱门的装饰

分形: 表面活性的建筑

作为一个从数学和建筑学角度而言较现代的例子, 让我们转向考虑分形. 如果我们将任意一个形状沿所有方向都翻倍, 那么其边长也翻倍了, 同时它的面积成为原来的四倍. 如果我们想要创造更大的内部空间, 那么这是一个很有用的关系. 但是, 如果一个建筑的外部表面比内部空间更重要, 又会如何呢? 一个典型的例子便

是机场的设计. 我们想要的是使用尽可能少的内部空间但拥有尽可能多的空桥. 自然界中也存在着类似的问题. 例如树木的构造则是使用最少的材料使得尽可能多的树叶能够得到阳光, 或者在肺中使用少量空间却能保证足够多的肺泡能够与空气接触. 为了创造满足这些性质的数学结构, 数学家们已经进行了几十年的研究. 我们所谓的分形即为一种在任意小的程度都很精细的结构, 并且在所有大小尺度下都是相似的. 事实上, 在机场的设计中大量使用了这种结构的近似结构.

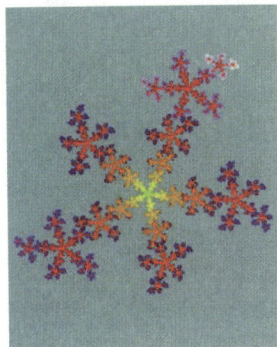

一个数学上的分形

在这里, 分形这个说法描述了空间、平面和周长之间的关系. 同样情况下, 面积大致相当于周长的平方 (例如我们考虑一个边长为 a 的正方形, 其面积为 a^2, 而周长则为 $4a$), 所以我们说一个平面是二维的. 但是对于分形而言, 它的维数则不是整数, 而是一个分数!

用小木棒来构造

我们可以通过观察一个可以自己动手完成的模型来更好地得到关于数学和建筑学之间的相互作用的感觉. 举一个简单的例子, 我们需要的工具仅仅是一包长度相同的小木棒. 我们首先取出四根木棒, 并将它们摆成形如图 1 的形状, 两根木棒相交的节点大约是其中一根的三等分点. 将它们放在一个平面上, 接下来用这种 "趋势" 将这个结构向外扩展, 于是我们便得到了一个自由稳定的结构 (参见图2 和图 3).

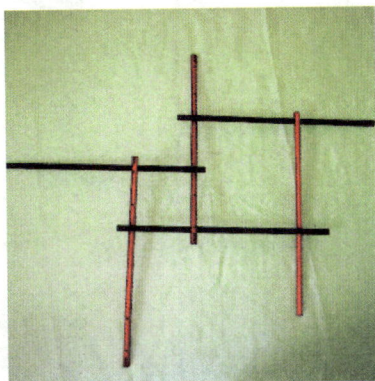

图1

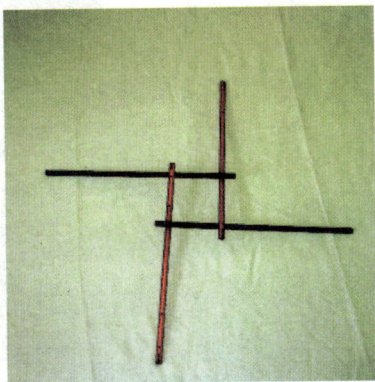

图2

从某些角度而言, "分形建筑" 也就是一个相比于内部体积外部面积较大的建筑. 有些情况下, 我们想要在将嵌套最大化的同时得到尽可能多的内部 "墙面". 一个很熟悉的例子便是宜家家居内部的走道, 便是一条如此的填充平面的曲线 —— 数学家希尔伯特 (Hilbert) 和佩亚诺 (Peano) 早在 19 世纪便开始对其进行研究.

分形在现代建筑中的价值并不是无法想象的. 分形所拥有的自相似的性质允许建筑师们发展出更新同时更精细的对称形式, 而这些在几十年前还是无法想象

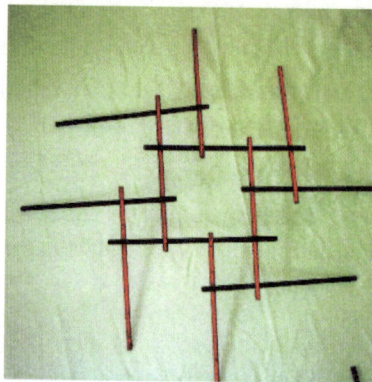

图3

图4

的. "见微知著", 是近代很多建筑师们的设计理念 (例如 D. Libeskind, F.O. Gehrey, Ch. Jencks, P. Eisenmann 以及众多其他前卫建筑师们的作品). 以此反映出整体, 均衡, 结构复杂度, 融入一个更大的整体, 折射我们这个愈见复杂并由科学主导的世界.

填充平面的佩亚诺曲线

由 Frei Otto 设计的慕尼黑奥林匹克体育馆的帐篷式屋顶 (1972)

最小表面: 当少就是多时

另一个建筑中的子科目便是关于以上问题的 "余" 问题: 我们如何能够利用尽量少的材料覆盖尽量大的大厅呢? 这个问题在实际应用上与力量分配和构造的稳定性紧密相关. 最佳的力量分配在这里意味着尽可能将力量以合适的方式稳定地分配到建筑部件上. 换言之, 这样的一个构造不应该有内部压力. 一个接近理想的构造的可能性, 也是在现实中很多建筑师使用的方法, 就是将结构的框架以竖框的形式实现, 而结构中的每个单元使用轻便的材料, 例如使用硬塑料构建. 于是, 我们得到了一个理想的力量分配, 如果这个框架的竖框最终只承受张力或是压力, 而没有旋转或弯曲. 这会导致晃动的结构, 因为如此的话, 这些边框将会导致切力和内部压力. 这类结构基于对稳定而且轻便的材料的高效使用. 即便如此, 这依然是对于材料技术的一个巨大的挑战. 通过使用无定形体, 两个部件几乎不可能完全相同, 并且一个结构的竖框长度需要精确计算. 在这里我们通过合适并且灵活的几何学来修复这个问题. 如果像内卡苏尔姆 (Neckarsulm) 的游泳馆一般将其建造为一个长方形, 那么理论上可以将竖框的长度选择为一样, 因为一个长方形网格的几何相对而言比较灵活. 在所有这些结构中, 数学展示了它作为结构学的基础的地位, 可以通过局部的条件得到整体的最佳力量分配. 可喜的是, 基于数学的原因, 效率和美几乎总是同时出现.

现在我们还想要再提到另一个数学和建筑的协同合作的方面, 而这属于新时代最重要的创新之一. 最近几年, 在建筑相关的材料科学中出现了一个缓慢但是巨大的变化. 使用少数并且规范化的部件是工业上一项很重要的进步, 由此我们可以极大地降低所需费用. 这个原则适用于整个制造工业, 不仅是建筑, 从活字印刷到现今看来并不惊人的事实, 即常用的螺丝只有非常有限的几种.

通过计算机和机器人引进制造业, 现在才真的可能独立而且不甚昂贵地制造各个部分. 建筑的完全计算机化, 从草图到在 CAD 系统中实现, 提供了一种达到数学物理极限的机会. 在这个过程中, 数学在数个关键点发挥了重要的作用.

内卡苏尔姆的游泳馆 (1989)

大英博物馆大厅 (2000)

近期的建筑见证了这个 "技术管理", 在材料上, 同时也在形式上. 技术管理本身已经成为现代建筑的一种时尚的元素, 正如你可以在大英博物馆的大厅所看到的那样. 这个设计中的每一个框架都分别计算并且制造, 这使得一个在原先不可想象的三角结构成为可能. 同样, 在今天, 建筑也成了数学的纪念碑.

这个世界愈加复杂

正如我们所见的那样, 数学和建筑的协作是一个富有生命力, 不断前行的过程. 其间, 现代数学中的概念, 例如复杂度、混沌理论、拓扑、自我组织、非线性动力学等, 都在前卫的建筑师们的作品中留下了它们各自的痕迹. 建筑和城市的设计由这些数学概念所指导的观念主宰, 并且以艺术的形式表现出我们的社会和科学知识日益增长的复杂性和关联性. 正如前面所示, 后人们如果想要正确理解我们这个时代的建筑, 唯一的方法便是尝试理解背后的动机、社会和世界观. 而在建筑中反映出来的数学, 则是用来理解这些隐喻的语言和它们的结构逻辑的一把重要的钥匙.

VI 日常生活中的惊喜

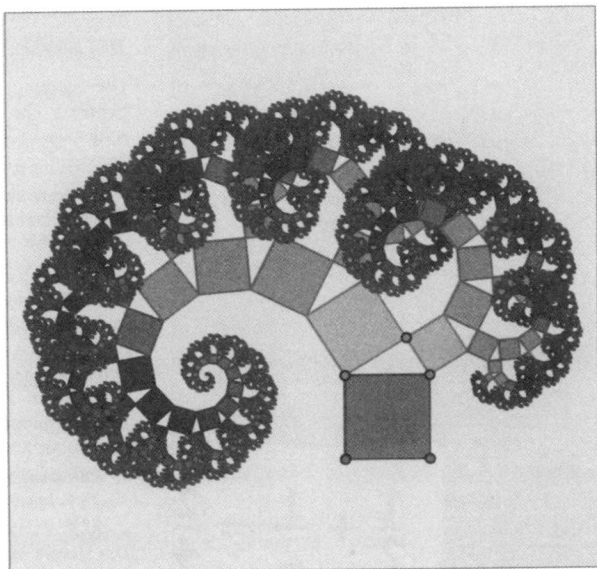

只有数字才算数

Günter M. Ziegler

选自《德国数学家协会通讯》, 第 1 册, 2004 年, 第 34–35 页.

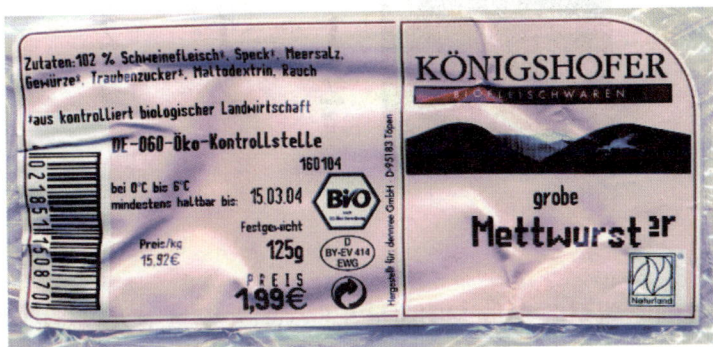

102% Bio

数字的多样性

和我们认识的人类一样, 数字之间也存在着互相较劲的情况. 然后确定了它们之间的关系是多么丰富. 它们可以处于括号中, 通过乘法复制, 通过减法归零, 通过毕达哥拉斯域构造一个宫殿, 在欧几里得几何中来回舞蹈, 在微分计算中建立一个乌托邦, 甚至可以通过取平方根将自己肢解. 更糟糕的是它们的地狱, 它不处于零以下的某处, 也就是负数中, 而是在悖论中, 在反常规的情况中. (摘自 Jorge Volpi 的小说 *Das Klingsor-Paradox*, Klett-Cotta, 2001, 49 页.)

数字的魅力

大众对于 "数字之谜" 的关注似乎又达到了一个新的高度. 柏林犹太博物馆中有一个值得观赏的展览 "10+5= 上帝 —— 符号的诞生". 同时, "商业杂志" *brand eins* 为他们的三月刊选择了 "数字之谜" 作为标题. 子标题为 "为什么这么多人信任安全的数字并且通过数字进行结算". 这整篇报道的篇幅超过 50 页, 还加入了一些很光鲜的图片. 在文章的最后甚至还列出了一个词汇表, 而最后的条目就是以下定义:

数字: 基于单位元 1 的集合概念. 在数学中可通过一个确定的符号或者一些符号的组合表示的抽象概念, 并可以通过它们的帮助进行计算.

这显然是没有意义的. 但是我们可以将它改善吗? 数字到底是什么呢? 对此 Brockhaus 先生[1]是怎么说的呢?

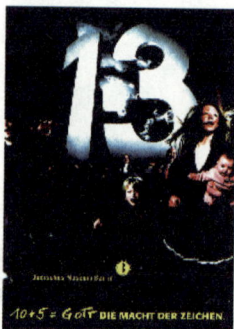

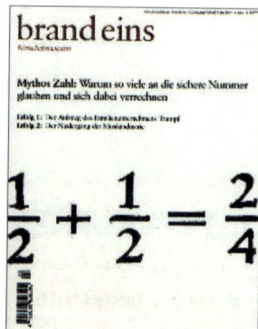

一点财政

出身绿党的欧盟财政专员 Michaele Schreyer 处于一个很艰难的位置, 而她又在新闻发布会上表现得非常不尽人意. 在《西德汇报》(*Westdeutschen Allgemeinen Zeitung*) 上, Tobias Blasius 描述道:

> 她引述了一些让别人很难理解的事实. 她热衷于填鸭而非解说; 授人以鱼而非授人以渔. 她的思考方式是数学化的, 而不是政治化的. 这恰好构成了沟通的困难⋯⋯

在这里 "数学化的思考方式" 的说法并不是针对数学家们 —— Schreyer 女士在科隆研究的是关于商业和社会学的内容, 而非数学. 尽管如此, 身为财政专员, 她的工作显然是和数字相关的; 甚至有可能会接触到非常多的数字. 而我们很容易在她的发言 (以下例子摘自 2002 年 11 月) 中找到类似下面的说法:

> 交易支付的数量大幅上扬 —— 在 1994 年, 委员会记录了二十五万次交易; 而今天已经超过一百二十万次.

这位女士如此精通交易支付, 也许在她欧盟的任期结束之后可以很轻松地在欧洲投资银行找到一个工作. "总是这样, 只是数数而已",《西德汇报》上如此写道.

---

[1] 指的是 Brockhaus Enzyklopädie, 布罗克豪斯百科全书, 是以德语编写的百科全书, 为对德国影响最大的百科全书之一. —— 译者注

一切皆公式

停车的费用是一个公式, 爱情是一个公式, 吸引力是一个公式 —— 报纸的读者们经常会有一种印象, 好像 "数学家们" 又找到了一个公式.

所以, 在 2 月 13 日, 一篇名为《数学家解密永恒的爱》的文章出现在了《镜报》网站的首页上. 其中, 数学家们协同心理学家们共同构造了一个公式, 借此可以分析伴侣之间的谈话的录像并得到他们能否长久在一起的结论 —— 据说正确率可以高达 94%. 在这里, 和天气预报相反的是, "这背后的数学几乎是没有难度的, 但是这些预言的准确率却惊人的高." 这个项目的参与者之一, 牛津数学家 James D. Murray 博士如此说道.

非常类似的是在 1 月 14 日《镜报》的网站上的一篇报道 —— 这篇报道有一个很美的题目 "探讨曲线" 并且还附有一张 Heidi Klum 身处网中的照片. 接下来中国研究者们找到了一个公式, 借此可以计算并解释女性的身体对于男性的吸引力的大小. 这个公式是:

$$身体体积 \div (从脚到下巴的高度)^2.$$

这篇文章同时也出现在了《皇家学会会志: 生物科学》(*Proceedings of the Royal Society: Biological Sciences*). 所以这并不是毫无意义的废话, 而是真的科学.

巴拿赫 – 塔斯基 (Banach-Tarski) 悖论

在柏林的一家名为 Tomasa 的咖啡厅的早餐菜单上写道:

我们的鸡蛋套餐由三个鸡蛋精心烹制而成, 附带面包和黄油.

紧接着这段开场白之后的第一个餐点是杯子中的两个鸡蛋.

航向无穷

我们的读者 Max Fackeldey 注意到, 在 www.comdirect.de 的行情页面上的 "一年" 和 "五年" 分析的旁边还有一栏标志着 "∞". 对此, Max 评论道:

这真的很疯狂, 因为正当数学家们现在还在寻找一种将无穷解释为有意义的概念时, 我们却不曾料到, comdirect 的孩子们早已了解这一切!

无须赘述.

数学墙纸

下面这幅图是法国乐队 Air 最新专辑 "Talkie Walkie" 的封面:

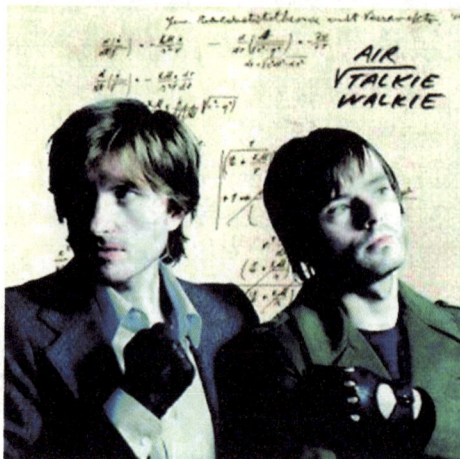

变量和百分比

第 41 章

Günter M. Ziegler

选自《德国数学家协会通讯》, 第 2 册, 2004 年, 第 130–131 页.

总和中的因子

如果成功, 正如德意志银行在电视广告、海报和小册子中宣传的那样, 仅仅是 "一系列正确决定的总和", 并且成功是一个 "收益角度的问题", 那么为什么有六种影响收益角度的因子并且对我们的收益的作用是正面的呢? 而且, $\frac{1}{2}$ (也就是 50%) 不也应该是一个正面的因素么?

一般而言, 收益角度如下所示 (或是定义?):

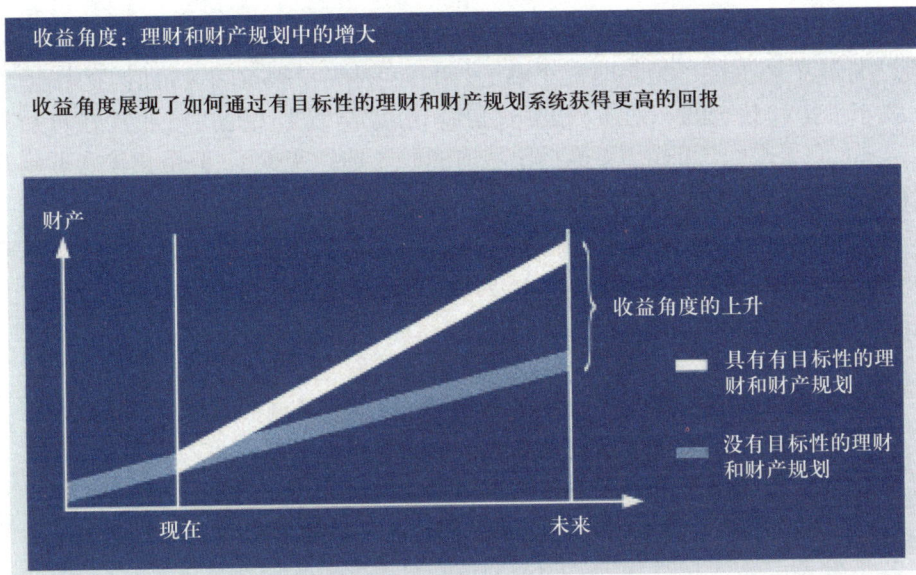

成功是一系列正确决定的总和

那么这个角度在哪里呢? 有人将这些弧线的切线线性化了? 那些所谓的要素在哪里呢? 而以长远观点来看, 在 "现在" 和 "未来" 之间, 只保证 1% 的利息不是更好吗? 至少如果 "未来" 尚遥远的话 —— 例如在 comdirect 的小册子上所标记的 ∞? (毕竟这便是德意志银行广告中所提到的第一个影响因子, 所谓的 "利息影响".)

新的中点

根据新闻, 拓展之后的欧盟的中心位于韦斯特林山中的小迈沙伊德 (Kleinmais-cheid, 常住人口为 1278 人, 其中 647 个男性, 631 个女性, 面积为 6.99 km², 车辆标识为 NR, 人口密度: 182 人/km², 53 人失业 (2004 年 4 月)).

根据莱茵兰 – 普法尔茨的州长 Kurt Beck 的说法, 他通过数学方法证明了 "我们是欧洲的中心".

我们究竟该怎么证明这个呢? 这个新闻基于国家地理所 (IGN, www.ign.fr) 的计算得到了 —— 那里的人们显然对这个结果尤其伤心, 因为正是根据他们的计算, 欧洲的中心由法国 (虽然非常靠近于比利时的边境) 移到了德国.

但是也许还存在一些改变的空间: 根据新闻, 这个计算使用了 "一个基于面积和形状的公式".

我设想, 存在不止一个这样的公式 —— 在 *reverse engineering* 中一篇非常漂亮的文章便设计了一个公式, 成功地恰好将波恩踢出去. "恰好"!

事业

《年轻人的事业》(*Junge Karriere*) 是《商报》(*Handelsblatt*) 的一份副刊, 但是除此之外其中还提供了很多时尚小贴士. 四月刊是一份很有阅读价值的特刊《数学家: 关于工作和薪金的一切》. 根据这份特刊, 数学看上去是一个非常好的大学专业 —— 人们寻求数学的帮助; 虽然比从前的职业选择变少了, 但是相较之下显然竞争者要少得多.

非常偶然的是, 这份数学特刊出现在了一本名为《科学 2004: 我们都是笨蛋吗?》的小册子中, 其中有一段关注初涉社会者不断下降的整体教育程度的话, 引用如下:

> 一个愚蠢的成年人开始了一项工作面试. 首先被问到的是教育程度, 泛泛提及了在中学和大学所学习的科目. 据联邦职业教育研究所的统计, 44% 的公司或者公务员中的领导性的职位要求对于数学或者统计学的深度了解. 面对高等数学退缩的人所说的 "我其实想要学政治" 的说法至少现在栽了跟头.

变量

什么是一个未知数?

如我们所知,

有已知的已知.

有些东西我们知道我们知道.

我们还知道

有已知的未知.

这意味着

我们知道有些东西

我们并不知道.

但是还有一些未知的未知,

那些我们不知道

我们不知道的东西.

以上来自美国国防部长 Donald Rumsfeld 的名为《未知》的小诗, 最早在美国国防部在 2002 年 2 月 12 日的一场新闻发布会上为众人所知. 记者 Hart Seely 将原文以诗的形式记录下来并以《 D.H. Rumsfeld 的诗》为名发表, 参见 http://slate.msn.com/id/2081042/.

近期, 作曲家和钢琴家 Bryant Kong 据此为音乐家 Elender Wall 创作了一首充满魅力的歌曲并收录在她的专辑中.

侮辱性的词语

在 3 月 16 日出版的《柏林日报》上, 俄罗斯大亨 Boris Berezovsky 被描述为 "一个有野心的数学家" —— 这并不是一种赞誉, 恰恰相反, 原文想表达的是一种侮辱, 对这个 "在伦敦过着奢侈的放逐生活的俄罗斯金融寡头", "他通过二手车赚得第一桶金, 并通过石油最终成为亿万富翁".

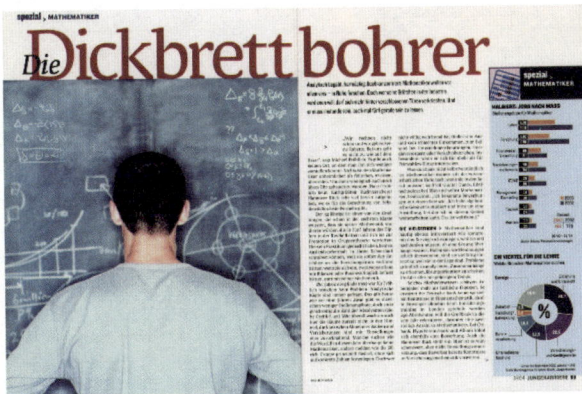

第 42 章

教育的空白

Günter M. Ziegler

选自《德国数学家协会通讯》, 第 1 册, 2005 年, 第 34–35 页.

"我需要这个吗?"

并不仅仅有些小孩比成年人更聪明, 有些儿童书籍也比成年人的杂志更进一步:

有一次, 小熊说:
"我亲爱的虎先生, 您今天想吃什么呢? 例如大约多少蘑菇, 因为我马上要做饭了."
"11–7–13", 小老虎说.
"不存在这样的数字啊", 小熊低声嘟囔, "你真的不会数数, 是吗? "
"不会呀", 小老虎回答道, "我真的需要这个吗? "
"你当然需要啦! 这是必需的", 小熊回答, "因为不会数数的人会被淹没在碌碌无为的生活中."
"啊, 这样! " 小老虎喊道, "淹没?"

以上摘录自 Janosch 所著的《老虎是怎么学会数数的》(Bassermann, 2003). 同样在 PISA 和 "我总是在数学上很差" 这些话题上, 对此我们不需要进行任何补充.

美极数学

在杂志《泰坦尼克》2005 年 2 月刊中, 我们在 "读者来信" 专栏中读到以下内容:

德国的教育并不是最佳的, 这个我们都知道; 但是这种情况是如此严重, 使得你不能将问题简化为计算一个两包装的 "美极汤包" 一样: "每包 150 mL, 那么两包便是 300 mL?"

足球数学 I

《柏林时报》在 2004 年 12 月 17 日关于在东京举行的德国和日本的国家队比赛如此写道:

如果我们来比较德国和日本人的平均高度, 得到的结果是德国人平均高出 6 cm. 并且当我们比较首发阵容的平均体重的时候, 我们得到了一个值得思考的结果: "11 名德国队员的总体重超过日本队员高达 90 kg —— 可以说德国队相当于多了一名队员在场上.

足球数学 II

尽管我的进球数一直是负数, 但是我最关注的还是我们的胜利. 只有冠军才是具有决定性的.

Fredi Bobic 在 2004 年 10 月 17 日的《每日镜报》(*Tagesspiegel*) 的采访中如是说.

数字人

在《华尔街期刊在线》中, Carl Bialik 被介绍为 "数字人". 在他的专栏中写道:

数字和统计出现在新闻、商业、政治和健康中. 有些数字根本是错误的, 有误导性的, 或者有倾向性的. 其他的是有效的和有用的, 通过这个帮助我们得到有依据的结论. 身为 "数字人", 我将尝试找出哪些数字我们可以相信, 哪些存在疑问, 以及哪些需要直接被舍弃.

这个专栏的第一个系列关注的是全球性的禽流感的受害人数 (据世界卫生组织报告大约为二至七百万), 在出租车上遗失的手机和掌上电脑的数量, 足球比赛的统计, 海啸受害者的捐赠, 以及关于曲棍球.

http://online.wsj.com/ public/page/0,,2_1125,00.html

对于 …… 的一个公式

《镜报在线》经常用类似 "数学家们找到了一个关于 …… 的公式" 之类的报道来带给我们惊喜. 在这其中最新的一个公式是关于埃菲尔铁塔的公式 (通过一个积分等式). BBC 也加入这个行列并且报道了一个计算 1 月中最差的日子的公式, 这个公式和代表天气的 W 以及代表债务的 D 等其他因素相关, 并且最后得到的结果是 1 月 24 日.

这显然是一个笑话, 但是埃菲尔铁塔那个呢? 这真的有关系吗? 为什么数学的新闻报道会关于这些看上去无关紧要的对象呢?

一级方程式数学

瑞士的汽车制造商 Sauber 公布了他们最新的超级计算机对于计算流体力学 (CFD, Computational Fluid Dynamics) 的计算结果, 并展示了一些令人印象深刻的彩色图像. 由此我们可以学习到很多东西. 尤其, 他们对于其中 "包含了数学" 这个事实非常自豪.

一级方程式赛车中的数学 (感谢瑞士的欣维尔 (Hinwil) 的 Sauber Petronas 的友好应允,
www.sauber-petronas.com)

在最近几年中, 空气动力学获得了越来越多的认可, 并且在今天影响了大
约四分之三的一级方程式赛车的表现. 同样, 由计算机进行的气流模拟展
现出越来越大的重要性.

车队老板 Peter Sauber 如此说. 并且, 数学可视化显然也是这其中一部分 ——
没有图像我们 "看" 不到任何东西, 并且生成一幅好的气流模拟远不是一件容易完
成的任务.

顺便提一下一级方程式: 来自 Pirelli 的日历出版商展示了他们的计算障碍 ——
一个豪华版的文集的题目为 " Pirelli 日历 40 年合集: 1964—2004".

角度革命

在 2 月 1 日的《市场汇报》中出现了下面的广告:

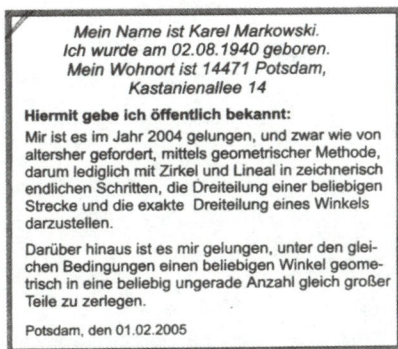

(图中文字大致意思: 我的名字是 Karel Markowski. 我生于 1940 年 8 月 2 日. 我目前的地址为
14471 波茨坦, Kastanienallee 14. 我希望向大家宣布: 在 2004 年我成功地通过几何方法解决了
长久以来未解决的问题, 即仅仅使用圆规和直尺在有限步内将任意一个角三等分或者将任意
一条线段三等分. 进一步地, 我还成功地在同样条件下将任意角度等分成任意偶数份.)

接下来的第二天, 针对这个广告出现了一篇很长的论文, 题目为《尺规作图是
不可能的 —— 数学家拒绝来自波茨坦的所谓的角度 "革命" 》. 因为已经被严格证

明了, 无法用尺规将一个角三等分, 原因是 π 有 "无限多位数", 而我们无法将它们全部算出来. 这位记者显然和波茨坦大学的同事们进行了讨论, 但是并没有完全理解. 那么二等分一个角呢?

你可以借由我们来计算

Günter M. Ziegler

选自《德国数学家协会通讯》,第 2 册, 2007 年, 第 114–115 页.

我们是超模

学数学让人变得聪明, 这是我们早已知道的. 下面是对于学习数学也会让人变得美丽的一个证据: Barbara Meier (20 岁, 身高 174 cm, 81–61–94), 莱根斯堡应用科学大学数学系的学生, 在 5 月 24 日赢得了 Heidi Klum 的模特选秀比赛 "德国超模新秀大赛" 第二季的冠军.

在这里我们恭喜她, 并且建议: 继续学习, 那么这个职业便不会一开始就快终结!

并且我们应该觉得很欣慰: 公众眼中的女数学家的形象现在是有吸引力的, 红发的, 正如在《焦点》杂志 6 月 4 日刊中一篇文章的大标题附图中那位柏林工业大学的数学系学生一般.

我们是教皇

一位数学家出身的教皇? 已经出现了! 一个小测试:

(A) Cayley I　　　(B) Sylvester II

(C) Gregor VIII　　(D) Benedikt VI

我们是魔术师

在我给嫂子打完电话之后, 她两岁的女儿问她:

"那是谁?"

"Günter 叔叔."

"他是干什么的?"

"他是个数学家."

"数学家是干什么的?"

"就是特别聪明的人."

"啊, 那他一定是个魔术师!"

事实上, 不乏盛名的 René Thom 断言说, 几何是一种成功的魔法. 这种说法还存

在着一个逆命题:

> …… 几何完全形式化的语言相应地描述了空间的现实. 我们可以说, 从
> 这个角度而言, 几何是一种成功的魔法. 我还想要问, 反过来, 是不是所有
> 成功的魔法都是几何呢?

才能的展现

dieGesellschafter.de, 一个行动项目网站, 在四月份张贴了如下广告: "我想要建立
一个企业, 其中每个人, 不论在数学上得分是 1 还是 4, 都能够充分展现自己的才
能. (来自韦茨拉尔的 D.J.) "

对此, 我不予置评.

"为了平方根而死"

对数学的热爱源自于东欧, 《南德国报》在 "伴随着平方根的十字架" (6 月 15
日) 的大标题下如此评论道. 情况是, Kaczynski 兄弟, 波兰的治理者, 威胁动用否决
权反对欧盟宪法的启动. 争论的主要问题在于欧盟中小国家的投票的权重. 根据 "一
人一票" 的原则, 几乎所有国家都想要得到 (几乎) 与其人口数成比例的票数, 但波
兰总理却希望根据人口数的平方根来计算票数. 并且他是认真的: 据《柏林时报》
称, 他们已经准备 "为了平方根而死". 这是否是一个好主意, 在此我不想多做评价.

无论如何, 《南德国报》尝试追溯这个讨论的源头, 并提出了一个问题: "平方
根 —— 它还会相等吗? " 然后给出了 (慕尼黑大学的一位同僚提供的) 答案, 但可惜
的是, 这个答案被缩短和剪辑过, 使得, 至少在我看来, 他们的读者依然无法从中获
得需要的信息.

…… 随同 (低劣的) 咖啡

纽约一家匈牙利咖
啡厅中的涂鸦

数学家是一种很奇特的存在, Simon Golin 说, 一半是人, 一半是椅子.

数学家是一种机器, 将咖啡转换成定理, Paul Erdös 说. 这里面质量原则并
不适用 —— 对此我 (作为 20 世纪 80 年代麻省理工学院的一名学生) 的经验
是: 即使是非常低劣的咖啡也可以转换成很不错的定理.

但是可能适用的是, 数学的质量随着它诞生的咖啡厅的质量上升而上
升. Ariel Rubinstein, 一位在特拉维夫大学的著名的经济学家和博弈论家对这
个说法深信不疑 (我也是), 他将他最爱的咖啡厅的名字收集起来并在自己的
主页上提供给大家参考: http://arielrubinstein.tau.ac.il/univ-coffee.html, "全球咖
啡厅指南 —— 在那里, 你不仅可以工作还可以思考". 在 Rubinstein 的列表中,
我们可以找到汉堡的 Mathilde Literatur und Café, 海德堡的 Café Burkhardt, 慕
尼黑的 Café Altschwabing, 还有维也纳的 Hawelka und Bräunerhof. 竟然没有柏

林和伯恩! 除此之外, Rubinstein 还在他的列表中分别标注了推荐指数.

我的数学之眼

"数学和足球" 是一个有丰富内容的主题, 并非始于数学教师 Ottmar Hitzfeld 执教拜仁慕尼黑 (1998—2004, 几年之后又回到拜仁慕尼黑①).

在德国足协杯第一轮比赛中, 三级联赛球队 FK Pirmasens 成功击败不来梅之后, 足球杂志 *11 Freunde* 针对他的取胜方案向 Pirmasens 的教练 Robert Jung 提问:

问: 您是如何准备这场比赛的?
答:　我观察了对方球队的比赛并且选择了合适的进攻和防守路线. 我有一
　　　只数学之眼并且在十分钟之后便了解了比赛的结构 ……
问: …… 这么快?

并且至少, 时任德国国家队主力教练的 Joachim "Jogi" Löw 在 2006 年 5 月 (世界杯之前) 的一次广播采访中也强调了数学的基本能力. 关于在比赛中展示 "德国美德" 的要求的展望, 他说:

正如我们所说的: "你必须学会计算, 这样才能够成为教授." 这也是我们生
活所需要的基本能力!

球迷们具备这些基本能力吗? 多特蒙德的广播员在 11 月 18 日引述了一件球迷 T 恤上的话:

100% 柏林赫塔, 150% 反对沙尔克!

那么还剩下多少百分比呢? 好像有点太多了?

一幅错误的足球图像 (摘自弗莱堡, 在世界杯期间). 我们也许可以原谅他们: 这幅图
出现在欧拉年之前

---

① 他现在是瑞士国家队的教练, 成功带领瑞士首次打进世界杯淘汰赛阶段.—— 译者注

VII 结束语

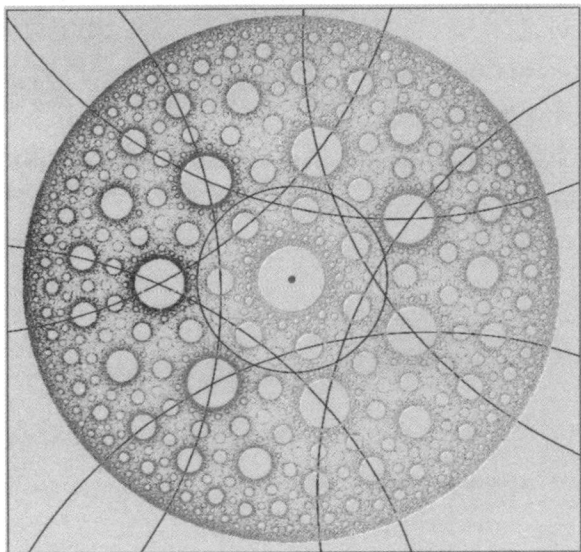

　　觉得惊讶吗? 你是不是从来没有想过, 数学也可以如此多姿多彩呢? 而且这还只是一个开始. 还有很多, 甚至数不胜数的例子! 当然, 那些我们摘录部分的书中还包含有更多有意思的内容. 如果你对这些 "示例章节" 感兴趣的话, 那么进行一些更深层次的探索总是值得的. 当然还有很多关于数学的书, 并且它们一定能满足各种不同的口味. 你还可以登录 www.mathematik.de, 在这里不仅有对各种数学科普书籍的书评, 还有很多其他关于数学的内容. 在德国, 不仅仅在 "2008 数学之年" (www.jahr-der-mathematik.de) 这一年, 数学显得特别生动多彩, 我们也邀请感兴趣的朋友们一起来参与 —— 有众多的活动, 从活动邀请到亲自尝试, 尝试加入他们和协同研究, 展览和开幕式, 讲座系列, 电影节, 讨论, 比赛 (当然是有奖励的), 等等. 在德国数学共同的基础是德国数学学会, 参见 dmv.mathematik.de.

　　最后, 也许你想要了解一下职业生涯中的数学, 《数学的工作和职业规划》早在 2008 年便已由 Vieweg 出版社出版第四版, 将给你提供重要的信息. 因此, 序幕已经拉开. 一望无际的数学宝藏期待着你来发现!

图片说明

前言

一个骰子的内部镜像. 在镜子的一角被放置了一个三角形的洞. 图形的其余部分则来自于镜子的结构.

U. Kortenkamp (施瓦本格明德), J. Richter-Gebert (慕尼黑)

持续的热点

细胞构象的具象化: 很多生物分子的功能是基于它们接受不同的亚稳结构 (构象) 的能力. 这个可以被理解为在相应的哈密尔顿系统下几乎不变的子集. 这些子集和它们之间的过渡概率可以通过一个离散化的马尔可夫算子的 Perron-Cluster 分析进行有效的计算. 此处展示的是一个分子的平均位态 (三角形, 由于分子的图像角度被延展了) 连同一个分子构象 (局部概率密度的立体渲染). 不同的颜色代表了不同的原子类型.

D. Baum, J. Schmidt-Ehrenberg, F. Cordes, H.-C. Hege, 柏林 Zuse 研究所 (ZIB)

硬核

戊曲面是一个亏格为 5 的曲面, 其中每一个点都有相同的曲率. 一个球面有这样的不变曲率. 是否存在这样的亏格为 1, 2, 3 或者更高的曲面是一个长期的未解决问题. 利用戊曲面 (和其他的对称曲面), Karsten Große-Bauckmann 和 Konrad Polthier 在 1997 年构造出很多的例子. 它的存在性的证明在某一步需要一个单值论据, 至今我们只能进行数值计算. 这类曲面的一个交互模型可以在电子几何模型服务器 (Electronic Geometry Models Server) 上找到, 地址为 http://www.eg-models.de/2000.09.039. 在视频 MESH 中包含有一个六分钟的这个曲面的构造的动画模拟.

Karsten Große-Brauckmann (达姆施塔特大学)

Bernd Oberknapp (弗莱堡大学)

Konrad Polthier (柏林自由大学)

参考文献

[1] K. Große-Brauckmann, K. Polthier: Compact Constant Mean Curvature Surfaces With Low Genus, Experimental Mathematics, Vol. 6 (2), 1997.

[2] K. Große-Brauckmann, B. Oberknapp, K. Polthier: Penta – A Constant Mean Curvature Surfaces of Genus 5, Electronic Geometry Models, http://www.eg-models. de/2000.09.039/(2000).

[3] B. Janzen, K. Polthier: MESH – A journey through discrete geometry, Video DVD, 40 min, Springer-Verlag (2007).

热门话题

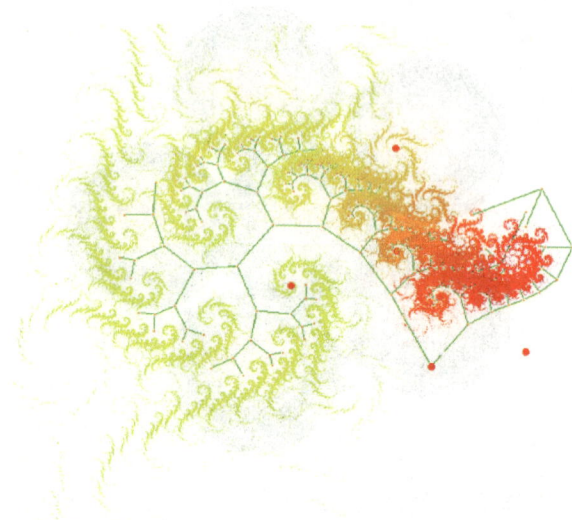

　　一个莫比乌斯变换就是一个形如 $z \mapsto \frac{az+b}{cz+d}$ 的变换, 它将复数面上的一点映到复数面上. 这里我们看到的是一个图形, 这个图形同时在两个这样的莫比乌斯变换下保持不变.

U. Kortenkamp (施瓦本格明德), J. Richter-Gebert (慕尼黑)

数学无边界

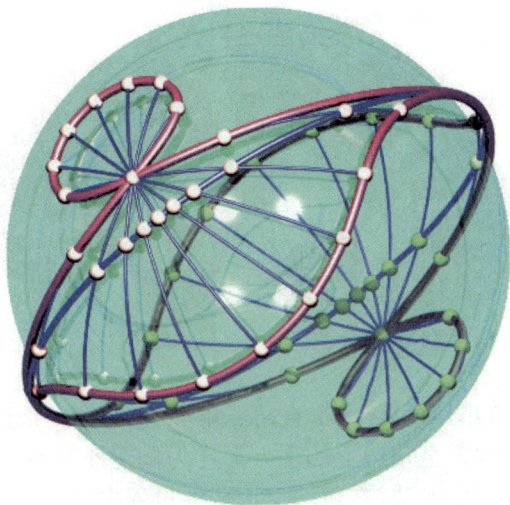

　　哪条曲线可以描述一根细杆的两端的位置, 当我们将其中一端沿着直线运动并且让这条细杆所在的直线总是经过一个既定的点呢? 我们得到的结果就是所谓的蚌线 (Conchoid, 这是一条次数为 4 的代数曲线). 这里我们看到的是这条曲线在一个球上的投影.

U. Kortenkamp (施瓦本格明德), J. Richter-Gebert (慕尼黑)

日常生活的惊喜

　　勾股定理最典型的图形包含一个直角三角形, 它的每一条边上都有一个正方形. 我们将这个图形中的两条直角边上的正方形作为构建新的勾股定理图的出发点, 这样我们可以无限延展这个构造. 在每一个构造的过程中得到的所有正方形的面积和 (这里拥有同样的颜色) 都是相等的.

U. Kortenkamp (施瓦本格明德), J. Richter-Gebert (慕尼黑)

结束语

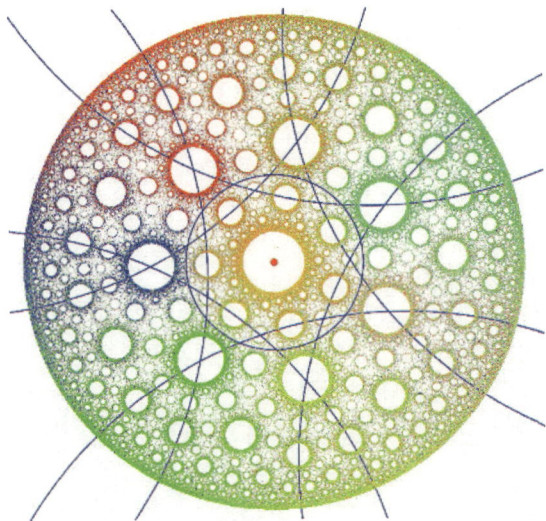

在这里我们可以看到一个分形, 这个分形同时在多种反演变换下不变. 它拥有多种弯曲结构. 除去显而易见的 7 的倍数的对称性之外, 还存在很多的自相似性. 这种样式的任意两个圆都不相交.

U. Kortenkamp (施瓦本格明德), J. Richter-Gebert (慕尼黑)

名词索引

科学素养丛书

序号	书号	书名	著译者
1	35167-5	Klein 数学讲座	F. 克莱因 著, 陈光还 译, 徐佩 校
2	35182-8	Littlewood 数学随笔集	J. E. 李特尔伍德 著, 李培廉 译
3	33995-6	直观几何 (上册)	D. 希尔伯特 等著, 王联芳 译, 江泽涵 校
4	33994-9	直观几何 (下册)	D. 希尔伯特 等著, 王联芳、齐民友译
5	36759-1	惠更斯与巴罗, 牛顿与胡克 —— 数学分析与突变理论的起步, 从渐伸线到准晶体	B. И. 阿诺尔德 著, 李培廉 译
6	35175-0	生命 艺术 几何	M. 吉卡 著, 盛立人 译
7	37820-7	关于概率的哲学随笔	P. S. 拉普拉斯 著, 龚光鲁、钱敏平 译
8	39360-6	代数基本概念	I. R. 沙法列维奇 著, 李福安 译
9	41675-6	圆与球	W. 布拉施克著, 苏步青 译
10	43237-4	数学的世界 I	J. R. 纽曼 编, 王善平 李璐 译
11	44640-1	数学的世界 II	J. R. 纽曼 编, 李文林 等译
12	43699-0	数学的世界 III	J. R. 纽曼 编, 王耀东 等译
13	31208-9	数学及其历史	John Stillwell 著, 袁向东、冯绪宁 译
14	44409-4	数学天书中的证明 (第五版)	Martin Aigner 等著, 冯荣权 等译
15	47174-8	来自德国的数学盛宴	Ehrhard Behrends 等编, 丘予嘉 译
16	30530-2	解码者: 数学探秘之旅	Jean F. Dars 等著, 李锋 译
17	29213-8	数论: 从汉穆拉比到勒让德的历史导引	A. Weil 著, 胥鸣伟 译
18	28886-5	数学在 19 世纪的发展 (第一卷)	F. Kelin 著, 齐民友 译
19	32284-2	数学在 19 世纪的发展 (第二卷)	F. Kelin 著, 李培廉 译
20	17389-5	初等几何的著名问题	F. Kelin 著, 沈一兵 译
21	25382-5	著名几何问题及其解法: 尺规作图的历史	B. Bold 著, 郑元禄 译
22	25383-2	趣味密码术与密写术	M. Gardner 著, 王善平 译
23	26230-8	莫斯科智力游戏: 359 道数学趣味题	B. A. Kordemsky 著, 叶其孝 译
24	36893-2	数学之英文写作	汤涛、丁玖 著
25	35148-4	智者的困惑 —— 混沌分形漫谈	丁玖 著
26	29584-9	数学与人文	丘成桐 等 主编, 姚恩瑜 副编
27	29623-5	传奇数学家华罗庚	丘成桐 等 主编, 冯克勤 副主编
28	31490-8	陈省身与几何学的发展	丘成桐 等 主编, 王善平 副主编
29	32286-6	女性与数学	丘成桐 等 主编, 李文林 副编
30	32285-9	数学与教育	丘成桐 等 主编, 张英伯 副主编
31	34534-6	数学无处不在	丘成桐 等 主编, 李方 副主编
32	34149-2	魅力数学	丘成桐 等 主编, 李文林 副主编
33	34304-5	数学与求学	丘成桐 等 主编, 张英伯 副主编
34	35151-4	回望数学	丘成桐 等 主编, 李方 副主编
35	38035-4	数学前沿	丘成桐 等 主编, 曲安京 副主编

序号	书号	书名	著译者
36	38230-3	好的数学	丘成桐 等 主编，曲安京 副主编
37	29484-2	百年数学	丘成桐 等 主编，李文林 副主编
38	39130-5	数学与对称	丘成桐 等 主编，王善平 副主编
39	41221-5	数学与科学	丘成桐 等 主编，张顺燕 副主编
40	41222-2	与数学大师面对面	丘成桐 等 主编，徐浩 副主编
41	42242-9	数学与生活	丘成桐 等 主编，徐浩 副主编
42	42812-4	数学的艺术	丘成桐 等 主编，李方 副主编
43	42831-5	数学的应用	丘成桐 等 主编，姚恩瑜 副主编
44	45365-2	丘成桐的数学人生	丘成桐 等 主编，徐浩 副主编
45	44996-9	数学的教与学	丘成桐 等 主编，张英伯 副主编
46	46505-1	数学百草园	丘成桐 等 主编，杨静 副主编

网上购书： www.hepmall.com.cn, www.gdjycbs.tmall.com, academic.hep.com.cn, www.china-pub.com, www.amazon.cn, www.dangdang.com

其他订购办法：

各使用单位可向高等教育出版社电子商务部汇款订购。书款通过支付宝或银行转账均可，支付成功后请将购买信息发邮件或传真，以便及时发货。购书免邮费，发票随书寄出（大批量订购图书，发票随后寄出）。

单位地址：北京西城区德外大街4号
电　话：010-58581118
传　真：010-58581113
电子邮箱：gjdzfwb@pub.hep.cn

通过支付宝汇款：

支 付 宝：gaojiaopress@sohu.com
名　　称：高等教育出版社有限公司

通过银行转账：

户　　名：高等教育出版社有限公司
开 户 行：交通银行北京马甸支行
银行账号：110060437018010037603